LES

CARBURES D'HYDROGÈNE

1851-1901.

AUTRES OUVRAGES DE M. BERTHELOT.

OUVRAGES GÉNÉRAUX.

La Synthèse chimique, 7ᵉ édition; 1897, chez F. Alcan.

Essai de Mécanique chimique, 2 vol. in-8°; 1879, chez Dunod.

Sur la force des matières explosives d'après la Thermochimie, 3ᵉ édition, 2 vol. in-8°; 1883, chez Gauthier-Villars.

Traité élémentaire de Chimie organique, avec la collaboration de M. JUNG-FLEISCH, 4ᵉ édition, 1898, chez Dunod.

Traité pratique de Calorimétrie chimique, in-18; 1893, chez Gauthier-Villars et Masson.

Thermochimie : Lois et données numériques; 2 vol. in-8°; 1897, chez Gauthier-Villars.

Chimie animale : Principes chimiques de la production de la chaleur chez les êtres vivants, 2 vol. in-18; 1899, chez Gauthier-Villars et Masson.

Chimie végétale et agricole, 4 vol. in-8°; 1899, chez Gauthier-Villars et Masson.

Les Origines de l'Alchimie, in-8°; 1885, chez Steinheil.

Collection des Alchimistes grecs, texte et traduction, avec la collaboration de M. Cɴ.-Eᴍ. RUELLE, 3 vol. in-4°; 1887-1888, chez Steinheil.

Introduction à l'étude de la Chimie des anciens et du moyen âge, in-4°; 1889, chez Steinheil.

Histoire des Sciences. — La Chimie au moyen âge, 3 vol. in-4°; 1893, chez Leroux.

> Tome I. *Essai sur la transmission de la Science antique.*
>
> Tome II. *L'Alchimie syriaque*, texte et traduction, avec la collaboration de M. RUBENS DUVAL.
>
> Tome III. *L'Alchimie arabe*, texte et traduction, avec la collaboration de M. HOUDAS.

La Révolution chimique : Lavoisier, in-8°; 1890, chez Alcan.

Science et Philosophie, in-8°; 1886, chez Calmann-Lévy.

Science et Morale, in-8°; 1897, chez Calmann-Lévy.

Renan et Berthelot : Correspondance, in-8°; 1898, chez Calmann-Lévy.

LEÇONS PROFESSÉES AU COLLÈGE DE FRANCE.

Leçons sur les Méthodes générales de synthèse en Chimie organique, in-8°; 1864, chez Gauthier-Villars.

Leçons sur la Thermochimie, professées en 1865, publiées dans la *Revue des Cours publics*, chez Germer-Baillière.

Même sujet, en 1880. — *Revue scientifique*, chez Germer-Baillière.

Leçons sur la Synthèse organique et la Thermochimie, professées en 1881-1882, publiées dans la *Revue scientifique*, chez Germer-Baillière.

OUVRAGES ÉPUISÉS.

Chimie organique fondée sur la Synthèse, 2 vol. in-8°; 1860, chez Mallet-Bachelier.

Leçons sur les principes sucrés, professées devant la Société chimique de Paris en 1862, in-8°, chez Hachette.

Leçons sur l'Isomérie, professées devant la Société chimique de Paris en 1863, in-8°, chez Hachette.

LES
CARBURES D'HYDROGÈNE

1851-1901.

RECHERCHES EXPÉRIMENTALES

Par M. BERTHELOT,

SÉNATEUR,
SECRÉTAIRE PERPÉTUEL DE L'ACADÉMIE DES SCIENCES,
PROFESSEUR AU COLLÈGE DE FRANCE.

TOME I

L'ACÉTYLÈNE : SYNTHÈSE TOTALE DES CARBURES D'HYDROGÈNE.

PARIS,
GAUTHIER-VILLARS, IMPRIMEUR-LIBRAIRE
DU BUREAU DES LONGITUDES, DE L'ÉCOLE POLYTECHNIQUE,
Quai des Grands-Augustins, 55.
—
1901

PRÉFACE.

—

L'Ouvrage que je présente aujourd'hui au public contient la réunion des expériences et des recherches que j'ai exécutées sur les carbures d'hydrogène, et principalement sur leur synthèse depuis les éléments, synthèse qui est le pivot de toutes les autres synthèses en Chimie organique. La formation de l'acétylène, de l'éthylène, du formène et de la benzine, les quatre carbures fondamentaux, celle des carbures pyrogénés, les méthodes générales propres à hydrogéner les carbures et autres composés organiques, etc., n'ont cessé de me préoccuper pendant un demi-siècle : mes premiers travaux à cet égard datent de l'année 1851, et les derniers de l'année 1901.

Ils ont tous été exécutés dans les laboratoires du Collège de France, où j'ai débuté comme préparateur pendant dix années (1851-1859), et où je professe depuis l'année 1864. Ces travaux sont dispersés dans plusieurs centaines de Mémoires, Notes et Notices, de diverse forme et étendue, consignés dans des Recueils multiples, tels que les *Comptes rendus de l'Académie des Sciences*, le *Bulletin de la Société chimique de Paris*, le *Bulletin de la Société philomathique* et surtout les *Annales de Physique et de Chimie ;* variété de publications où il est à peu près impossible de retrouver l'ensemble de mes recherches, ou d'en apercevoir l'enchaînement méthodique et les idées directrices. C'est ce qui m'a engagé à les reproduire en un tout coordonné.

Je m'empresse d'ajouter que je n'ai pas eu l'intention

de composer un Traité proprement dit, embrassant l'universalité des connaissances des chimistes sur les carbures d'hydrogène. Ce serait là assurément une œuvre très méritoire, mais colossale; surtout si, au lieu de se borner à reproduire les résumés sommaires des *Jahresberichte* et des *Berichte* des Sociétés chimiques des différents pays, l'on s'imposait le devoir de relire et d'analyser les Mémoires originaux de tous les expérimentateurs; Mémoires tronqués et mutilés trop souvent dans ces résumés, ainsi que dans les Manuels, qui sont censés en reproduire les résultats. Les compilateurs qui écrivent ces Manuels et résumés négligent d'ordinaire de signaler les théories nouvelles et les idées mères des auteurs, pour se borner à indiquer le squelette aride des faits conformes aux notions courantes de celui qui écrit les analyses, en se plaçant souvent à un point de vue systématique ou tendancieux. Aussi bien des méthodes générales, et même bien des faits intéressants se trouvent ainsi perdus, faute d'avoir attiré l'attention des rédacteurs de ces abrégés.

Ce que je me suis proposé de faire est plus modeste : c'est la réimpression de mes propres Mémoires, sous la forme même où ils ont été publiés, sauf à rectifier certains détails inexacts ou superflus.

J'ai choisi en général le texte de la publication complète dans les *Annales de Chimie*, date postérieure parfois d'une année et plus à la première annonce de mes résultats : mais j'ai préféré prendre comme base du présent Ouvrage les Mémoires dans leur rédaction la plus perfectionnée.

Quand il me paraîtra nécessaire d'y faire quelque addition ou modification importante — circonstance rare et exceptionnelle, — je prendrai soin de marquer l'alinéa intercalaire d'un astérisque (*), afin de conserver dans cet Ouvrage le caractère originel des documents qui ont fait date dans l'histoire de la Science.

Qu'il me soit permis d'ajouter que l'étude des carbures

d'hydrogène, représentée dans la présente publication, ne comprend qu'une portion de mon œuvre scientifique en Chimie. Pour en donner une idée plus complète, il conviendrait d'y ajouter mes travaux sur la synthèse des corps gras naturels, la découverte des alcools polyatomiques, glycérine et principes sucrés, et de leurs combinaisons, travaux caractérisés par l'emploi systématique des réactions directes, accomplies à température constante, avec le concours du temps et l'emploi des vases scellés à la lampe.

Je rappellerai encore mon exposition des méthodes générales de synthèse progressive en Chimie organique, laquelle a fourni les principes et l'exemple de la marche nouvelle de classification, adoptée depuis 1860, dans les Traités consacrés à cette Science.

Je citerai aussi mes études sur les matières explosives et sur leur théorie, sur la fixation de l'azote par l'action de l'effluve électrique et par les microbes de la terre végétale, et plus généralement sur la Chimie végétale et agricole; mes recherches sur les saccharoses, sur l'acide persulfurique et sur l'isomérie des corps simples : carbone, soufre, argent, etc.; enfin, dans un ordre plus général, mes travaux sur la Mécanique chimique, sur les équilibres des réactions éthérées, où la plupart des questions principales relatives à ces équilibres ont été posées pour la première fois, et mes longues études expérimentales et théoriques sur la Thermochimie.

Je ne parlerai ici que pour mémoire de mes ouvrages sur les origines et l'histoire de la Chimie, dans l'antiquité et au moyen âge, ainsi que de mes expériences inspirées par le concours de la Chimie aux investigations archéologiques. Il est peu d'applications de la Chimie à d'autres sciences auxquelles je sois resté étranger.

En général, j'ai déjà pris soin de grouper dans des publications spéciales et antérieures la plupart de mes recherches sur ces diverses branches de la Science chimique. C'est en vue de compléter cet ensemble que j'ai cru utile de rassembler les matériaux du présent Ouvrage.

—————

Voici quelle en est la division. Il est partagé en trois Volumes ; le premier Volume a pour titre : *L'Acétylène ; Synthèse totale des carbures d'hydrogène.* Ce volume comprend deux Livres, constitués uniquement par mes expériences personnelles, savoir :

Dans le Livre I, j'expose la synthèse de l'acétylène, du formène, de l'éthylène, de la benzine et des carbures polymères de l'acétylène. J'y joins mes travaux sur les propriétés explosives de l'acétylène et la première série de mes expériences synthétiques, exécutées en 1858, à partir de l'oxyde de carbone et du sulfure de carbone.

Le Livre II est consacré aux dérivés de l'acétylène, c'est-à-dire aux composés résultant de son union avec les éléments, tels que l'azote, l'hydrogène, l'oxygène, les corps halogènes et les métaux : de là résultent de nouvelles synthèses totales, notamment celle de l'acide cyanhydrique par l'azote libre.

Le second Volume décrit mes expériences sur les carbures pyrogénés et sur quelques autres, appartenant aux séries propylique et camphénique. Il est aussi partagé en deux Livres, savoir :

Le Livre III affecté aux carbures pyrogénés, en tant que dérivés de l'acétylène et des carbures les plus simples : formène, éthylène, benzine et leurs homologues, soumis à l'action des hautes températures. J'y examine aussi l'action de la chaleur sur les carbures mélangés : ce qui constitue toute une statique du plus haut intérêt, en connexion directe avec les relations thermochimiques qui existent entre ces divers carbures.

La découverte de l'acénaphtène et celle de divers autres carbures contenus dans le goudron de houille se rattachent à ces recherches, ainsi que l'étude de la série styrolénique, et des études originales sur les composants du gaz d'éclairage et sur l'origine minérale des carbures d'hydrogène naturels.

Je termine par certaines expériences relatives à l'action de la chaleur et de l'effluve électrique sur l'oxyde de carbone et sur les carbures d'hydrogène.

Le Livre IV contient mes Mémoires sur le propylène, sur son isomère, le triméthylène, et sur la série allylique ; ainsi que sur les carbures térébenthéniques, camphéniques et terpiléniques, répondant à la formule $C^{10}H^{16}$, leur classification, leur synthèse, la synthèse du camphre ordinaire. J'y résume les relations thermochimiques, caractéristiques de ces divers groupes de carbures, lesquelles conduisent à la notion nouvelle de l'isomérie dynamique.

Le Tome III renferme mes expériences sur la formation générale des dérivés des carbures d'hydrogène, exposée dans trois Livres distincts, savoir :

Le Livre V, consacré à l'hydrogénation des carbures et plus généralement des composés organiques ; cette hydrogénation étant opérée par une méthode universelle, fondée sur l'emploi de l'acide iodhydrique, méthode que j'ai découverte et développée depuis l'année 1857 et spécialement en 1868 ;

Le Livre VI traite de l'oxydation des carbures d'hydrogène et de leur transformation en aldéhydes et acides, par diverses méthodes de réactions ménagées ;

Enfin le Livre VII rapporte la synthèse des alcools au moyen des carbures d'hydrogène, soit par hydratation, soit par oxydation. On y décrit une méthode générale et directe, destinée à établir la fonction alcoolique de divers principes immédiats, qui n'avaient pas été envisagés jusque-là comme des alcools, tels que le camphre de Bornéo et la cholestérine.

J'espère que cet ensemble, qui résume toute une vie scientifique, présentera quelque intérêt, à la fois pour les spécialistes d'aujourd'hui et pour les personnes qui ont la curiosité de connaître la marche générale de l'esprit humain dans la découverte de la vérité.

M. BERTHELOT.

Paris, 1901.

LIVRE I.

SYNTHÈSE DE L'ACÉTYLÈNE, DU FORMÈNE, DE L'ÉTHYLÈNE, DE LA BENZINE ET DES CARBURES FONDAMENTAUX.

INTRODUCTION.

Ce Livre renferme l'ensemble des expériences que j'ai faites, depuis l'année 1857, sur la synthèse totale des carbures d'hydrogène fondamentaux, l'acétylène, le formène, l'éthylène et la benzine, par leurs éléments, carbone et hydrogène; synthèses initiales qui sont devenues la pierre angulaire de toute synthèse en Chimie organique.

Le Livre premier renferme trente-neuf Chapitres, répartis en cinq sections qui portent les titres suivants :

PREMIÈRE SECTION : *Acétylène.* — Elle comprend la synthèse de l'acétylène par les éléments; le détail de sa préparation et de ses propriétés; sa synthèse par la réaction de l'étincelle électrique sur les gaz composés plus simples: l'étude des équilibres électriques entre le carbone, l'hydrogène et l'acétylène; les diverses conditions de formation de l'acétylène par la combustion incomplète, par l'action de l'étincelle électrique et par l'action de la chaleur rouge et par celle de l'effluve sur les gaz hydrocarbonés; sa formation par l'action de la potasse sur les sels sulfonés, enfin la synthèse de l'éthylène par l'acétylène. Le tout forme dix-huit Chapitres.

DEUXIÈME SECTION : *Les polymères de l'acétylène.* — Elle expose la synthèse de la benzine, du styrolène, des hydrures de naphtaline et d'anthracène et, par suite, la synthèse de la naphtaline et de l'anthracène. On y développe la théorie qui résulte de ces synthèses pour la saturation des polymères et celle de la série aromatique. En tout six Chapitres, qui sont la base de la plupart des synthèses dans l'ordre des composés cycliques.

TROISIÈME SECTION : *Détonation de l'acétylène.* — Les conditions observées dans la formation des polymères de l'acétylène ayant paru impliquer le caractère endothermique de ce composé, j'ai été amené à en mesurer expérimentalement la chaleur de formation, détermination qui a confirmé complètement cette prévision. J'ai été ainsi conduit à penser que la décomposition brusque de l'acétylène pourrait être déterminée à l'aide des agents spéciaux propres à faire détoner les matières explosives. De là toute une série de recherches, accomplies pour la plupart avec le concours de M. Vieille, et qui ont pris une importance exceptionnelle par suite de l'application de l'acétylène à l'éclairage. Cette étude est présentée dans huit Chapitres.

QUATRIÈME SECTION : *Synthèse du formène et des carbures éthyléniques.* — Cette section renferme mes premières recherches sur la synthèse des carbures d'hydrogène, exécutées avant que j'eusse découvert celle de l'acétylène. Telle est la synthèse du gaz des marais (formène) au moyen du sulfure de carbone, réalisée par les méthodes générales de la Chimie minérale; telles sont la transformation régulière du formène par la chaleur en éthane, éthylène, acétylène, propylène, etc., et la transformation des chlorures de carbone en carbures d'hydrogène. Soit quatre Chapitres.

La CINQUIÈME SECTION expose, en deux Chapitres, la *synthèse de l'acide formique par l'oxyde de carbone* et la synthèse consécutive des carbures d'hydrogène par la distillation sèche des formiates.

PREMIÈRE SECTION.

ACÉTYLÈNE : SYNTHÈSES.

CHAPITRE I.

SYNTHÈSE DE L'ACÉTYLÈNE PAR LA COMBINAISON DIRECTE
DU CARBONE AVEC L'HYDROGÈNE ([1]).

I. — Description de l'expérience.

Les carbures d'hydrogène et les alcools sont le point de départ
de la formation des autres composés organiques : aussi, après avoir
réussi à opérer la synthèse des alcools et celle de leurs éthers
au moyen des carbures d'hydrogène, j'ai tourné tous mes efforts
vers la formation des carbures d'hydrogène eux-mêmes par les
éléments. J'ai exposé, dès 1857, diverses méthodes qui permettent
d'atteindre le but et d'obtenir les carbures les plus simples en unissant le carbone et l'hydrogène. Mais si ces méthodes ne laissent
ni doute ni équivoque quant au résultat final, cependant elles sont
parfois indirectes, et elles ne fournissent que des voies détournées
pour réaliser la combinaison initiale du carbone avec l'hydrogène. Dans l'état de nos connaissances d'alors, il n'y avait guère
d'espérance de pouvoir procéder autrement. Chacun sait, en effet,
quelle est l'indifférence chimique du carbone à la température
ordinaire à l'égard des agents les plus puissants : cette indifférence ne cesse qu'à la température rouge, et pour l'oxygène et le
soufre seulement. Mais quant à l'hydrogène, toutes ses combi-

---

([1]) *Annales de Physique et de Chimie,* 3ᵉ série, t. LXVII; janvier 1863.

naisons avec le carbone, extraites jusque-là de produits organiques, se détruisaient précisément sous l'influence d'une température rouge ; il semblait dès lors chimérique de chercher à les former directement.

Cependant mes derniers travaux sur l'acétylène m'ont paru autoriser de nouvelles tentatives. Ce composé est le moins riche en hydrogène de tous les gaz carbonés, car c'est le seul qui en renferme son propre volume, sans condensation :

$$C^2 H^2 = 4 \text{ volumes;} \qquad H^2 = 4 \text{ volumes.}$$

L'acétylène est en même temps le plus stable des carbures d'hydrogène. Non seulement il se forme en grande quantité aux dépens du gaz oléfiant et du gaz des marais, soumis à l'influence de la chaleur, ou de l'étincelle d'induction ; mais sous la dernière influence il peut se produire, quoique en proportion moindre, aux dépens de la benzine et de la naphtaline mêmes, c'est-à-dire aux dépens de ces carbures, que l'on était habitué jusqu'ici à regarder comme les plus stables de tous. En présence de ces faits, j'ai pensé qu'il y aurait lieu de tenter la formation de l'acétylène par l'union directe de ses éléments.

Avant d'entreprendre mes expériences, je me suis d'abord préoccupé de la pureté des matériaux que je voulais mettre en œuvre.

L'hydrogène est facile à préparer, au moyen du zinc, dans un état de pureté et de siccité convenable ; mais il n'en est pas de même du carbone. En général, le carbone tire son origine des substances organiques : il constitue alors les différentes espèces de charbon, et contient une proportion variable d'hydrogène. Une calcination soutenue en élimine la plus grande partie. Cependant le charbon le mieux calciné, le charbon de cornue, par exemple, malgré ses propriétés demi-métalliques, en retient encore quelque trace. Ce dernier charbon renferme en outre une petite quantité de matière goudronneuse, dont la présence méconnue pourrait devenir l'origne de graves illusions. Pour éliminer complètement et sûrement l'hydrogène et la matière goudronneuse, contenus dans le charbon, je ne connais qu'un seul procédé : l'emploi du chlore à la température rouge. Le chlore présente d'ailleurs cet autre avantage de purifier le charbon, en séparant le soufre, le fer, l'aluminium, le silicium et la plupart des métaux, sous la forme de chlorures volatils. Aussi a-t-il été employé par M. Dumas dans ses recherches sur l'équivalent du carbone. Si j'insiste sur ces précautions, c'est que leur omission enlèverait tout caractère démonstratif aux résultats que je vais exposer, en laissant incertain si la formation de l'acétylène doit être attribuée à l'union même du carbone avec l'hydrogène, ou bien à la décomposition de quelque matière hydrogénée contenue dans le charbon.

En résumé, j'ai employé du charbon de cornue, rougi au contact de l'air, puis chauffé au rouge pendant une heure et demie dans un courant de chlore.

J'ai d'abord eu recours à l'action de la chaleur seule : j'ai chauffé le charbon purifié, dans un courant d'hydrogène, au rouge vif, mais sans succès. Voulant porter plus haut la température, j'ai eu recours à l'obligeance de M. Henri Sainte-Claire Deville, qui a mis à ma disposition, avec sa libéralité ordinaire, ses appareils de l'École Normale et sa grande expérience du feu. Mais je n'ai pas eu plus de succès que la première fois : après plus d'une heure de température soutenue au rouge blanc, nous avons vu se fondre et couler comme du verre le tube de porcelaine qui contenait le charbon, sans obtenir la moindre trace d'acétylène.

La chaleur solaire, concentrée à l'aide d'une grande lentille à échelons, n'a pas fourni de meilleur résultat.

Pour pousser plus loin, l'électricité restait, avec ses effets puissants, où l'influence propre de cet agent concourt avec celle de la chaleur. J'employai d'abord l'étincelle d'un grand appareil de Ruhmkorff, traversé par le courant de 6 éléments, dans les conditions ordinaires et connues de son usage ; je mis en œuvre successivement le charbon calciné et un charbon très divisé, que je produisais dans l'appareil même, par la décomposition du gaz des marais. J'ai opéré tantôt avec des étincelles longues et déliées, tantôt avec des étincelles larges et courtes. Dans ces conditions variées, l'expérience échoua encore ; ce que j'attribue au défaut d'échauffement convenable du charbon par l'étincelle d'induction.

J'eus enfin recours à la pile et à l'arc électrique qui se produit entre deux pointes de charbon, avec élévation excessive de température et transport du charbon d'un pôle à l'autre. Je pris soin de purifier les baguettes de charbon de toute matière goudronneuse et hydrogénée par l'emploi du chlore, comme il a été dit plus haut ([1]).

([1]) Désirant contrôler mes résultats à ce point de vue, j'ai pris un fragment du charbon purifié pour mes expériences, pesant $1^{gr},078$, et, sans le pulvériser ni même le concasser, je l'ai brûlé dans un courant d'oxygène. J'ai obtenu $0^{gr},010$ d'eau, c'est-à-dire 1 milligramme d'hydrogène. Ce corps tire probablement son origine de l'eau hygrométrique.

Dans ces conditions nouvelles, l'expérience réussit pleinement. La combinaison de l'hydrogène avec le carbone s'effectue à l'instant. Dès que l'arc jaillit, l'acétylène prend naissance, et c'est le seul produit que j'aie reconnu dans la réaction. Sa production continue tant que l'arc électrique passe. Elle peut être reproduite indéfiniment avec les mêmes charbons, tant que le transport de matière qui s'opère entre les pôles ne les a pas désagrégés entièrement :

$$C^2 \quad + \quad H^2 \quad = \quad C^2H^2.$$
$$\text{Carbone.} \quad \text{Hydrogène.} \quad \text{Acétylène.}$$

J'ai l'honneur de réaliser l'expérience devant l'Académie. L'acétylène formé autour des pôles est entraîné à mesure par le courant gazeux ; il se condense dans une solution de protochlorure de cuivre ammoniacal, en produisant un précipité rouge d'acétylure cuivreux. L'expérience est également frappante et par l'emploi de la lumière électrique et par l'apparition caractéristique de ce précipité. Elle est si facile à réaliser, qu'elle pourra être reproduite dans tous les cours. Pour qu'elle ait tout son éclat, il est nécessaire d'employer 40 ou 50 éléments Bunsen, encore qu'un nombre bien moindre suffise pour constater le fait.

Rien n'est plus aisé que d'obtenir ainsi des quantités notables d'acétylure cuivreux. Dans les conditions où j'opérais, il se formait environ 10^{cc} d'acétylène par minute ; la proportion du carbone entré en combinaison avec l'hydrogène pouvait être évaluée à la moitié environ de celle du carbone désagrégé ou transporté.

En traitant ensuite l'acétylure cuivreux par l'acide chlorhydrique, on reproduit l'acétylène à l'état pur. Après avoir constaté que le carbure obtenu par cette voie jouissait de toutes les propriétés caractéristiques de l'acétylène, j'en ai fait l'analyse :

20 volumes du carbure obtenu avec les éléments, étant
    brûlés dans l'eudiomètre, ont fourni
40 volumes d'acide carbonique, en absorbant
51 volumes d'oxygène.

Or

20 volumes d'acétylène doivent produire
40 volumes d'acide carbonique, en absorbant
50 volumes d'oxygène.

L'acétylène, ainsi formé par la synthèse directe de ses éléments, n'est pas un être isolé, mais un point de départ. En effet, j'ai montré ([1]) comment on pouvait aisément le changer en gaz oléfiant ou éthylène par une simple addition d'hydrogène :

$$C^2H^2 \;+\; H^2 \;=\; C^2H^4.$$

Acétylène.   Hydrogène.   Gaz oléfiant.

Avec le gaz oléfiant, on forme l'alcool et l'on entre ainsi dans cette chaîne de composés, dont l'ensemble constitue la Chimie organique. A toutes ces synthèses et formations progressives, celle de l'acétylène donne désormais pour premier fondement une synthèse directe.

II. — Synthèse de l'acétylène avec les différents états du carbone.

J'ai répété mes expériences relatives à la synthèse de l'acétylène avec différentes variétés de carbone, telles que le charbon de bois purifié, le diamant et le graphite naturel. Sous les unes de ces formes, le carbone constitue une véritable substance minérale; sous l'autre forme, il est aussi près que possible de la structure organisée.

Le charbon de bois (charbon de fusain) a été privé d'hydrogène, en le chauffant pendant six heures au rouge presque blanc, dans un courant de chlore sec. Puis je l'ai employé comme électrode. Ce charbon conduit suffisamment l'électricité, bien que sa structure éminemment poreuse nuise au volume et à l'incandescence de l'arc. Tant que la température se maintient au-dessous du blanc éblouissant, l'acétylène ne se manifeste pas : mais, dès qu'en écartant suffisamment les charbons l'arc apparaît avec son éclat normal, l'acétylène prend naissance d'une manière continue. Cependant sa formation est plus difficile avec le charbon de bois purifié qu'avec le charbon de cornue, contrairement à ce que la structure du charbon de bois aurait conduit à prévoir. J'explique cette différence par la difficulté d'échauffer au même degré, dans un courant gazeux, un charbon aussi peu compact.

Le graphite naturel, purifié par un courant de chlore sec prolongé pendant six heures au rouge presque blanc, se comporte à peu près comme le charbon de cornue dans mon expérience, à cela près que sa conductibilité électrique paraît moindre. Entre deux pôles de graphite, dans une atmosphère d'hydrogène, j'ai fait jaillir l'arc électrique : l'acétylène s'est formé aussitôt en abon-

---

([1]) *Voir* plus loin.

dance. En même temps, l'extrémité des électrodes a perdu son éclat et s'est recouverte de carbone noir et amorphe, semblable à du noir de fumée.

Cette expérience est d'autant plus démonstrative que la nature chimique du graphite naturel ne donne lieu à aucune contestation : on sait que cette substance a été employée par M. Dumas pour déterminer l'équivalent du carbone.

*J'ai depuis reproduit la même expérience avec le diamant.

Après avoir terminé les expériences qui précèdent, j'ai fait diverses tentatives pour unir directement le carbone avec d'autres éléments. Le chlore, le brome, l'iode, l'azote pur et sec, placés dans l'arc, entre des pôles de carbone, au sein d'une atmosphère *absolument privée de vapeur d'eau*, n'ont donné lieu à aucun phénomène chimique particulier. Si l'azote est humide, il se forme de l'acide cyanhydrique (*voir* plus loin), par suite de l'intervention de l'hydrogène, résultant de la réaction de l'eau sur le carbone.

CHAPITRE II.

SYNTHÈSE DE L'ACÉTYLÈNE. DÉTAILS EXPÉRIMENTAUX (¹).

Je viens de dire comment on combine l'hydrogène et le carbone libres, en les soumettant simultanément à l'influence de l'arc voltaïque : il suffit de produire l'arc voltaïque entre deux pôles de carbone, au sein d'une atmosphère d'hydrogène.

Décrivons les appareils à l'aide desquels on effectue cette expérience remarquable. On produit la combinaison dans l'intérieur d'un vase de verre, connu généralement sous le nom d'*œuf électrique*.

C'est un ballon à deux pointes, OOOO, ayant la forme d'un ellipsoïde de révolution. Les extrémités du grand axe sont munies d'ouvertures, M, M, fermées par des bouchons. Chacun de ces bouchons porte deux trous, traversés par deux tubes de verre.

L'un des tubes, *t*, livre passage à l'hydrogène, l'autre tube, T, à un pôle de la pile, c'est-à-dire à une tige métallique ajustée avec le tube de verre à l'aide d'un tube de caoutchouc, C, et glissant dans ce tube à frottement doux, sans ouvrir cependant une communication entre l'intérieur du vase et l'atmosphère ambiante. L'extrémité extérieure de la tige métallique peut être liée à volonté, en K, avec un pôle de la pile +P. L'extrémité intérieure de cette même tige, P, supporte un crayon de charbon de cornue, Q.

Voici le dessin de cet appareil.

Fig. 1.

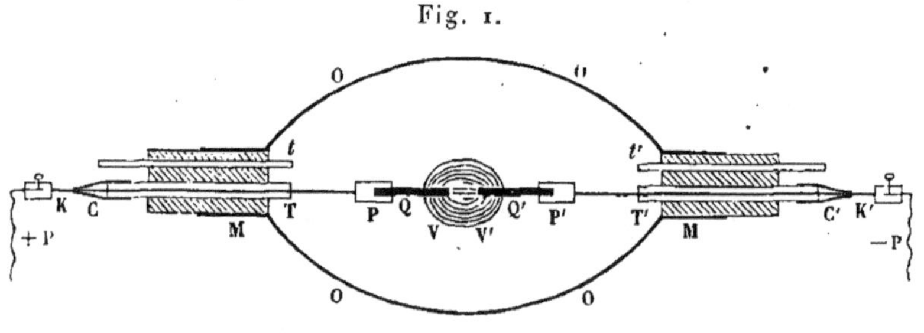

(¹) *Leçons sur les méthodes générales de synthèse,* 1864.

On commence par chasser tout l'air contenu dans le ballon, à l'aide d'un courant rapide d'hydrogène pur, prolongé pendant un quart d'heure au moins. Si l'on se bornait à le produire durant quelques minutes, l'air qui resterait pourrait former un mélange tonnant, qui prendrait feu au moment où l'on établirait l'arc voltaïque.

L'œuf étant rempli d'hydrogène, on met les deux tiges en communication avec les pôles d'une pile formée de 5o éléments Bunsen environ. On rapproche les deux charbons jusqu'au contact, en faisant glisser les tiges qui les supportent; puis on les écarte faiblement, de manière à obtenir l'arc voltaïque VV'. On a soin de rétablir cet arc, chaque fois qu'il s'interrompt, par suite de l'usure des charbons.

L'acétylène prend aussitôt naissance,

$$C^2 + H^2 = C^2 H^2,$$

dans la proportion de 10^{cc} à 12^{cc} par minute, proportion considérable si l'on fait attention à la petitesse de la surface du carbone échauffée par l'arc. La moitié environ du carbone perdu par les pôles se change en acétylène, l'autre moitié étant dispersée en vapeurs et poussières, qui demeurent adhérentes aux parois du ballon.

L'acétylène se produit ici : mais c'est un gaz invisible ; il faut de nouvelles épreuves pour en démontrer l'existence. Pour y parvenir, on l'entraîne à mesure, en continuant le courant d'hydrogène : Le gaz qui se dégage possède maintenant une odeur particulière ; sa flamme est devenue plus éclairante ; il donne, en brûlant, de l'eau et de l'acide carbonique.

Mais ce sont là des caractères généraux ; ils s'appliquent d'ailleurs à un mélange d'hydrogène et d'acétylène. Pour manifester plus spécialement la présence de l'acétylène et pour l'isoler, nous l'engagerons dans une combinaison insoluble et caractéristique, l'acétylure cuivreux. Nous obtiendrons en effet de l'acétylure cuivreux, en faisant passer l'acétylène à travers une solution de protochlorure de cuivre ammoniacal. L'expérience donne lieu à un précipité rouge de sang, dont la formation établit de la manière la plus nette celle de l'acétylène. Avant d'étudier spécialement ce précipité, je crois utile de donner quelques détails pratiques sur les substances employées dans cette expérience, afin qu'elle puisse être répétée au besoin.

Voici comment on prépare le protochlorure de cuivre ammoniacal. On commence par dissoudre du bioxyde de cuivre noir dans l'acide chlorhydrique concentré; on introduit, dans la solution très acide de bichlorure de cuivre ainsi obtenue, un excès de tournure de cuivre et l'on maintient le tout à l'abri du contact de l'air. Au bout de quelques heures, la liqueur devient incolore, par suite de la transformation du bichlorure en protochlorure : une portion de ce dernier se dépose parfois sous la forme d'un sel blanc et cristallin. On verse la liqueur claire dans de l'ammoniaque, jusqu'à ce que le précipité, qui se forme d'abord, cesse de se redissoudre aussitôt. On obtient une dissolution avec excès d'ammoniaque, qui serait incolore, si l'on était parvenu à éviter entièrement le contact de l'oxygène; mais cette condition, presque impossible à réaliser, n'est nullement nécessaire. Aussi la liqueur est-elle, en général, colorée en bleu par une petite quantité de sel de bioxyde de cuivre.

Le réactif ainsi préparé a la propriété de réagir sur l'acétylène, en développant un précipité rouge d'acétylure cuivreux.

Quelques détails encore sur l'acétylure cuivreux, qui fournit l'un des éléments essentiels de notre démonstration. L'acétylure cuivreux, lorsqu'il vient d'être précipité, est un corps rouge de sang, en flocons légers et volumineux, ayant pour composition C^2HCu (¹). C'est de l'acétylène, C^2H^2, dans lequel 1 atome d'hydrogène est remplacé par un atome de cuivre; de la même manière que l'hydorgène de l'hydrogène sulfuré est remplacé par le cuivre dans le sulfure cuivreux, CuS.

La formule suivante explique la réaction qui le produit :

$$C^2H^2 + CuCl + AzH^3 = C^2HCu + AzH^3 . HCl.$$

Cette réaction est d'une sensibilité extraordinaire. Aussi permet-elle de démontrer la présence de l'acétylène dans une multitude de mélanges gazeux, et particulièrement dans tous les gaz hydrocarbonés qui ont subi l'influence prolongée d'une température rouge.

Soit, par exemple, le gaz de l'éclairage; il suffit de faire passer ce gaz pendant une minute ou deux dans le réactif, pour obtenir un précipité. La formation du précipité peut être manifestée sous une forme plus saisissante encore, en remplissant de gaz de l'éclairage, par déplacement, un flacon sec de 1ᶫⁱᵗ ou 2ᶫⁱᵗ. On y introduit ensuite quelques centimètres cubes du réactif; on ferme

---

(¹) Il renferme en outre une certaine quantité de protoxyde de cuivre, CuO, et d'eau, dont il est inutile de tenir compte dans les explications qui suivent.

le vase et l'on voit aussitôt se précipiter d'abondants flocons rouges qui tapissent les parois du flacon. Pour donner une idée de la sensibilité de cette réaction, il suffira de dire que 1 litre de gaz de l'éclairage contient tout au plus quelques dixièmes de centimètre cube d'acétylène. Aussi le protochlorure de cuivre ammoniacal fournit-il un moyen très précieux pour recueillir et concentrer l'acétylène.

Il se prête d'ailleurs à sa régénération. En effet, si l'on traite l'acétylure cuivreux par l'acide chlorhydrique, on obtient de l'acétylène ; de même qu'en traitant un sulfure par cet acide on obtiendrait de l'oxygène sulfuré :

$$C^2 H Cu + H Cl = Cu Cl + C^2 H^2.$$

Revenons maintenant à notre expérience fondamentale.

Après avoir fait réagir le carbone et l'hydrogène, sous l'influence de l'arc électrique, nous dirigeons les gaz dans des flacons laveurs, contenant du protochlorure de cuivre ammoniacal. Nous obtenons aussitôt un précipité rouge d'acétylure cuivreux. Ce précipité est extrêmement volumineux, ce qui rend la réaction plus apparente.

L'acétylène ainsi manifesté peut être reproduit dans un état de pureté absolue. En effet, après avoir continué l'expérience pendant quelque temps, on rassemble le précipité, on le lave par des décantations réitérées, jusqu'à ce que la liqueur surnageante devienne incolore. Puis on le traite par l'acide chlorhydrique, en élevant un peu la température : on opère dans un appareil disposé pour recueillir sur le mercure le gaz qui se dégage. On obtient ainsi l'acétylène pur.

Comme ce gaz est assez précieux, il convient de remplir à l'avance d'acide carbonique l'appareil dans lequel on le produit ; de cette manière on peut recueillir la totalité des gaz, sans en perdre une première partie, employée à balayer l'air des appareils. On absorbe ensuite l'acide carbonique au moyen de la potasse, et il reste l'acétylène pur et sans aucune perte.

Avant de poursuivre, il paraît nécessaire de faire quelques remarques sur les procédés que nous avons mis en œuvre dans cette première recherche. En effet les découvertes ne reposent pas seulement sur l'énoncé de certains résultats que l'on affirme avoir obtenus, mais surtout sur l'appareil rigoureux d'une démonstration expérimentale, et sur l'examen critique des épreuves et procédés mis en œuvre : examen fort usité au temps de Gay-Lussac et de Berzélius et aujourd'hui beaucoup trop délaissé.

Dans toute synthèse, pour que les résultats soient démonstratifs, on doit tenir compte de quatre choses essentielles :

1° La pureté des matières premières employées ;

2° Leur origine ;

3° La nécessité d'obtenir les corps en nature, et non leurs dérivés ; ce qui est indispensable pour permettre d'en vérifier toutes les propriétés ;

4° L'identité des caractères du composé artificiel avec ceux du composé que l'on se propose de reproduire, surtout s'il s'agit d'un principe immédiat naturel. Nous reviendrons plus tard sur ce dernier point, à d'autres occasions ; mais la synthèse de l'acétylène nous occupant présentement, nous n'aurons pas à le discuter, l'acétylène étant un produit artificiel.

Examinons donc les trois premiers points.

1° *Pureté des matières premières.* — Les raisons qui obligent à employer des matières premières pures sont diverses : les unes s'appliquent surtout au cas où les produits obtenus sont peu abondants ; les autres concernent la possibilité des réactions.

Si, les matières premières étant impures, on n'obtient les produits nouveaux qu'en petite quantité, il devient alors fort difficile d'en établir avec pleine certitude la véritable origine et de discerner si les produits dérivent des matières principales, ou de leurs impuretés.

Citons un exemple des erreurs qui ont pu être commises en négligeant cette précaution. En distillant les sulfovinates, plusieurs expérimentateurs ont dit avoir obtenu un carbure d'hydrogène qui offrait la composition, le point d'ébullition, et sans doute aussi la condensation de l'amylène. Mais ce carbure a été isolé en quantité si faible, que 5^{kg} de sulfovinate en ont produit à peine quelques grammes. L'origine d'un corps si peu abondant doit être tenue pour douteuse, en raison des impuretés contenues dans l'alcool employé pour préparer les sulfovinates. Ce corps, en effet, contenait probablement, comme il arrive toujours à moins de précautions spéciales, des traces d'alcool amylique. Or l'alcool amylique est une source naturelle d'amylène dans les réactions. Je signalerai bientôt d'autres cas de cette nature, en parlant de la purification du carbone.

Les impuretés des matières premières peuvent exercer un autre genre d'influence, même sur les produits formés en quantités considérables. En effet, il arrive dans certains cas que des matières étrangères mélangées avec d'autres corps, même en très petite quantité, empêchent ou déterminent certaines réactions des substances les plus abondantes. Ainsi un mélange d'hydrogène et d'oxygène détone, lorsque ces gaz sont purs, sous l'influence d'un petit fragment de mousse de platine; mais il suffit, en sens inverse, de quelques traces de divers carbures d'hydrogène, tels que le gaz oléfiant, pour empêcher la combinaison de se produire. Il arrive, au contraire, que des traces d'un corps étranger déterminent des réactions qui, sans lui, ne se fussent pas effectuées. Ainsi l'hydrogène phosphoré gazeux n'est pas spontanément inflammable au contact de l'air, s'il ne renferme pas de phosphure liquide. Mais la moindre bulle de ce dernier composé détermine l'inflammation de la masse.

La pureté des matières premières est donc indispensable pour la certitude des synthèses.

2° L'*origine des matières premières* n'est pas non plus sans importance. En général, pour qu'une expérience de synthèse ait une signification absolue, il faut que les produits avec lesquels elle a été faite donnent lieu aux mêmes effets, quelle que soit l'origine de ces produits. Il faut spécialement éviter qu'ils résultent de la décomposition du corps même que l'on se propose de reconstituer. Autrement la synthèse n'offrirait plus qu'un caractère relatif et particulier, parce qu'elle tournerait dans une sorte de cercle vicieux. On connaît en effet bien des cas où telle substance provenant de la destruction d'un composé déterminé régénère beaucoup plus facilement ledit composé, que lorsqu'elle provient de toute autre origine. Certains oxydes métalliques, par exemple, lorsqu'on les réduit par l'hydrogène à la température la plus basse possible, peuvent ensuite se régénérer spontanément des métaux ainsi produits, sous l'influence de l'oxygène, dès la température ordinaire : les oxydes de cuivre et de fer sont dans ce cas. Tandis que les oxydes calcinés des mêmes métaux ne sont réduits qu'à une température plus élevée et fournissent des métaux dont la réoxydation est beaucoup plus difficile.

De telles conditions de pureté et d'origine sont souvent très difficiles à observer à l'égard des matières organiques. Elles le sont surtout dans le cas qui nous préoccupe, la formation des composés organiques au moyen des éléments.

A la vérité, il est aisé d'obtenir l'hydrogène à l'état de pureté absolue; mais non le carbone. Cet élément se présente à nous, en général, sous forme de charbon (charbon de bois, coke, charbon de cornue) : or ces charbons sont tous, en définitive, d'origine organique. A ce titre, ils retiennent diverses impuretés. Si, par exemple, on chauffe dans un petit tube un fragment de charbon de bois, on voit s'en dégager un mélange de vapeur d'eau et de vapeurs empyreumatiques : ce n'est donc pas du carbone pur, mais un mélange de ce corps simple avec divers composés très compliqués. Le charbon des cornues à gaz, qui résulte de la décomposition des carbures d'hydrogène à une haute température, renferme des traces de composés complexes, d'origine organique. Non seulement il contient encore de l'hydrogène; mais si on le calcine fortement dans un tube de verre peu fusible, il répand une odeur qui rappelle le benjoin, odeur très faible à la vérité, mais qui, cependant, démontre à elle seule que ce charbon n'est pas pur. Les différentes espèces de charbons peuvent en outre contenir des cyanures, et des sels alcalins et métalliques.

Les erreurs causées par les impuretés du charbon sont nombreuses dans l'histoire de la Science. En voici deux assez frappantes, et qui ont été reproduites dans plusieurs traités de Chimie.

En faisant passer de la vapeur d'eau sur du charbon, à une haute température, on obtient, dit-on, de l'oxyde de carbone, de l'hydrogène et quelques centièmes de gaz des marais. Eh bien! la présence d'une semblable dose de gaz des marais est ici due aux impuretés du charbon. En effet, si l'on reprend le charbon même qui a fourni ce gaz dans une expérience et si on le prive de l'hydrogène qui s'y trouve combiné, en employant un procédé signalé plus loin, on n'obtient plus ensuite par l'action de la chaleur que de l'oxyde de carbone et de l'hydrogène sensiblement purs; la présence d'une dose notable de gaz des marais tenait donc uniquement à l'impureté du charbon.

Voici un autre exemple des erreurs qui peuvent être commises. Si l'on produit une série d'étincelles électriques, au moyen d'un appareil de Ruhmkorff, entre deux crayons de charbon de cornue et en présence de l'azote, on obtient une trace de cyanogène. Le carbone, a-t-on dit, se combine donc directement à l'azote. La production du cyanogène, ou plus exactement des vapeurs cyaniques, dans cette circonstance, est bien réelle; mais la conclusion que l'on en a déduite est fausse. En effet, le cyanogène tire ici son origine à la fois de la présence de l'hydrogène, de la vapeur d'eau et des cyanures alcalins; peut-être aussi des alcalis préexistants dans le charbon de cornue : il est accidentel. On peut le prouver de deux manières : d'une part, on obtient encore du cyanogène en faisant la même expérience dans l'hydrogène pur, en l'absence de l'azote; d'autre part, le charbon complètement purifié et privé d'hydrogène, avant d'être mis en présence de l'azote, ne fournit plus de composé cyanique.

Cette nécessité d'employer du carbone absolument pur étant établie, comment purifierons-nous le charbon que nous voulons faire réagir sur l'hydrogène libre? comment le débarrasserons-nous de l'hydrogène combiné, des cyanures et de toutes les matières organiques et salines qui peuvent le souiller?

Nous y parviendrons en-suivant un procédé fort exact, qui consiste à soumettre le charbon à un courant de chlore sec, à la température du rouge blanc.

On place le charbon dans un tube de porcelaine, que l'on chauffe jusqu'au rouge blanc, à l'aide d'un fourneau à réverbère; tandis que l'on y fait passer un courant de chlore sec. Il se forme ainsi : avec l'hydrogène, de l'acide chlorhydrique; avec les cyanures, du chlorure de cyanogène, ou les produits de sa décomposition; avec les métaux, des chlorures métalliques; avec les oxydes alcalins et terreux, avec l'alumine, la silice, etc., de l'oxyde de carbone et des chlorures métalliques. Lorsque le charbon a été maintenu au rouge blanc, dans un courant de chlore sec, pendant quelques heures, il finit par se purifier complètement, parce que tous les chlorures que peuvent former les métaux et métalloïdes qu'il renferme, tels que les chlorures de potassium, de fer, d'aluminium, de silicium, de soufre, etc., sont volatils dans un courant gazeux à cette température.

C'est conformément à ces principes que nous avons effectué la synthèse de l'acétylène au moyen de l'hydrogène pur et du carbone pur.

Reste la question d'origine. Le carbone fournit-il de l'acétylène, quelle que soit la source dont il provienne? Ce point est ici essentiel : en effet, le charbon provient en général de substances organiques, et il retient quelque chose de la structure de ces substances. Voici du charbon de bois : on sait qu'il conserve quelque chose de la structure fibreuse et celluleuse du bois. On pourrait craindre que cet état physique spécial n'exerçât quelque influence pour déterminer les réactions, particulièrement lorsqu'il s'agit de reconstituer synthétiquement les composés organiques. Cette influence, d'ailleurs, n'est pas purement fictive : je puis en citer l'exemple suivant. Le charbon de fusain, purifié par l'action du chlore, à la température du rouge blanc, puis mis en présence de l'acide nitrique ordinaire, à la température du bain-marie, se dissout peu à peu et produit une matière humoïde particulière. Tandis que, dans les mêmes conditions, le charbon de cornue purifié ne s'attaque pas sensiblement.

C'est pourquoi j'ai cru devoir répéter la synthèse de l'acétylène avec du carbone purifié provenant de diverses origines, tel que charbon de cornue, charbon de fusain, etc. Or, dans tous les cas, l'expérience a toujours réussi : toujours le carbone, quelle qu'en ait été l'origine, a fourni de l'acétylène. L'expérience est donc à l'abri des objections relatives à l'origine spéciale des matières premières. Enfin, pour compléter la démonstration, elle a été réalisée également avec le graphite purifié et avec le diamant cristallisé, c'est-à-dire avec les variétés du carbone minéral pur et privé de toute espèce de structure organique.

Reste la troisième condition que nous avons reconnue nécessaire pour la rigueur des démonstrations synthétiques : *obtenir en nature et à l'état isolé le composé* sur lequel on raisonne.

Cette condition a été également remplie. Nous avons obtenu l'acétylène en nature, après avoir formé l'un de ses dérivés. Nous avons vu en effet comment, à la sortie de l'œuf électrique, il se dégage un mélange d'hydrogène et d'acétylène ; faisant réagir sur ce mélange la solution de protochlorure de cuivre ammoniacal, nous avons isolé et emmagasiné, en quelque sorte, l'acétylène sous forme d'acétylure cuivreux. Enfin, en traitant l'acétylure cuivreux par l'acide chlorhydrique, nous l'avons régénéré à l'état libre et pur. Voici le gaz ainsi reproduit sous les yeux de l'Académie.

Il reste à vérifier, au moyen d'une contre-épreuve, que le gaz régénéré est bien celui qui était contenu dans l'œuf électrique et qui a précipité la solution cuivreuse. A cet effet, dans une éprouvette contenant l'acétylène régénéré, nous introduisons une petite quantité du réactif cuivreux, à l'aide d'une pipette courbe ; le gaz est immédiatement absorbé, et les parois de l'éprouvette se tapissent d'une couche d'acétylure cuivreux d'un rouge vif.

Procédons à un examen plus développé de la substance ainsi obtenue et comparons ses propriétés avec celles de divers composés, les uns minéraux, les autres organiques.

Il est facile de prouver d'abord que ce gaz est bien un carbure d'hydrogène. En effet, il brûle au contact de l'air, en donnant un dépôt de charbon et une flamme très éclairante. Mélangé d'oxygène, il détone, en produisant de la vapeur d'eau et de l'acide carbonique. Nous avons réalisé cette dernière expérience dans des conditions de mesure numérique : le gaz mis en expérience a consommé $2\frac{1}{2}$ fois son volume d'oxygène, en produisant 2 fois son volume d'acide carbonique :

$$C^2H^2 + 5O = 2CO^2 + H^2O.$$

Cette analyse, jointe à la mesure de la densité du gaz, établit rigoureusement la composition et la formule de l'acétylène :

$$C^2H^2.$$

Notre première synthèse se trouve ainsi fondée sur des preuves tout à fait rigoureuses.

Pour mettre en pleine lumière les méthodes générales de synthèse, il est nécessaire de comparer l'acétylène avec les substances organiques et minérales dont il se rapproche par ses propriétés. Nous allons donc montrer les analogies de ce gaz, d'une part, avec les composés minéraux qui renferment de l'hydrogène ; d'autre part, avec les substances organiques, et spécialement avec les autres carbures auxquels il peut donner naissance par sa métamorphose. Nous verrons ainsi que l'acétylène constitue vraiment, à ce double point de vue, le passage entre la Chimie minérale et la Chimie organique.

L'acétylène présente des analogies frappantes avec les composés qui résultent de l'union de l'hydrogène et des métalloïdes combustibles, tels que

L'hydrogène sulfuré...................................	SH^2
L'hydrogène phosphoré...............................	PH^3
L'hydrogène arsénié..................................	AsH^3
L'hydrogène silicé...................................	SiH^4
etc.	
Tous corps comparables à notre hydrogène carboné.	C^2H^2

Tous ces corps sont très combustibles et leurs affinités s'exercent d'une manière particulière à l'égard des métaux. Ils produisent ainsi, par voie directe ou par voie indirecte, des combinaisons dans lesquelles l'hydrogène est remplacé par les métaux ; deux catégories remarquables de corps composés prennent ainsi naissance.

Les uns, formés par les métaux alcalins et alcalino-terreux, décomposent l'eau, avec dégagement d'un gaz renfermant l'hydrogène uni au métalloïde avec lequel le métal était combiné. Le phosphure de calcium, par exemple, au contact de l'eau, dégage de l'hydrogène phosphoré,

$$PH^3;$$

l'arséniure de sodium, de l'hydrogène arsénié,

$$AsH^3;$$

le siliciure de magnésium, de l'hydrogène silicé,

$$SiH^4.$$

De même l'acétylure, autrement dit *carbure de calcium*, produit de l'eau au contact de l'acétylène,

$$C^2H^2.$$

Les autres composés, engendrés par des métaux moins oxydables, sont insolubles dans l'eau et ils peuvent se former, lorsqu'on met les dissolutions aqueuses des sels de ces métaux en présence des hydrures que nous comparons en ce moment à l'acétylène. Ces nouveaux composés ne se forment pas tous par voie humide avec une égale facilité. Les sels de cuivre et d'argent se prêtent spécialement à leur production, comme le prouve non seulement la production des sulfures de cuivre, d'argent, etc., mais aussi la nature des précipités que les hydrogènes arsénié et phosphoré engendrent dans les solutions des mêmes métaux.

Or l'acétylène engendre des composés métalliques analogues aux précédents. Nous avons déjà vu l'un d'eux, l'acétylure cuivreux, prendre naissance par l'action de l'acétylène libre sur le protochlorure de cuivre ammoniacal. Nous obtiendrons un second composé du même ordre en faisant passer un courant d'acétylène dans du nitrate d'argent ammoniacal ; cet acétylure d'argent, que nous étudierons plus loin, est blanc jaunâtre, caséeux, comparable, à certains égards, au sulfure d'argent et au chlorure d'argent.

En résumé, les points de ressemblance sont nombreux entre l'acétylène et les hydrures des métalloïdes de la Chimie minérale.

A côté de ces analogies minérales de l'acétylène, il convient de relever maintenant ses analogies organiques. L'acétylène, en effet, n'est pas seul de son espèce en Chimie organique ; il se place tout naturellement à côté des autres carbures d'hydrogène gazeux.

Citons d'abord les composés qui renferment la même quantité de carbone, sous un même volume, et qui diffèrent seulement entre eux par la quantité d'hydrogène. Ces corps sont au nombre de deux : l'éthylène ou gaz oléfiant, et l'éthane ou hydrure d'éthylène. Ces deux corps, joints à l'acétylène, sont les seuls carbures simples qui renferment 2 atomes de carbone dans leur formule.

L'acétylène, en effet, a pour formule................ C^2H^2
L'éthylène....... .... C^2H^4
Et l'hydrure d'éthylène ... . C^2H^6

Un litre de ces trois gaz renferme la même quantité de carbone; mais l'hydrogène varie suivant des rapports multiples les uns des autres.

En effet,

1 litre d'acétylène contient......... 1 litre d'hydrogène.
1   d'éthylène contient.......... 2   »
1   d'hydrure d'éthylène contient. 3   »

Dans ces substances, la condensation de l'hydrogène va donc en croissant d'une manière uniforme. Leur comparaison donne lieu à une remarque d'une haute importance. En effet, dans le troisième de ces carbures, le nombre des atomes de l'hydrogène surpasse de deux unités le double du nombre des atomes du carbone. Or c'est là une limite qui n'est jamais dépassée : parmi les carbures d'hydrogène, les plus hydrogénés correspondent tous à la formule limite

$$C^n H^{2n+2},$$

dérivée par des substitutions successives de celle du formène,

$$CH^4.$$

D'ailleurs tous les autres composés organiques dérivent des carbures d'hydrogène, suivant certaines lois régulières d'addition et de substitution. On voit par là toute l'importance de ce rapport limite, qui vient d'être signalé dès le début de nos synthèses : ce rapport exprime la saturation du carbone par l'hydrogène et règle la composition de toutes les matières organiques.

Nous venons d'établir un rapprochement entre la formule de l'acétylène et celles des autres carbures qui renferment le carbone dans un même état de condensation. Les relations qui existent entre ces trois carbures d'hydrogène ne sont pas simplement fondées sur des analogies de formules ; ce sont aussi des relations d'analyse et des relations de synthèse. En effet, je montrerai dans les Chapitres suivants comment tous ces corps peuvent être transformés à volonté les uns dans les autres : l'acétylène n'est donc pas un être isolé, mais le point de départ de la synthèse expérimentale des séries fondamentales de la Chimie organique.

CHAPITRE III.

PRÉPARATION ET PROPRIÉTÉS DE L'ACÉTYLÈNE ([1]).

1. Les deux gaz hydrocarbonés les plus simples connus autrefois sont :

$$\text{Le gaz des marais, autrement dit } \textit{formène,} \text{ ou protocarbure d'hydrogène} \dots\dots\dots\dots\dots\dots\dots\dots \quad CH^4,$$

$$\text{Et le gaz oléfiant, autrement dit } \textit{éthylène,} \text{ ou bicarbure d'hydrogène} \dots\dots\dots\dots\dots\dots\dots\dots \quad C^2H^4.$$

L'un et l'autre de ces carbures est devenu le type d'une suite de composés, représentés par une même formule générale. Au gaz des marais répondent les carbures forméniques

$$C^n H^{2n+2};$$

au gaz oléfiant, les carbures éthyléniques

$$C^n H^{2n}.$$

Chacun de ces nombreux carbures donne naissance par ses métamorphoses à un alcool, à des aldéhydes, à des acides, à des combinaisons chlorurées, bromurées, etc.; en un mot à toute une série de dérivés, dont la multitude s'accroît chaque jour par suite des nouvelles découvertes.

Je viens aujourd'hui présenter à l'Académie les résultats de mes recherches sur un troisième hydrogène carboné, gazeux comme les deux précédents, représenté par une formule aussi simple et qui paraît destiné à devenir également le type d'une série générale non moins nombreuse et non moins importante : c'est

$$\text{L'}\textit{acétylène} \text{ ou } \textit{quadricarbure d'hydrogène,}$$
$$\text{représenté par la formule}\dots\dots\dots\dots\dots\dots \quad C^2H^2,$$
$$\text{prototype des carbures acétyléniques}\dots\dots\dots\dots \quad C^n H^{2n-2}.$$

([1]) *Annales de Chimie et de Physique,* 3ᵉ série, t. LXVII, p. 63; 1863.

* Ce Mémoire a précédé la synthèse de l'acétylène dans l'arc électrique.

2. L'acétylène se produit toutes les fois que l'on fait passer dans un tube chauffé au rouge le gaz oléfiant, la vapeur de l'alcool, de l'éther, de l'aldéhyde, et même celle de l'alcool méthylique.

Il prend aussi naissance lorsqu'on fait agir la vapeur du chloroforme sur le cuivre métallique; enfin il fait partie du gaz de l'éclairage.

Dans toutes ces conditions, dont la multiplicité atteste la stabilité relative de l'acétylène, j'ai obtenu ce gaz, je l'ai isolé à l'état de pureté et j'ai chaque fois constaté sa nature par l'analyse eudiométrique [1]. C'est l'éther qui le fournit en plus grande quantité [2].

3. Quelles que soient les circonstances de sa production, au moyen des corps précédents, l'acétylène est mélangé avec une grande proportion de gaz étrangers, et il doit être engagé d'abord dans une, combinaison particulière, dont la décomposition ultérieure le fournit à l'état de pureté. On y parvient en dirigeant les gaz qui renferment de l'acétylène à travers une solution ammoniacale de protochlorure de cuivre. Il se forme aussitôt un précipité rouge, qui doit être lavé par décantation. C'est l'acétylure cuivreux.

Cette combinaison est identique avec un composé rouge et détonant, observé par M. Quet [3], en faisant agir une solution ammoniacale de protochlorure de cuivre sur les gaz obtenus dans la décomposition de l'alcool par l'étincelle électrique, ou par la chaleur. Le même composé a été également examiné par M. Böttger. Mais aucun de ces deux savants n'a analysé ni ce composé, ni le gaz qu'il dégage, lorsqu'on le dissout dans l'acide chlorhydrique.

Il suffit en effet d'introduire l'acétylure cuivreux, encore humide, dans une fiole, d'ajouter de l'acide chlorhydrique et de chauffer légèrement pour obtenir l'acétylène: On agite ensuite ce gaz avec un peu de potasse pour le purifier.

---

[1] Edm. Davy avait obtenu ce gaz en 1836, en traitant par l'eau la masse noire qui se produit dans la préparation du potassium au moyen de la crème de tartre calcinée et du charbon. Mais son observation, demeurée isolée, avait disparu de la science, et elle ne figurait plus en 1860 dans la plupart des livres classiques. Aussi n'en avais-je pas connaissance lorsque j'ai retrouvé le même gaz par des méthodes bien différentes. Gerhardt en particulier n'en fait aucune mention dans son grand *Traité de Chimie organique* en 4 volumes, publié en 1853 et qui avait pleine autorité à cette époque.

[2] * On le prépare aujourd'hui au moyen du carbure de calcium que l'industrie produit à bas prix.

[3] *Comptes rendus*, t. XLVI, p. 905; 1858.

4. L'acétylène est un gaz incolore, assez soluble dans l'eau, doué d'une odeur caractéristique. Il brûle avec une flamme très éclairante et fuligineuse.

Mêlé au chlore, il détone presque aussitôt avec dépôt de charbon, même sous l'influence de la lumière diffuse ([1]).

Sa densité est égale à 0,92. Elle a été déterminée avec une petite fiole de 200^{cc}, jaugée exactement, maintenue à une température et à une pression connues, et pesée tour à tour, pleine d'air et pleine d'acétylène pur et sec.

1 volume d'acétylène, brûlé dans l'eudiomètre, forme 2 volumes d'acide carbonique, en absorbant 2 volumes et demi d'oxygène.

Ces résultats, joints à la densité, déterminent la formule de l'acétylène :

$$C^2H^2.$$

Cette formule représente 4 volumes.

Elle donne lieu à plusieurs remarques essentielles. En effet, on voit d'abord que l'acétylène est le moins hydrogéné parmi tous les carbures d'hydrogène gazeux, circonstance qui s'accorde avec sa grande stabilité.

Sa composition centésimale est la même que celle de la benzine, C^6H^6, et du styrolène, C^8H^8; mais ces deux principes sont liquides et leur vapeur est plus condensée.

Enfin l'acétylène, C^2H^2, ne diffère de l'aldéhyde, C^2H^4O, et du glycol, $C^2H^6O^2$, que par les éléments de l'eau. Cependant je n'ai pas réussi à l'obtenir directement avec ces deux substances; du moins, par des réactions opérées à une basse température; mais la formation de l'acétylène avec ces mêmes corps a lieu aisément à la température rouge.

Propriétés chimiques de l'acétylène. — On peut peut-être les résumer en un mot, en disant que ce carbure possède la plupart des propriétés essentielles du gaz oléfiant, dont il diffère seulement par 2 atomes d'hydrogène. Il fournit des dérivés parallèles en s'unissant au brome, à l'acide sulfurique, aux éléments de l'eau, enfin à l'hydrogène.

([1]) *Voir* quelques réserves sur ce point dans l'un des Chapitres suivants.

CHAPITRE IV.

ACTION PHYSIOLOGIQUE DE L'ACÉTYLÈNE ([1]).

L'acétylène, versé dans l'atmosphère, n'exerce pas par lui-même une action physiologique spécialement pernicieuse. En effet, j'ai vérifié que son action toxique n'est pas autrement marquée que celle des carbures d'hydrogène ordinaires (gaz des marais ou gaz oléfiant) : je l'ai constaté, dans le laboratoire de Claude Bernard, par des expériences exécutées sur des oiseaux, avec le concours de M. Armand Moreau, sur des mélanges divers d'air et d'acétylène. Mais sa présence est le signe d'une combustion incomplète : or une telle combustion doit produire une proportion notable de cet oxyde de carbone, dont M. Leblanc a signalé le caractère éminemment vénéneux.

([1]) *Annales de Chimie et de Physique*, 4ᵉ série, t. IX, p. 417; 1866.

CHAPITRE V.

FORMATION DE L'ACÉTYLÈNE DANS LES COMBUSTIONS INCOMPLÈTES ([1]).

L'acétylène prend naissance, comme je l'ai montré en 1862, aux dépens de la plupart des composés organiques, soumis à l'influence prolongée d'une température rouge, et aux dépens des vapeurs des mêmes composés, traversées par une série d'étincelles électriques. Je me propose d'établir aujourd'hui la formation de ce même carbure dans une troisième circonstance, non moins générale que les deux précédentes : je veux parler de la combustion incomplète.

En effet, toutes les fois qu'un composé organique est enflammé au contact de l'air et brûle avec production de noir de fumée, il y a production d'acétylène.

La démonstration de ce fait général donne lieu à des expériences fort élégantes ; elle s'exécute suivant des artifices qui varient avec l'état des corps sur lesquels on opère : gaz, liquides volatils, solides ou liquides peu volatils.

I. *Gaz et vapeurs.* — Soit un gaz, tel que le gaz des marais, CH^4 ;

L'éther méthylique, $CH^2(CH^4O)$;

L'éther méthylchlorhydrique, $CH^2(HCl)$;

L'éthylène, C^2H^4 ;

L'éther chlorhydrique, $C^2H^4(HCl)$;

Le propylène, C^3H^6 ;

Ou bien un liquide très volatil, tel que l'éther ordinaire,

$$C^2H^4(C^2H^6O) ;$$

L'amylène, C^5H^{10} ;

L'hydrure d'amylène, C^5H^{12} ;

La benzine, C^6H^6 ;

L'acétone, C^3H^6O ;

L'éther méthylformique, $CH^2(CH^2O^2)$.

([1]) *Annales de Chimie et de Physique*, 4ᵉ série, t. IX, p. 487 ; 1866.

Remplissons une éprouvette de 300^{cc} avec le gaz hydrocarboné, ou bien versons-y quelques gouttes du liquide volatil; puis versons-y encore quelques centimètres cubes de chlorure cuivreux ammoniacal; enflammons alors la vapeur combustible et inclinons l'éprouvette presque horizontalement, en la faisant rouler entre les doigts, de façon à étaler le réactif cuivreux sur toute la surface intérieure : aussitôt nous verrons se produire l'acétylure cuivreux. Il prendra naissance au contact de la flamme, et au-dessous, sous la forme d'un magnifique précipité rouge caractéristique.

L'expérience est surtout brillante avec l'éther ordinaire et avec l'hydrure d'amylène (partie très volatile des pétroles). C'est une belle expérience de cours.

Le gaz de l'éclairage n'échappe pas à la loi générale, ainsi qu'il est facile de s'en assurer, même en tenant compte des traces d'acétylène qu'il renferme à l'état normal.

Au contraire, je n'ai obtenu aucun résultat immédiat, soit avec un mélange d'oxyde de carbone et d'hydrogène, de cyanogène et d'hydrogène, de sulfure de carbone et d'hydrogène; soit avec l'hydrogène, chargé de poussière de carbone pur, ou dirigé en jet sur un crayon de charbon de cornue purifié.

La quantité d'acétylène qui se manifeste sous la forme d'acétylure dans la combustion incomplète des principes organiques est plus grande, comme le prouve l'évidence expérimentale, que la quantité qui prend naissance sous l'influence prolongée de la chaleur seule, agissant sur les mêmes composés. La quantité d'acétylène réellement produite est en outre bien supérieure à celle qui devient manifeste sous la forme d'acétylure, attendu que la majeure partie de l'acétylène brûle, presque aussitôt après s'être formée, et sans arriver au contact du réactif.

Au lieu d'employer le chlorure cuivreux ammoniacal comme réactif de l'acétylène, on peut encore avoir recours, dans le cas de l'éther ordinaire, au chlorure cuivreux dissous dans une solution concentrée de chlorure de potassium. Au bout de peu d'instants, on voit se former un chlorure double de cuprosacétyle et de potassium, sel jaune cristallisé très caractéristique. Mais cette réaction est moins sensible que celle du chlorure cuivreux ammoniacal.

En opérant avec ce dernier réactif, on peut même simplifier encore l'expérience. Il suffit, par exemple, de verser quelques centimètres d'éther, ou d'huile de pétrole très volatile (formée d'hydrures d'amylène, de caproylène, etc.) dans une large assiette, puis d'y faire couler quelques centimètres cubes de chlorure cuivreux ammoniacal. On enflamme la vapeur : l'acétylure cuivreux apparaît aussitôt au-dessous du liquide en ignition.

La formation de l'acétylène, dans les conditions qui viennent d'être décrites, est surtout digne de remarque, lorsqu'elle s'opère au moyen du gaz des marais, ou des autres composés méthyliques, principes dans lesquels la condensation du carbone est moitié moindre que dans l'acétylène :

$$2\,(CH^4 - 3\,H^2 = C^2H^2).$$

Elle était au contraire bien facile à prévoir dans le cas de l'éthylène, puisque l'acétylène est un dérivé régulier de l'éthylène, d'après mes propres expériences :

$$C^3H^4 = C^2H^3 + H^2.$$

Mais elle offre un tout autre caractère lorsqu'elle a lieu soit aux dépens du gaz des marais, soit aux dépens de la benzine, soit enfin aux dépens de la naphtaline, ou de tous les autres composés organiques, comme je vais le démontrer.

II. *Corps peu volatils.* — Pour démontrer la production de l'acétylène avec les liquides ou les solides peu volatils, on peut opérer de deux manières :

1° On peut, par exemple, placer ces substances dans une capsule, au-dessous de l'embouchure renversée d'une allonge verticale, communiquant elle-même avec un flacon vide et suivi d'un aspirateur. On aspire les produits de la combustion; puis on verse quelques gouttes du réactif cuivreux dans le flacon vide, ce qui manifeste de l'acétylure cuivreux.

2° Mais la méthode suivante est préférable. On place entre quelques charbons allumés un creuset de terre vide et, dès qu'il est porté au rouge, on y verse le liquide, ou le solide, qui s'enflamme aussitôt. D'autre part, on a disposé un tube métallique, plongé au fond du creuset et jusque dans la vapeur. Ce tube communique avec un flacon laveur, contenant le réactif cuivreux, et suivi lui-même d'un aspirateur.

J'ai ainsi reconnu la formation de l'acétylène dans la combustion incomplète des corps suivants : benzine, essence de térébenthine, pétrole d'éclairage, huile végétale, acide stéarique, naphtaline, etc.

Les résultats obtenus avec la benzine et la naphtaline méritent surtout l'attention, en raison de la grande résistance que ces carbures opposent à l'action décomposante de la chaleur. Ces résultats fournissent donc une nouvelle preuve de l'extrême stabilité relative de l'acétylène, particulièrement lorsqu'il est mélangé avec une certaine proportion de gaz étrangers.

Les mêmes observations sont applicables à la combustion incomplète du gaz d'éclairage. En fait, les gaz versés dans l'atmosphère, soit par la flamme d'un bec d'éclairage dit *papillon*, soit par la flamme fuligineuse d'un brûleur Bunsen, contiennent une proportion très sensible d'acétylène. Ces observations expliquent pourquoi les pièces où l'on brûle du gaz d'éclairage offrent souvent une odeur particulière.

Au point de vue de la théorie de la combustion, la formation générale de l'acétylène n'est pas sans intérêt. En premier lieu, elle est contraire à cet axiome absolu, en vertu duquel l'hydrogène des corps hydrocarbonés brûlerait d'abord en totalité dans la combustion incomplète, en laissant le carbone libre. Or, dans la combustion incomplète de la naphtaline, $C^{10}H^8$, corps moins hydrogéné que l'acétylène, C^2H^2, qu'elle engendre, il faut bien admettre qu'une partie au moins du carbure primitif perd son carbone avant son hydrogène :

$$C^{10}H^8 = 4\,C^2H^2 + C^2.$$

En réalité, la combustion des composés hydrocarbonés ne s'effectue pas d'un seul coup, mais par une suite de décompositions. Les premières de ces décompositions donnent lieu à des produits spéciaux, lesquels dépendent de la nature particulière des corps combustibles ; on sait, par exemple, que le premier produit de la combustion incomplète de l'alcool est l'aldéhyde. Puis viennent des produits généraux, formés dans toutes les combustions, et qui précèdent l'eau et l'acide carbonique. Jusqu'ici le charbon et l'oxyde de carbone étaient les seuls produits généraux de cette nature qui eussent été reconnus : les expériences développées dans le présent Chapitre conduisent à y ajouter l'acétylène.

CHAPITRE VI.

APPAREIL POUR LA PRÉPARATION DE L'ACÉTYLÈNE PAR LA COMBUSTION INCOMPLÈTE DU GAZ D'ÉCLAIRAGE [1].

1. J'avais préparé l'acétylène, à l'origine, en déshydrogénant par la voie sèche, c'est-à-dire par l'action de la chaleur rouge, l'éthylène

$$C^2H^4 = C^2H^2 + H^2$$

et ses dérivés: alcool, éther, etc.

L'éther surtout fournit des rendements très notables. L'opération n'en est pas moins longue et pénible, à cause de la faible proportion d'acétylène contenue dans les gaz pyrogénés.

M. Sawitch proposa, quelques années après, d'opérer cette déshydrogénation par voie humide, en faisant agir sur le bromure d'éthylène la potasse dissoute dans l'alcool ordinaire, ou mieux dans l'alcool amylique. Mais, dans la pratique, ce procédé de préparation n'est guère moins long ni moins coûteux que le précédent, dès qu'il s'agit de préparer une proportion un peu notable d'acétylène. En outre, ce dernier gaz demeure souillé de vapeurs bromurées et de vapeurs alcooliques, qui en modifient les réactions: ce qui m'avait fait conserver d'abord le premier procédé.

L'action de l'étincelle électrique, si elle n'exigeait un si long temps pour transformer une grande quantité de matière, serait assurément le procédé de préparation le plus fructueux. Par exemple, le formène, au bout de quelques heures, double presque de volume, en fournissant un gaz qui renferme 12,5 centièmes d'acétylène: ce qui fait un rendement de près de 50 pour 100, par rapport au formène employé sans précautions spéciales. Si l'on élimine à mesure l'acétylène formé, de façon à prévenir la limitation des réactions qui résulte de sa décomposition partielle par

[1] *Annales de Chimie et de Physique*, 5ᵉ série, t. X, p. 365; 1877.

l'étincelle, le rendement peut s'élever, d'après mes expériences,
jusqu'à 87 centièmes : rendement supérieur à celui que l'on obtient
dans la plupart des préparations organiques et même minérales.
Mais il est fort long de préparer et d'isoler quelques litres d'acétylène pur, en employant ce procédé.

2. La combustion incomplète des composés hydrocarbonés, à la
température rouge, constitue, comme je l'ai reconnu en 1862, une
méthode de formation de l'acétylène non moins générale que l'action directe de la chaleur rouge, ou celle de l'étincelle électrique ([1]).
En modifiant légèrement les dispositions des expériences destinées
à établir le principe de cette formation, il est facile de recueillir
l'acétylène formé : il suffit de recourir à une aspiration continue
pour faire passer les gaz incomplètement brûlés au travers des
réactifs liquides destinés à recueillir l'acétylène sous la forme
d'acétylure cuivreux ; les trompes à air, dont l'emploi est consacré
aujourd'hui dans la plupart des laboratoires, remplissent parfaitement cette indication. Je n'aurais pas cru nécessaire de décrire dans
une publication spéciale les appareils que j'emploie depuis une
dizaine d'années pour préparer l'acétylène et que je montre tous
les ans dans mes cours publics, si quelques personnes ne m'avaient
engagé avec insistance à en donner la figure (*fig.* 2), pour la
commodité des expérimentateurs.

La combustion incomplète se produit en particulier sur le gaz
d'éclairage, dans l'intérieur de la cheminée d'un bec Bunsen AA,
conformément à une remarque de M. Rieth.

On règle l'accès du gaz à l'aide du robinet U, suivant la rapidité
du courant d'air appelé par la trompe en S. Pendant toute la préparation, le gaz doit se trouver en excès suffisant pour ressortir à droite
et à gauche, par les deux orifices inférieurs de la cheminée du
bec A, sans pourtant former au dehors une flamme trop considérable.

Le bec AA est surmonté d'un tuyau de cuivre jaune, BBB, dans
la portion verticale duquel il s'engage à frottement sur une certaine longueur, de façon à produire un canal continu. Ce tuyau se
recourbe presque aussitôt, en faisant un angle de 30° à 40° environ
avec le plan horizontal ([2]). Sa branche inclinée, longue de 40^{cm}

([1]) *Voir* le Chapitre précédent.
([2]) C'est M. Wiessnegg, constructeur bien connu des physiciens et des chimistes, qui a disposé pour moi ce petit appareil.

B. — I.   3

à |5o^{cm}, est entourée d'un réfrigérant CC, dans lequel circule de *a*
en *b* un courant extérieur d'eau froide, destiné à condenser la vapeur
d'eau produite à l'intérieur pendant la combustion incomplète.

Fig. 2.

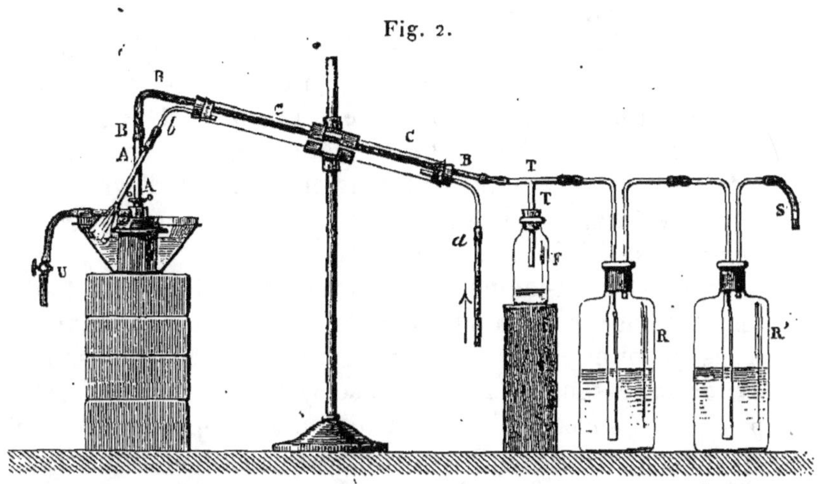

L'eau ainsi condensée s'écoule à mesure, par l'orifice inférieur
d'un long tube à trois branches TT, assemblé avec BB par un caoutchouc. Cet orifice inférieur s'ouvre librement dans un flacon F,
dont il traverse le bouchon. Puis viennent deux grands flacons R, R',
de 2^{lit} à 3^{lit} chacun, remplis à moitié de chlorure cuivreux ammoniacal.

Je prépare ce dernier réactif, en dissolvant l'oxyde de cuivre à
froid dans l'acide chlorhydrique du commerce. On verse la liqueur
ainsi obtenue dans des flacons à moitié remplis de tournure de
cuivre, qui la décolore rapidement en changeant le chlorure cuivrique en chlorure cuivreux. Ce résultat une fois réalisé, on la verse
dans de l'ammoniaque du commerce, contenue au sein de grandes
fioles de verre mince, entourées d'eau froide, et agitées au sein de
cette eau. On ajoute la solution de chlorure cuivreux jusqu'à légère
réaction acide ; on introduit alors dans chaque fiole une nouvelle
dose d'ammoniaque, de façon à rendre la liqueur notablement
alcaline. Enfin l'on verse la liqueur refroidie dans les flacons RR'.
Toute l'opération doit être conduite rapidement, si l'on veut éviter
une trop forte absorption d'oxygène, en raison du contact de l'air.

La liqueur ainsi préparée, laquelle contient à la fois de l'ammoniaque et du chlorhydrate d'ammoniaque, convient mieux que toute
autre pour l'absorption de l'acétylène. En effet, la dissolution directe
dans l'ammoniaque pure, soit de l'oxyde cuivreux pur, soit du

chlorure cuivreux précipité à l'avance et séparé de l'excès d'acide chlorhydrique, fournit un réactif à la fois moins sensible à l'acétylène et plus altérable par la lumière, qui en sépare du cuivre peu à peu et spontanément.

Les flacons RR′ remplis, et l'appareil ajusté, on ouvre le robinet U ; on allume le gaz aussitôt, puis on détermine et l'on règle l'appel du mélange au moyen de la trompe S. L'air pénètre par les trous latéraux du bec Bunsen et entretient la combustion du gaz d'éclairage. Il est clair qu'il convient surtout d'éviter qu'il ne pénètre par intermittence dans la cheminée un excès d'air, dont l'oxygène détruirait le réactif cuivreux.

Le réactif lui-même, avant toute réaction, offre toujours une teinte bleue ; mais lorsqu'il est convenablement préparé, il devient transparent et doué d'une teinte aussi faible que possible. On doit éviter la présence du chlorure cuivrique en excès notable, ce composé étant susceptible de détruire une proportion sensible d'acétylène par oxydation ; ce qui ramènerait d'ailleurs le composé cuivrique à l'état de sel cuivreux.

Revenons à notre appareil. Celui-ci, une fois réglé, fonctionne de lui-même, presque sans surveillance, et marche jour et nuit. Après chaque nuit, on arrête le courant gazeux pendant un quart d'heure, afin de laisser l'acétylure cuivreux se déposer. Quand la proportion en paraît suffisante, par exemple si la couche apparente précipitée occupe, après dépôt, la moitié ou les trois quarts du premier flacon R, on enlève celui-ci, on le remplace par le second flacon R′, et l'on ajuste, en place de ce dernier, un nouveau flacon, rempli de réactif frais, puis on reprend l'opération.

Le flacon R étant ainsi mis à part, on le laisse reposer plus complètement ; on décante avec un siphon la liqueur claire supérieure et on la remplace par de l'eau distillée. On lave ainsi le précipité d'acétylure cuivreux par décantation, en répétant les additions d'eau distillée, jusqu'à ce que la liqueur surnageante soit absolument incolore et *exempte d'ammoniaque*.

C'est là une condition capitale, si l'on veut conserver pendant quelque temps l'acétylure cuivreux humide. Autrement, il s'oxyderait sous l'influence de l'air, qui pénètre peu à peu dans le flacon et le détruit rapidement. Cet acétylure est conservé tout humide et il sert ensuite à préparer l'acétylène au moment voulu, au moyen de l'acide chlorhydrique, ainsi que je vais l'expliquer.

En opérant comme il vient d'être dit, on obtient en une nuit, et avec un seul bec de gaz, une proportion d'acétylure cuivreux capable

de fournir 4^{lit} environ d'acétylène pur. Pour isoler ce dernier gaz,
on introduit l'acétylure cuivreux humide, en bouillie épaisse, dans
une fiole d'un demi-litre à un litre, remplie aux deux tiers ; on ajoute
de l'acide chlorhydrique du commerce, presque jusqu'au col, on
déplace aussitôt l'air resté dans le col, par un jet de gaz carbonique,
et l'on y ajuste un bouchon muni d'un tube à dégagement. — L'acétylure se dissout d'abord, sans fournir aucun gaz ; mais il suffit de
chauffer légèrement pour dégager l'acétylène. Vers la fin on élève
un peu plus la température.

CHAPITRE VII.

ACTION DE L'ÉTINCELLE ÉLECTRIQUE SUR LES MÉLANGES D'HYDROGÈNE ET DE GAZ CARBONÉS ([1]).

J'ai dit comment l'acétylène prend naissance dans la combustion incomplète de tous les gaz et vapeurs hydrocarbonés ; au contraire, je n'ai pas réussi à le manifester en dose sensible dans la combustion incomplète de l'hydrogéné simplement mélangé avec les gaz et vapeurs carbonés qui ne renferment pas d'hydrogène, tels que l'oxyde de carbone, le sulfure de carbone, le cyanogène. Je me suis proposé de chercher si cette différence persiste lorsque les divers gaz et vapeurs précédents sont décomposés, non plus par la combustion incomplète, mais par l'étincelle électrique.

Tous les gaz et vapeurs hydrocarbonés, en effet, c'est-à-dire renfermant du carbone déjà combiné avec l'hydrogène, fournissent à l'instant de l'acétylène, comme je l'ai démontré en 1862, lorsqu'ils sont traversés par une série d'étincelles.

En est-il de même lorsque l'hydrogène, au lieu d'être combiné au carbone, est simplement mélangé avec un gaz carboné, exempt de cet élément, tel que l'oxyde de carbone, le cyanogène, le sulfure de carbone ? Voici la réponse à cette question :

1° L'étincelle électrique, en traversant un *mélange de cyanogène et d'hydrogène,* donne naissance à l'acétylène.

L'expérience doit être faite avec un appareil à forte tension électrique, parce que le mélange de cyanogène et d'hydrogène oppose une grande résistance au passage de l'étincelle (*fig.* 3 et 4). Il convient de rapprocher les fils de platine qui la transmettent à quelques millimètres l'un de l'autre. L'étincelle qui jaillit alors entre eux offre l'aspect d'un large et magnifique ruban bleuâtre, entouré d'une épaisse auréole.

Quelques minutes suffisent pour donner naissance à une propor-

---

([1]) *Annales de Chimie et de Physique,* 4ᵉ série, t. IX, p. 418; 1866.

tion sensible d'acétylène. La formation de cette substance, dans ces conditions, est un peu plus lente qu'avec les gaz hydrocarbonés, mais sans qu'il y ait là une différence vraiment caractéristique.

Pour constater la formation de l'acétylène, on absorbe l'excès de cyanogène, à l'aide d'un fragment de potasse humectée; puis on traite le résidu gazeux par le chlorure cuivreux ammoniacal. Dans l'analyse des gaz de cette expérience, les précautions précédentes sont nécessaires, parce que le cyanogène lui-même est absorbé

Fig. 3.

Fig. 4.

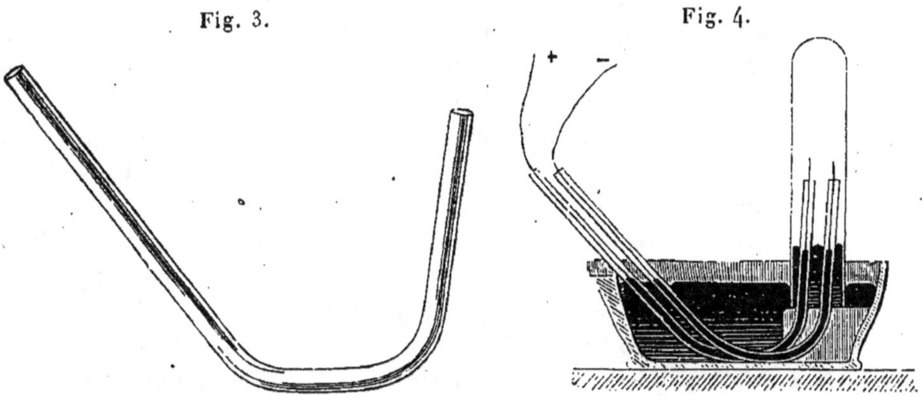

Tube de verre conduisant le fil de platine.

Éprouvette sur une cuve à mercure.

par le réactif cuivreux, avec formation d'un précipité verdâtre. Il faut donc commencer par l'éliminer, avant de constater l'existence de l'acétylène.

A fortiori l'étincelle décompose-t-elle l'acide cyanhydrique gazeux pur, ou mélangé d'hydrogène, avec formation d'acétylène

$$2\,CH\,Az = C^2H^2 + Az^2.$$

2° L'étincelle, en traversant un *mélange gazeux de sulfure de carbone et d'hydrogène,* donne également naissance à de l'acétylène. En même temps, il y a dépôt de soufre, dont une partie sulfure les fils de platine. L'étincelle jaillit plus facilement dans ce mélange que dans le mélange précédent.

La formation de l'acétylène aux dépens du sulfure de carbone est plus lente qu'aux dépens du cyanogène. Si l'on veut la rendre bien manifeste, il est bon de prolonger l'action de l'étincelle pendant une heure ou deux. Avant de constater l'acétylène, on traite le mélange gazeux par un fragment de potasse humectée, laquelle absorbe une petite quantité d'hydrogène sulfuré, formée simultanément. Puis on introduit dans l'éprouvette 5 ou 6 gouttes d'alcool au plus, sans enlever la potasse. On agite : la vapeur de sulfure de carbone est absorbée presque aussitôt. On fait passer le résidu gazeux dans une autre éprouvette, et on le traite par le réactif cuivreux.

Pour bien manifester l'acétylène, il ne faut pas ajouter brusquement un grand volume de ce dernier réactif dans l'éprouvette, mais le faire arriver goutte à goutte, de façon qu'il forme une couche extrêmement mince sur du mercure. L'acétylène cuivreux se forme alors rapidement à la surface de cette couche, sans être délayé dans une grande masse de liquide, et sans risquer d'être suroxydé à mesure par le bichlorure de cuivre, que le réactif contient toujours en certaine quantité.

3° La formation de l'acétylène au moyen d'un *mélange d'oxyde de carbone et d'hydrogène* est beaucoup plus difficile à mettre en évidence.

En effet, un courant d'étincelles médiocres, prolongé pendant plusieurs heures dans un mélange de ces deux gaz et sans précautions spéciales, ne donne pas lieu à une trace sensible d'acétylène. J'avais reconnu ce fait autrefois, et je l'ai vérifié de nouveau. Mais le succès des expériences faites avec le cyanogène et le sulfure de carbone m'a engagé à reprendre l'étude de l'action de l'étincelle sur l'oxyde de carbone. J'ai pensé que la formation de l'acétylène était entravée par celle de l'eau, produite en vertu de la réaction connue des deux gaz

$$CO + H^2 = C + H^2O ;$$

et simultanée avec celle de l'acide carbonique, produit en vertu de la décomposition directe de l'oxyde de carbone par l'étincelle :

$$2CO = CO^2 + C.$$

On réussit en effet, quoique péniblement, à obtenir par cette voie l'acétylène, surtout en opérant en présence d'un fragment de potasse légèrement humecté à la surface, qui absorbe l'acide carbonique.

L'expérience se fait avec un mélange de 3 volumes d'hydrogène et de 2 volumes d'oxyde de carbone,

$$2CO + 3H^2 = C^2H^2 + 2H^2O ;$$

il a fallu prolonger l'expérience pendant dix heures, avec de très fortes étincelles pour obtenir un résultat bien appréciable.

En raison de cette difficulté, on voit que dans un gaz qui ne contient ni soufre ni azote la formation *immédiate* de l'acétylène, sous l'influence de quelques étincelles, peut être regardée comme caractéristique des gaz et combinaisons hydrocarbonés.

CHAPITRE VIII.

SYNTHÈSE DE L'ACÉTYLÈNE PAR L'ACTION DE L'ÉTINCELLE ÉLECTRIQUE SUR LE GAZ DES MARAIS ([1]).

J'ai observé, il y a huit ans, la formation de l'acétylène aux dépens du gaz des marais (formène), traversé par une suite d'étincelles électriques, et j'ai reconnu que cette formation a lieu avec tous les gaz et vapeurs de substances organiques. C'est même là un caractère d'une extrême sensibilité, car il permet de reconnaître la présence de certaines vapeurs peu volatiles, telles que celles de l'acide acétique, de l'essence de térébenthine, de l'aniline, et même celle du camphre, dans l'hydrogène saturé de ces vapeurs à la température ordinaire. Cependant la tension de ces diverses vapeurs est faible : celle du camphre, par exemple, doit être voisine de quelques millièmes d'atmosphère.

Des expériences récentes m'ont conduit à reprendre ces études; elles ont fourni divers résultats, qui ne semblent pas sans intérêt.

Lorsqu'on dirige un courant de fortes étincelles à travers le gaz des marais pur, du charbon se dépose et le volume du gaz augmente rapidement. En opérant sur 100^{cc}, par exemple, ce volume s'est trouvé porté à 127^{cc} au bout de deux minutes, à 154^{cc} au bout de dix minutes, etc. Mais il faut quelques heures pour détruire complètement le gaz des marais : destruction totale qu'on peut d'ailleurs vérifier, après avoir absorbé par le brome l'acétylène et les traces de vapeurs condensées qui subsistent mêlées avec l'hydrogène.

D'après les théories reçues, le volume du gaz des marais devrait doubler, parce qu'il serait résolu en carbone et hydrogène :

$$CH^4 = C + 2\,H^2.$$

([1]) *Annales de Chimie et de Physique,* 4e série, t. XVIII, p. 156; 1869.

L'expérience n'est pas conforme à ces théories ; car 100 volumes de gaz des marais ont fourni seulement 181 volumes de gaz final, dans deux essais concordants. Ce chiffre s'accorde d'ailleurs avec les résultats obtenus en 1859 par MM. Buff et Hofmann ([1]). Cependant il ne provient pas d'une décomposition incomplète du gaz des marais, comme il était naturel de le supposer, à une époque où la formation de l'acétylène était ignorée des chimistes.

L'acétylène se trouve en effet contenu en proportion surprenante dans les gaz obtenus pas la transformation du gaz des marais : il en forme 13,5 à 14 centièmes en volumes, quantité très supérieure à celle qui se manifeste dans les réactions pyrogénées. Prolonge-t-on encore pendant plusieurs heures le flux des étincelles électriques, en évitant d'ailleurs de les refroidir en les brisant sur la paroi de l'éprouvette, il ne se produit plus de dépôt appréciable de charbon, et la proportion de l'acétylène n'éprouve qu'une diminution insignifiante (0,5 pour 100).

Ces chiffres indiquent que la moitié du gaz des marais s'est transformée en acétylène par l'action de l'étincelle :

$$2\,CH^4 = C^2H^2 + 3\,H^2.$$

La proportion peut encore en être accrue. En effet, la quantité d'acétylène formée au début de l'expérience répond à une transformation presque totale du gaz des marais, comme le prouve l'analyse du mélange gazeux. Mais, dans les conditions décrites, le rapport du gaz transformé à l'acétylène produit diminue à mesure, en raison de la présence de l'acétylène préexistant. Si donc on arrête l'expérience au bout de quelques instants, pour absorber l'acétylène ([2]), on doit pouvoir renouveler l'action et la pousser plus loin. A l'aide de cet artifice, j'ai réussi à former, avec 100 volumes de gaz des marais, jusqu'à 39 volumes d'acétylène ; ce qui répond à une transformation des quatre cinquièmes du gaz des marais en acétylène.

En se fondant sur ce résultat, on peut réaliser la préparation de l'acétylène avec plus de facilité que par les procédés connus jusqu'à présent. Il suffit, en effet, de faire passer lentement le gaz

---

([1]) *Journal of the Chemical Society*, t. XII, p, 283, 1859. Ces auteurs n'ont pas soupçonné la formation de l'acétylène.

([2]) Avec la précaution de purifier ensuite le gaz restant, de l'ammoniaque et de la vapeur d'eau introduites par le réactif cuivreux.

des marais, à l'aide de deux gazomètres alternatifs, à travers un tube étroit sillonné par un courant d'étincelles. On dirige à mesure le gaz à travers le réactif cuivreux, puis à travers l'acide sulfurique, pour le purifier.

On peut encore, et plus simplement, faire passer lentement un courant de gaz de l'éclairage à travers un tube étroit, sillonné par les étincelles : c'est même là le procédé le plus expéditif que je connaisse (1869) pour préparer l'acétylène.

Revenons à notre première expérience. La transformation du gaz des marais en acétylène n'explique pas directement pourquoi le volume du gaz ne double point sous l'influence de l'étincelle. En effet, la formation de l'acétylène, aussi bien que celle du carbone, aux dépens du formène, répond à un volume doublé, l'acétylène renfermant son propre volume d'hydrogène. Mais l'acétylène possède une faculté spéciale qui explique la contraction observée, une portion de ce gaz se changeant en carbures condensés sous l'influence de la chaleur. Or, il est facile de vérifier la présence du triacétylène, ou benzine, dans les produits gazeux de la réaction, agités avec l'acide nitrique fumant : ce qui fournit de la nitrobenzine avec odeur d'amandes amères.

La matière charbonneuse qui se précipite sur les parois de l'éprouvette, pendant le cours de la décomposition par étincelles, renferme en outre des carbures goudronneux et condensés.

Par suite de ces condensations, une partie de l'hydrogène demeure donc combinée dans des vapeurs lourdes, ou même dans des composés fixes : ce qui diminue d'autant le volume de l'hydrogène libre.

En se fondant sur les nombres obtenus plus haut, et en supposant que les carbures condensés soient de simples polymères de l'acétylène $(C^2H^2)^n$, on trouve que, par la réaction prolongée des étincelles, la moitié du gaz des marais se change en acétylène, les $\frac{3}{8}$ en carbures condensés, et $\frac{1}{8}$ seulement en carbone et en hydrogène. Ces résultats tendraient donc à assimiler l'action de l'étincelle à celle de la chaleur : une première action, instantanée, produit l'acétylène ; mais une portion de cet acétylène se condense sous une influence un peu plus prolongée.

Ajoutons que cette dernière influence ne s'exerce guère que dans les conditions de l'état naissant ; car le mélange d'acétylène et d'hydrogène, ce dernier pris en excès convenable, résiste à l'action de l'étincelle, comme il sera dit tout à l'heure.

L'action de l'étincelle se distingue par là de l'action de la chaleur seule, dans les circonstances ordinaires. En effet, il suffit de prendre le gaz obtenu par l'action finale de l'étincelle, et de le chauffer au rouge sombre, dans une cloche courbe, pendant deux heures, pour faire disparaître la presque totalité de l'acétylène qu'il renferme. La majeure partie se change ainsi en benzine et carbures condensés, tandis qu'une faible portion s'unit à l'hydrogène libre pour constituer de l'éthylène.

Cette expérience établit donc une certaine diversité entre l'action de l'étincelle électrique et l'action de la chaleur; ce qui a lieu en partie en raison des grandes différences qui existent entre la durée et la température des réactions, dans les conditions où nous opérons ici.

Je montrerai dans un autre Chapitre comment l'influence prolongée du rouge sombre finit par condenser presque entièrement l'acétylène, même en présence d'un très grand excès d'hydrogène.

Au contraire, l'étincelle n'agit guère sur l'acétylène que s'il est pur, ou mêlé avec moins de six fois son volume d'hydrogène. Au delà de cette proportion, l'action de l'étincelle demeure presque insensible; elle ne donne lieu, ni à un dépôt de charbon, ni à une diminution appréciable du volume de l'acétylène.

Cependant, même alors, en refroidissant brusquement l'étincelle sur son trajet, à l'aide d'un corps solide interposé, tel qu'une tige de verre, ou bien encore en la brisant sur les parois de l'éprouvette, on peut faire apparaître un peu de charbon. Ce dernier est dû sans doute à la condensation de la vapeur du carbone, qui se produit sur le trajet de l'étincelle et qui se trouve précipitée, avant qu'elle ait eu le temps de se recombiner avec l'hydrogène.

Il résulte de ces faits qu'il y a équilibre entre l'acétylène, l'hydrogène et la vapeur de carbone sur le trajet de l'étincelle. Cet équilibre pouvait être prévu, puisque l'acétylène se forme au moyen du carbone et de l'hydrogène, sous l'influence de l'arc électrique, et que, d'autre part, l'acétylène pur commence par être décomposé en carbone et hydrogène sous l'influence de l'étincelle.

Les autres carbures d'hydrogène interviennent-ils dans ledit équilibre? ou bien est-il spécial à l'acétylène? Je crois pouvoir répondre que les autres carbures n'y interviennent point, sauf peut-être les polymères de l'acétylène. En effet, le gaz des marais et le gaz oléfiant lui-même se décomposent entièrement sous l'influence de l'étincelle, en produisant le même mélange final de

1 volume d'acétylène et de 6 volumes d'hydrogène ; mélange que l'étincelle n'attaque plus sensiblement. En outre, les carbures autres que l'acétylène paraissent être détruits longtemps avant la température à laquelle la vapeur de carbone, l'hydrogène et l'acétylène sont en équilibre.

Si l'on mélange le gaz des marais avec 2, 4, 9 fois son volume d'hydrogène, malgré la présence de ce dernier, le gaz des marais est toujours décomposé par l'étincelle, avec dépôt de charbon, sans que le volume de l'acétylène, produit lors de la décomposition totale, dépasse les deux tiers de l'acétylène correspondant à une transformation intégrale.

On trouve une autre preuve de cette décomposition préalable des carbures d'hydrogène par la chaleur dans les propriétés du carbone précipité par l'étincelle, ce carbone renfermant du graphite, comme je le montrerai prochainement, en publiant les recherches que je poursuis depuis un an sur les diverses variétés du carbone (1).

L'équilibre entre le carbone, l'hydrogène et l'acétylène ne semble donc se produire que sur le trajet même de l'étincelle et à la condition que le carbone soit réduit en vapeur. On comprend que rien de semblable ne puisse se manifester sous l'influence de la chaleur seule ; du moins dans l'intervalle des températures que nous savons aujourd'hui communiquer aux corps échauffés, à l'aide des procédés ordinaires de la Chimie, températures fort éloignées de celle de la vaporisation du carbone.

Dans ces conditions si différentes de celles de la synthèse de l'acétylène, j'ai établi (2) que les carbures d'hydrogène se décomposent suivant une progression régulière de condensations moléculaires, progression dont le carbone représente la limite extrême. Il se produit encore des équilibres temporaires entre chacun de ces carbures et les produits de sa transformation, comme j'en ai démontré de nombreux exemples, par mes expériences sur l'acétylène, l'éthylène, la benzine, le styrolène, la naphtaline, l'anthracène et les autres carbures pyrogénés. Mais le carbone libre lui-même n'intervient jamais dans ces équilibres. Pour qu'il intervienne, il faut qu'il soit réduit en vapeur, ainsi qu'il l'est en effet sous l'influence de l'électricité, et probablement aussi dans l'acte de la combustion. Je dis dans l'acte de la combustion, parce que l'ana-

---

(1) *Annales de Chimie et de Physique,* 4ᵉ série, t. XIX, p. 421; 1870.
(2) *Voir* le Tome II du présent Ouvrage.

lyse spectrale révèle la présence du carbone en vapeur dans la flamme ; tandis que mes expériences sur la combustion incomplète y manifestent l'existence de l'acétylène : la vapeur de carbone, l'hydrogène et l'acétylène semblent donc coexister dans l'acte de la combustion, comme dans l'acte de la décharge électrique.

CHAPITRE IX.

INFLUENCE DE LA PRESSION SUR LES ÉQUILIBRES CHIMIQUES
DÉTERMINÉS PAR L'ÉTINCELLE ÉLECTRIQUE
ENTRE LE CARBONE, L'HYDROGÈNE ET L'ACÉTYLÈNE ([1]).

Le jeu des réactions chimiques contraires et l'équilibre qui s'établit entre elles ne sont jamais plus simples en théorie que lorsqu'ils se développent dans des systèmes homogènes, entièrement gazeux, ou même entièrement liquides, et susceptibles de rester homogènes pendant toute la durée des expériences. En effet, dans ces conditions, toutes les particules réagissantes demeurent en contact parfait et incessant, sans qu'aucune complication secondaire vienne écarter quelqu'une de ces particules du champ de l'action chimique.

Il n'en est pas de même dans les réactions qui se passent entre un gaz, ou un liquide, et un solide, et moins encore dans les réactions où interviennent à la fois un gaz, un liquide et un solide : circonstances dans lesquelles les réactions ont lieu seulement aux surfaces de contact, lesquelles éprouvent l'influence d'une multitude de conditions physiques, accessoires et étrangères à l'action chimique véritable, qu'elles viennent compliquer. Pendant ce temps, les masses principales, séparées les unes des autres par l'état gazeux de celles-ci, opposé à l'état solide de celles-là, demeurent inactives et indifférentes.

Quel que soit l'intérêt des résultats que l'on puisse obtenir dans ces dernières conditions, cependant c'est, à mon avis, sur les systèmes homogènes que doit porter principalement l'étude théorique des affinités, c'est-à-dire l'étude des forces qui déterminent les combinaisons et les décompositions chimiques : en un sujet aussi délicat il importe de n'apporter ni confusion dans les idées, ni complications étrangères dans les expériences.

Tel est le point de vue qui a dirigé la longue suite de mes re-

---

([1]) *Annales de Chimie et de Physique*, 4e série, t. XVIII, p. 196; 1869.

cherches sur les affinités, étudiées dans les réactions éthérées, lesquelles présentent le type des actions lentes, progressives, ainsi que des actions limitées par les réactions inverses. Les réactions étherées peuvent d'ailleurs être expérimentées soit sur des systèmes entièremcnt gazeux, soit sur des systèmes entièrement liquides et toujours homogènes. L'équilibre qui les caractérise *varie d'une manière continue avec les proportions relatives* des corps réagissants; contrairement à ce qui arrive dans les réactions des acides sur les bases. *Il varie* aussi *d'une manière continue avec la pression,* c'est-à-dire avec l'état de condensation de la matière, dans le système gazeux. Mais il est *indépendant de la température,* au moins entre les limites de zéro et de 280° ([1]).

La condition fondamentale de l'homogénéité peut être également remplie dans les réactions effectuées au sein des systèmes gazeux, sous l'influence d'une combustion vive, réactions qui ont été étudiées avec tant de fruit par M. Bunsen. Ici les conditions sont bien différentes. En effet, les réactions sont brusques et déterminées par une cause presque instantanée. Aussi l'équilibre qui tend à s'établir entre les actions contraires n'obéit plus aux lois de la continuité; mais il varie à la façon des équivalents chimiques. Tandis que les proportions des corps réagissants changent progressivement, par exemple dans divers systèmes formés à l'origine d'hydrogène, d'oxyde de carbone et d'oxygène; au contraire, *les proportions relatives* des produits *varient par sauts brusques.* Le rapport entre le volume total d'un mélange gazeux combustible et celui de la portion susceptible de former un composé nouveau, à une température donnée, *varie* également *par sauts brusques,* lorsqu'on fait *varier la température peu à peu,* par l'introduction d'un gaz inerte dans le mélange. Il existe alors divers intervalles de température, plus ou moins étendus, entre lesquels la limite de réaction est *indépendante* des changements de ladite température.

Pour établir un parallèle complet entre les réactions éthérées et les réactions des systèmes gazeux combustibles, il reste à examiner l'influence que la pression exerce sur ces dernières.

Dans les expériences faites jusqu'ici sur la question, par MM. Regnault et Reiset d'une part ([2]), par M. Bunsen d'autre part ([3]), les

---

([1]) *Annales de Chimie et de Physique,* 3ᵉ série, t. LXV, LXVI, LXVIII; 1862-1863.

([2]) *Annales de Chimie et de Physique,* 3ᵉ série, t. XXVI, p. 356.

([3]) *Annales de Chimie et de Physique,* 3ᵉ série, t. XXXVIII, p. 351 et 354.

auteurs n'ont observé aucune influence de la pression initiale, du moins, entre des limites qui ont varié du simple au double pour M. Bunsen, et depuis une demi jusqu'à deux atmosphères, pour MM. Regnault et Reiset.

J'ai repris cette étude, en opérant sur l'acétylène, en faisant varier la pression entre des intervalles plus écartés et en m'attachant surtout à la décomposition de l'acétylène par l'étincelle électrique sous différentes pressions : étude plus facile que celle de la décomposition de l'acide carbonique et de la vapeur d'eau, parce qu'elle n'aboutit jamais à constituer des mélanges explosifs; c'est-à-dire des mélanges dont la pression varie subitement au moment de l'inflammation. En outre, la décomposition de l'acétylène offre cet avantage de ne donner lieu à aucun changement de volume, attendu que l'acétylène renferme son propre volume d'hydrogène.

Entre l'acétylène, l'hydrogène et le carbone, réduit en vapeur par l'arc ou par l'étincelle électrique, il s'établit un équilibre tel que le mélange d'acétylène et d'hydrogène, fait dans des proportions convenables, demeure inaltérable par l'étincelle.

Au contraire, si l'acétylène domine, il se décompose, jusqu'à ce que lesdites proportions se trouvent reproduites. J'ai établi ces faits dans le précédent Chapitre. Depuis lors, j'ai soumis à l'action de l'étincelle l'acétylène mélangé d'hydrogène, sous différentes pressions.

Voici comment j'opérais : les gaz étaient contenus au sein de larges éprouvettes (*fig.* 3 et 4, p. 38), dans lesquelles pénétraient des tubes à gaz recourbés et traversés librement par de gros fils de platine ([1]). L'étincelle produite par une forte bobine d'induction jaillissait directement entre les fils de platine, sans être brisée sur le verre, ou sur tout autre corps froid et capable de condenser subitement la vapeur du carbone.

La pression était mesurée directement par la hauteur d'une colonne de mercure.

On analysait le mélange d'heure en heure, jusqu'à ce que sa composition demeurât invariable pendant trois essais consécutifs. En partant d'une composition voisine de la limite (avec excès d'acétylène), une heure ou deux suffisent en général, pour atteindre ladite limite, qui se trouve vérifiée par les analyses consécutives.

([1]) J'ai dû renoncer aux fils de platine soudés dans les parois de l'éprouvette, parce que celle-ci ne tarde pas à se fêler sous l'influence prolongée du courant d'étincelles et des dilatations inégales du verre échauffé et du platine.

Dans les expériences faites sous des pressions très faibles, j'ai dû balayer à plusieurs reprises les éprouvettes avec le mélange gazeux, pour en expulser les dernières traces d'air. Encore a-t-il fallu parfois rejeter les premiers essais, parce que la formation d'un peu d'oxyde de carbone attestait l'intervention de petites quantités d'air, ou de vapeur d'eau, contenues dans le mercure. Mais cet oxyde de carbone disparaît dès le deuxième ou le troisième essai, pourvu que l'on ait soin de ne jamais remettre en contact avec l'air ni l'intérieur de l'éprouvette, ni les tubes qui y amènent les fils de platine.

J'ai obtenu les résultats suivants :

Pressions.	Proportion limite d'acétylène : sur 100 volumes.
$3,46$	$11,9$
$0,76$	$12,0$ à $12,5$ (dans plusieurs essais).
$0,42$	$11,9$
$0,41$	12.0
$0,31$	$6,5$
$0,23$	$3,5$
$0,18$	$3,1$
$0,10$	$3,1$

Je n'ai pas réduit la pression davantage, parce que le volume du gaz mis en expérience serait devenu trop petit pour des analyses exactes.

Mais j'ai constaté qu'un mélange renfermant $3,4$ d'acétylène, introduit dans un tube de Plücker et amené à une pression de quelques millimètres, ne donne lieu à aucun dépôt de charbon.

Il résulte de ces nombres que l'équilibre entre le carbone, l'hydrogène et l'acétylène est demeuré fixé à la même limite ($12,0$), pour des pressions qui ont varié au moins de $0^m,41$ à $3^m,46$, c'est-à-dire comme 1 est à $8\frac{1}{2}$.

L'accroissement de pression n'a eu d'autre effet que d'accroître extrêmement la résistance au passage de l'étincelle et l'éclat de cette dernière, conformément aux observations de M. Frankland. Cet accroissement d'éclat dans mes expériences ne correspond d'ailleurs à aucun changement dans la composition du gaz traversé par l'étincelle.

La vitesse même de la décomposition, qui fait disparaître l'excès d'acétylène mis en expérience, ne paraît pas varier beaucoup avec la pression ; autant qu'il est permis d'en juger dans les conditions où j'opérais, et qui sont imparfaitement comparables à ce point de vue.

Au-dessous de $0^m,41$, c'est-à-dire vers $0^m,31$, la limite s'est trouvée subitement amenée à 6,5, c'est-à-dire à la moitié de la précédente.

Vers $0^m,23$, la limite est réduite subitement au quart, et elle conserve cette valeur croissante jusqu'à $0^m,10$, et même jusqu'à quelques millimètres.

Ainsi, *la pression variant d'une manière continue,* l'équilibre entre l'acétylène, le carbone et l'hydrogène change par *sauts brusques* et suivant des rapports multiples les uns des autres. La loi de ces phénomènes est donc bien différente de celle qui préside à la tension des vapeurs.

CHAPITRE X.

FORMATION DE L'ACÉTYLÈNE PAR L'EFFLUVE ÉLECTRIQUE ([1]).

L'acétylène prend naissance lorsque les gaz hydrocarbonés sont soumis à l'influence de l'effluve électrique, autrement dite *décharge silencieuse* ou *décharge obscure*. J'ai observé notamment l'acétylène, avec le *formène* CH^4, l'*éthylène* C^2H^4, l'*hydrure d'éthylène* C^2H^6.

Fig. 5.   Fig. 6.

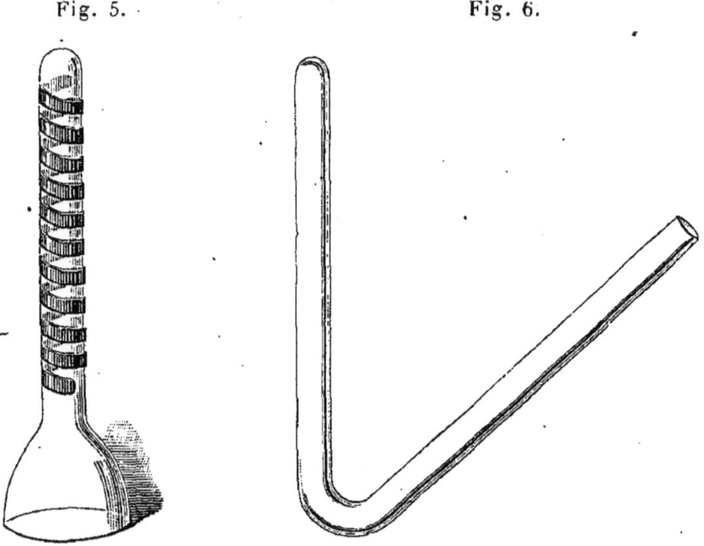

Éprouvette.   Siphon rempli de SO^4H^2 étendu.

Il se forme comme toujours en petite quantité. Il est accompagné par de l'hydrogène libre, et des carbures polymériques et résineux.

Entre ces carbures d'hydrogène, sous l'influence de l'effluve électrique aussi bien que sous l'influence de la chaleur (*Ann. de*

([1]) *Annales de Chimie et de Physique*, 5ᵉ série, t. X, p. 73; 1877.

Chim. et de Phys., 4ᵉ série, t. XVI, p. 152; — *voir* aussi plus loin le présent Volume), il tend à se développer un équilibre, troublé d'ailleurs par les phénomènes de condensation moléculaire.

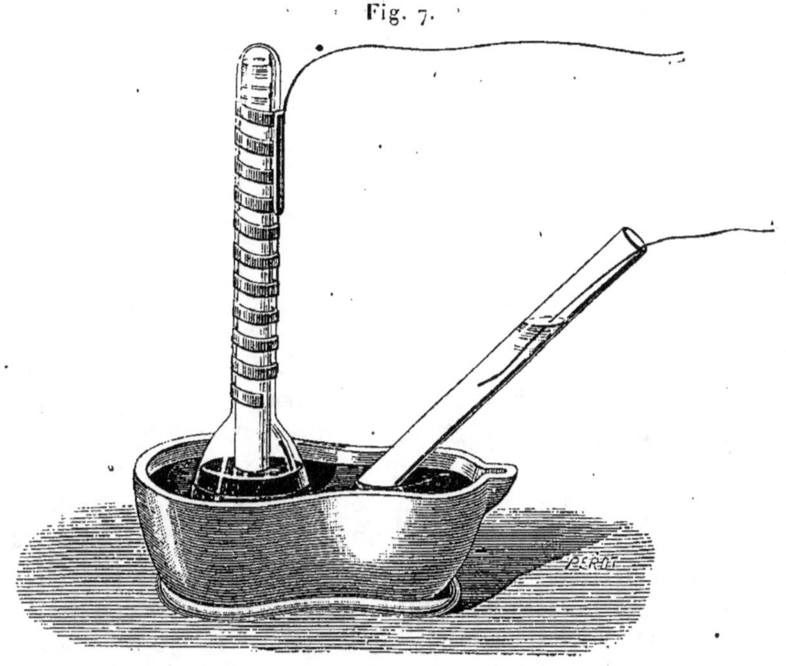

Fig. 7.

Les quatre hydrures de carbone fondamentaux, c'est-à-dire :

Le formène.................................... CH^4
Le méthyle ou hydrure d'éthylène............ $(CH^3)^2$
L'éthylène.................................... $(CH^2)^2$
L'acétylène ou protohydrure de carbone........ $(CH)^2$
Joints à l'hydrogène.......................... H^2

constituent dans ces circonstances des systèmes tels que la présence de l'un quelconque de ces hydrures entraîne la formation des trois autres.

CHAPITRE XI.

SUR LE SPECTRE DE L'ACÉTYLÈNE ([1]).

1. Le feu électrique résout tous les corps composés dans leurs éléments; à l'inverse il forme un certain nombre de composés. Entre ces deux actions contraires, il s'établit parfois un équilibre déterminé, équilibre très nettement caractérisé pour l'acétylène et pour l'acide cyanhydrique, et qui a été l'objet des expériences exposées dans les précédents Chapitres. Ainsi se forment divers systèmes gazeux, dont la composition demeure désormais invariable· sous l'action prolongée du feu électrique. Nous avons pensé que l'analyse spectrale de semblables systèmes pourrait offrir un intérêt particulier et qu'elle apporterait peut-être de nouvelles lumières à la question si controversée des spectres des corps composés. En effet, on écarte ainsi les complications dues aux changements successifs de la composition des gaz soumis à l'influence de l'étincelle.

2. Le spectre des composés carbonés en particulier a été l'objet des recherches de nombreux physiciens. M. Swan a reconnu d'abord, et dès 1856 ([2]), que toutes les flammes hydrocarbonées fournissent un même spectre, d'un caractère tout spécial. En 1862, M. Attfield a démontré que ce spectre est celui du carbone ([3]) (superposé à celui de l'hydrogène, ou de l'azote, ou du soufre, suivant les composés mis en présence). En effet, il est commun aux flammes hydrocarbonées, à celles du cyanogène, de l'oxyde de carbone, du sulfure de carbone; enfin il apparaît dans ces divers gaz ou vapeurs, traversés par l'étincelle électrique.

([1]) *Ann. de Chim. et de Phys.*, 4ᵉ série, t. XVIII, p. 191; 1869. — Travail publié en commun avec M. Richard.
([2]) *Edinburg Philosophical Transactions*, t. XXI, p. 411.
([3]) *Philosphical Transactions*, p. 221; 1862.

MM. Plücker et Hittorf ([1]), dans un Mémoire justement classique, sont arrivés à la même conclusion; spécialement pour le gaz des marais, le gaz oléfiant, l'éthane et l'acétylène ([2]), et ils ont donné une magnifique figure coloriée du spectre du carbone. M. Morren a dessiné le même spectre de son côté. Après avoir cru d'abord à l'existence distincte d'un spectre d'hydrogène carboné dans la combustion, ce savant physicien est revenu sur sa première opinion ([3]) et d'après de nouvelles expériences publiées en 1865, il a adopté la conclusion de M. Attfield. Le cyanogène et l'acétylène, entre autres, lui ont fourni tous deux le même spectre du carbone ([4]). Si nous entrons dans ces détails, c'est afin de bien préciser l'état actuel de la question.

3. Nous avons étudié d'abord le spectre de l'acétylène. D'après mes expériences, l'acétylène pur est décomposé par l'étincelle; mais la décomposition s'arrête lorsque la proportion de l'hydrogène libre est devenue suffisante.

L'excès d'hydrogène nécessaire pour assurer la stabilité de l'acétylène change avec la pression. Sous une pression de $0^m,100$, le mélange en équilibre renferme $3,5$ centièmes d'acétylène: ce même mélange est encore en équilibre sous une pression de quelques millimètres.

Nous nous sommes placés au delà de ces limites, et nous avons expérimenté sur un mélange d'hydrogène et d'acétylène renfermant $1,7$ centième du dernier gaz. Ce mélange a été introduit dans un tube de Plücker, où l'on a fait le vide à quelques millimètres; puis on y a fait passer une série d'étincelles, à l'aide d'une forte bobine d'induction. La lumière rosée qui s'est produite a été analysée à l'aide d'un spectroscope à deux prismes, de façon à étaler convenablement le spectre.

La dispersion peut être définie par les chiffres suivants. La double raie jaune du sodium occupait la division 50 du micromètre:

$$H_\alpha = 13,5, \qquad H_\beta = 144,5, \qquad H_\gamma = 229.$$

Le spectre de notre mélange gazeux a présenté:
1° Les raies brillantes de l'hydrogène.

([1]) *Philosophical Transactions*, 1865.
([2]) Même Mémoire, p. 19 et 27.
([3]) *Ann. de Chim. et de Phys.*, 4ᵉ série, t. IV, p. 308 et 310; 1865.
([4]) *Ann. de Chim. et de Phys.*, 4ᵉ série, t. IV, p. 314; 1865.

2° Les raies et les bandes lumineuses du carbone, conformes au spectre de l'oxyde de carbone dessiné par MM. Plücker et Hittorf, et au spectre du carbone de M. Morren. Nous avons vérifié l'exactitude remarquable de ces dessins, en opérant sur un tube de Plücker rempli d'oxyde de carbone raréfié.

3° En outre, nous avons reconnu l'existence d'un groupe particulier de bandes et de raies, qui n'avaient été signalées, à notre connaissance, par aucun observateur. En effet, depuis le jaune jusqu'au vert, on aperçoit une multitude de bandes étroites et brillantes, équidistantes ou à peu près, séparées par de fines raies noires. Le tout offre l'aspect d'une série de cannelures délicates et extrêmement resserrées ; elles sont surtout manifestes à partir de la division 25 de notre micromètre et jusque vers la division 65. La portion jaune du spectre, voisine de la raie du sodium, les présente avec le plus grand éclat. Dans les spectres du carbone, dessinés soit par MM. Plücker et Hittorf, soit par M. Morren, aucune raie ou bande n'est figurée dans cette portion jaune du spectre comprise entre le groupe a et le groupe b des premiers auteurs.

Le même groupe de raies et de bandes peut être observé dans un tube de Plücker, rempli avec de l'hydrogène renfermant 3 millièmes d'acétylène. On l'observe également avec l'hydrogène mêlé de vapeurs de benzine ; circonstance dans laquelle celles des nouvelles raies qui sont situées dans le vert sont un peu plus brillantes qu'avec l'acétylène, mais sans changer de place. Ce cas rentre d'ailleurs dans le précédent, attendu que ce mélange de benzine et d'hydrogène, traversé par un courant d'étincelles, se change en acétylène.

Au contraire, l'oxyde de carbone pur ne fournit pas ce groupe de raies ; l'oxyde de carbone mêlé d'hydrogène ne les laisse non plus apercevoir que d'une manière nulle, ou presque insensible. J'ai montré que, dans ce dernier mélange, l'acétylène se forme, mais en proportion extrêmement faible. L'absence des raies de l'acétylène, dans un semblable mélange, nous a paru surtout décisive.

En raison de ces observations, nous regardons le groupe de raies et de bandes qui viennent d'être définies comme caractéristique de l'acétylène.

Ces raies et bandes n'apparaissent que sous une pression très faible. En opérant sous la pression de $0^m,760$, l'hydrogène renfermant quelques millièmes d'acétylène ne laisse guère apercevoir que les raies de l'hydrogène pur. Mais, sous cette même pression de $0^m,760$, l'hydrogène, mêlé avec une forte proportion d'acétylène et traversé par l'étincelle, montre la réunion des raies de l'hydrogène avec les raies et bandes du carbone (c'est-à-dire de l'oxyde de carbone sous la même pression). A la place que les raies et bandes de l'acétylène occuperaient sous une faible pression, le spectre est continu sous la pression de $0^m,760$, les bandes étant sans doute superposées par suite de leur dilatation.

Observons ici que le spectre de l'oxyde de carbone, c'est-à-dire du carbone, sous la pression atmosphérique, diffère beaucoup du spectre du même corps observé dans un tube à gaz raréfié. Le spectre de l'azote change également, suivant qu'on l'observe sous la pression atmosphérique, ou sous une pression de quelques millimètres, ou bien enfin dans un état de raréfaction excessive.

Les spectres multiples qu'un même corps présente sous différentes pressions peuvent être, ce semble, expliqués, dans la plupart des cas, par les maxima variables qui résultent des apparitions et des superpositions successives d'un certain nombre de raies brillantes, de plus en plus dilatées à mesure que la pression augmente : le tout sans préjudice de l'influence encore mal définie de la température.

4. Nous avons également étudié le spectre des mélanges gazeux renfermant de l'acide cyanhydrique. Ce composé se forme, en effet, toutes les fois que l'acétylène et l'azote se trouvent mis en présence et traversés par l'étincelle électrique. Mais les mélanges en équilibre qui se produisent ainsi sont complexes; ils contiennent à la fois de l'acide cyanhydrique, de l'acétylène, de l'hydrogène et de l'azote. Nous avons opéré sur divers mélanges formés d'acide cyanhydrique avec un excès d'hydrogène, mélanges dans lesquels l'acétylène apparaît aussitôt par l'action de l'étincelle.

Ces mélanges, soumis à l'analyse spectrale, après avoir été raréfiés dans les tubes de Plücker jusqu'à une pression de quelques millimètres, ont présenté :

1° Les raies de l'hydrogène.

2° Les bandes et raies du carbone.

3° Les fines cannelures et raies de l'acétylène, avec la même netteté que lorsqu'on opère sur un simple mélange d'acétylène et d'hydrogène.

4° Certaines apparences plus difficiles à préciser, mais qui paraissent dériver du spectre de l'azote.

En opérant sous cette pression, nous n'avons réussi à définir aucun groupe de bandes ou raies spéciales, qui puisse caractériser nettement l'acide cyanhydrique. Ce composé existe cependant dans tous les mélanges en proportion considérable.

En opérant sous la pression atmosphérique, le spectre de l'étincelle dans l'acide cyanhydrique, mêlé avec un excès d'hydrogène, résulte essentiellement des spectres de l'hydrogène et du carbone superposés. Si l'on ajoute à ces mélanges de l'azote pur, ou même de l'air par portions successives, on voit apparaître derrière les spectres précédents celui de l'azote, lequel se renforce peu à peu, à mesure que la proportion d'azote augmente, et qui finit par devenir prédominant. On voit surtout très nettement les raies vertes qui caractérisent ces gaz sous la pression atmosphérique.

Nous avons observé les mêmes phénomènes, en ajoutant peu à peu soit de l'azote, soit de l'air, à la benzine mêlée d'hydrogène ; ou bien encore en opérant sur l'air mêlé de vapeurs de benzine en plusieurs proportions. Malgré quelques diversités dans les apparences, qui mettent en évidence tel ou tel groupe de raies appartenant aux éléments de préférence aux autres, nous n'avons réussi à définir nettement dans de tels mélanges aucun système de raies ou de bandes particulières.

CHAPITRE XII.

NOUVELLES CONTRIBUTIONS A LA SYNTHÈSE DE L'ACÉTYLÈNE [1].

L'acétylène se produit en petites quantités :

1° En faisant passer l'éther méthylchlorhydrique dans un tube chauffé à une température inférieure au rouge sombre

$$2\,CH^3Cl = C^2H^2 + 2\,HCl + H^2.$$

2° L'oxyde de carbone, mêlé de vapeurs d'eau et de gaz chlorhydrique, sur du siliciure de magnésium chauffé au rouge.

Au contraire, je n'ai pas obtenu d'acétylène :

1° En faisant passer la vapeur d'eau sur le charbon de fusain, préalablement purifié au rouge par l'action du chlore;

2° En faisant passer un mélange d'hydrogène et d'oxyde de carbone sur du fer pur, chauffé d'abord au rouge vif, puis au rouge blanc;

3° En faisant agir le gaz chlorhydrique sur un mélange d'alumine et de charbon, fortement calciné au préalable : j'opérais dans les conditions de la formation du chlorure d'aluminium.

En général, l'acétylène se forme toutes les fois qu'une matière organique renfermant du carbone et de l'hydrogène combinés traverse un tube chauffé au rouge. Tandis qu'il ne prend pas naissance d'ordinaire, quand on se borne à distiller dans une cornue un sel ou un composé organique.

---

[1] *Ann. de Chim. et de Phys.*, 3ᵉ série, t. LXVII, p. 71; 1863.

CHAPITRE XIII.

FORMATION DE L'ACÉTYLÈNE ET DE L'ÉTHYLÈNE PAR L'ACTION DE L'HYDRATE DE POTASSE SUR LES DÉRIVÉS SULFONÉS DES CARBURES D'HYDROGÈNE ([1]).

J'ai étudié l'action de la potasse fondante sur les dérivés sulfuriques des carbures de la série grasse : j'entends par là les dérivés que l'eau ou les alcalis ne dédoublent pas à 100°, dérivés que l'on nomme aujourd'hui *sulfonés*.

1. Le sel de soude de l'acide hydréthylodisulfurique, $C^2H^6.2SO^3$ ([2]), donne naissance à l'acétylène :

$$C^2H^4Na^2.2SO^3 + 2KHO = C^2H^2 + 2H^2O + 2SKNaO^3;$$

mais l'acétylène est mêlé avec une grande quantité d'hydrogène libre, produit par une oxydation plus profonde qui engendre un carbonate. Une trace de phénol prend naissance simultanément, en vertu de réactions secondaires, pareilles à celles qu'éprouvent les acétylénosulfates (*voir* plus loin).

2. Le sel de potasse de l'acide éthylénosulfurique ([3]), $C^2H^4(H^2O)SO^3$, fournit aussi de l'acétylène et du sulfate :

$$C^2H^5KO^2.SO^3 + KHO = C^2H^2 + 2H^2O + SK^2O^3.$$

L'acétylène est également mêlé avec une grande quantité d'hydrogène, et il se forme une trace de phénol.

([1]) *Ann. de Chim. et de Phys.*, 4ᵉ série, t. XIX, p. 431 ; 1870.

([2]) Préparé au moyen du bromure d'éthylène et du sulfite de soude, par la réaction de Strecker.

([3]) Syn., *acide iséthionique*. Préparé avec l'éthylène pur et l'acide sulfurique fumant.

3. Le sel de soude de l'acide hydréthylosulfurique ([1]), $C^2H^6SO^3$, est décomposé très nettement, avec formation d'éthylène pur et de sulfite alcalin :

$$C^2H^5NaSO^3 + KHO = C^2H^4 + H^2O + SKNaO^3.$$

Si la potasse n'est pas en quantité suffisante, il se forme des dérivés éthylsulfurés.

4. Le sel de soude de l'acide forménosulfurique, CH^4SO^3, aurait dû, par analogie, produire du méthylène, CH^2; mais en présence d'un excès de potasse il a fourni seulement de l'hydrogène, du carbonate et du sulfite :

$$CH^3NaSO^3 + 3KHO = CK^2O^3 + SKNaO^3 + 3H^2.$$

Si l'on diminue la quantité de potasse, on voit apparaître une vapeur méthylsulfurée, très volatile, offrant tous les caractères du mercaptan méthylique, CH^4S :

$$2CH^3NaSO^3 + 2KHO = CK^2O^3 + SNa^2O^3 + 2H^2O + CH^4S,$$

sans qu'aucunes proportions relatives permettent d'obtenir la moindre trace de méthylène.

J'ai fait beaucoup d'essais pour préparer le *méthylène*. Mais ce carbure n'apparaît ni dans les distillations sèches,

Ni dans les actions pyrogénées,

Ni dans les décompositions de l'éther méthylchlorhydrique,

Ni dans la réaction de l'acide sulfurique sur l'alcool méthylique.

Il ne se forme point davantage dans l'électrolyse des malonates, réaction qui devrait le fournir à la température ordinaire.

Je pense que l'on ne doit guère conserver d'espérance relativement à son existence.

5. Les sels de l'acide acétylénosulfurique,

$$C^2H^2(H^2O)(H^2O)SO^3(?),$$

devraient, par analogie, fournir du charbon :

$$C^2H^5KO^2.SO^3 + KHO = 2C + 3H^2O + SK^2O^3.$$

On obtient, en effet, une matière charbonneuse. Mais il se produit

---

([1]) Syn., *acide éthylsulfureux*. Préparé avec l'éther iodhydrique et le sulfite de soude (réaction de Strecker).

en même temps de l'hydrogène, un carbonate, du phénol en proportion notable :

$$4(C^2H^5KO^2.SO^3 + 2KHO)$$
$$= C^6H^6O + 2CK^2O^3 + 5H^2O + 6H^2 + 4SK^2O^3.$$

et même de la benzine, à l'état de traces :

$$4(C^2H^5KO.SO^3 + 2KHO) = C^6H^6 + 2CK^2O^3 + 6H^2O + 5H^2 + 4SK^2O^3.$$

Les formations de phénol et de benzine, qui viennent d'être signalées, semblent corrélatives avec les condensations moléculaires que l'élément carbone éprouve, toutes les fois qu'il est mis à nu ; car elles s'accomplissent *au moment de la réaction de l'hydrate de potasse*. Elles ne dérivent pas d'une métamorphose préalable de l'acétylène en acide benzinosulfurique, opérée au moment de son absorption par l'acide sulfurique fumant.

Pour m'en assurer, j'ai eu recours à la régénération des carbures par le moyen de l'acide iodhydrique, en solution aqueuse saturée.

En effet, j'ai reconnu que les benzinosulfates, chauffés en tubes scellés avec cet agent à 280°, reproduisent, suivant les proportions d'hydracide, soit la benzine, C^6H^6, soit ses hydrures :

$$C^6H^6SO^3 + 4H^2 = C^6H^6 + H^2S + 3H^2O.$$

La production simultanée de l'hydrogène sulfuré semble faciliter cette dernière formation.

Au contraire, l'acétylénosulfate de baryte, tel qu'il a été employé dans les expériences précédentes, n'a pas fourni la moindre trace de benzine ni d'hydrure d'hexylène, sous l'influence hydrogénante plus ou moins ménagée de l'acide iodhydrique à 280°.

6. Les réactions que l'hydrate de potasse exerce sur les dérivés sulfuriques des carbures d'hydrogène, quels qu'ils soient, peuvent être résumées de la manière suivante, par une équation type :

1° Étant donné un acide $C^m H^{2p}(SO^3)^n$, n-basique, cet acide, traité par la potasse fondante, tend à engendrer un carbure $C^m H^{2p-2n}$:

$$C^m H^{2p}(SO^3)^n + 2n KHO = C^m H^{2p-2n} + 2n H^2O + n SKO^3 ;$$

2° Étant donné un acide moins saturé d'acide sulfurique et renfermant les éléments de l'eau, $C^m H^{2p}(H^2O)^q(SO^3)^n$, acide n-basique, non décomposable à 100° par l'eau ou par la potasse étendue, ledit acide tend aussi à engendrer un carbure, $C^m H^{2p-2n}$, sous l'influence de la potasse fondante.

En d'autres termes, la potasse, en même temps qu'elle sépare les éléments sulfuriques, $n\,SO^3$, sépare aussi un nombre égal d'équivalents d'hydrogène, $n\,H^2$. C'est donc là une nouvelle méthode pour transformer le carbure primitif, générateur des acides conjugués, en carbures moins hydrogénés; par exemple, C^2H^6 en C^2H^4 et C^2H^2.

Cette réaction peut être rapprochée de la séparation simultanée des éléments carboniques, $2\,CO^2$, et de l'hydrogène, H^2, pendant l'électrolyse des acides organiques :

Acide hydréthylosulfurique........ $C^2H^6\,SO^3 - \quad SO^3 - H^2 = C^2H^4,$

Acide succinique............... $C^2H^6.\,2\,CO^2 - 2\,CO^2 - H^2 = C^2H^4.$

Sans poursuivre plus loin ce parallélisme, comparons maintenant l'équation type qui vient d'être posée avec les faits observés. La réaction, avons-nous dit, tend à engendrer un carbure, $C^m H^{2p-2n}$: ce carbure se produit réellement, s'il est stable dans les conditions de l'expérience (éthylène, acétylène, etc.); sinon, ses éléments éprouvent diverses réactions secondaires.

Tantôt ils fixent les éléments de l'eau : c'est ainsi que les dérivés sulfuriques de la benzine et des carbures aromatiques engendrent les phénols (Dusart, Kekulé, Wurtz) : $C^6H^6SO^3$ produisant $C^6H^4 + H^2O$, qui demeurent réunis;

Tantôt les éléments du carbure s'oxydent en partie aux dépens de l'hydrate alcalin, avec formation d'acide carbonique et d'hydrogène : cet hydrogène, se portant sur une autre partie, donne naissance à des produits de réduction, tels que les dérivés sulfurés (mercaptan méthylique avec les forménosulfates); ou bien encore certains dérivés polymériques (phénol et benzine avec les acétylénosulfates).

CHAPITRE XIV.

ACÉTYLÈNE FORMÉ PAR ÉLECTROLYSE [1].

L'électrolyse de l'acide fumarique, ou plutôt des fumarates, fournit de l'acétylène, d'après les expériences de Kékulé. Cet acétylène est formé, en vertu d'une réaction régulière, par le dédoublement d'un ion opposé à l'hydrogène,

$$C^4H^4O^4 = (C^2H^2 + 2CO^2) + H^2.$$

J'ai observé [1] que l'acétylène prend naissance dans diverses autres électrolyses, en vertu de réactions qui se rattachent aux combustions incomplètes; celles-ci, au lieu d'être accomplies par voie pyrogénée, résultent d'une oxydation électrolytique.

Électrolyse de l'aconitate de potasse. — Le procédé auquel j'ai eu recours a été l'électrolyse de l'aconitate de potasse. Voici les raisonnements qui m'ont conduit à cette expérience:

L'acide aconitique, $C^6H^6O^6$, peut être dérivé de la série propylique. En effet, l'acide aconitique engendre par hydrogénation l'acide carballylique, $C^6H^8O^6$, et le même acide carballylique peut être formé, d'après M. Maxwell Simpson, au moyen de la trichlorhydrine, $C^3H^5Cl^3$, réagissant sur le cyanure de potassium. En théorie donc, la trichlorhydrine et, par conséquent, l'acide carballylique doivent être regardés comme dérivés de l'hydrure de propylène, C^8H^8; car l'acide carballylique résulte en principe de l'union de ce carbure avec les éléments de l'acide carbonique:

$$C^3H^8 \quad + 3CO^2 = \quad C^6H^8O^6$$

Hydrure   Acide
de propylène.   Carballylique.

On voit dès lors comment l'acide aconitique, qui renferme deux

<hr>

[1] *Bulletin de la Société chimique,* 2ᵉ série, t. IX, p. 27; 1868.

équivalents d'hydrogène de moins, dérive en théorie du propylène et des éléments de l'acide carbonique :

$$C^3 H^6 + 3 CO^2 = C^6 H^6 O^6.$$

Si donc nous enlevons à l'acide aconitique trois molécules d'acide carbonique, $3CO^2$, et trois équivalents d'hydrogène $3H$, nous devrions obtenir le résidu $C^3 H^3$; et ce résidu devrait se doubler aussitôt, c'est-à-dire fournir la benzine, ou un isomère, suivant une relation bien connue, puisqu'il renferme un nombre impair d'équivalents d'hydrogène. Or, les analogies semblaient indiquer que la double réaction désirée pouvait être produite par électrolyse.

Il suffit, pour le comprendre, de jeter un coup d'œil sur les formules suivantes, qui représentent l'électrolyse des acides monobasiques, d'après Kolbe :

$$C^2 H^4 O^2 = [H] + [CO^2 + (C^2 H^3)]$$

Acide   Pôle   Pôle positif.
acétique. négatif.

et celle des acides bibasiques, d'après Kékulé :

$$C^4 H^6 O^4 = [H^2] + [2 CO^2 + C^2 H^4]$$

Acide   Pôle   Pôle positif.
succinique. négatif.

On devrait donc obtenir, en opérant sur un acide tribasique :

$$C^6 H^6 O^6 = [H^3] + [3 CO^4 + (C^3 H^3)]$$

Acide   Pôle   Pôle positif.
aconitique. négatif.

Malgré les analogies, cette espérance ne s'est pas réalisée, quoique les résultats obtenus ne soient peut-être pas moins curieux que ceux que j'attendais. En effet, ayant électrolysé une solution concentrée et rendue fortement alcaline d'aconitate de potasse, je n'ai pas obtenu trace de benzine au pôle positif. Mais j'ai vu se dégager à ce pôle de l'oxygène libre, mélangé avec de l'oxyde de carbone et un peu d'acétylène. Or, ces composés résultent de l'oxydation du résidu $C^3 H^3$, comme le montre l'équation suivante :

$$(C^3 H^3)^2 + 6O = C^2 H^2 + 4CO + 2 H^2 O.$$

Acétylène.   Oxyde
                  de carbone.

L'acétylène paraît donc résulter ici de la destruction de la benzine naissante.

J'ai vérifié cette conclusion par une autre voie, en étudiant les gaz formés dans l'électrolyse du benzoate de potasse, c'est-à-dire par l'électrolyse de l'acide qui offre avec la benzine la relation la plus régulière. *A priori*, il semble que l'électrolyse du benzoate de potasse devrait fournir le résidu C^6H^5, lequel en se doublant constituerait le diphényle :

$$C^7H^6O^2 = [H] + [CO^2 + (C^6H^5)]$$

Acide
benzoïque

Mais ce résidu n'apparaît point dans l'électrolyse du benzoate de potasse. En examinant les gaz qui se dégagent au pôle positif, j'ai reconnu qu'outre de l'oxygène, ils renferment de l'oxyde de carbone et de l'acétylène. Ces gaz résultent d'une action oxydante exercée sur le résidu C^6H^5 de la benzine :

$$(C^6H^5)^2 + 14O = C^2H^2 + 10CO + 4H^2O.$$

Il résulte de ces faits que le résidu benzénique C^6H^5, d'une part, et le résidu propylique C^3H^3, d'autre part, peuvent être aisément changés en acétylène.

CHAPITRE XV.

DÉCOMPOSITION DE L'ACÉTYLÈNE PAR LA CHALEUR (1866).

L'acétylène est décomposé, lorsqu'on le maintient quelque temps au rouge vif, avec formation de carbures pyrogénés, d'hydrogène et de carbone libre, dont la proportion augmente rapidement jusqù'à devenir presque totale.

Cette formation est la conséquence de la décomposition exothermique et explosive de l'acétylène en carbone solide et hydrogène gazeux. Elle a lieu à la condition que l'acétylène soit porté seulement à une température où le carbone se sépare à l'état solide et polymérique.

Si le système était porté, au contraire, brusquement à la température de 4000°, température où le carbone est ramené à l'état monomère (monomoléculaire) et gazeux, c'est alors la formation de l'acétylène qui devient exothermique : dans ce cas, elle est accompagnée par des phénomènes d'équilibre qui ont été étudiés au Chapitre IX. (*Voir* aussi plus loin.)

CHAPITRE XVI.

SUR QUELQUES RÉACTIONS ANALYTIQUES DE L'ACÉTYLÈNE ET DE L'ALLYLÈNE ([1]).

1. *Sensibilité de l'acétylure cuivreux*. — J'ai fait quelques expériences afin de reconnaître la limite de la sensibilité du chlorure cuivreux ammoniacal à l'égard de l'acétylène.

Dans une éprouvette, j'ai introduit 50^{cc} d'hydrogène, contenant $\frac{1}{1000}$ d'acétylène, puis une seule goutte du réactif. Il s'est recouvert presque aussitôt d'une pellicule rouge caractéristique. La proportion de l'acétylène ainsi accusée est égale à $\frac{1}{20}$ de milligramme.

On peut accuser de la même manière l'acétylène dans 50^{cc} d'hydrogène renfermant $\frac{1}{10000}$ de ce gaz. Le précipité ne tarde pas à apparaître sous la forme de flocons rougeâtres flottant dans la gouttelette du réactif. C'est une sensibilité de $\frac{1}{200}$ de milligramme.

50^{cc} d'air renfermant $\frac{1}{1000}$ d'acétylène, c'est-à-dire $\frac{1}{20}$ de milligramme, donnent également lieu au précipité; et la réaction peut être manifestée encore plus loin, au moins jusqu'au $\frac{1}{100}$ de milligramme. Cette expérience prouve que l'acétylène est absorbé par le réactif plus rapidement que l'oxygène. Du reste, le précipité formé d'abord en présence de l'air, dans ces conditions, ne tarde pas à disparaître, par l'effet d'une oxydation consécutive.

2. *Action du bioxyde de cuivre ammoniacal*. — Le bioxyde de cuivre, dissous dans l'ammoniaque, absorbe lentement l'acétylène, en formant un peu d'acétylure cuivreux, mêlé d'un produit charbonneux. Le tout demeure adhérent, sous forme d'une couche miroitante, aux parois du vase, tandis que la presque totalité du gaz est brûlée.

Cette réaction pourrait, sans doute, être utilisée pour détruire.

([1]) *Annales de Physique et de Chimie*, 4ᵉ série, t. IX, p. 421; 1866.

l'acétylène mélangé avec des carbures gazeux analogues. Elle prouve, dans tous les cas, la nécessité d'employer, pour recueillir l'acétylène, un réactif aussi peu chargé que possible de bioxyde, et surtout la nécessité de séparer rapidement l'acétylure cuivreux de l'excès du réactif, lorsqu'on lave ce précipité au contact de l'air.

3. *Nitrate d'argent ammoniacal.* — Le nitrate d'argent ammoniacal n'est pas un réactif aussi délicat de l'acétylène, quoique sa sensibilité soit très grande. Il offre l'avantage de pouvoir réagir même en présence de l'oxygène. Mais ses indications sont rendues fautives par la présence des vapeurs iodées, bromées, et même chlorées et cyanurées, dans le cas où le réactif est employé en trop petite quantité.

4. *Allylénure cuivreux.* — Le chlorure cuivreux dissous dans l'ammoniaque, et le chlorure cuivreux dissous dans l'acide chlorhydrique, puis sursaturé d'ammoniaque, précipitent également bien et avec la même sensibilité l'acétylène. Au contraire, l'action de ces deux réactifs n'est pas identique à l'égard de l'allylène.

L'allylène, en effet, est absorbé par le chlorure cuivreux ammoniacal, avec formation d'allylénure cuivreux, jaune d'œuf et caractéristique.

Au contraire, le chlorure cuivreux ammoniacal chargé de chlorhydrate d'ammoniaque, tel qu'on l'obtient en sursaturant d'ammoniaque le chlorure cuivreux dissous dans l'acide chlorhydrique, absorbe l'allylène, sans donner lieu à aucun précipité.

J'ai fait diverses expériences pour établir la cause de cette différence.

En fait l'ammoniaque caustique, en grand excès, ne dissout pas l'allylénure cuivreux fraîchement précipité;

Une solution concentrée de chlorhydrate d'ammoniaque ne le dissout pas, du moins en totalité;

Mais il se dissout immédiatement dans un mélange d'ammoniaque et de chlorhydrate d'ammoniaque;

Enfin l'allylénure cuivreux se dissout dans un grand volume d'une solution de chlorure cuivreux, opérée au moyen du chlorure de potassium, ou du chlorhydrate d'ammoniaque.

C'est ici le lieu de faire remarquer que l'allylène est absorbé abondamment par les deux solutions précédentes, en formant d'abord un précipité jaune, soluble dans un excès du réactif.

Les faits précédents expliquent la solubilité, facile à constater d'ailleurs, de l'allylénure cuivreux dans le chlorure cuivreux ammoniacal, chargé de chlorhydrate d'ammoniaque.

J'ai soumis l'acétylure cuivreux aux mêmes épreuves. Ce composé, fraîchement précipité, peut être regardé comme à peu près insoluble dans l'ammoniaque et dans le chlorhydrate d'ammoniaque, pris séparément, ou mélangés. Cependant un mélange des deux liqueurs, employées en quantités énormes, finirait par le dissoudre. De même les chlorures cuprosopotassique et cuprosoammonique ne le dissolvent que s'ils sont employés en proportions très considérables.

En résumé, on voit que l'action du chlorure cuivreux ammoniacal, mêlé de chlorhydrate d'ammoniaque, permet de distinguer l'acétylène de l'allylène.

5. *Formation singulière de l'acétylène.* — J'ai tiré parti de l'action du chlorure cuivreux ammoniacal, renfermant du chlorhydrate d'ammoniaque, pour constater la formation d'une trace d'acétylène dans la réaction ordinaire à l'aide de laquelle on donne naissance à l'allylène : je veux parler de la décomposition du bromure de propylène (préparé avec l'éther allyliodhydrique), par une solution alcoolique de potasse.

Cette formation résulte probablement de la décomposition de quelque éther mixte, laquelle détermine un échange entre l'hydrogène de la molécule éthylique, dérivée de l'alcool, et la molécule allylique, dérivée du bromure de propylène. C'est une nouvelle preuve de la complexité des réactions produites par une solution alcoolique de potasse.

6. *Action de l'acide sulfurique sur l'allylène.* — Un autre caractère distinctif non moins important entre les deux gaz peut être tiré de l'action de l'acide sulfurique concentré. En effet, ce réactif absorbe l'allylène immédiatement et en grande abondance; tandis qu'il n'absorbe l'acétylène que très lentement et avec le concours d'une agitation extrêmement prolongée. C'est précisément la même différence qui existe entre les actions du même acide sur l'éthylène et sur le propylène.

7. *Action des sels de protoxyde sur divers gaz.* — Je crois utile de résumer ici les observations que j'ai faites à cet égard.

1° Le chlorure cuivreux ammoniacal absorbe immédiatement l'oxygène, l'oxyde de carbone, l'acétylène, l'éthylène, l'allylène, le propylène (faiblement); mais il n'agit pas immédiatement sur le bioxyde d'azote.

2° Le sulfate ferreux, dissous dans un mélange d'ammoniaque et de chlorhydrate d'ammoniaque, absorbe rapidement, comme on sait, l'oxygène et le bioxyde d'azote. J'ai vérifié qu'il n'exerce pas d'action spéciale, à la température ordinaire, sur l'acétylène, l'allylène, l'éthylène, le propylène, l'oxyde de carbone.

3° Enfin, le sulfate chromeux, dissous dans le mélange d'ammoniaque et de chlorhydrate d'ammoniaque, absorbe l'oxygène, le bioxyde d'azote, l'acétylène, l'allylène, mais sans agir sur l'oxyde de carbone, ni sur l'éthylène, ni sur le propylène.

CHAPITRE XVII.

SYNTHÈSE DE L'ÉTHYLÈNE PAR L'ACÉTYLÈNE ([1]).

Je vais établir une relation nouvelle entre l'acétylène et le gaz oléfiant (éthylène), fondée sur leur transformation réciproque. J'ai dit plus haut (p. 25 et 28) comment le gaz oléfiant et ses hydrates (alcool, éther) fournissent de l'acétylène; mais ce rapprochement repose sur des phénomènes de destruction compliqués et opérés à la température rouge. J'ai réussi à exécuter la métamorphose inverse à une basse température, c'est-à-dire à changer l'acétylène en gaz oléfiant :

$$C^2H^2 + H^2 = C^2H^4.$$

Acétylène.   Gaz oléfiant.

Il suffit de traiter par l'hydrogène naissant la combinaison qui résulte de l'action de l'acétylène sur le protochlorure de cuivre ammoniacal. J'ai fait plusieurs essais avant d'arriver au résultat cherché. L'hydrogène naissant développé dans une liqueur acide n'a pas produit de rendement suffisamment fructueux.

Mais il en a été tout autrement de l'hydrogène naissant, développé par la réaction du zinc sur l'ammoniaque aqueux, en présence de l'acétylure cuivreux. Dans ces conditions, il se dégage un gaz très riche en gaz oléfiant, lequel d'ailleurs demeure mélangé avec de l'hydrogène et un peu d'acétylène.

Entrons dans le détail ([2]). Lorsqu'on opère dans un milieu acide, le zinc étant mis en présence de l'acide sulfurique, par exemple, l'éthylène, C^2H^4, ainsi obtenu, est rendu impur par de grandes quantités d'hydrogène et d'acétylène libres. Ces deux gaz, en effet, se produisent par l'action distincte de l'acide sur le zinc

---

([1]) *Annales de Physique et de Chimie,* 3ᵉ série, t. LXVII, p. 57; 1863.
([2]) *Leçons sur les méthodes générales de synthèse,* p. 90.

d'une part, sur l'acétylure de l'autre, c'est-à-dire en vertu de deux réactions indépendantes de la réaction principale que l'on recherche et qui ont lieu simultanément. Ce procédé ne peut guère être regardé que comme un procédé théorique; dans la pratique, il doit être rejeté, la purification de l'éthylène, mêlé avec un énorme excès de gaz étranger, étant fort difficile.

Nous sommes dès lors conduits à obtenir l'hydrogène naissant dans une liqueur alcaline, peu ou point capable de décomposer l'acétylure cuivreux. Les réactions que l'on pourrait employer à cette fin sont nombreuses; celle qui m'a donné les meilleurs résultats est l'action du zinc sur une solution concentrée d'ammoniaque.

Le zinc décompose l'eau en présence de l'ammoniaque, parce qu'à l'affinité du métal pour l'oxygène de l'eau vient se joindre celle de l'ammoniaque pour l'oxyde de zinc. Cependant, quand les corps sont purs, l'action est très lente à la température ordinaire; mais, à une température un peu plus élevée, elle se développe.

Cette réaction peut être activée par différents moyens. En ajoutant un sel ammoniacal (chlorhydrate d'ammoniaque, carbonate d'ammoniaque, etc.), la réaction devient notablement plus vive, l'oxyde de zinc produit se dissolvant très facilement dans les sels ammoniacaux.

On peut encore accélérer l'action en mélangeant avec un peu de cuivre la tournure de zinc employée : dans cette circonstance, une petite quantité de cuivre se dissout, soit par une oxydation que l'air détermine, soit de toute autre manière; ce cuivre est bientôt reprécipité par le zinc et recouvre la surface du métal. Le tout forme un couple voltaïque, qui active très sensiblement la décomposition de l'eau. J'insiste sur ce dernier phénomène, parce qu'il a lieu précisément dans la réaction du zinc et de l'ammoniaque sur l'acétylure cuivreux.

Pour faire un choix entre les divers artifices que je viens d'exposer, on se guide d'après la considération suivante : plus l'action hydrogénante est lente, plus l'éthylène obtenu au moyen de l'acétylure est pur; bien entendu toujours à la condition d'opérer dans une liqueur alcaline.

La préférence que nous donnons à l'ammoniaque comme agent alcalin demande à être justifiée. En effet, au lieu de recourir à l'action du zinc sur l'ammoniaque pour décomposer l'eau, nous aurions pu produire l'hydrogène naissant dans une liqueur rendue alcaline par d'autres procédés : par exemple en faisant agir une solution de potasse sur le zinc, ou bien encore en mettant en contact avec l'eau une certaine quantité d'amalgame de potassium ou de sodium : là encore nous aurions opéré dans des liqueurs alcalines, et opéré avec une lenteur méthodique. Mais ces réactions sont moins régulières que celles du zinc et de l'ammoniaque, du moins lorsqu'on les effectue, comme nous devons le faire, en présence de l'acétylure de cuivre. En effet, il se forme alors une certaine quantité de protoxyde de cuivre, insoluble dans la potasse, lequel se précipite à la surface soit du zinc, soit de l'amalgame, suivant le corps mis en œuvre ; phénomène accessoire qui entrave l'opération. Les conditions sont bien plus favorables avec l'ammoniaque, parce qu'elle dissout non seulement l'oxyde de zinc, mais aussi le protoxyde de cuivre.

Quelle que soit la minutie des détails que je viens de présenter, je les regarde comme n'étant pas inutiles, parce qu'ils montrent comment, étant donnée une méthode générale, on choisit entre tous ses modes d'application, à l'aide d'une discussion spéciale, de façon à se placer dans les conditions les plus favorables au succès de la réaction particulière dont on s'occupe.

Ceci posé, voici l'expérience annoncée : on introduit dans un ballon de la grenaille de zinc, de l'acétylure cuivreux humide, et de l'ammoniaque, et on laisse réagir le tout à la température ordinaire. On obtient ainsi de l'éthylène en quantité considérable. Pour démontrer dans un cours la production de ce gaz, qui serait trop lente à la température ordinaire, on peut chauffer légèrement le ballon, au risque d'avoir un produit un peu moins pur.

Le gaz obtenu renferme une grande quantité d'éthylène, C^2H^4. Il brûle avec une flamme éclairante, mais non fuligineuse, telle que celle de l'acétylène ; il produit d'ailleurs, par sa combustion, de la vapeur d'eau et de l'acide carbonique. Ces épreuves doivent être complétées par l'analyse rigoureuse du gaz obtenu, car elles ne constituent pas une démonstration suffisante. En effet, on peut établir ce principe que, pour qu'une synthèse soit probante, les corps doivent être obtenus en nature et isolés à l'état de pureté. Or le gaz que nous venons de préparer n'est pas de l'éthylène pur : il contient non seulement de l'éthylène, mais aussi de l'hydrogène et même de l'acétylène, produit par substitution directe. Il est donc nécessaire d'isoler l'éthylène contenu dans un pareil mélange.

On parvient à un tel résultat en mettant en usage, d'une manière convenable, la solution de protochlorure de cuivre ammoniacal.

Voici à quelles propriétés nous aurons recours. Ce réactif, que nous avons vu doué de la propriété d'absorber l'acétylène, en donnant de l'acétylure cuivreux, possède aussi celle de dissoudre l'éthylène, dans la proportion de 2 ou 3 volumes de gaz pour 1 volume du réactif liquide, suivant la concentration de la solution cuivreuse. Le liquide reste d'ailleurs transparent et ne laisse séparer aucune combinaison solide. Ce fait atteste une certaine affinité de l'éthylène pour le protochlorure de cuivre. Cette affinité est moindre cependant que celle de l'acétylène, car elle ne va pas, dans ces conditions du moins, jusqu'à déterminer la séparation d'un composé défini. Une autre différence, et c'est celle que nous allons utiliser, peut être tirée de l'action de la chaleur. En effet, portons à l'ébullition une solution d'éthylène dans le protochlorure de cuivre ammoniacal, tout le gaz s'en dégage aussitôt. Au contraire, l'acétylure cuivreux porté à l'ébullition, dans la solution même où il s'est formé, ne dégage point d'acétylène. En mettant à profit cette diversité entre les actions du chlorure cuivreux sur les deux carbures gazeux, il devient facile de les séparer l'un de l'autre et de purifier le gaz oléfiant, obtenu tout à l'heure.

En résumé, nous avons recueilli un mélange gazeux formé d'hydrogène, d'acétylène et de gaz oléfiant; nous l'agitons avec son volume de la solution cuivreuse. L'acétylène est précipité sous forme d'acétylure cuivreux; l'éthylène, au contraire, se dissout dans le réactif, et le gaz qui reste, après un nouveau traitement par le même réactif, est de l'hydrogène à peu près pur. On sépare rapidement, par décantation, la solution de l'éthylène dans le chlorure cuivreux, on la place dans un petit ballon, muni d'un tube à dégagement, et on la porte à l'ébullition. On recueille le gaz qui se dégage : on obtient ainsi de l'éthylène pur, surtout si l'on opère sous pression réduite. Nous recueillons le gaz sur l'eau, afin de le purifier de l'ammoniaque qu'il entraîne. Si l'on opérait sur le mercure, il faudrait agiter le gaz un moment avec des solutions acides.

De cette façon, nous obtenons l'éthylène en nature; nous pouvons étudier ses propriétés et vérifier rigoureusement sa composition par l'analyse eudiométrique.

Deux points sont à remarquer ici :

1° La méthode employée pour développer l'hydrogène naissant, dans une liqueur alcaline et en présence d'un composé organique; cette méthode me paraît susceptible d'applications très étendues. On indiquera plus loin une méthode de transformation d'acétylène en éthylène plus nette encore, fondée sur l'emploi des sels de protoxyde de chrome;

2° La relation définie entre l'acétylène et le gaz oléfiant, relation qui achève de fixer la place du premier carbure d'hydrogène dans la classification systématique des composés organiques. C'est le point de départ de la série acétylénique, parallèle à celle des dérivés éthyliques, c'est-à-dire des corps qui résultent de l'alcool ordinaire.

La série acétylénique est surtout intéressante par la simplicité de sa composition et par sa construction systématique, entièrement fondée sur la synthèse. En effet, elle dérive régulièrement de son carbure d'hydrogène fondamental, l'acétylène, et ce carbure lui-même peut être obtenu, soit au moyen du carbone et de l'hydrogène libres, soit avec le gaz oléfiant et ses dérivés, soit avec l'alcool méthylique ou le chloroforme, c'est-à-dire avec les dérivés du gaz des marais (formène). Or j'ai établi que le gaz des marais et le gaz oléfiant peuvent être formés par diverses voies (quatrième et cinquième Sections du présent Livre), par la combinaison des corps simples qui les constituent. De là une nouvelle démonstration, applicable à l'acétylène et à toute la série des combinaisons que ce carbure forme à son tour par voie synthétique : elle établit entre cette série et les séries éthylique et méthylique des liens multiples de réciprocité, qui vont être développés dans le Chapitre suivant.

CHAPITRE XVIII.

NOUVELLES RECHERCHES SUR LA FORMATION PROGRESSIVE DES CARBURES D'HYDROGÈNE ([1]).

Dans des expériences présentées à l'Académie, il y a six ans, j'ai établi la formation synthétique, au moyen des éléments, des carbures d'hydrogène les plus simples et celle des alcools.

J'ai donné des méthodes certaines, vérifiées par des expériences rigoureuses et poursuivies de point en point à partir de l'eau et de l'acide carbonique, pour atteindre le but. Cependant, en raison du caractère indirect des métamorphoses, la simplicité des résultats m'a paru laisser quelque chose à désirer, et j'ai entrepris de nouvelles recherches, afin de mieux manifester l'enchaînement régulier de ces formations.

Rappelons d'abord quelques-uns des faits déjà établis ([2]), de façon à marquer la marche progressive des combinaisons.

1° Le carbone et l'oxygène se combinent pour former de l'oxyde de carbone; l'hydrogène et l'oxygène se combinent pour former de l'eau :

$$C + O = CO, \qquad H^2 + O = H^2O.$$

2° L'oxyde de carbone et l'eau se combinent pour former de l'acide formique :

$$CO + H^2O = CH^2O^2,$$

réaction qui s'exécute en réalité avec le concours d'un alcali et production d'un formiate.

3° L'acide formique (à l'état de formiate de baryte) se transforme en gaz des marais, eau et acide carbonique, suivant une équation

---

([1]) *Annales de Chimie et de Physique,* 3ᵉ série, t. LXVII, p. 58; 1863.
([2]) *Voir* la cinquième Section.

simple, analogue à celle qui transforme l'acide acétique en acétone :

$$4\,CH^2O^2 = CH^4 + 2\,H^2O + 3\,CO^2.$$

C'est ici que prennent place mes nouvelles expériences.

4° Le gaz des marais pur (formène), soumis à l'action de la chaleur, ou beaucoup mieux à l'action des étincelles d'un puissant appareil d'induction, éprouve une métamorphose remarquable. Tandis qu'une certaine quantité se sépare en ses éléments, une autre partie, et très considérable, se condense en un carbure d'hydrogène deux fois plus condensé, l'acétylène :

$$2\,CH^4 \;=\; C^2H^2 \;+H^6.$$
Formène.   Acétylène.

L'expérience se réalise aisément par l'action de la chaleur seule, en dirigeant lentement le formène à travers un tube de porcelaine chauffé au rouge ([1]). Mais la quantité de formène ainsi décomposée n'est pas très considérable ; le reste demeure inaltéré.

La même expérience réussit parfaitement avec l'étincelle électrique. Il suffit de décomposer une seule bulle de gaz des marais mélangé avec un grand excès d'un autre gaz non hydrocarboné, pour que ce mélange, dirigé ensuite dans du protochlorure de cuivre ammoniacal, donne naissance à l'acétylure cuivreux caractéristique.

En opérant sur un volume suffisant de formène, rien n'est plus facile que d'obtenir de grandes quantités d'acétylène à l'état de pureté, à la condition de le régénérer ensuite de l'acétylure cuivreux, préparé avec le produit brut de la réaction.

5° On peut encore ([2]) séparer à l'avance l'hydrogène du formène, par voie de substitution, en formant d'abord du chloroforme

$$CH^4 + 3\,Cl^2 = CHCl^2 + 3\,HCl,$$

puis on élimine le chlore combiné dans le chloroforme, en faisant passer un courant de vapeur de ce composé à travers un long tube de verre vert, chauffé sur une grille à analyse et contenant de la tournure de cuivre fortement tassée, ou mieux du cuivre pulvérulent, réduit de son oxyde :

$$2\,CHCl^3 + 6\,Cu = C^2H^2 + 6\,CuCl.$$

([1]) *Voir* ce Volume, Livre I, 4° Section.
([2]) *Leçons sur les Méthodes générales de synthèse*, p. 286 ; 1864.

Pour rendre ces expériences plus décisives, en ce qui touche la formation de l'acétylène par les éléments, je les ai reproduites avec le gaz des marais obtenu par la distillation du formiate de baryte, c'est-à-dire de l'acide formique, sur un échantillon préparé par synthèse, au moyen de l'eau et de l'oxyde de carbone. Ce gaz des marais, lavé préalablement dans le brome et dans la potasse, pour le purifier, a fourni ensuite de l'acétylène, lorsqu'il a été soumis tant à l'action de la chaleur qu'à celle des étincelles électriques. Ce résultat était facile à prévoir, mais j'ai cru utile de le constater rigoureusement, comme contre-épreuve indiscutable de mes premières expériences.

6° L'acétylène ainsi obtenu devient l'origine de nouvelles formations. En effet, j'ai établi plus haut (¹) que rien n'est plus aisé que de le changer en éthylène, par une simple addition d'hydrogène, à la température ordinaire :

$$\underbrace{C^2H^2}_{\text{Acétylène.}} + H^2 = \underbrace{C^2H^4}_{\text{Éthylène.}}$$

C'est l'un des exemples les plus nets de la fixation de l'hydrogène sur une substance organique. Elle s'effectue en attaquant le zinc par l'eau ammoniacale, en présence de l'acétylure cuivreux.

7° Le gaz oléfiant (éthylène), C^2H^4, formé avec l'acétylène, C^2H^2, peut être à son tour surhydrogéné et transformé en éthane, C^2H^6 :

$$\underbrace{C^2H^4}_{\text{Éthylène.}} + H^2 = \underbrace{C^2H^6}_{\text{Éthane.}}$$

On y parvient à l'aide d'une méthode générale que j'ai publiée en 1857 et qui depuis a reçu plus d'une application.

Elle consiste à fixer du brome sur le premier carbure, de façon à former un bromure, $C^2H^4Br^2$, puis à remplacer le brome par l'hydrogène. Cette substitution inverse s'opère très nettement, en recourant à l'emploi de l'iodure de potassium et de l'eau, sans métal ni autre agent. Ce procédé sera décrit plus loin dans un Chapitre spécial.

Ce fait et la réduction de la glycérine par l'iodure de phosphore constituent les premiers exemples de l'emploi des composés iodurés comme agents réducteurs en Chimie organique : on sait combien cette méthode, que j'ai généralisée depuis, est devenue féconde.

(¹) *Voir* ce Volume, p. 71.

Mais revenons à la construction progressive des carbures d'hydrogène.

8° Le gaz des marais, agissant sur l'oxyde de carbone, engendre le propylène, conformément à la réaction suivante que j'ai signalée, il y a quelques années ([1]) :

$$2\,CH^4 + CO = CH^6 + H^2O.$$

$$\underbrace{\hphantom{2\,CH^4}}_{\text{Gaz}} \qquad \underbrace{\hphantom{CH^6}}_{\text{Propylène.}}$$

des marais.

9° Le même gaz des marais, renfermé dans un tube de verre de Bohême scellé, puis chauffé à la température à laquelle le tube commence à se ramollir, donne naissance à une petite quantité de naphtaline. La plus grande partie résiste. La formation de la naphtaline au moyen du gaz des marais peut se représenter par l'équation suivante :

$$10\,CH^4 = C^{10}H^8 + H^{32}.$$

Elle rappelle la formation du chlorure de Julin, C^6Cl^6, au moyen du perchlorure de carbone, CCl^4.

En résumé on peut former :

Avec les éléments pris, soit à l'état de liberté (carbone, hydrogène, oxygène); soit à l'état complètement oxydé (eau et acide carbonique) :

L'oxyde de carbone et l'eau;
Avec ces derniers, l'acide formique;
Avec l'acide formique, le gaz des marais. . . . . CH^4
Avec le gaz des marais, l'acétylène. . . . . C^2H^2
Et consécutivement, le gaz oléfiant. . . . . C^2H^4
Et l'éthane. . . . . C^2H^6
Avec le gaz des marais et l'oxyde de carbone, le propylène. . . . . C^3H^6
Enfin avec le gaz des marais, la naphtaline. . . . . . . $C^{10}H^8$

Toutes ces formations résultent d'une suite régulière de réactions simples, exercées directement sur les éléments d'abord, puis sur les carbures. Elles établissent la génération graduelle et directe de carbures d'hydrogène de plus en plus compliqués au moyen de carbures plus simples.

A côté de cette méthode, fondée sur la *condensation progressive*

([1]) *Voir* ce Livre, Section quatrième.

de là molécule hydrocarbonée, je rappellerai la méthode des *condensations simultanées,* dont j'ai développé ailleurs, et dès 1857, les
applications (*voir* ce Volume, cinquième Section) : dans la distillation sèche des formiates, des acétates et des corps analogues,
une même molécule hydrocarbonée, CH^2, se sépare à la fois sous
plusieurs condensations, différentes et *d'un ordre plus élevé que
celle du corps générateur,* telles que

$$L'éthylène \dots (CH^2)^2$$
$$Le\ propylène \dots (CH^2)^3$$
$$Le\ butylène \dots (CH^2)^4$$
$$L'amylène,\ etc \dots (CH^2)^5$$

La constitution des principaux de ces carbures a été vérifiée par la
formation des alcools correspondants.

Telles sont jusqu'à présent (1863) les seules méthodes établies
par expérience qui permettent de partir des éléments pour arriver
à des carbures et à des alcools, simples d'abord, puis de plus en
plus élevés. On découvrira sans doute d'autres procédés anologues,
ou plus réguliers encore, car telle est la marche des sciences expérimentales; mais je pense que les progrès qui pourront être faits
dans cette direction s'appuieront au fond sur les mêmes principes
généraux.

En effet, condensation progressive, condensation simultanée,
soit aux dépens des éléments d'un composé unique, soit aux
dépens des éléments réunis de deux composés, voilà les deux
grandes voies de la synthèse en Chimie organique. C'est à ces
deux idées que se rattachent toutes les méthodes générales déjà
fécondées par l'expérience et qui le sont chaque jour davantage.
Depuis que la synthèse a franchi les premiers et les plus grands
obstacles, je veux dire ceux qui s'opposaient à la formation des
carbures d'hydrogène et des alcools au moyen des éléments, la
route s'élargit à mesure qu'on avance; les composés formés avec
ces premiers termes deviennent plus nombreux et se prêtent à des
métamorphoses plus variées et plus délicates. Comme il arrive
dans les sciences en voie de développement, les ressources aug-
mentent à chaque pas nouveau, à mesure que les chimistes se
familiarisent avec un ordre de problèmes presque ignoré jusqu'ici.

CHAPITRE XIX.

LES POLYMÈRES DE L'ACÉTYLÈNE. — SYNTHÈSE DE LA BENZINE (¹).

La plupart des composés organiques peuvent être groupés dans deux séries fondamentales, savoir : la série des principes gras, dans lesquels le poids du carbone est sextuple de celui de l'hydrogène, ou voisin de ce nombre, et la série des principes aromatiques, dans lesquels le rapport entre le carbone et l'hydrogène est le double du précédent, ou voisin de ce même nombre. Sans insister sur cette relation, je me bornerai à rappeler que la série aromatique comprend la plupart des essences naturelles et des acides qui en dérivent, les phénols et les carbures du goudron de houille, l'aniline et probablement un grand nombre des alcaloïdes thérapeutiques et des matières colorantes ; enfin, les principes constitutifs de presque tous les baumes, résines, bitumes, etc. Or tous ces composés peuvent être rattachés à la benzine par la théorie, et même, dans un grand nombre de cas, par l'expérience : la benzine est en quelque sorte la clef de voûte de l'édifice aromatique. C'est dire quelle importance présente la synthèse de la benzine ; aussi ai-je poursuivi sans relâche l'étude de cette formation.

Dès le début de mes travaux, en 1851, j'ai montré que la benzine

---

(¹) *Ann. de Chim. et de Phys.*, 4ᵉ série, t. XII, p. 52 ; 1867.

prend naissance par l'action de la chaleur rouge sur l'alcool; depuis lors, j'ai formé l'alcool avec le gaz oléfiant et ce dernier avec les éléments : la production expérimentale de la benzine au moyen du carbone et de l'hydrogène s'est trouvée ainsi démontrée. Mais ce composé était ainsi obtenu dans des conditions compliquées et qui ne jetaient guère de jour sur sa constitution.

Cependant mes recherches sur l'acétylène ne tardèrent pas à me faire penser que ce carbure devait être le générateur prochain et véritable de la benzine. En effet, l'acétylène offre le rapport pondéral, $12:1$, entre le carbone et l'hydrogène, propre au noyau de la série aromatique. Il y a plus : l'acétylène et la benzine sont formés de carbone et d'hydrogène exactement dans la même proportion; la condensation seule est différente, car 1 litre de vapeur de benzine renferme les mêmes éléments que 3 litres d'acétylène :

$$C^6 H^6 = 3 C^2 H^2.$$

J'ai signalé une première confirmation de cette opinion théorique dans les décompositions comparées du chloroforme et du bromoforme par les métaux, à la température rouge [1]. La décomposition du chloroforme, en effet, engendre l'acétylène en vertu d'une réaction régulière,

$$2 CHCl^3 + 6 Cu = C^2 H^2 + 6 CuCl,$$

tandis que la décomposition du bromoforme, par le cuivre, et surtout par le fer, engendre une certaine proportion de benzine :

$$3(2 CHBr^3 + 6 Cu) = C^6 H^6 + 3(6 CuBr) :$$

La benzine semble donc ici résulter d'une condensation de l'acétylène naissant. Toutefois cette expérience, bien que publiée depuis plusieurs années, ne paraît pas avoir attiré l'attention des chimistes.

Le présent Chapitre complétera, je l'espère, la démonstration de la synthèse de la benzine et celle de sa constitution véritable. Je vais établir, en effet, que la benzine peut être obtenue directement et en grande quantité par la condensation de l'acétylène libre.

---

[1] *Leçons sur les Méthodes générales de synthèse*, p. 309 (1864); Gauthier-Villars. — *Ann. de Chim. et de Phys.*, 3ᵉ série, t. LIII, p. 188; 1858.

I. — **Synthèse de la benzine.**

L'acétylène, chauffé dans une cloche courbe à une température voisine de la fusion du verre (550° à 600°), se transforme peu à peu en polymères. Après avoir réalisé cette expérience (¹), je l'ai répétée en accumulant les produits, de façon à permettre un examen développé. En définitive, et après une suite fastidieuse de manipulations méthodiques, j'ai obtenu en quantité suffisante

Fig. 8.

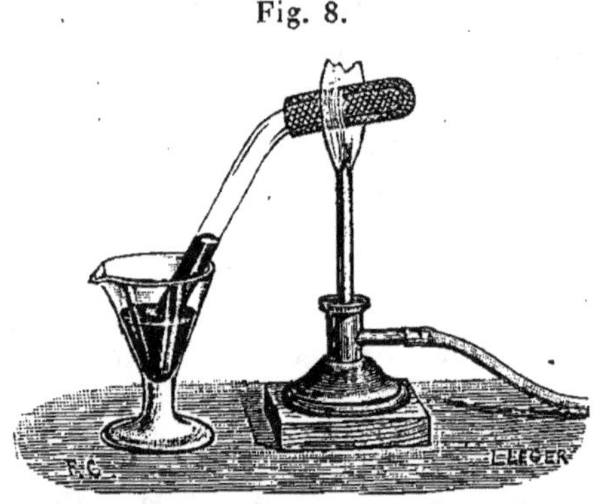

un liquide jaunâtre, que j'ai soumis à des distillations fractionnées. En suivant une marche méthodique, j'ai isolé toute une série de carbures d'hydrogène, polymères de l'acétylène (benzine, styrolène, hydrure de naphtaline, hydrure d'anthracène, carbures fluorescents, etc.). Je parlerai d'abord de la benzine, le plus important et le plus abondant de ces carbures.

La benzine, en effet, forme près de la moitié du produit total. Je l'ai caractérisée par les propriétés suivantes, observées sur le corps purifié :

1° Point d'ébullition vers 80° ;

2° Odeur ;

3° Inaltérabilité sensible par un contact peu prolongé et à froid avec l'acide sulfurique concentré ;

4° Après avoir éprouvé le contact de cet acide, elle est inaltérable par l'iode, et le brome n'y disparaît pas immédiatement ;

5° Introduite dans une atmosphère de chlore, au soleil, elle a

---

(¹) *Ann. de Chim. et de Phys.*, 4ᵉ série, t. IX, p. 446 ; 1866.

formé rapidement le chlorure de Mitscherlich,

$$C^6 H^6 Cl^6,$$

composé cristallisé des plus caractéristiques ;

6° L'acide nitrique fumant la dissout entièrement à froid et la change en nitrobenzine, composé liquide entièrement soluble dans l'éther et doué d'une odeur propre d'amandes amères ;

7° Cette nitrobenzine a été transformée en aniline par l'acide acétique et le fer ;

8° Enfin l'aniline a été changée en un composé bleu bien connu et tout à fait caractéristique ([1]), sous l'influence du chlorure de chaux.

Les formations de la nitrobenzine, de l'aniline et de la matière colorante bleue sont tellement sensibles, qu'elles permettent de constater la transformation de l'acétylène en benzine, en opérant sur 30^{cc} et même sur 10^{cc} ($0^{gr},012$) d'acétylène ; ce qui rend possible la démonstration de ce fait capital dans une expérience de cours, comme je m'en suis assuré.

Ces faits expliquent pourquoi la formation de la benzine et celle de l'acétylène, par l'action d'une température rouge sur les matières organiques, sont, en général, simultanées. Elles le sont à tel point, que l'acétylène d'origine pyrogénée, même après avoir traversé la combinaison cuivreuse qui sert à l'isoler, retient toujours quelques traces de benzine. Il suffit d'agiter 1 litre de ce gaz avec 3^{cc} ou 4^{cc} d'acide nitrique fumant, pour obtenir une quantité appréciable de nitrobenzine, transformable en aniline, etc. Mais la proportion de nitrobenzine ainsi isolée est très faible, car l'expérience ne réussit pas au-dessous d'un quart de litre d'acétylène.

Il convient de prouver que cette nitrobenzine est réellement produite par de la benzine préexistante. Pour m'en assurer, j'ai repris l'acétylène, après l'avoir traité par l'acide nitrique, je l'ai précipité de nouveau par le réactif cuivreux, puis régénéré. Le carbure ainsi purifié a été agité de nouveau avec l'acide nitrique fumant ; mais il n'a plus fourni aucune trace de nitrobenzine.

Enfin, j'ai cru utile de répéter, avec l'acétylène ainsi purifié, la synthèse de la benzine : elle a réussi exactement comme avec l'acétylène primitif.

([1]) Sur le mode opératoire qu'il convient de suivre pour rendre ces réactions sensibles, *voir* ce Livre, Chapitre XXI.

Il résulte de ces faits que la benzine est du *triacétylène*

$$(C^2 H^2)^3.$$

Elle est obtenue ici par la condensation directe de l'acétylène à une température inférieure au rouge; or j'ai préparé l'acétylène par la combinaison directe du carbone et de l'hydrogène. La synthèse de la benzine par les éléments résulte donc de deux expériences distinctes, rattachées entre elles par le raisonnement.

Je ne me suis pas arrêté là : pour rendre cette synthèse pleinement démonstrative, et conformément à la méthode que j'ai constamment suivie dans les recherches de cette nature; j'ai cru devoir établir entre les deux expériences une liaison expérimentale. A cet effet, j'ai préparé de l'acétylène par la combinaison directe du carbone pur et de l'hydrogène pur; je l'ai recueilli sous forme d'acétylure cuivreux, régénéré à l'état libre et soumis à l'action de la chaleur dans une cloche courbe. Il s'est comporté exactement comme l'acétylène des expériences précédentes et il a fourni de la benzine, que j'ai caractérisée rigoureusement par les mêmes épreuves.

On voit que, dans cette expérience, j'ai réalisé, sur les éléments eux-mêmes, les deux transformations successives qui donnent naissance, la première à l'acétylène,

$$2\,C + 2\,H = C^2 H^2,$$

la seconde à la benzine,

$$3\,C^2 H^2 = C^6 H^6.$$

La synthèse de la benzine par les éléments est ainsi démontrée par une expérience aussi directe et aussi simple qu'on puisse le désirer.

L'acétylène est donc le générateur de la benzine, c'est-à-dire du noyau fondamental de la série aromatique; il est d'ailleurs également le générateur de l'éthylène, c'est-à-dire de l'un des noyaux fondamentaux de la série grasse : on comprend par là toute l'étendue de ses relations chimiques.

II. — Styrolène, naphtaline, anthracène, etc.

1. La benzine est le produit principal de la condensation de l'acétylène, mais elle n'est pas le seul. Voici, en effet, ce que j'ai observé :

Le liquide obtenu par cette condensation commence à bouillir vers 5o°, et fournit d'abord un carbure liquide, mobile, très volatil à la température ordinaire, surtout dès qu'il a été isolé. Ce carbure est doué d'une odeur pénétrante et alliacée : l'acide sulfurique concentré l'absorbe et le détruit immédiatement, en se colorant en rouge. C'est probablement du *diacétylène* :

$$2\,C^2H^2 = C^4H^4.$$

S'il était pur et isolé, son point d'ébullition devrait être situé entre 20° et 3o°.

Mais je ne l'ai pas obtenu en quantité suffisante pour en faire une étude spéciale.

2. Vient ensuite la benzine ou *triacétylène*, précédemment décrite :

$$3\,C^2H^2 = C^6H^6.$$

Acétylène. Benzine.

Elle représente près de la moitié du liquide brut, c'est-à-dire que la benzine est le produit principal formé aux dépens de l'acétylène.

3. Le point d'ébullition monte ensuite très rapidement de 90° à 135°. Entre 135° et 160°, j'ai recueilli le styrolène ou *tétracétylène*, que j'ai purifié par une seconde rectification :

$$4\,C^2H^2 = C^8H^8 \quad \text{c'est-à-dire} \quad C^6H^6 + C^2H^2.$$

Acé- Sty-   Benzine. Acétylène. rolène.   tylène.

La proportion du styrolène s'élevait au cinquième environ du produit total formé dans la condensation de l'acétylène.

Ce carbure m'a paru complètement identique avec le styrolène fourni par la décomposition du cinnamate de potasse, d'après les caractères suivants, étudiés par comparaison :

1° Point d'ébullition vers 145° ;

2° Odeur ;

3° Action de l'acide sulfurique concentré : transformation du carbure en polymères ;

4° Action de l'acide nitrique fumant ;

5° Action du brome : production d'un bromure cristallisé caractéristique ;

6° Action de l'iodé libre : transformation immédiate du carbure en polymères;

7° Action de l'iodure de potassium ioduré en solution aqueuse : formation immédiate et à froid, par la dilution de la liqueur, d'un iodure de styrolène en beaux cristaux, lesquels se détruisent spontanément en moins d'une heure, avec régénération d'iode et production d'un polymère ([1]).

J'ai vérifié tous ces caractères sur le tétracétylène, et notamment les formations spécifiques du bromure et de l'iodure cristallisés.

Le styrolène résulte donc de la condensation de 4 molécules d'acétylène. Toutefois il est probable que cette condensation ne s'opère pas d'un seul coup, mais qu'elle résulte de l'union de 1 molécule d'acétylène avec 1 molécule de benzine préalablement formée, à volumes gazeux égaux :

$$C^6H^6 + C^2H^2 = C^8H^8 = C^2H^2(C^6H^6).$$

Benzine.   Acé-   Sty-
tylène. rolène.

A ce point de vue le styrolène est assimilable à l'éthylène, formé par l'union de l'acétylène avec l'hydrogène à volumes gazeux égaux :

$$H^2 + C^2H^2 = C^2H^4 = C^2H^2(H^2).$$

La formation du styrolène, à partir de l'acétylène, peut donc être représentée par la formule rationnelle suivante :

$$C^2H^2[(C^2H^2)^3].$$

Cette représentation est conforme aux expériences synthétiques développées dans le Livre suivant.

4. Après le styrolène, le point d'ébullition s'élève rapidement jusque vers 210°. J'ai recueilli séparément ce qui a passé entre 210° et 250°. Le produit demeurant liquide, je l'ai placé dans un mélange réfrigérant, ce qui a déterminé la séparation d'un corps cristallisé. J'ai exprimé ce dernier corps, au moyen d'un papier buvard, refroidi à l'avance, en maintenant en outre la masse dans le mélange réfrigérant, puis je l'ai fait cristalliser dans l'alcool.

Le principe cristallisé que l'on obtient ainsi est de la *naphtaline,*

([1]) *Voir* ce Livre, Chapitre XXI.

$C^{10}H^8$. J'en ai vérifié la nature, en étudiant d'abord les propriétés physiques du corps libre (cristallisation, point de fusion, solubilités, odeur, etc.); ensuite j'ai réalisé la formation de la nitronaphtaline, autre composé caractéristique; enfin j'ai examiné la combinaison si bien définie que le carbure forme avec l'acide picrique dissous dans l'alcool.

La naphtaline dérive ici de 5 molécules d'acétylène, réunies avec séparation d'hydrogène :

$$C^{10}H^8 = 5\,C^2H^2 - H^2.$$

$$\underbrace{\phantom{C^{10}H^8}}\quad\underbrace{}$$

Naphta-   Acéty-
line.   lène.

Il me paraît que le liquide dans lequel elle était d'abord dissoute est constitué par du *pentacétylène* ou *hydrure de naphtaline :*

$$C^{10}H^{10} = 5\,C^2H^2.$$

Hydrure   Acéty-
de   tène.
naphtaline.

Ce liquide offre en effet l'odeur, les propriétés et le degré de volatilité du véritable hydrure de naphtaline, carbure que j'ai obtenu synthétiquement en fixant de l'hydrogène sur la naphtaline, comme je le prouverai dans un autre Chapitre ([1]). J'ai reconnu d'ailleurs que l'hydrure de naphtaline existe aussi dans le goudron de houille. C'est un liquide qui bout vers 200°.

Dans la réaction qui nous occupe, l'hydrure de naphtaline doit être envisagé comme formé directement aux dépens de l'acétylène. Mais il est bientôt décomposé en partie par la chaleur, avec perte d'hydrogène, ce qui produit la naphtaline :

$$C^{10}H^{10} = C^{10}H^8 + H^2.$$

Hydrure   Naphta- Hydro-
de   line.   gène.
naphtaline.

J'ai vérifié que l'hydrure de naphtaline libre éprouve en effet la décomposition écrite dans l'équation ci-dessus, lorsqu'il est soumis à l'influence prolongée d'une température voisine de la

---

([1]) *Voir* aussi *Comptes rendus des séances de l'Académie des Sciences,* t. LXIV, p. 788; 1867.

fusion du verre : or cette condition se trouve précisément réalisée dans la condensation de l'acétylène.

Je pense que la formation de la naphtaline et celle de son hydrure n'ont pas lieu d'un seul coup aux dépens de l'acétylène, mais qu'elles résultent d'une série de réactions successives : la benzine se produit d'abord, puis elle s'unit à l'acétylène pour former le styrolène; enfin la naphtaline et son hydrure dérivent en dernier lieu de la réaction de l'acétylène sur le styrolène. En effet j'ai étudié séparément cette dernière réaction, et la formation de la naphtaline qui en résulte sera établie par expérience dans un autre Chapitre. On aura donc :

$$C^8H^8 + C^2H^2 = C^{10}H^{10} = C^2H^2(C^8H^8).$$

Styro- Acéty- Hydrure
lène.   lène.   de
                naphtaline

La formation de l'hydrure de naphtaline, à partir de l'acétylène, peut donc être représentée par la formule rationnelle suivante :

$$C^2H^2[C^2H^2(C^6H^6)] \quad ou \quad C^2H^2 \{ C^2H^2[(C^2H^2)^3] \}.$$

Mêmes relations pour la naphtaline :

$$C^8H^8 + C^2H^2 - H^2 = C^{10}H^8 = C^2H^2(C^8H^6[—]).$$

Styrolène. Acétylène. Hydrogène. Naphtaline.

La formation de la naphtaline, à partir de l'acétylène, peut donc être représentée par la formule rationnelle suivante :

$$C^2H^2 \{ C^2[(C^2H^2)^3] \} \quad ou plutôt \quad C^2H^2[C^2H^2(C^6H^4)].$$

La naphtaline se forme également, mais en quantité beaucoup plus faible, lorsque l'acétylène pur est dirigé à travers un tube chauffé au rouge vif, circonstance dans laquelle l'acétylène se résout presque entièrement en charbon et hydrogène.

5. Entre 250° et 340° passent divers liquides, qui possèdent au plus haut degré la fluorescence caractéristique des huiles pyrogénées de résine et des corps analogues. Ces liquides, refroidis fortement, n'ont pas fourni de cristaux. Je ne les ai pas étudiés autrement, faute de termes de comparaison; mais il me paraît vraisemblable qu'ils renferment les polymères six et sept fois condensés, et notamment l'hydrure d'anthracène, $C^{14}H^{14}$, ou ditolyle de

M. Fittig, une partie de ces liquides possédant l'odeur et la volatilité de ce composé.

6. Vers le point d'ébullition du mercure, il distille en quantité notable un mélange de divers carbures, cristallisés en lamelles brillantes et imprégnées de liquide. La purification de ces carbures offre de grandes difficultés, en raison de leur faible proportion et de l'extrême analogie de leurs propriétés.

Cependant j'ai réussi à extraire du mélange l'*anthracène,* $C^{14}H^{10}$, que j'ai caractérisé par sa cristallisation, sa faible solubilité, son point de fusion, sa combinaison picrique, son odeur, etc. [1].

La formation de ce carbure se rattache probablement à celle d'un *heptacétylène* ou hydrure d'anthracène (ditolyle?) dont il vient d'être question :

$$7\ C^2H^2 = C^{14}H^{14}$$

Acétylène.   Heptacétylène.

$$C^{14}H^{14} = C^{14}H^{10} + 2\ H^2.$$

Heptacétylène.   Anthracène.   Hydrogène.

L'anthracène d'ailleurs, et probablement aussi l'heptacétylène, qui semble lui donner naissance, ne dérivent pas directement de l'acétylène. Mais le premier carbure et sans doute aussi le dernier sont engendrés l'un et l'autre par une série de réactions successives, telles que la formation de la benzine ou triacétylène, puis son union avec l'acétylène, d'où résulte le styrolène,

$$3\ C^2H^2 = C^6H^6, \quad C^6H^6 + C^2H^2 = C^8H^8,$$

Acétylène.   Benzine.   Benzine.   Acétylène.   Styrolène,

et enfin la réaction d'un nouvel équivalent de benzine sur le styrolène ; d'où résulte, par addition, l'hydrure d'anthracène,

$$C^6H^6 + C^8H = C^{14}H^{14},$$

Benzine.   Styrolène.   Hydrure
                           d'anthracène,

c'est-à-dire

$$C^8H^8\,(C^6C^6),$$

---

[1] *Voir* le Tome II du présent Ouvrage.

puis, par élimination d'hydrogène, l'anthracène,

$$C^6H^6 + C^8H^8 - 2H^2 = C^{14}H^{10},$$

Benzine. Styrolène. Anthracène,

c'est-à-dire

$$C^8H^6(C^6H^4).$$

Je rappellerai en effet que la formation de l'anthracène, par la réaction directe de la benzine sur le styrolène, sera démontrée dans un autre Chapitre.

On peut résumer cette suite de réactions, ainsi que la constitution des carbures qui en résultent, par les formules rationnelles suivantes :

Hydrure d'anthracène. $C^2H^2[(C^2H^2)^3][(C^2H^2)^3]$ ou $C^2H^2(C^6H^6)(C^6H^6)$.
Anthracène......... $C^2H^2[C^6H^4(-)][C^6H^4(-)]$.

Il resterait maintenant à parler des autres carbures cristallisés avec lesquels l'anthracène est mélangé, lorsqu'il prend naissance aux dépens de l'acétylène. J'avais cru d'abord reconnaître dans ce mélange l'existence du rétène, lequel représenterait alors un *ennéacétylène :*

$$C^{18}H^{18} = 9 C^2H^2.$$

Depuis j'ai conçu des doutes sur cette identification, qui me paraît réclamer une étude nouvelle, faite sur de plus grandes quantités de matière.

7. Les carbures cristallisés précédents ne sont pas le terme extrême de la condensation de l'acétylène : après qu'ils ont passé, des produits goudronneux restent dans la cornue. Une partie distille encore, tandis qu'une autre partie se détruit avec formation de charbon; mais je n'ai pas poursuivi l'étude de ces substances.

CHAPITRE XX.

SUR LA THÉORIE DES CORPS POLYMÈRES ET SUR LA SÉRIE AROMATIQUE [1].

La formation des carbures pyrogénés reçoit une clarté singulière des faits qui précèdent et de ceux que j'ai déjà publiés sur la combinaison directe de l'acétylène avec les autres carbures [2]. Le procédé par lequel s'opère l'accumulation progressive des molécules organiques, pour former des dérivés complexes, est ici mis en pleine évidence : c'est la condensation polymérique. Ces faits fournissent donc une démonstration immédiate de la théorie par laquelle j'ai interprété, il y a douze ans, la formation simultanée des carbures $C^n H^{2n}$, tels que l'éthylène, $C^2 H^4$, le propylène, $C^3 H^6$, le butylène, $C^9 H^8$, l'amylène, $C^5 H^{10}$, dans la distillation des formiates et des acétates. En effet, j'avais rapporté toutes ces formations à la condensation d'une première molécule méthylique CH^2, c'est-à-dire

$$CH^4 - H^2 = CH^2,$$

formée aux dépens du formène qui prend réellement naissance dans la distillation des sels précédents [3]. Mais les nouvelles expériences sont bien plus concluantes au point de vue de la théorie. En effet, tandis que la distillation des acétates et des formiates réalise les condensations seulement sur le carbure CH^2 naissant, au contraire, la métamorphose de l'acétylène fournit l'exemple décisif d'un carbure non moins simple, mais qui peut être isolé et qui demeure capable de donner lieu à des condensations semblables, d'une manière directe et à l'état de liberté.

Rappelons ici les principes généraux de la théorie des corps po-

---

[1] *Annales de Chimie et de Physique*, 4ᵉ série, t. XII, p. 64 ; 1867.

[2] *Ann. de Chim. et de Phys.*, 4ᵉ série, t. IX, p. 465; 1866.

[3] *Leçons sur les Méthodes générales de synthèse*, p. 342. — *Voir* le Livre II du présent Volume.

lymères ([1]) : la benzine et les autres dérivés de l'acétylène vont fournir une application de cette théorie, en même temps qu'ils y introduiront certaines idées nouvelles, qui me paraissent dignes de quelque attention.

En général, un corps polymère est formé par l'addition, c'est-à-dire par la combinaison pure et simple de 2, 3, etc., molécules du corps générateur; d'où il suit que les seuls corps, et spécialement les seuls carbures susceptibles de donner naissance à des polymères, sont les carbures incomplets. Je désigne sous ce nom les carbures susceptibles de s'unir par simple addition à l'hydrogène, au brome, aux hydracides, aux éléments de l'eau, etc. : tels sont les carbures éthyléniques $C^n H^{2n}$, par exemple.

Au contraire, les carbures complets, tels que les carbures forméniques, $C^n H^{2n+2}$, c'est-à-dire les carbures qui ne se combinent pas par simple addition avec l'hydrogène, le chlore, l'eau, les hydracides, etc., ne sauraient produire de polymères.

Or l'acétylène remplit la condition fondamentale que je viens d'énoncer. En effet, j'ai prouvé que l'acétylène peut être uni par voie d'addition avec l'hydrogène, le brome, les hydracides. Il peut fixer ainsi, soit un volume gazeux égal au sien, soit un volume double :

Acétylène.	1re série.	2e série.
$C^2 H^2 (-)(-)\ldots\ldots$	$C^2 H^2 (H^2)(-)$	$C^2 H^2 (H^2)(H^2)$,
	$C^2 H^2 (HI)(-)$	$C^2 H^2 (HI)(HI)$,
	$C^2 H^2 (H^2 O)(-)$	$C^2 H^2 (O^2)(O^2)$.

Dans la dernière série, les composés formés offrent le caractère de corps saturés, c'est-à-dire incapables de s'unir désormais par addition avec les autres corps.

Non seulement l'acétylène peut s'unir avec l'hydrogène, avec l'oxygène, avec les hydracides; mais l'acétylène peut être aussi combiné avec les autres carbures d'hydrogène.

J'ai établi cette vérité par la découverte de divers composés que l'acétylène forme directement avec les autres carbures, par exemple avec l'éthylène et le propylène,

$$C^2 H^2 (C^2 H^4); \qquad C^2 H^2 (C^3 H^6).$$

$$\underbrace{\qquad\qquad}_{\text{Acétyléthylène.}} \qquad \underbrace{\qquad\qquad}_{\text{Acétylpropylène.}}$$

([1]) *Voir* ma *Leçon sur l'isomérie*, professée devant la Société Chimique de Paris, p. 21; chez Hachette, 1866.

Ceci étant établi, un cas particulier de la nouvelle classe de combinaisons sera représenté par l'union de l'acétylène avec l'acétylène lui-même, c'est-à-dire par les polymères de l'acétylène. La benzine est le plus important de ces composés. En effet, la benzine ou triacétylène est obtenue par l'addition d'une première molécule d'acétylène avec deux autres molécules, occupant le même volume gazeux, conformément à la relation qui caractérise les composés de la seconde série. La benzine est donc comparable à certains égards à l'hydrure d'éthylène :

$$\text{Hydrure d'éthylène} \ldots \ldots \ldots \ldots \quad C^2 H^2 (H^2)(H^2),$$
$$\text{Benzine} \ldots \ldots \ldots \ldots \ldots \ldots \quad C^3 H^3 (C^2 H^2)(C^2 H^2),$$

la première molécule génératrice étant également saturée dans ces deux composés : je reviendrai tout à l'heure sur cette comparaison qui me paraît d'une haute importance. Mais poursuivons d'abord les conséquences de la théorie précédente.

En vertu de la même théorie, une nouvelle molécule d'acétylène peut être combinée à son tour avec chacun des carbures complexes dont on vient de signaler la formation, et spécialement avec chacun des polymères de l'acétylène. Cette dernière combinaison engendre des polymères de plus en plus compliqués. Ainsi, par exemple, l'union directe de l'acétylène avec la benzine engendre le styrolène ou tétracétylène :

$$\underbrace{C^2 H^2 (-)(-)}_{\text{Acétylène.}} + \underbrace{C^6 H^6}_{\text{Benzine.}} = \underbrace{C^2 H^2 (C^6 H^6)(-)}_{\text{Styrolène.}} ;$$

$$\text{Styrolène} : C^2 H^2 (C^6 H^6)(-).$$

De même l'acétylène, uni au styrolène, engendre l'hydrure de naphtaline ou pentacétylène :

$$\underbrace{C^2 H^2 (-)(-)}_{\text{Acétylène.}} + \underbrace{C^8 H^8}_{\text{Styrolène.}} = \underbrace{C^2 H^2 (C^8 H^8)(-)}_{\text{Hydrure de naphtaline.}} ;$$

$$\text{Hydrure de naphtaline} : C^2 H^2 (C^8 H^8)(-).$$

Il est évident qu'une molécule d'acétylène pouvant toujours être complétée par l'addition d'une ou de deux molécules de l'un quelconque de ses polymères, le nombre de ceux-ci est théoriquement illimité.

Les mêmes prévisions s'étendent aux composés formés par l'association de deux polymères. Tel est, par exemple, l'hydrure d'anthracène, ou heptacétylène, formé par l'association du tétracétylène (styrolène) et du triacétylène (benzine) :

$$C^8H^8(-) + C^6H^6 = C^8H^8(C^6H^6);$$

Styrolène. Benzine, Hydrure
d'anthracène.

Hydrure d'anthracène : $C^8H^8(C^6H^6)$.

Tel est encore le distyrolène ou octacétylène :

$$C^8H^8(-) + C^8H^8 = C^8H^8(C^8H^8).$$

Styrolène. Styrolène. Distyrolène.

Il est facile de voir que ces nouveaux polymères sont plus complexes et qu'il existe plusieurs polymères représentés par la même formule brute. Cependant ils peuvent être distincts, attendu que leur constitution dépend de l'ordre relatif des combinaisons premières. Je reviendrai tout à l'heure sur ce point.

On remarquera que la théorie que je viens de développer sur l'acétylène, C^2H^2, comparé à ses polymères $(C^2H^2)^n$, s'applique de point en point, comme je l'ai annoncé, à la formation théorique des carbures homologues, $(CH^2)^n$, envisagés comme produits par la combinaison successive d'un premier carbure générateur, le méthylène, CH^2, avec ses propres polymères. Toute la différence, c'est que le terme fondamental C^2H^2 existe et se condense à l'état de liberté ; tandis que le terme fondamental CH^2 est inconnu à l'état libre et se condense seulement à l'état naissant. J'établirai bientôt, par d'autres expériences [1], que la même théorie des polymères est applicable aux polymères propres de l'éthylène (huile de vin) et à ceux de l'essence de térébenthine. Mais, en nous bornant aux résultats exposés aujourd'hui, les expériences que j'ai exécutées sur l'acétylène montrent comment la théorie des homologues trouve son explication dans les phénomènes synthétiques. La théorie des homologues, je le répète, en tant que dérivés de la série C^nH^{2n}, doit être envisagée comme une conséquence particulière de la condensation polymérique et de la combinaison ultérieure des carbures polymères avec les autres corps, simples ou composés.

Les carbures polymères tendent, en effet, à reproduire les mêmes séries de composés et de dérivés ; ce dont l'histoire des corps homo-

---

[1] *Comptes rendus des séances de l'Académie des Sciences*, t. LXIV, p. 790. — *Voir* le Tome III du présent Ouvrage.

logues offre de nombreux exemples. Ainsi s'explique également, pour choisir un exemple pris en dehors des corps homologues, le parallélisme de la série benzénique, dérivée du triacétylène, avec la série styrolénique, dérivée du tétracétylène :

$C^6 H^6 = (C^2 H^2)^3$, benzine.	$C^8 H^8 = (C^2 H^2)^4$, styrolène.
$C^7 H^6 O^2 = (C^6 H^6) CO^2$, acide benzoïque.	$C^9 H^8 O^2 = (C^8 H^8) CO^2$, acide cinnamique.
$C^7 H^6 O = (C^6 H^6) CO$, aldéhyde benzylique.	$C^9 H^8 O = (C^8 H^8) CO$, aldéhyde cinnamique.
$C^7 H^8 O = C^6 H^4 (CH^4 O)$, alcool benzylique.	$C^9 H^{10} O = C^8 H^6 (CH^4 O)$, alcool cinnamique.
$C^{18} H^{30} O = C^6 H^4 (C^{12} H^{26} O)$, alcool sycocérylique.	$C^{26} H^{44} O = C^8 H^6 (C^{18} H^{38} O)$, cholestérine.

Ce parallélisme fait prévoir l'existence d'une multitude de dérivés styroléniques encore inconnus, et plus généralement celle des dérivés réguliers des diverses séries polyacétyliques.

Telles sont les conséquences les plus générales de la théorie des corps polymères, appliquée à l'étude de l'acétylène et des carbures qui en résultent. Nous allons maintenant entrer dans le détail. Sans discuter davantage la formation même des carbures, nous examinerons leur capacité de saturation et la production de leurs dérivés, afin de reconnaître jusqu'à quel point le parallélisme signalé ci-dessus se poursuit dans l'étude spéciale des dérivés formés par les polymères. Nous trouverons à cet égard des différences essentielles entre les carbures polyéthyléniques, $(CH^2)^n$, et les carbures polyacétyliques, $(C^2 H^2)^n$.

Commençons par les carbures éthyléniques.

Nous les envisagerons comme formés par la condensation du carbure (méthylène) CH^2, inconnu jusqu'ici à l'état de liberté. Or ce carbure fondamental, CH^2, dérive du formène, CH^4, carbure complet, par élimination d'hydrogène, H^2,

$$CH^4 - H^2 = CH^2 :$$

il doit être regardé comme un carbure incomplet du premier ordre, c'est-à-dire comme susceptible de s'unir à volumes gazeux égaux avec l'hydrogène, le chlore, les hydracides, les carbures d'hydrogène. Dans le cas spécial où il s'unit avec un carbure complet, tel que le formène, il donnera donc naissance à un nouveau carbure complet et saturé,

$$CH^2 (-) + CH^4 = CH^2 (CH^4) = C^2 H^6.$$

Or ce carbure n'est autre que le méthyle, ou hydrure d'éthylène, lequel représente en effet un carbure complet.

Au contraire, si le carbure CH^2 s'unit avec lui-même, la première molécule sera saturée, tandis que la seconde conservera son caractère incomplet :

$$CH^2(—) + CH^2(—) = CH^2(CH^2[—]) = C^2H^4(—).$$

L'éthylène est le corps qui résulte de cette condensation : l'éthylène sera donc un carbure incomplet du premier ordre, au même titre que son générateur.

En effet, l'éthylène peut être combiné directement et par addition, soit avec son volume d'hydrogène, ou avec son volume d'hydracide, double réaction que j'ai réalisée par expérience, soit avec son volume de chlore, comme on le sait depuis longtemps.

Il est facile de voir que le propylène, envisagé comme formé par l'addition du carbure CH^2 avec l'éthylène,

$$CH^2(—) + C^2H^4(—) = CH^2(C^2H^4[—]) = C^3H^6(—),$$

sera également un carbure incomplet du premier ordre; tandis que l'hydrure de propylène, C^3H^8, représentera un carbure complet,

La même théorie s'étend à tous les carbures éthéyléniques C^nH^{2n}. Elle explique le parallélisme singulier, autant que rigoureux, qui existe entre les formules et les propriétés chimiques des nombreux dérivés formés par chacun de ces carbures. Bref, la théorie des corps homologues peut être déduite, jusque dans ses derniers détails, des principes généraux qui viennent d'être développés.

Essayons maintenant d'appliquer les mêmes principes, d'une manière absolue et sans aucune réserve, aux dérivés des carbures polyacétyléniques, et nous tombons dans une suite de contradictions, qui montrent la nécessité de faire intervenir, à côté des principes absolus qui précèdent, certaines autres notions relatives, si l'on veut interpréter complètement les phénomènes.

Soit l'acétylène : il représente un carbure incomplet du deuxième ordre

$$C^2H^2(—)(—),$$

car il exige, pour se compléter, la fixation de $2H^2$, $2HI$, etc.

Si l'on remplit les vides écrits dans sa formule par deux nouvelles molécules d'acétylène, on donne naissance à la benzine

$$C^2H^2(C^2H^2)(C^2H^2).$$

Or ce nouveau carbure peut être envisagé de deux manières. A un certain point de vue, il est comparable à l'hydrure d'éthylène, c'est-à-dire à un carbure complet, saturé,

$$C^2H^2(H^2)(H^2).$$

J'ai déjà signalé cette manière de voir, qui est la plus conforme à la plupart des propriétés générales de la benzine.

Mais elle ne s'accorde pas exactement avec les principes absolus posés tout à l'heure. D'après ces principes, en effet, la benzine devrait se comporter comme un carbure incomplet, car une seule molécule d'acétylène s'y trouve saturée. Il semblerait donc que les deux autres devraient conserver leur capacité de saturation, ce qui donnerait naissance à un carbure incomplet du quatrième ordre :

$$C^2H^2(C^2H^2[-][-])(C^2H^2[-][-]).$$

Cette prévision se vérifie dans certaines réactions. On peut en effet aisément fixer sur la benzine jusqu'à trois fois son volume de chlore, $3Cl^2$, et je montrerai plus loin comment j'ai réussi à fixer sur la benzine quatre fois son volume d'hydrogène, $4H^2$; non sans difficulté, sans doute, mais en définitive de façon à la changer en un carbure complet et saturé, de la formule C^6H^{14}. Une telle fixation de l'hydrogène sur la benzine a lieu sous l'influence de l'acide iodhydrique, à 275°, comme je le montrerai prochainement ([1]). Mais elle représente une réaction exceptionnelle.

La fixation du chlore ou du brome représente un phénomène du même genre : cependant elle ne va pas aussi loin, la benzine se bornant à fixer $3Cl^2$ et $3Br^2$. Enfin, les hydracides ne s'unissent pas à la benzine, du moins dans les conditions ordinaires.

En somme, ce carbure ne donne pas lieu, en général, à ces combinaisons régulières et systématiques, qui se produisent si aisément par addition dans la série éthylénique.

La benzine, je le répète, se comporte dans la plupart de ses réactions comme un carbure complet, relativement saturé, comparable aux carbures forméniques. Pour expliquer cette circonstance, il suffit d'admettre que les trois molécules d'acétylène, qui concourent à former la benzine, y jouent un rôle différent, *l'une d'elles étant fondamentale et se subordonnant les deux autres.*

___

([1]) *Comptes rendus*, t. LXIV, p. 760; 1867. — *Voir* le Tome III du présent Ouvrage.

La tendance de ces dernières à être saturées ne reparaît que dans des conditions exceptionnelles.

Il est facile d'imaginer des édifices symboliques qui expriment cette condition. Mais je ne veux pas entrer dans cet ordre de considérations, qui me paraît mêlé de trop d'arbitraire. Les notions positives que je développe en ce moment me semblent suffire à l'interprétation et à la prévision générale des phénomènes. Je répète encore une fois que, par ces notions, la benzine se trouve assimilée à l'hydrure d'éthylène :

$$
\begin{aligned}
\text{Acétylène} &\ldots\ldots\ldots\ldots\ldots\ldots\quad C^2H^2(-)(-) \\
\text{Hydrure d'éthylène} &\ldots\ldots\ldots\quad C^2H^2(H^2)(H^2) \\
\text{Benzine} &\ldots\ldots\ldots\ldots\ldots\ldots\quad C^2H^2(C^2H^2)(C^2H^2) = C^6H^6
\end{aligned}
$$

Du reste ces notions sont du même ordre que celles que j'ai déjà invoquées pour expliquer la formule de la poudre-coton et la limite de saturation qu'elle représente, en déduisant cette limite de la théorie des alcools polyatomiques ([1]). Elles n'expliquent pas seulement les propriétés de la benzine; mais elles permettent de prévoir celles de ses dérivés, et elles s'appliquent également aux autres polymères de l'acétylène. Enfin elles conduisent à prévoir les propriétés du styrolène et celles de la naphtaline, ce qu'aucune théorie n'avait pu faire encore (1866).

Parlons d'abord des dérivés de la benzine. Ces corps, toutes les fois qu'ils dérivent de la benzine, par une substitution gazeuse équivalente et opérée au moyen d'un composé complet, doivent jouer eux-mêmes le rôle de composés complets; mais ils ne conservent ce rôle que dans les mêmes limites que la benzine elle-même.

C'est ce que justifie l'histoire du phénol

$$C^6H^4(H^2O),$$

celle de l'aniline

$$C^6H^4(AzH^3).$$

celle de l'acide benzoïque

$$C^6H^4(CH^2O^2),$$

tous corps dérivés régulièrement de la benzine,

$$C^6H^4(H^2),$$

et formés en vertu d'une substitution gazeuse équivalente.

([1]) *Leçons sur les principes sucrés,* professées devant la Société chimique, en 1862, p. 270.

Ils jouent à l'égard de la benzine le même rôle que l'alcool méthylique, la méthylamine, l'acide acétique remplissent à l'égard du formène.

En général, ces dérivés ne s'unissent pas aisément par simple addition avec le chlore, ou l'hydrogène. Ils peuvent cependant être saturés d'hydrogène par la même méthode que la benzine ([1]).

Les mêmes relations expliquent les propriétés des homologues de la benzine. En effet le toluène

$$C^6H^4(CH^4)$$

dérive de la benzine

$$C^6H^4(H^2),$$

par la substitution d'un volume de formène, CH^4, à un volume égal d'hydrogène, H^2; c'est-à-dire en vertu de la même relation qui existe entre l'hydrure d'éthylène

$$CH^2(CH^4)$$

et le formène

$$CH^2(H^2).$$

Si la benzine joue le rôle d'un corps complet dans la plupart de ses réactions, le toluène devra remplir le même rôle. Et cette propriété devra subsister dans tout dérivé du toluène, formé par la substitution d'un corps complet à l'hydrogène, à volumes gazeux égaux.

Au contraire, le toluène devra cesser de jouer le rôle de composé complet et se saturer d'hydrogène, dans les mêmes conditions que la benzine : c'est ainsi que j'ai réussi à le changer en hydrure d'heptylène, C^7H^{16}.

Soit maintenant le xylène (et ses métamères), ce carbure dérivant du toluène par une substitution régulière :

Toluène..	$C^7H^6(H^2)$
Xylène...	$C^7H^6(CH^4)$

Le xylène devra donc reproduire les allures du toluène et, par suite, celles de la benzine.

Enfin, les mêmes propriétés devront appartenir au cumolène (et à ses métamères), en tant que dérivé normal du xylène :

Xylène...	$C^8H^8(H^2)$
Cumolène......................................	$C^8H^8(CH^4)$

([1]) Tome III du présent Ouvrage.

Cependant je ferai observer que les propriétés du cumolène commencent à s'écarter sensiblement de celles des homologues inférieurs.

Sans entrer dans plus de détails, on voit que la théorie de la série aromatique, c'est-à-dire la théorie de la benzine, de ses homologues et de leurs dérivés, est une conséquence de la théorie des corps polymères, convenablement interprétée : une seule hypothèse, déduite des faits observés sur la benzine, suffit pour expliquer et prévoir les propriétés de tous les autres composés.

Cette même hypothèse est également conforme aux propriétés des autres polymères de l'acétylène, tels que le styrolène, et à celles de la naphtaline, comme je vais l'établir.

Soit en effet le styrolène ou tétracétylène,

$$C^8 H^8 = (C^2 H^2)^4.$$

Ce carbure résulte, comme je l'ai établi par des expériences directes, de l'union de l'acétylène avec la benzine, à volumes gazeux égaux. Sa constitution est donc la suivante :

Acétylène................. $C^2 H^2 (—)(—)$
Styrolène................. $C^2 H^2 (C^6 H^6)(--) = C^8 H^8 (—)$

En vertu du principe général énoncé plus haut, la molécule d'acétylène qui engendre le styrolène est prépondérante. Or elle se trouve à moitié saturée par la benzine : le styrolène devra donc remplir le rôle d'un carbure incomplet du premier ordre, dans la plupart des réactions. De là l'analogie singulière qui existe entre ses propriétés et celles de l'éthylène, analogie qui a souvent fixé l'attention des chimistes.

A ce titre notamment, le styrolène doit fixer son volume d'hydrogène

$$C^8 H^8 (H^2),$$

ce que j'ai en effet réalisé par l'action convenablement ménagée de l'acide iodhydrique.

Le styrolène doit également fixer son volume de chlore, de brome, d'iode,

$$C^8 H^8 (Cl^2); \quad C^8 H^8 (Br^2); \quad C^8 H^8 (I^2);$$

et il doit fixer son volume d'hydracide,

$$C^8 H^8 (HCl);$$

toutes conséquences conformes à l'expérience.

Enfin, toujours au même titre, le styrolène doit engendrer des polymères particuliers, tels que le suivant :

$$C^8 H^8 (C^8 H^8),$$

ce qui se vérifie en effet par la production du métastyrolène (sous l'influence de la chaleur, ou des métaux alcalins) et du distyrolène (sous l'influence de l'acide sulfurique).

On voit que les propriétés chimiques du styrolène sont conformes à la nouvelle théorie.

Cependant, toutes les propositions que je viens d'énumérer sont relatives à un certain ordre de transformations et correspondent à une seule molécule d'acétylène, envisagée comme prépondérante. Mais si l'on pousse jusqu'au bout les réactions, et spécialement l'action hydrogénante, alors la capacité de saturation, demeurée latente, des trois autres molécules d'acétylène (lesquelles constituent la benzine) entre à son tour en jeu : on réalise ainsi la formation définitive de l'hydrure d'octylène, $C^8 H^{18}$. J'ai reconnu que l'on peut aussi faire reparaître à l'état de liberté et sous la forme de corps saturé, c'est-à-dire d'hydrure d'éthylène, $C^2 H^6$, la molécule d'acétylène qui forme le noyau fondamental du styrolène.

Passons au polymère suivant, le pentacétylène ou hydrure de naphtaline, $C^{10} H^{10}$. Ce carbure résulte de l'union d'une molécule d'acétylène avec une molécule de styrolène, à volumes gazeux égaux :

$$
\begin{aligned}
&\text{Acétylène} \dots\dots\dots\dots\dots\dots\dots\dots & C^2 H^2 (-)(-) \\
&\text{Hydrure de naphtaline} \dots\dots\dots\dots\dots & C^2 H^2 (C^6 H^8)(-)
\end{aligned}
$$

Si l'on admet que la molécule d'acétylène écrite dans cette formule est fondamentale et seule efficace, elle rendra latentes les propriétés du styrolène, ce qui est le principe général énoncé pour la benzine. Il résulte de là que l'hydrure de naphtaline devra jouer le rôle d'un carbure incomplet du premier ordre,

$$C^{10} H^{10} (-).$$

La naphtaline, qui dérive de ce carbure par déshydrogénation,

$$C^{10} H^{10} - H^2 = C^{10} H^8,$$

devra dès lors remplir le rôle d'un carbure incomplet du deuxième ordre,

$$C^{10} H^8 (-)(-).$$

Or cette déduction est tout à fait conforme à l'expérience. La naphtaline fixe, en effet, soit son propre volume de chlore, soit un volume double du même élément :

$$C^{10}H^8(Cl^2)(—)\ldots C^{10}H^8(Cl^2)(Cl^2),$$

propriété qui se retrouve dans la série régulière des dérivés naphtaliques.

La naphtaline fixe aussi un volume d'hydrogène égal au sien, et aussi un volume double :

$$C^{10}H^8(H^2)(—)\ldots C^{10}H^8(H^2)(H^2)$$

sous l'influence convenablement ménagée de l'acide iodhydrique, comme je l'ai établi.

La capacité de saturation relative, que la naphtaline manifeste dans la plupart des circonstances, découle donc de sa constitution, en tant que ce carbure est formé au moyen de plusieurs molécules d'acétylène, dont l'une est fondamentale et se subordonne les autres.

Cependant celles-ci, sous une influence hydrogénante plus énergique, peuvent manifester aussi leurs affinités. Celles du styrolène, latent dans l'hydrure de naphtaline, entrent d'abord en jeu, et le styrolène se change, dans le composé même, en hydrure de styrolène ; l'hydrure d'éthylstyrolène prend ainsi naissance :

$$C^2H^2[C^8H^7(—)](—) + 2H^2 = C^2H^2[C^8H^8(H^2)](H^2).$$

Hydrure de naphtaline.   Hydrure d'éthylstyrolène.

Le nouveau carbure offre les propriétés de la diéthylbenzine (diéthylphényle), carbure engendré par une substitution d'hydrure d'éthylène dans l'hydrure de styrolène (éthylbenzine) :

Styrolène ou éthylphénylène.	$C^8H^8(—)$	ou	$C^6H^4(C^2H^4[—])$
Hydrure de styrolène ou éthylbenzine.	$C^8H^8(H^2)$	ou	$C^6H^4(C^2H^4[H^2])$
Hydrure d'éthylstyrolène ou diéthylbenzine.	$C^8H^8(C^2H^6)$	ou	$C^6H^4[C^2H^4(C^2H^6)]$

Un tel hydrure possède les caractères d'un carbure relativement saturé, à un degré plus haut que l'hydrure de naphtaline. Cependant il est encore susceptible d'éprouver des réactions par addition dans certaines conditions. En effet, lorsque la diéthylbenzine est soumise à une action hydrogénante plus énergique encore, les molécules d'acétylène, latentes dans l'éthylbenzine, manifestent à leur tour leurs affinités et donnent naissance à un hydrure absolument saturé,

$$C^{10} H^{22}.$$

Toutes ces expériences seront exposées dans le Tome III du présent Ouvrage.

C'est ainsi qu'une suite méthodique d'hydrogénations, s'exerçant sur les carbures dont la réunion en sens inverse a engendré la naphtaline, donne naissance à divers carbures de plus en plus hydrogénés, mais renfermant tous le même nombre d'équivalents de carbone que la naphtaline elle-même.

D'après l'ensemble de ces résultats, on voit comment les propriétés des polymères successifs de l'acétylène peuvent être conclues d'une seule hypothèse, que l'expérience vérifie constamment. On remarquera en même temps que les propriétés de ces polymères ne sauraient être expliquées qu'en se fondant sur le principe des combinaisons successives, et non sur une formation immédiate et directe aux dépens de l'acétylène.

Le principe des combinaisons successives trouve, d'ailleurs, une nouvelle démonstration dans les dédoublements inverses qui se produisent sous l'influence de l'acide iodhydrique, comme je le montrerai dans le Tome III.

Il serait facile de montrer encore que cette théorie prévoit des cas nombreux de métamérie dans l'étude des polymères, suivant l'ordre relatif des combinaisons. Tels sont, par exemple, les carbures suivants, tous représentés par la formule $C^{16} H^{16}$:

Distyrolène..........................	$C^8 H^8 (C^8 H^8)$
Hydrure d'acétylanthracène.........	$C^2 H^2 (C^{14} H^{14})$
Hydrure de naphtylobenzine........	$C^{10} H^{10} (C^6 H^6)$
Acétylobenzinostyrolène............	$C^2 H^2 (C^6 H^6)(C^8 H^8)$

Les carbures complexes, dont je présente ici les formules, doivent être susceptibles, de même que les éthers composés, d'engendrer par substitution, élimination, ou addition, divers systèmes de dérivés, isomériques entre eux, mais tout à fait distincts, au même titre que les carbures simples qui ont concouru à constituer le carbure complexe : les systèmes de ces dérivés sont faciles à prévoir et à représenter par des formules. Il y a plus : chaque carbure complexe, soumis à l'influence d'un même réactif, donnera lieu à plusieurs dérivés isomériques, selon que l'action du réactif se portera de préférence sur l'une ou l'autre des molécules primaires, incluses dans le carbure complexe. Tel est le cas des trois séries de dérivés isomères : ortho, méta, para, formés par la benzine et par les corps de la série aromatique. Mais je n'insiste pas, pour le moment, sur ce genre de prévisions.

Je préfère signaler, en terminant, les relations thermochimiques qui existent entre l'acétylène et ses polymères.

En effet, la condensation de l'acétylène en polymères est accompagnée par un dégagement de chaleur, toute condensation polymérique étant une véritable combinaison ([1]). Ce dégagement doit être d'autant plus considérable, que le polymère a perdu en grande partie les propriétés des carbures incomplets, pour se rapprocher de celles des corps saturés. A la vérité, la mesure directe ne peut guère être faite dans des conditions de succès. Mais ce fait résulte des considérations développées relativement à la formation thermochimique de l'acétylène et de la benzine ([2]) : le premier corps étant formé, à partir des éléments, avec une absorption de $-58^{Cal},1$, tandis que la formation de la benzine gazeuse, par les mêmes éléments, répondrait à une absorption de chaleur de 11^{Cal}. Il y aurait donc dégagement de 163^{Cal} environ, lors de la métamorphose de 3 molécules d'acétylène en 1 molécule de benzine.

L'acétylène étant formé avec absorption de chaleur, ce phénomène explique fort bien l'aptitude exceptionnelle à entrer en réaction que le carbure présente et la plasticité extraordinaire de sa molécule. En effet, l'acétylène, en raison de ce caractère, devra donner lieu à un dégagement de chaleur, en réagissant sur la plupart des autres substances, précisément comme le font en général les corps simples eux-mêmes. Voilà pourquoi l'acétylène joue le rôle de pivot fondamental dans la synthèse organique.

([1]) *Voir* mes *Recherches sur les quantités de chaleur dégagées dans la formation des composés organiques* (*Annales de Chimie et de Physique,* 4ᵉ série, t. VI, p. 356, 355, 386, 388; 1865) et ma *Leçon sur l'isomérie,* p. 33, 123.

* *Thermochimie : Données et lois numériques,* t. I, p. 270.

([2]) *Thermochimie,* etc., t. I, p. 473 à 514.

CHAPITRE XXI.

SUR LES CARACTÈRES DE LA BENZINE ET DU STYROLÈNE COMPARÉS AVEC CEUX DES AUTRES CARBURES D'HYDROGÈNE ([1]).

Ayant eu occasion de rechercher et de caractériser de petites quantités de benzine et de styrolène, je crois utile de dire comment j'ai opéré, en tirant parti à la fois des réactions connues de ces carbures et de quelques réactions nouvelles; j'y joindrai plusieurs résultats généraux, relatifs à l'action des réactifs sur les diverses classes de carbures d'hydrogène.

I. Benzine.

Les caractères les plus certains de la benzine sont les suivants, tirés de l'action de la chaleur, des corps halogènes, et des acides :

1° *Point d'ébullition*, 80°,5. — Ce point indique le degré de volatilité, au voisinage duquel la benzine doit être recherchée parmi les produits de distillation. La mise en jeu de cette propriété peut être combinée utilement avec l'action rapide de l'acide sulfurique concentré et froid, pour isoler la benzine des autres carbures auxquels elle est mélangée.

2° *Action de la chaleur*. — La benzine, chauffée en vase scellé à 200°, 300°, 400°, pendant plusieurs heures, n'éprouve aucun changement; tandis que le styrolène, l'essence de térébenthine et plusieurs des carbures contenus dans l'huile de goudron de houille brute sont changés, au moins en partie, en polymères, sous l'influence prolongée d'une température de 200° à 250°.

3° *Action de l'iode*. — L'iode libre est sans action sur la benzine, même bouillante; tandis qu'il attaque à froid le styrolène et plusieurs des carbures contenus dans l'huile de goudron de houille brute, même lavée aux alcalis et aux acides étendus. On sait aussi

---

([1]) *Ann. de Chim. et de Phys.*, 4° série, t. XII, p. 161; 1867.

combien est violente l'attaque du térébenthène par l'iode. Dans la plupart des cas, l'action de l'iode donne lieu, non seulement à des polymères, mais aussi à la formation de l'acide iodhydrique et de produits iodés particuliers.

Ces faits peuvent être utilisés dans l'analyse. A cet effet, on dissout dans les carbures, peu à peu et avec ménagement, le tiers ou la moitié de leur poids d'iode. On chauffe très légèrement. Au bout de quelque temps, on agite la masse avec une solution étendue de soude, ou mieux d'acide sulfureux, lequel donne lieu à des séparations plus nettes.

Les carbures décolorés sont ensuite soumis à la distillation : la benzine, la naphtaline, le phényle, et plus généralement les carbures forméniques, C^nH^{2n+2}, éthyléniques, C^nH^{2n}, et benzéniques, C^nH^{2n-6}, subsistent sans altération ; tandis que la plupart des autres carbures sont détruits, ou changés en produits fixes ; c'est-à-dire qu'ils ne reparaissent plus parmi les produits les plus volatils des distillations. Observons cependant que l'action de l'iode est souvent incomplète et, dans tous les cas, moins étendue que celle de l'acide sulfurique concentré ; car l'iode respecte divers carbures altérables par ce dernier acide, les carbures éthyléniques, par exemple.

4° *Action du brome.* — Le brome attaque instantanément la plupart des carbures, autres que les forméniques ; mais il n'agit que lentement sur la benzine. La benzine, en effet, mélangée avec le brome, puis agitée aussitôt avec une solution alcaline diluée, se retrouve à peu près inaltérée. Cette propriété peut donc être utilisée pour séparer la benzine des autres corps de même volatilité que ce carbure, lorsque lesdits corps sont attaquables par le brome.

Il suffit, après avoir agité un instant le mélange avec du brome, de le traiter *aussitôt* par une solution alcaline, puis de procéder à une distillation consécutive. En procédant ainsi, la benzine distille d'abord, dans un état de pureté à peu près complet ; attendu que les produits bromés dérivés des autres carbures sont beaucoup moins volatils que les carbures qui leur donnent naissance. Mais l'inaltérabilité de la benzine par le brome n'étant pas absolue, cette méthode de séparation demande quelque précaution pour être mise en œuvre.

5° *Action du chlore.* — Cette action ne peut pas être employée comme moyen de séparation. Mais, appliquée à la benzine déjà purifiée, elle donne lieu à des phénomènes très caractéristiques. On sait, en effet, par les travaux de Mitscherlich, que la benzine introduite dans une atmosphère de chlore, s'y combine, sous l'influence de la lumière solaire, avec formation d'un chlorure cristallisé, $C^6H^6Cl^6$. A l'exception du toluène, il n'existe guère d'autre carbure liquide et très volatil qui donne lieu à un composé analogue. Pour observer ce caractère, il suffit d'introduire deux ou trois gouttes de benzine, au plus, dans un flacon de 250^{cc} à 300^{cc}, rempli préalablement de chlore sec, et d'exposer le tout au soleil. Au bout d'un temps qui varie avec l'intensité de la radiation, et qui peut être de quelques heures, si celle-ci est faible, le flacon se décolore presque complètement, et le liquide se trouve transformé en cristaux caractéristiques. On peut en vérifier la forme soit à l'œil nu, soit au microscope, les dissoudre et les faire recristalliser dans l'alcool, etc. La production de ce chlorure ne réussit bien qu'avec la benzine déjà rectifiée et presque pure, les carbures étrangers pouvant soit dissoudre les cristaux, soit en prévenir la production.

6° *Action des métaux alcalins et des alcalis.* — Cette action est nulle sur la benzine et sur la plupart des carbures d'hydrogène liquides, du moins tant qu'on n'en élève pas la température au-dessus de $100°$; tandis qu'elle détruit ou transforme la plupart des principes oxygénés. Je rappellerai également les composés dérivés du potassium et des carbures pyrogénés solides, ainsi que le cumolénure de potassium, composés décrits dans une autre partie du présent Ouvrage.

7° *Action des hydracides.* — Les acides chlorhydrique et bromhydrique, en solution aqueuse saturée, sont sans action sur la benzine, soit à froid, soit à $100°$. Mais ces mêmes hydracides, le second surtout, se combinent aisément aux carbures éthyléniques, C^nH^{2n}; acétyléniques, C^nH^{2n-2}; camphéniques, C^nH^{2n-4}, etc. Ils les changent en chlorhydrates ou en bromhydrates, ces derniers peu ou point volatils, quand le carbure possède un point d'ébullition élevé.

Au contraire, ces deux hydracides respectent les carbures forméniques, C^nH^{2n+2}, et benzéniques, C^nH^{2n-6}.

C'est encore là le point de départ d'un procédé de séparation entre les diverses classes de carbures. Cependant ce procédé ne donne pas lieu à des séparations absolues, la combinaison des carbures les plus simples avec les hydracides étant, en général, lente et incomplète.

L'action de l'acide iodhydrique à $100°$ sur la benzine est à peu près nulle, aussi bien que sur les carbures forméniques; tandis que ce même acide iodhydrique forme avec les carbures éthyléniques et acétyléniques, à froid et mieux à 100°, des combinaisons éthérées analogues à celles des deux autres hydracides.

J'ajouterai encore que les réactions de l'acide iodhydrique sur les carbures d'hydrogène ne sont pas exactement les mêmes que celles des autres hydracides. Dès la température de 100°, il exerce une action hydrogénante sur un grand nombre de carbures pyrogénés et notamment sur l'acénaphtène et sur la naphtaline. Les homologues de la benzine eux-mêmes manifestent alors un commencement de réaction dans le même sens.

Enfin, si l'on porte la température jusqu'à 275°, les carbures benzéniques et tous les carbures en général, à l'exception des carbures saturés, $C^n H^{2n+2}$, sont attaqués par l'acide iodhydrique ([1]).

8° *Action de l'acide sulfurique concentré*. — Cet acide, agité à froid avec la benzine, n'agit sur elle que lentement, en s'y combinant; tandis qu'il attaque et change rapidement soit en polymères, soit en acides conjugués, les carbures éthyléniques, $C^n H^{2n}$; acétyléniques, $C^n H^{2n-2}$; camphéniques, $C^n H^{2n-4}$, etc., à l'exception du premier terme des deux premières séries, qui sont attaqués bien plus lentement. Les carbures forméniques, $C^n H^{2n+2}$, sont également inaltérables par cet acide; enfin les homologues de la benzine ou carbures benzéniques, $C^n H^{2n-6}$, ne sont que difficilement attaqués. Cependant l'acide sulfurique monohydraté dissout peu à peu, même à froid, la plupart des carbures pyrogénés, tels que la naphtaline, le phényle, l'acénaphtène et jusqu'aux carbures benzéniques. Ces derniers résistent d'autant moins que leur poids moléculaire est plus élevé.

On sait que la purification des huiles légères de houille dans l'industrie repose sur cette résistance relative des carbures benzéniques à l'action de l'acide sulfurique.

Dans la recherche de la benzine, et pour opérer la séparation entre ce carbure et ceux des autres séries, on secoue le mélange des hydrocarbures volatils avec son volume d'acide sulfurique monohydraté; on sépare la couche qui surnage au bout de quelque temps, et on la distille. Au cas où la séparation entre l'acide et le carbure s'effectue mal, on agite la masse avec huit ou dix fois son volume d'eau. Au besoin on ajoute à cette eau une solution alcaline. Enfin, il est parfois nécessaire de chauffer doucement les liqueurs, après ces additions.

([1]) *Comptes rendus*, t. LXIV, p. 760 (*voir* le Tome III du présent Ouvrage).

Dans tous les cas, la distillation est indispensable, parce que le mélange d'hydrocarbures, après qu'il a subi l'action de l'acide sulfurique, renferme maintenant, à côté de la benzine inaltérée (et de ses homologues) (¹), les polymères des carbures des autres séries, polymères beaucoup moins volatils que leurs générateurs. Il contient également certaines combinaisons d'acide sulfurique et de carbures, retenues en dissolution par les carbures inattaqués.

9° *Action de l'acide sulfurique fumant.* — L'acide sulfurique fumant attaque tous les carbures, à l'exception des carbures forméniques, $C^n H^{2n+2}$, surtout avec le concours d'une douce chaleur. Tantôt il se forme par là des polymères; tantôt le carbure est oxydé, avec production d'acide sulfureux et de matières noires; tantôt, enfin, le carbure se dissout régulièrement dans l'acide sulfurique fumant.

C'est ce qui arrive notamment avec la benzine et ses homologues. La dissolution sulfurique de benzine, après quelques heures de repos, peut être étendue d'eau sans rien précipiter : la liqueur contient maintenant de l'acide benzinosulfurique, corps fort stable, dont la plupart des sels sont solubles, même les sels terreux ou métalliques, etc. L'action de l'acide sulfurique fumant fournit donc de nouveaux caractères pour reconnaître et isoler la benzine.

10° *Action de l'acide azotique fumant.* — Cet agent attaque à froid et plus ou moins violemment la plupart des carbures d'hydrogène, à l'exception des carbures forméniques, $C^n H^{2n+2}$, et des carbures éthyléniques les plus simples, $C^n H^{2n}$; dès que l'on arrive à l'amylène et aux carbures éthyléniques supérieurs, ceux-ci mêmes sont oxydés.

L'action de l'acide azotique fumant sur la benzine est très caractéristique, en raison de la formation de la série des dérivés spécifiques suivants : nitrobenzine, aniline, matières colorantes. Cette formation peut être réalisée, alors même que la benzine se trouve mélangée avec des quantités considérables des autres carbures.

Voici comment j'opère, pour donner à ces réactions de la benzine le maximum de sensibilité :

On prend quelques gouttes du carbure dans lequel on suspecte la présence de la benzine, et on les mélange peu à peu avec quatre fois leur volume d'acide azotique fumant, au fond d'un tube fermé par un bout et plongé dans l'eau froide. On secoue vivement; la benzine pure se dissout aisément et sans dégagement de gaz, dans

---

(¹) Les carbures forméniques, $C^n H^{2n+2}$, sont également respectés.

ces conditions. On abandonne le tout pendant un quart d'heure.

Cela fait, on étend la liqueur de 10 volumes d'eau environ : la nitrobenzine se sépare, avec son odeur caractéristique d'amandes amères. On agite alors toute la masse avec la moitié de son volume d'éther ordinaire, afin de séparer la nitrobenzine de la liqueur acide; ce que l'éther exécute très exactement, en recueillant jusqu'aux moindres traces de nitrobenzine.

On décante l'éther avec une pipette et on le filtre, afin de l'isoler plus complètement de la liqueur acide. L'éther est placé dans une petite cornue tubulée et distillé rapidement, jusqu'à ce qu'il ne reste plus qu'une ou deux gouttes de liqueur dans la cornue : cette goutte contient toute la nitrobenzine. Il faut s'arrêter alors, afin d'éviter de volatiliser celle-ci.

Dans la cornue, on introduit 1^{cc} à 2^{cc} d'acide acétique à 8° et une pincée de limaille de fer, et l'on chauffe le tout sur une flamme excessivement faible, de façon à n'opérer qu'une distillation très lente. On recueille le produit distillé, qui renferme maintenant de l'aniline, mêlée avec un peu d'acide acétique. Quand le liquide de la cornue est évaporé presque à sec, on verse dans celle-ci 2^{cc} ou 3^{cc} d'eau, et l'on reprend la distillation, en évitant avec le plus grand soin toute projection ou entraînement de quelque parcelle du sel de fer.

Les liqueurs distillées sont réunies. Dans le cas où l'aniline s'en sépare à l'état liquide, on peut essayer sur elle directement l'action d'une solution aqueuse étendue de chlorure de chaux. Mais si la proportion d'aniline est très faible, elle demeure dissoute, et la présence de l'acide acétique empêche la réaction. Dans ce cas, j'ajoute à la liqueur une parcelle de chaux éteinte, je filtre, je vérifie l'alcalinité de la liqueur filtrée, et j'essaye celle-ci par une solution aqueuse étendue de chlorure de chaux : cette solution doit être préparée à froid et filtrée. On opère le mélange des deux liqueurs dans une soucoupe de porcelaine, afin de mieux voir la teinte bleue.

Toutes ces précautions sont un peu minutieuses; mais elles donnent aux réactions une sensibilité extraordinaire. On en jugera par les chiffres suivants :

Ayant mêlé 2 parties de benzine avec 100 parties d'hydrure d'hexylène purifié, j'ai pris 1^{cc} de la liqueur, et je lui ai fait subir la série des traitements ci-dessus; j'ai obtenu très nettement la couleur bleue finale.

Cette même épreuve, appliquée aux pétroles volatils vers 80° et non purifiés par l'acide azotique, fournit également les caractères de la benzine.

Dans une autre expérience, j'ai opéré sur le produit brut, provenant de la transformation par la chaleur de 10^{cc} d'acétylène gazeux en polymères, produit qui renferme au plus 5^{mgr} à 6^{mgr} de benzine : j'ai traité ce produit par l'acide azotique fumant, dans la cloche courbe même où s'était opérée la transformation et à laquelle il était demeuré adhérent : j'ai obtenu successivement la nitrobenzine, l'aniline, puis la couleur bleue, avec une grande intensité.

Parmi les caractères que je viens de présenter, la distillation, l'action de l'iode et celle de l'acide sulfurique sont surtout propres à isoler la benzine ; tandis que l'action du chlore et celle de l'acide azotique (avec les transformations consécutives) sont éminemment susceptibles à la caractériser ensuite.

II. — Styrolène.

Voici les caractères principaux qui peuvent servir soit à isoler ce carbure, soit à le distinguer. Ils s'appliquent au carbure du styrax, comme à celui de l'acide cinnamique, ou du goudron de houille, et en général au styrolène d'origine pyrogénée. Je les ai également vérifiés sur le styrolène synthétique, qui résulte de la combinaison de la benzine avec l'éthylène.

1° *Point d'ébullition*, 145°.

2° *Action de la chaleur*. — On sait que le styrolène, chauffé en vase scellé à 200° pendant quelques heures, se change en un polymère résineux (métastyrolène) ; ce polymère, distillé brusquement, reproduit le styrolène. La dernière métamorphose s'opère entre 300° et 320°.

J'ai vérifié que ces caractères s'appliquent également au styrolène mélangé avec d'autres carbures. Ainsi, ayant mêlé 0^{gr},5 de styrolène avec 10^{cc} de toluène, j'ai chauffé le tout à 200°, dans un tube scellé. Le liquide, distillé ensuite, a laissé un résidu résineux, représentant à peu près la totalité du styrolène ; et ce résidu, chauffé à 320°, a régénéré le styrolène avec toutes ses propriétés. Je montrerai plus loin l'application de cette propriété spécifique à la recherche du styrolène dans les liquides pyrogénés.

3° *Action de l'iode*. — L'iode libre se dissout abondamment dans le styrolène. En même temps, il se produit un vif dégagement de chaleur, et parfois un peu d'acide iodhydrique. La masse, reprise par une solution étendue de soude, ou mieux d'acide sulfureux, ne régénère plus de styrolène (si l'action de l'iode a été suffisante), mais à sa place un polymère incolore, de consistance résineuse.

4° *Action du brome.* — Le brome attaque vivement le styrolène. Si l'on refroidit la masse, avec la précaution d'ajouter le brome par petites parties, on obtient un bromure cristallisé, qui est décrit dans les traités. Cette réaction réussit également lorsque le styrolène est mêlé avec 2 ou 3 parties de benzine. A la vérité, le produit, purifié par l'agitation avec une solution alcaline, demeure liquide, parce que le bromure est dissous dans la benzine inattaquée. Mais le bromure cristallisé apparaît, à la suite de l'évaporation spontanée de celle-ci. Cependant, lorsque le styrolène est mêlé avec des carbures altérables par le brome, la formatiou du bromure cristallisé ne peut plus être obtenue d'une manière assurée.

5° *Action du chlore.* — Le chlore gazeux attaque le styrolène, avec formation d'un liquide particulier; réaction très différente de celle qu'il exerce sur la benzine.

6° *Action des alcalis.* — Nulle.

7° *Métaux alcalins.* — Ils changent le styrolène en polymère avec le concours d'une douce chaleur. Ce polymère distillé régénère le styrolène.

8° *Action de l'iodure de potassium ioduré.* — Ayant observé avec quelle énergie l'iode agit sur le styrolène, j'ai pensé qu'en modérant cette réaction on pourrait obtenir une combinaison. J'ai réussi, en effet, en opérant avec une solution concentrée d'iode dans l'iodure de potassium. Cette solution doit être telle qu'elle ne précipite pas par l'eau. Il suffit d'introduire dans un tube fermé par un bout une goutte de styrolène et 1^{cc} de cette liqueur, d'agiter le tout pendant quelques instants à froid, puis d'étendre la liqueur de 5^{vol} à 6^{vol} d'eau, pour voir se séparer un iodure de styrolène en beaux cristaux. Cet iodure se maintient pendant quelque temps. Il n'est pas détruit par une solution étendue de soude, ou d'acide sulfureux, lesquelles éliminent l'iode libre. Cependant c'est un corps peu stable; soit isolé, soit en présence de l'eau mère au sein de laquelle il a pris naissance, il ne tarde pas à se détruire, en perdant son iode et en se changeant en un polymère résineux. Ces changements ont lieu au bout de quelques heures. La même transformation s'effectue instantanément, lorsqu'on chauffe l'iodure de styrolène sur une lame de platine; puis le polymère s'enflamme et brûle sans résidu.

L'iodure de styrolène se dissout aisément dans l'éther et dans les liquides analogues. Mais il ne peut plus être régénéré par l'évaporation spontanée de ces dissolutions, à moins que le dissolvant ne soit à peu près saturé. En général, on obtient à sa place des polymères résineux. Aussi l'iodure de styrolène ne peut-il être obtenu qu'avec du styrolène pur, ou à peu près.

Ce composé est extrêmement caractéristique du styrolène, tant par sa cristallisation que par sa destruction spontanée consécutive. Je n'ai rencontré aucun carbure qui donnât naissance à un composé cristallisé analogue, sous l'influence de l'iodure de potassium ioduré. Cependant ce réactif attaque également l'essence de térébenthine et divers autres carbures contenus dans les huiles légères de houille, après qu'on les a lavées avec des solutions alcalines concentrées et des solutions acides diluées, mais avant leur purification par l'acide sulfurique concentré. Il se forme par là des produits iodés et des polymères spéciaux, tous liquides, isolables par l'action de l'acide sulfureux, dont aucun ne cristallise.

9° *Action de l'acide sulfurique concentré*. — Cet acide transforme immédiatement et entièrement le styrolène en polymères fixes, ou volatils au-dessus de 300°, avec un vif dégagement de chaleur.

10° *Action de l'acide azotique fumant*. — Cet acide attaque vivement le styrolène à froid; il reste quelque peu de substance résineuse indissoute. La dissolution azotique, étendue d'eau, laisse, après quelques instants, précipiter une matière nitrée résineuse, que l'éther dissout *incomplètement*. Distillée avec de l'eau, cette matière fournit en petite quantité un liquide analogue à la chloropicrine. Cependant la presque totalité demeure dans la cornue, sous la forme d'une résine fixe et visqueuse. Le même produit, étant distillé lentement avec de l'acide acétique et du fer, on obtient une liqueur jaunâtre, qui ne donne aucune des réactions colorantes de l'aniline. La formation de ces résines nitrées, en partie insolubles dans l'éther et fixes, distingue à première vue le styrolène des carbures benzéniques. Toutefois elle se présente aussi avec divers autres carbures, tels que les polymères de l'acétylène et les dérivés de la distillation des cinnamates, moins volatils que le styrolène.

Tels sont les principaux caractères du styrolène. Ceux qui permettent de l'isoler sont : la distillation et la transformation polymérique par la chaleur, sous l'influence prolongée d'une température de 200°, suivie d'une régénération du styrolène par distillation lorsque le polymère est soumis à l'action brusque d'une température de 300°, comme il a été dit plus haut. L'action de l'iode, celle du brome et surtout celle de l'iodure de potassium ioduré sont caractéristiques du styrolène, une fois qu'il a été isolé.

CHAPITRE XXII.

POLYMÈRES DU STYROLÈNE (¹).

J'ai fait quelques recherches comparatives sur les polymères du styrolène, tels qu'ils peuvent être obtenus dans trois conditions différentes, à savoir : l'action de la chaleur, l'action du potassium et l'action de l'acide sulfurique.

Les deux premiers sont tout à fait identiques : soumis à l'action de la chaleur, ils reproduisent vers 300° le styrolène primitif.

Au contraire, les polymères produits par l'acide sulfurique distillent en partie sans décomposition; mais ils ne reproduisent pas de styrolène. Ces derniers polymères se comportent, d'ailleurs, comme un mélange de plusieurs carbures distincts, savoir : le *distyrolène,* volatil un peu au-dessus de 300°, et les autres polymères plus condensés et moins volatils. Ces résultats sont comparables à la transformation de l'essence de térébenthine, et à celle de l'amylène en polymères, sous l'influence de l'acide sulfurique.

(¹) *Annales de Chimie et de Physique,* 4ᵉ série, t. XII, p. 161; 1867.

CHAPITRE XXIII.

POLYMÉRISATION DE L'ACÉTYLÈNE PAR L'EFFLUVE [1].

La condensation de l'acétylène a lieu sous l'influence de l'effluve électrique. Le composé brun solide qui se produit dans cette condensation, opérée sur le mercure (*fig.* 5, 6, 7; p. 51, 52), représente sensiblement un polymère $(C^2H^2)^n$. En effet, dans mes essais, le résidu gazeux de l'opération (privé de l'excès d'acétylène) s'élevait seulement à 2 centièmes du volume de l'acétylène primitif. En outre, 100^{vol} de ce faible résidu, analysés séparément, renfermaient 4^{vol} d'éthylène, 4^{vol} d'hydrure d'éthylène et 92^{vol} d'hydrogène.

Le polymère solide que je viens de signaler, étant chauffé en couche mince dans une atmosphère d'azote, se décompose brusquement et *avec dégagement de chaleur :* circonstance qui le distingue de tous les autres polymères connus de l'acétylène. J'ai trouvé qu'il donne par là naissance à une petite quantité de styrolène (exempt de benzine, ce qui est remarquable), à un carbure goudronneux peu volatil, à un résidu charbonneux encore hydrogéné, enfin à un gaz pyrogéné, dont le volume représentait, dans un essai, 2 centièmes seulement du volume de l'acétylène condensé.

Ce résidu gazeux, d'après l'analyse que j'en ai faite, a fourni :

C^2H^2 acétylène régénéré........................ 4
C^2H^4 éthylène.................................. 8
C^4H^6 crotonylène ou analogue.................. 20
C^2H^6 hydrure d'éthylène....................... 14
H^2 hydrogène 54

Son analyse a été exécutée :

1° En éliminant d'abord l'acétylène à l'aide d'une proportion aussi exacte que possible de chlorure cuivreux ammoniacal;

---

[1] *Annales de Chimie et de Physique,* 5e série, t. X, p. 67; 1877.

2° En soumettant à l'analyse eudiométrique une portion du résidu ;

3° En traitant une autre portion par l'acide sulfurique concentré, et mesurant l'absorption (20^{vol}) ;

4° En soumettant à l'analyse eudiométrique une partie du résidu de cette absorption.

Si l'on compare les deux systèmes d'analyse eudiométrique 2° et 4°, on obtient la composition du gaz absorbé par l'acide sulfurique. Elle répondait à la formule C^4H^6 ;

5° Une autre portion du résidu de 4° a été traitée par le brome, ce qui absorbe l'éthylène ;

6° La composition de ce dernier a été contrôlée par l'analyse eudiométrique du résidu (5°), comparée avec (4°) ;

7° Une portion du résidu (5°) a été traitée méthodiquement par l'alcool, de façon à isoler, d'une part, l'hydrure d'éthylène presque pur et, d'autre part, l'hydrogène ;

8° Ces résultats ont été contrôlés par les analyses eudiométriques des deux gaz ainsi isolés.

La composition observée s'explique par les réactions suivantes :

Le polymère $(C^2H^2)^n$ se détruit par la chaleur, en régénérant comme produits principaux des carbures condensés, qui constituent la masse principale, et de l'hydrogène, représentant environ $2\frac{1}{2}$ centièmes de l'acétylène initial. Une trace d'acétylène seulement est régénérée. L'éthylène et son hydrure résultent de l'union de l'hydrogène avec une portion, faible d'ailleurs, du polymère. Enfin ces deux carbures gazeux, produits simultanément, se combinent pour constituer le crotonylène, cette réaction ayant lieu d'ailleurs aisément, comme je l'ai observé, entre les mêmes carbures libres.

Dans d'autres essais, les conditions de durée étant différentes, j'ai observé un autre polymère liquide, déjà signalé par P. Thénard. Ce composé fournit à la distillation, entre autres produits, un carbure liquide, dont les réactions sont celles du styrolène,

$$C^8H^8 = (C^2H^2)^2.$$

CHAPITRE XXIV.

ALTÉRATIONS DE L'ACÉTYLÈNE CONDENSÉ PAR L'EFFLUVE (¹).

Ayant eu occasion de condenser un certain volume d'acétylène pur au moyen de l'effluve, j'ai observé que le produit abandonné au contact de l'air, à la surface même des tubes condenseurs, pendant quelques semaines, absorbe des doses considérables d'oxygène; ce que M. Schützenberger a également observé. Cette dose était de plus du quart du poids de l'acétylène condensé dans mes expériences. La matière oxydée se laisse détacher aisément du verre, sous la forme de pellicules jaunes, à la façon d'un vernis résineux.

Cette substance a continué à s'altérer spontanément dans le flacon où je l'avais placée; et elle a déposé sur les parois, *à distance,* à la façon d'une vapeur, une matière charbonneuse, formée sans doute aux dépens d'un produit volatil lentement émis.

Soumise à la distillation sèche, cette même substance éprouve une décomposition brusque et comme explosive, d'apparence exothermique. Elle laisse par là un charbon abondant, en dégageant une très grande quantité d'eau, mélangée avec un acide qui paraît être de l'acide acétique impur, d'après l'odeur développée par la réaction d'un mélange d'alcool et d'acide sulfurique. En même temps, on recueille des liquides acétoniques, à odeur de caramel, semblables, sinon identiques à ceux que produisent le sucre et l'acide tartrique fortement chauffés. Il n'y avait ni benzine ni furfurol régénérés dans cette décomposition.

La distillation de la substance primitive, en présence de la chaux sodée, a fourni des produits plus simples et surtout de l'acétone.

Ces observations montrent que la condensation de l'acétylène, telle qu'elle est opérée par l'effluve, offre un caractère tout diffé-

---

(¹) *Ann. de Chim. et de Phys.,* 6ᵉ série, t. XXIV, p. 135; 1891.

rent de celle qui est accomplie sous l'influence de la chaleur; celle-ci n'agissant point d'ailleurs au rouge, comme on le dit quelquefois par erreur, mais seulement vers 400° à 500°.

En effet, la polymérisation pyrogénée de l'acétylène, dans ces conditions ménagées, produit surtout de la benzine liquide. Elle a lieu d'ailleurs avec une perte d'énergie très considérable $(+171^{Cal})$; circonstance qui explique la grande stabilité du produit.

Au contraire, les produits condensés à froid, sous l'influence de l'effluve, retiennent une dose d'énergie bien plus forte, comme l'atteste le caractère explosif, c'est-à-dire exothermique, de leur décomposition. Dès lors, ils doivent être beaucoup moins stables et plus voisins de la molécule de l'acétylène par leur constitution. C'est ainsi que l'acide acétique et ses dérivés (acétone, etc.) s'y manifestent; précisément comme j'ai observé autrefois l'acide acétique engendré par l'oxydation spontanée de l'acétylène à froid, en présence de l'eau et de l'oxygène.

C'est aussi en raison de cet excès d'énergie emmagasiné que l'acétylène condensé se présente comme un corps éminemment oxydable à froid dans les expériences présentes.

TROISIÈME SECTION.

CHAPITRE XXV.

CHALEUR DE FORMATION DE L'ACÉTYLÈNE. ÉTAT GAZEUX DU CARBONE ([1]).

On sait que l'acte de l'échauffement peut effectuer le travail né-cessaire à l'accomplissement des transformations isomériques et spécialement au retour d'un corps polymérisé à son monomère générateur. C'est ainsi que le métastyrolène est ramené par la dis-tillation à l'état normal de styrolène, le phosphore rouge à l'état de phosphore ordinaire, etc., la vapeur du soufre tricondensé, S^6, telle qu'elle existe vers 450°, celle du soufre monomère, S^2, telle qu'elle existe au-dessus de 800°, etc. : tous phénomènes comparables à la décomposition pyrogénée d'un corps composé, et accompagnés en général par une absorption de chaleur.

Ce point mérite une attention toute particulière, comme suscep-tible de fournir l'explication de la plupart des combinaisons directes produites avec absorption de chaleur, par exemple la formation de l'acétylène et celle de l'acide cyanhydrique dans l'acte de l'électri-sation.

On peut soupçonner, en effet, dans ces circonstances, que l'échauf-fement et l'électrisation ont pour effet de changer isomériquement

---

([1]) *Ann. de Chim. et de Phys.*, 4ᵉ série, t. XVIII, p. 174; 1869. Même Volume, p. 160, 161, 191, 200. — *Voir* aussi le même Recueil, 4ᵉ série, t. VI, p. 386; 1865.

l'état du corps simple, en effectuant d'abord un travail supérieur à l'absorption de chaleur observée dans la combinaison ; puis la combinaison elle-même s'effectuerait avec ses caractères ordinaires, c'est-à-dire avec dégagement de chaleur.

Précisons davantage cette hypothèse. Le changement du carbone, par exemple, dans un état isomérique nouveau, n'aurait en soi rien de surprenant, si l'on tient compte des nombreux états isomériques déjà connus de cet élément et des anomalies relatives à sa chaleur spécifique ([1]). Mais il s'agit de déterminer par induction la quantité de chaleur que le carbone devrait absorber pour prendre cet état nouveau, que nous supposons précéder les combinaisons directes du carbone avec l'hydrogène, avec le soufre, avec l'hydrogène et l'azote simultanément, etc. Or, je pense que l'induction suivante n'offre rien d'invraisemblable :

On a remarqué que les deux degrés successifs de l'oxydation de l'étain répondent au dégagement de quantités de chaleur qui sont à peu près les mêmes ; même remarque pour les deux oxydes de cuivre. Il y a plus : dans la plupart des cas, le premier degré d'oxydation dégage plus de chaleur que le suivant. Depuis lors j'ai montré que ces observations étaient également applicables aux degrés successifs de l'oxydation d'une même substance organique, en tant que les composés produits demeurent compris dans la même série ([2]).

Cependant la formation de l'oxyde de carbone et celle de l'acide carbonique, avec le carbone pris sous sa forme actuelle, font exception à la loi. En effet, la réunion du carbone avec l'oxygène pour former l'oxyde de carbone :

$$C + O = CO,$$

dégage seulement 26 100^{cal}.

Tandis que la réunion de l'oxyde de carbone avec la même quantité d'oxygène, pour former l'acide carbonique :

$$CO + O = CO^2$$

dégage 68 200^{cal}.

Supposons que ces deux réactions puissent devenir comparables, en ramenant le carbone à un état moléculaire nouveau, lequel répondrait à la forme gazeuse. A partir de cet état hypothétique, la

---

([1]) *Ann. de Chim. et de Phys.*, 4ᵉ série, t. XIX, p. 396; 1870.
([2]) Voir *Thermochimie : Données et lois numériques*, t. I, Chap. VI.

formation de l'oxyde de carbone répondrait au même chiffre que celle de l'acide carbonique, soit $65\,200^{cal}$, sinon à un chiffre supérieur. Il y aurait donc au moins $42\,100^{cal}$ absorbées par le fait de la transformation isomérique de 12^{gr} de carbone et de sa vaporisation, double changement que nous supposons précéder la combinaison.

Or, ce chiffre suffit pour que la formation directe de l'acétylène puisse avoir lieu avec dégagement de chaleur, à la façon de toutes les autres combinaisons directes.

En effet, la formation directe de l'acétylène, à partir du carbone dans son état actuel (diamant)

$$C^2 + H^2 = C^2H^2,$$

et d'après la mesure de sa chaleur de combustion (laquelle est supérieure à celles de ses éléments), absorberait $58\,100^{cal}$. Or ce chiffre est inférieur à

$$2 \times 42\,100 = 84\,200.$$

Il y aura donc en réalité $84\,200 - 58\,100 = 26\,100^{cal}$ (ou davantage) dégagées dans la combinaison du carbone gazeux avec l'hydrogène.

Ajoutons encore que la formation directe de l'acide cyanhydrique avec le carbone, l'hydrogène et l'azote :

$$C + Az + H = CHAz,$$

laquelle absorbe $-30\,500^{cal}$, le carbone étant pris sous sa forme actuelle, dégagerait au contraire de la chaleur, soit $+11\,600^{cal}$ au moins.

Ainsi la chaleur de transformation du carbone diamant ($C = 12^{gr}$) en carbone gazeux s'élèverait, d'après mes derniers résultats, à une valeur supérieure à 42^{cal} (*Thermochimie : Données et lois numériques*, t. I, p. 206-207; 1897).

J'ai cru devoir m'étendre sur les considérations qui précèdent, malgré leur caractère hypothétique, afin de montrer jusqu'à quel point elles peuvent nous faire pénétrer dans le mécanisme intime de la combinaison chimique (¹).

____

(¹) *Je les ai exposées dans mon Cours du Collège de France, dès 1865; elles ont été imprimées en 1869 sous la forme précédente. Les chiffres mêmes ont subi diverses rectifications, par suite de mes expériences ultérieures.

CHAPITRE XXVI.

DÉTONATION DE L'ACÉTYLÈNE, DU CYANOGÈNE ET DES COMBINAISONS
ENDOTHERMIQUES EN GÉNÉRAL ([1]).

1. L'acétylène, le cyanogène, le bioxyde d'azote sont formés avec
absorption de chaleur depuis leurs éléments : j'ai trouvé, en effet,
que cette absorption s'élève à — 58100^{cal} ([2]) pour l'acétylène
($C^2H^2 = 26^{gr}$); à — 73900^{cal} pour le cyanogène ($C^2Az^2 = 52^{gr}$); à
— 21600^{cal} pour le bioxyde d'azote ($AzO = 30^{gr}$). Si l'on réussit à décomposer brusquement ces gaz en leurs éléments, une telle quantité
de chaleur, reproduite en sens inverse, élèvera la température de
ces derniers vers 3000° pour l'acétylène et le bioxyde d'azote,
vers 4000° pour le cyanogène, d'après un calcul fondé sur les chaleurs spécifiques connues des éléments.

Précisons ce calcul. Nous admettrons pour la chaleur spécifique
moyenne du carbone solide, $C^2 = 24^{gr}$, la valeur 12; pour celle de
l'hydrogène, $H^2 = 2^{gr}$, la valeur 6,8 à pression constante et 4,8 à
volume constant; ces dernières valeurs étant également applicables
à l'azote, $Az^2 = 28^{gr}$, et à l'oxygène $O^2 = 32^{gr}$, sous le même volume.
On trouve ainsi :

Pour l'acétylène décomposé sous pression constante, 3100°; sous
volume constant, 3460°;

Pour le cyanogène décomposé sous pression constante, 3960°;
sous volume constant, 4375°;

Pour le bioxyde d'azote décomposé sous pression constante,
3000°; sous volume constant, 4100°.

Il est entendu que l'évaluation de ces températures est subor-
donnée à la constance supposée des chaleurs spécifiques. Quelque
opinion que l'on ait à cet égard, il est certain qu'elle donne pour

---

([1]) *Annales de Chimie et de Physique*, 5ᵉ série, t. XXVII, p. 182; 1882.

([2]) Ce chiffre se rapporte au carbone dans l'état de diamant. Pour le carbone
amorphe on aurait 3000^{cal} de moins. Même observation pour le cyanogène.

la température une notion plus vraisemblable dans le cas présent, où il s'agit d'une décomposition en éléments, que dans les réactions où il se forme des corps composés, telles que les combustions de l'hydrogène, ou de l'oxyde de carbone, combustions limitées dans leur progrès par la dissociation de ces corps composés.

2. Cependant il n'avait pas été possible jusqu'ici (1882) de déterminer l'explosion de l'acétylène, du cyanogène, ou celle du bioxyde d'azote. Tandis que le gaz hypochloreux détone sous l'influence d'un léger échauffement, du contact d'une flamme, ou d'une étincelle, malgré la grandeur bien moindre de la chaleur dégagée : $+15\,200^{\text{cal}}$ (pour $ClO = 87^{\text{gr}}$), quantité de chaleur susceptible de porter les éléments de ce gaz à $1250°$ seulement; au contraire, l'acétylène, le cyanogène, le bioxyde d'azote ne détonent, ni par simple échauffement, ni par le contact d'une flamme, ni sous l'influence d'une série d'étincelles électriques, ni même dans l'arc électrique.

Insistons sur ces différences. La diversité qui existe entre le mode de destruction des combinaisons endothermiques est due à la nécessité d'une sorte de mise en train et de ce travail préliminaire, dont j'ai examiné ailleurs ([1]) les caractères et la généralité, dans la production des réactions chimiques. Or ce travail ne paraît pas résider uniquement dans un simple échauffement, lent et progressif. En effet, je le répète, l'acétylène, le cyanogène, le bioxyde d'azote ne détonent jamais, à quelque température qu'ils soient portés dans nos expériences.

Ce n'est pas que ces gaz composés soient très stables : ils se décomposent, en effet, souvent dès le rouge sombre, soit avec formation de polymères (benzine par l'acétylène); soit avec répartition nouvelle de leurs éléments [protoxyde d'azote et gaz hypoazotique par le bioxyde d'azote ([2]), d'après mes expériences]; mais ils ne font pas explosion, malgré le très grand dégagement de chaleur qui accompagne ces métamorphoses.

Ils ne détonent pas davantage, ce qui est plus singulier, sous l'influence de l'arc, ou des étincelles électriques, malgré la température excessive et subite développée par celles-ci. Cependant le carbone se précipite aussitôt sur leur trajet, au sein de l'acétylène ou du cyanogène, en même temps que l'hydrogène et l'azote deviennent

---

([1]) *Essai sur la Mécanique chimique*, t. II, p. 6.
([2]) *Annales de Chimie et de Physique*, 5ᵉ série, t. VI, p. 198; 1875.

libres. L'azote et l'oxygène du bioxyde d'azote se séparent de même
sur le trajet de l'étincelle.

A la vérité, l'oxygène de ce dernier gaz s'unit à mesure avec
l'excès du bioxyde environnant, pour engendrer le gaz hypoazotique. Une partie de l'hydrogène et du carbone, mis en liberté
aux dépens de l'acétylène, se recombinent de même, sous l'influence de l'électricité, pour reconstituer ce carbure d'hydrogène, le tout formant un système en équilibre (¹). On pourrait
attribuer à ces circonstances l'absence de propagation de la décomposition; mais cette explication ne vaut pas pour le cyanogène, qui
se décompose entièrement (²), sans réversion.

Elle ne vaut pas davantage pour l'hydrogène arsénié, gaz décomposable avec dégagement de $44\,200^{cal}$ ($AsH^3 = 78^{gr}$). Ce dernier gaz
est si peu stable, qu'il se détruit incessamment à la température
ordinaire, lorsqu'on le conserve pur dans des tubes de verre scellés.
On sait aussi avec quelle facilité la chaleur le décompose jusqu'à
sa dernière trace dans l'appareil de Marsh. Une série d'étincelles
électriques le détruit également, et d'une façon complète. Cependant l'hydrogène arsénié ne détone, comme je l'ai vérifié, ni sous
l'influence d'un échauffement progressif, ni sous l'influence des
étincelles électriques.

3. Ainsi, pour les combinaisons endothermiques que je viens
d'énumérer, il existe quelque condition, liée à leur constitution
moléculaire, qui empêche la propagation de l'action chimique, sous
l'influence du simple échauffement progressif, ou de l'étincelle
électrique.

On sait que l'étude des matières explosives présente des circonstances analogues. L'inflammation simple de la dynamite, par
exemple, ne suffirait pas pour en provoquer la détonation. Au contraire, M. Nobel a montré que celle-ci est produite sous l'influence
de détonateurs spéciaux, tels que le fulminate de mercure, susceptibles de développer un choc très violent. J'ai donné ailleurs (³)
la théorie thermodynamique de ces effets, qui semblent dus à des

---

(¹) *Annales de Chimie et de Physique,* 4ᵉ série, t. XVIII, p. 160, 199; 1869.
— *Voir* le présent Volume, p. 46.

(²) Je dis entièrement, à moins qu'il ne renferme quelque trace d'eau ou
d'un autre corps hydrogéné, susceptible de fournir de l'acide cyanhydrique; ce
composé, au contraire, donnant lieu à des équilibres.

(³) *Voir* mon Traité *Sur la force des matières explosives.* 2 vol., Gauthier-
Villars.

phénomènes ondulatoires, distincts des ondes sonores proprement dites, parce qu'ils résultent d'un certain cycle d'actions mécaniques, calorifiques et chimiques, lesquelles se reproduisent de proche en proche, en se transformant les unes dans les autres : c'est ce que confirment les expériences que je poursuis en ce moment avec M. Vieille sur les mélanges d'hydrogène et d'autres gaz combustibles avec l'oxygène. Nous avons montré également que la prépondérance du fulminate de mercure, comme détonateur, ne s'explique pas seulement par la vitesse de décomposition de ce corps, mais surtout par l'énormité des pressions qu'il développe en détonant dans son propre volume; pressions très supérieures à celles de tous les corps connus, et qui peuvent être évaluées à plus de 24000^{kg} par centimètre carré, d'après les données de nos essais.

J'ai été ainsi conduit à tenter de faire détoner l'acétylène, le cyanogène, l'hydrogène arsénié, sous l'influence du fulminate de mercure, et mes expériences ont complètement réussi. En voici le détail :

4. *Acétylène*. — Dans une éprouvette de verre E, à parois très épaisses, on introduit un certain volume d'acétylène, 20^{cc} à 25^{cc} par exemple. Au centre de la masse gazeuse, on place une cartouche minuscule K, contenant une petite quantité de fulminate (0^{gr},1 environ), et traversée par un fil métallique très fin, en contact par son autre bout avec la garniture de fer de l'éprouvette. Un courant électrique peut faire rougir ce fil. Le tout est supporté par un tube de verre capillaire CC, en forme de siphon renversé, renfermant un second fil métallique, soudé dans le tube et se prolongeant au dehors jusqu'en F. Le tube est fixé lui-même dans un bouchon métallique D, qui ferme l'éprouvette.

La *fig*. 9 représente le système tout disposé: la *fig*. 10, le tube de verre garni de son fil intérieur. La *fig*. 11 représente en grandeur naturelle l'ajutage d'acier P qui fournit passage à ce tube, lequel est mastiqué dans son ajutage, en même temps que le deuxième fil métallique. La *fig*. 12 enfin représente le bouchon d'acier, en grandeur naturelle, avec le trou T, dans lequel est vissé l'ajutage précédent.

Ces dispositions permettent de remplir l'éprouvette de gaz sur le mercure; puis d'y introduire les fils garnis de leur amorce et ajustés sur le bouchon. On serre celui-ci à l'aide d'une fermeture à baïonnette et l'on opère la détonation à volume constant.

A cet effet, on fait passer le courant : le fulminate éclate, et il se

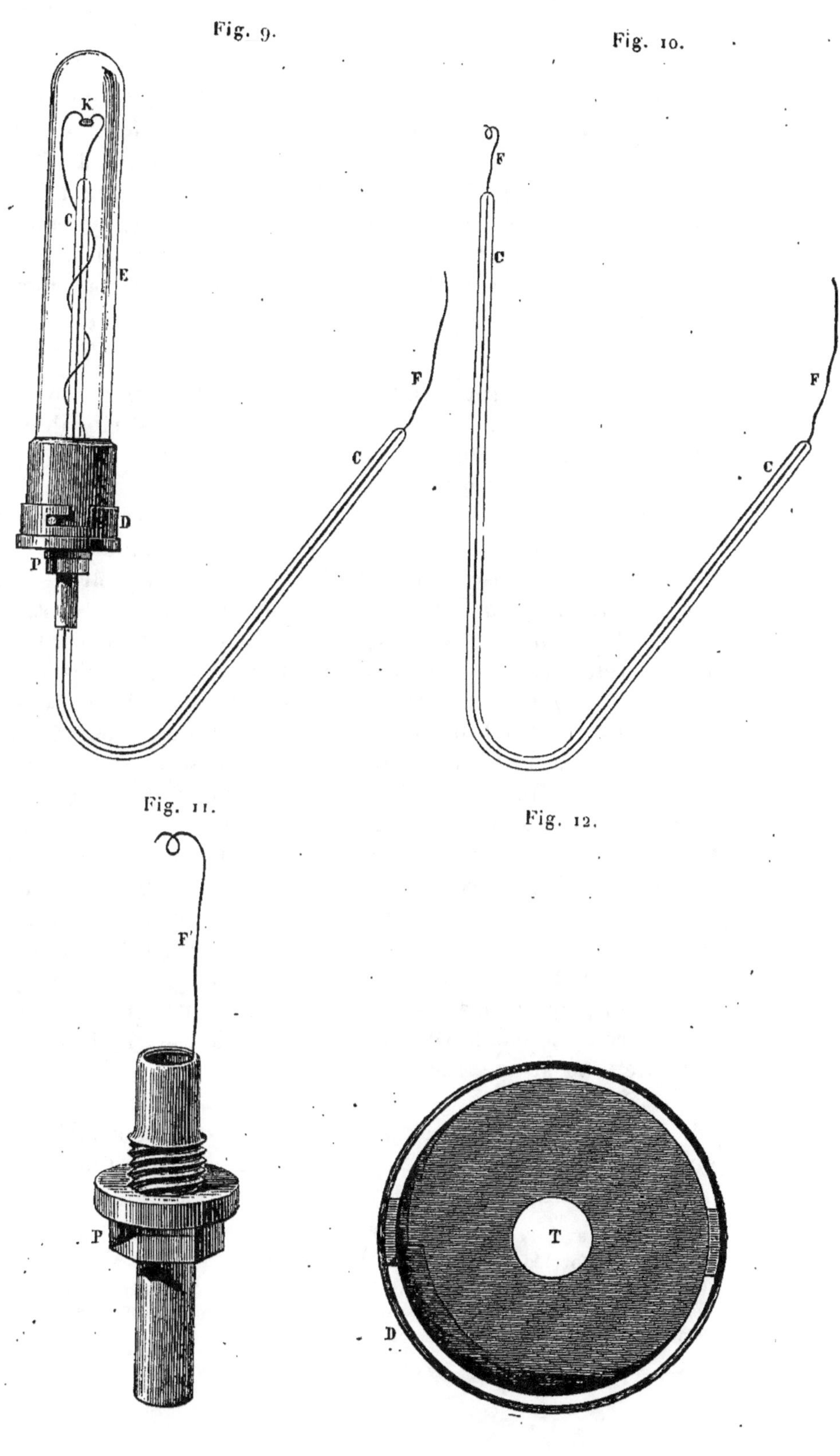
Fig. 9.
Fig. 10.
Fig. 11.
Fig. 12.
K
C
E
D
P
F
C
F
C
F
C
F
C
F'
P
T
D

produit une violente explosion et une grande flamme dans l'éprouvette. Après refroidissement, celle-ci se trouve remplie de carbone
noir et très divisé; l'acétylène a disparu, et l'on obtient de l'hydrogène libre [1]. On dévisse l'ajutage P sous le mercure; on l'enlève
avec le tube capillaire; on enlève également le bouchon, puis on
recueille et l'on étudie les gaz contenus dans l'éprouvette.

L'acétylène est ainsi décomposé en ses éléments purement et
simplement :

$$C^2H^2 = C^2 + H^2.$$

A peine si l'on retrouve une trace insensible du gaz primitif,
un centième de centimètre cube environ; trace attribuable sans
doute à quelque portion non atteinte par l'explosion.

La réaction est si rapide que la petite cartouche de papier mince
qui enveloppait le fulminate se retrouve ensuite déchirée, mais
non brûlée, même dans ses fibres les plus capillaires : ce qui
s'explique, si l'on observe que la durée pendant laquelle le papier
aurait séjourné dans le milieu détonant serait de l'ordre de
$\frac{1}{30000000}$ de seconde, d'après l'épaisseur du papier et les données
connues relatives à la vitesse de cet ordre de décomposition.

Le carbone mis à nu affecte le même état général que celui que
l'on obtient dans un tube rouge de feu : c'est du carbone amorphe,
au moins dans sa masse principale; car il se dissout à peu près
en totalité, lorsqu'on le fait digérer à une douce chaleur et à
plusieurs reprises au sein d'un mélange d'acide azotique fumant
et de chlorate de potasse. Cependant il fournit ainsi une trace
d'oxyde graphitique : ce qui prouve qu'il contient une trace de graphite, produit sans doute par la transformation du carbone amorphe
sous l'influence de la température excessive qu'il a subie. J'ai
montré en effet que le carbone amorphe, échauffé vers 2500° par le
gaz tonnant, commence à se changer en graphite, et que le noir de
fumée, précipité par la combustion incomplète des hydrocarbures,
en contient aussi une trace [2].

5. *Cyanogène.* — La même expérience, exécutée avec le cyanogène, réussit également. Le cyanogène détone sous l'influence du

---

[1] Mélangé avec l'azote et l'oxyde de carbone qui proviennent du fulminate,
et qui se sont formés d'une façon indépendante.

[2] *Ann. de Chim. et de Phys.*, 5ᵉ série, t. XIX, p. 418; 1870. L'arc voltaïque
produit une transformation plus complète; mais alors les effets de la chaleur
se compliquent de ceux de l'électricité (p. 419).

fulminate et se résout en ses éléments :

$$C^2 Az^2 = C^2 + Az^2.$$

Il se produit ainsi de l'azote libre, et du carbone amorphe et très divisé, semblable à celui que l'on obtient par l'étincelle électrique. Ce carbone tache le papier à la façon de la plombagine. Cependant ce n'est point du graphite véritable, car il se dissout presque entièrement sous l'influence de traitements réitérés par un mélange d'acide azotique fumant et de chlorate de potasse. Une trace d'oxyde graphitique, demeurée comme résidu, atteste néanmoins l'existence d'une trace de graphite, ainsi qu'avec l'acétylène.

Cette expérience ne réussit pas toujours : il est arrivé que l'éclatement du fulminate a eu lieu sans que le carbone du cyanogène se soit précipité.

L'azotate de diabenzol, avec lequel j'ai opéré également, en l'employant comme détonateur au lieu du fulminate, s'est décomposé sans provoquer la détonation du cyanogène. Le mode de décomposition même de l'azotate de diazobenzol a été différent dans ces conditions, où le détonateur se détruit à une faible pression, de sa décomposition dans la bombe calorimétrique, laquelle a lieu sous une forte pression, telle que nous l'avons observée avec M. Vieille ([1]). Au lieu d'obtenir tout l'oxygène du composé à l'état d'oxyde de carbone, en même temps que de l'azote libre et un charbon azoté, très poreux et très dense, j'ai observé cette fois, à côté de l'azote, un quart seulement du volume de l'oxyde de carbone théorique, du phénol et une matière goudronneuse.

6. *Bioxyde d'azote.* — Le bioxyde d'azote détone sous l'influence du fulminate de mercure. Mais le phénomène est plus compliqué qu'avec les gaz précédents, l'oxyde de carbone produit par le fulminate brûlant aux dépens de l'oxygène du bioxyde d'azote, pour former de l'acide carbonique. Cette combustion paraît avoir lieu aux dépens de l'oxygène libre, et non du gaz hypoazotique formé transitoirement. En effet, le mercure n'est pas attaqué, contrairement à ce qui arrive toujours lorsque ce dernier gaz apparaît un moment.

On aurait donc

$$AzO = Az + O,$$

$$CO + O = CO^2.$$

([1] *Ann. de Chim. et de Phys.*, 5ᵉ série, t. XXVII, p. 200; 1882.

La combustion même de l'oxyde de carbone est caractéristique; car le bioxyde d'azote mêlé d'oxyde de carbone ne détone, ni par l'inflammation simple, ni par l'étincelle électrique.

7. *Hydrogène arsénié.* — L'hydrogène arsénié a détoné sous l'influence du fulminate, et il s'est résolu entièrement en ses éléments, arsenic et hydrogène :

$$AsH^3 = As + H^3,$$

8. Je rappellerai ici mon expérience sur la décomposition brusque du protoxyde d'azote en azote et oxygène. Cette décomposition, qui dégage $+ 20300^{cal}$ ($Az^2O = 44^{gr}$), peut être provoquée par la compression subite de 50^{cc} de ce gaz, réduits à $\frac{1}{500}$ de leur volume par la chute soudaine d'un mouton pesant 500^{kg} ([1]). Au contraire, le protoxyde d'azote ne se décompose que peu à peu, sous l'influence d'un échauffement progressif, ou des étincelles électriques.

9. Toutes ces expériences sont relatives à des gaz; mais les combinaisons endothermiques solides ou liquides offrent la même diversité. Tandis que le chlorure et l'iodure d'azote détonent sous l'influence d'un léger échauffement, ou d'une légère friction, le sulfure d'azote a besoin d'être échauffé vers 207°, ou choqué violemment, pour détoner et se résoudre en éléments ; il se dégage alors $+ 32200^{cal}$ ($AzS = 46^{gr}$), d'après les expériences que j'ai faites avec M. Vieille ([2]).

10. Le chlorate de potasse lui-même, qui dégage $+ 11000^{cal}$ ($ClO^3K = 122^{gr},6$), en se décomposant en oxygène et chlorure de potassium, peut éprouver cette décomposition dès la température ordinaire, si on le frappe avec un marteau sur une enclume, après l'avoir enveloppé dans une mince feuille de platine. J'ai trouvé, en effet, qu'il se forme par là une dose sensible de chlorure. Le chlorate pur, à l'état de fusion, détone, quoique difficilement, si l'échauffement est très brusque ([3]).

11. Je citerai encore le celluloïd (variété de coton azotique mêlé avec diverses matières). A la température ordinaire, c'est une sub-

---

([1]) *Annales de Chimie et de Physique,* 5° série, t. IV, p. 145; 1875.

([2]) *Même Recueil,* 5° série, t. XXVII, p. 202; 1882.

([3]) *Annales d: Chimie et de Physique,* 7° série, t. XX, p. 11; 1900.

stance assez stable : cependant j'ai observé, il y a quelque temps, que ce corps détone, lorsqu'il a été amené à la température de son ramollissement et soumis, dans cet état, au choc du marteau sur l'enclume. En général, les composés et les mélanges explosifs deviennent de plus en plus sensibles aux chocs, à mesure qu'ils approchent de la température de leur décomposition commençante. Mais je ne veux pas m'étendre davantage sur les faits relatifs aux corps solides.

12. J'ai fait encore deux expériences qu'il peut être utile de signaler, malgré leur caractère négatif. L'une d'elles a consisté à faire éclater le fulminate au sein d'une atmosphère de chlore gazeux. Dans l'hypothèse de la nature composée du chlore, envisagé comme un radical endothermique contenant de l'oxygène, on aurait pu observer les produits de la décomposition provoquée par l'explosion du fulminate. Mais les résultats ont été négatifs, ainsi qu'on devait s'y attendre d'ailleurs d'après les idées reçues. A peine introduit dans l'atmosphère de chlore, le fulminate a détoné de lui-même ; mais le chlore n'a pas été détruit.

Ce gaz ayant été absorbé ultérieurement, en l'agitant avec du mercure, il est resté de l'oxyde de carbone et de l'azote, dans les rapports de volumes gazeux qui répondent au fulminate, c'est-à-dire sans excès d'acide carbonique, ou de quelque autre produit, formé aux dépens du chlore.

13. J'ai également tenté de détruire le glucose, en partant de ce point de vue que les fermentations sont des opérations exothermiques [1] : J'ai fait détoner une forte capsule de fulminate (contenant $1^{gr},05$ dé cet agent) au sein d'une cartouche métallique, entièrement remplie avec une solution aqueuse de glucose au $\frac{1}{5}$. Mais le résultat a été négatif.

14. En résumé, l'acétylène, le cyanogène, l'hydrogène arsénié, c'est-à-dire les gaz formés avec absorption de chaleur, mais qui ne détonent pas par simple échauffement, peuvent être amenés à faire explosion sous l'influence d'un choc subit et très violent, tel que celui qui résulte de l'éclatement du fulminate de mercure. Ce choc ne porte à la vérité que sur une certaine couche de molécules gazeuses, auxquelles il communique une force vive énorme. Sous

---

[1] *Essai de Mécanique chimique.* t. II, p. 55.

ce choc, l'édifice moléculaire perd la stabilité relative qu'il devait à une structure spéciale; ses liaisons intérieures étant rompues, il s'écroule et la force vive initiale s'accroît à l'instant de toute celle qui répond à la chaleur de décomposition du gaz. De là un nouveau choc, produit sur la couche voisine, qui en provoque de même la décomposition. Les actions se coordonnent, se reproduisent et se propagent de proche en proche, avec des caractères pareils et dans un intervalle de temps extrêmement court, jusqu'à la destruction totale du système.

Ce sont là des phénomènes qui mettent en évidence les relations thermodynamiques directes existant entre les actions chimiques et les actions mécaniques.

CHAPITRE XXVII.

RECHERCHES SUR LES PROPRIÉTÉS EXPLOSIVES DE L'ACÉTYLÈNE [1].

L'acétylène est un composé endothermique, dont la décomposition en éléments (carbone amorphe et hydrogène), dégage à peu près la même quantité de chaleur, soit $+ 51^{Cal},4$, que la combustion d'un volume égal d'hydrogène ($+ 58^{Cal},1$), formant de la vapeur. Ce caractère, que j'ai découvert, m'a conduit à faire détoner l'acétylène au moyen de l'action excitatrice de l'amorce au fulminate de mercure, en opérant à *volume constant*. Les détails de cette expérience et la figure des appareils employés ont été donnés dans le Chapitre précédent.

L'importance industrielle, acquise récemment par l'acétylène dans l'éclairage, nous a engagés à rechercher les conditions précises dans lesquelles ses propriétés explosives étaient susceptibles de se manifester, et, par conséquent, à signaler les précautions que réclame son emploi pour la pratique.

I. — Influence de la pression.

Sous la pression atmosphérique maintenue constante, l'acétylène ne propage pas, à une distance notable, la décomposition provoquée en un de ses points. Ni l'étincelle, ni la présence d'un point en ignition, ni même une petite amorce au fulminate n'exercent d'action, au delà du *voisinage de la région soumise directement à l'échauffement ou à la compression*. MM. Maquenne [2] et Dixon ont publié, sur ce point, des observations intéressantes.

Or nous avons observé qu'il en est tout autrement, dès que la condensation du gaz est accrue, comme il arrive à volume constant,

---

[1] *Annales de Chimie et de Physique,* 7ᵉ série, t. XI, p. 5; 1897. Avec la collaboration de M. VIEILLE.

[2] *Comptes rendus,* t. CXXI; 1895.

surtout sous des pressions *supérieures à deux atmosphères*. L'acétylène manifeste alors les propriétés ordinaires des mélanges tonnants. Si l'on excite sa décomposition par simple ignition en un point, à l'aide d'un fil de platine ou de fer porté à l'incandescence au moyen d'un courant électrique, elle se propage dans toute la masse, sans affaiblissement appréciable.

Nous avons observé ce phénomène sous des longueurs de 4^m, dans des tubes de 20^{mm} de diamètre. Cette propriété peut être rapprochée de l'abaissement de la limite de combustibilité des mélanges tonnants sous des pressions croissantes : elle est vraisemblablement générale dans les gaz endothermiques.

Décomposition de l'acétylène gazeux sous pression. — Nous avons utilisé dans ces essais les éprouvettes de grande résistance, en acier, en usage pour l'étude des lois de développement des pressions produites par les explosifs.

La figure ci-dessous représente la coupe de l'appareil : l'éprouvette a une capacité de 49^{cc} environ. La longueur de la chambre de combustion est de 110^{mm}. Cette éprouvette est constituée par un tube cylindrique, muni à l'une de ses extrémités d'un bouchon A

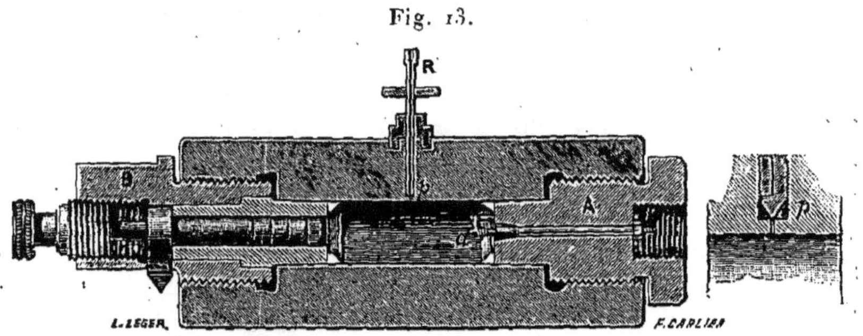

Fig. 13.

de mise de feu, lequel permet de porter à l'incandescence, au moyen d'un courant électrique, un fil fin a, de platine ou de fer. L'autre extrémité porte le bouchon *crusher*, dont le piston, muni d'une plume, inscrit la loi de son mouvement sur un cylindre tournant. Ce tracé, rapproché de la loi de résistance connue du cylindre métallique écrasé, permet l'évaluation correcte des pressions à chaque instant de la combustion. Un robinet à pointe, R, muni d'un écrou obturateur à rondelle de plomb, permet de mettre la bombe en rapport soit avec une pompe à vide, soit avec une pompe à compression.

Les pressions initiales du gaz introduit dans l'éprouvette sont mesurées en *valeur absolue,* au moyen d'un manomètre Bourdon, préalablement comparé au manomètre à piston libre de M. Amagat.

Le Tableau suivant renferme les pressions et les durées de réaction, observées lors de l'inflammation de l'acétylène au moyen d'un fil métallique rougi au sein de la masse gazeuse, sous diverses pressions initiales.

Numéros de l'expérience.	Pression initiale absolue (kg par c. q.)	Pression observée aussitôt après réaction.	Durées de réaction en millièmes de seconde.	Rapport des pressions initiales et finales.
	kg	kg	ms	
38......	2,23	8,77	»	3,93
43......	2,23	10,73	»	4,81
28......	3,50	18,58	76,8	5,31
31......	3,43	19,33	»	5,63
39......	5,98	41,73	66,7	6,98
26......	5,98	43,43	»	7,26
32......	5,98	41,53	45,9	6,94
25.......	11,25	92,73	26,1	8,24
40......	11,23	91,73	39,2	8,00
29......	21,13	213,7	16,4	10,13
30......	21,13	212,6	18,2	10,06

La dernière vitesse est encore très inférieure à celle de l'onde explosive dans le mélange oxhydrique.

Après la réaction, si l'on ouvre l'éprouvette en acier, munie d'un manomètre crusher, dans laquelle a été opérée la décomposition, on la trouve entièrement remplie d'un charbon pulvérulent et volumineux, mélange de charbon proprement dit avec une trace de graphite; c'est une sorte de suie légèrement agglomérée, qui épouse la forme du récipient et peut en être retirée sous la forme d'une masse fragile. Quant au gaz provenant de la décomposition, il a été trouvé formé d'hydrogène pur. Ces résultats sont conformes à celui que nous avions déjà observé dans nos expériences primitives (p. 129). Aussi la pression finale, après refroidissement, est-elle exactement égale à la pression initiale.

La décomposition s'effectue donc suivant la formule théorique

$$C^2 H^2 = C^2 + H^2.$$

Le Tableau ci-dessus montre que, sous des pressions initiales de 21^{kg} environ, tensions égales à la moitié de la tension de vapeur saturée de l'acétylène liquide, à la température ambiante de 20°, l'explosion décuple la pression initiale.

La température développée au moment de la décomposition explosive peut être évaluée de la façon suivante :

La chaleur produite serait de $+ 58^{Cal},1$, si le carbone se séparait à l'état de diamant; mais pour l'état de carbone amorphe, elle se réduit à $+ 51^{Cal},4$. D'autre part, la chaleur spécifique à volume constant de l'hydrogène, H^2, à haute température, est représentée, d'après nos expériences (*Annales de Chimie et de Physique,* 6e série, t. IV, p. 71; 1885), par la formule

$$4,8 + 0,0016\,(t - 1600).$$

Admettons la chaleur spécifique moyenne du carbone, déterminée par M. Violle pour les hautes températures, nous aurons pour $C^2 = 24^{gr}$ la valeur

$$8,4 + 0,00144\,t.$$

D'après ces nombres réunis et l'équation du second degré correspondante, la température de la décomposition à volume constant serait

$$t = 2750° \text{ environ.}$$

Enfin, la pression développée serait onze fois aussi grande que la pression initiale; ce qui s'accorde suffisamment avec les résultats observés sous des pressions initiales de 21^{kg}, pressions assez fortes sans doute pour que le refroidissement produit par les parois puisse être négligé.

Pour des pressions moindres, le refroidissement intervient, en abaissant les températures, dont la vitesse des réactions est fonction, et même fonction variant suivant une loi très rapide.

Ainsi, la durée de la décomposition de l'acétylène décroît rapidement, à mesure que la pression augmente, et cela non seulement à cause de l'influence moindre du refroidissement, mais aussi par l'effet de la condensation. Observons, d'ailleurs, que la condensation est représentée par le rapport entre la pression initiale et la pression développée, rapport calculé ici d'après les lois des gaz parfaits. Or, ce rapport doit s'élever de plus en plus au delà de la limite ainsi calculée, quand les pressions initiales deviennent plus considérables, en raison de la compressibilité croissante du gaz; car celle-ci fait croître la densité de chargement plus vite que la pression, à mesure que le gaz s'approche de son point de liquéfaction.

En même temps que la pression croît, la vitesse de la réaction, disons-nous, augmente; cette dernière s'accélérant avec la condensation gazeuse, et l'on tend de plus en plus à se rapprocher de la limite relative à l'état liquide.

Ce sont là des relations générales, établies par mes recherches [1], et notamment par mes expériences sur la formation des éthers. L'acétylène liquéfié en fournit de nouvelles vérifications.

Décomposition de l'acétylène liquide. — En effet, la réaction se propage également bien dans l'acétylène liquide, même en opérant par simple ignition, au moyen d'un fil métallique incandescent.

Dans une bombe en acier, de $48^{cc},96$ de capacité, chargée avec 18^{gr} d'acétylène liquide (poids évalué d'après le poids du charbon recueilli), on a obtenu la pression considérable de 5564^{kg} par centimètre carré.

Cette expérience conduit à attribuer à l'acétylène une force explosive de 9500, c'est-à-dire voisine de celle du coton-poudre. La bombe renferme un bloc de charbon, aggloméré par la pression, à cassures brillantes et conchoïdales. Ce charbon ne renferme que des traces de graphite, d'après l'examen qu'a bien voulu en faire M. Moissan; ce qui est conforme à mes anciens essais.

La décomposition de l'acétylène liquide par ignition simple est relativement lente. Dans une expérience (n° 41) pour laquelle la densité de chargement était voisine de 0,15, la pression maximum de 1500^{kg} par centimètre carré a été atteinte en $9^{ms},41$ (9 millièmes de seconde). Le tracé recueilli sur un cylindre enregistreur indique un fonctionnement statique de l'appareil crusher, suivant deux phases distinctes : l'une d'environ un millième de seconde (soit $1^{ms},17$), élève la pression à 553^{kg}; la deuxième phase, plus lente, conduit la pression à 1500^{kg}, au bout de 9^{ms} 41, en tout. Ces deux phases répondent, probablement, l'une à la décomposition de la partie gazeuse, l'autre à celle de la partie liquide.

Nous avons retrouvé les mêmes caractères de discontinuité dans plusieurs tracés, concernant la décomposition des mélanges gazeux et liquides.

Il résulte de ce qui précède que, toutes les fois qu'une masse d'acétylène gazeuse ou liquide, *sous pression,* et surtout à volume constant, sera soumise à une action susceptible d'entraîner la décomposition de l'un de ses points et, par suite, une élévation

---

[1] *Essai de Mécanique chimique,* t. II, p. 94; 1879.

locale de température correspondante, la réaction est susceptible de se propager dans toute la masse.

Il reste à examiner dans quelles conditions cette décomposition en éléments peut être obtenue.

II. — Effets de choc.

On a soumis au choc, obtenu soit par la chute libre du récipient, soit par l'écrasement, au moyen d'un mouton, des récipients en acier de 1^{lit} environ, chargés, les uns d'acétylène gazeux comprimé à 10 atmosphères, les autres d'acétylène liquide, à la densité de chargement o,3 (3oo^{gr} au litre) :

. 1° La chute réitérée des récipients, tombant d'une hauteur de 6^m sur une enclume en acier de grande masse, n'a donné lieu à aucune explosion.

2° L'écrasement des mêmes récipients, sous un mouton de 28o^{kg}, tombant de 6^m de hauteur, n'a produit ni explosion ni inflammation ; pour le cas de l'acétylène gazeux comprimé à 10 atmosphères.

Pour l'acétylène liquide, dans notre expérience, le choc a été suivi à un faible intervalle d'une explosion. Ce dernier phénomène paraît attribuable, non à l'acétylène pur, mais à l'inflammation du mélange tonnant d'acétylène et d'air, formé dans l'instant qui suit la rupture du récipient. L'inflammation est déterminée sans doute par les étincelles que produit la friction des pièces métalliques projetées. Ce qui nous amène à cette opinion, c'est l'examen de la bouteille. En effet, celle-ci a été simplement rompue par le choc, sans fragmentation (voir *fig.* 14), ni trace de dépôt charbonneux. D'où il

Fig. 14.

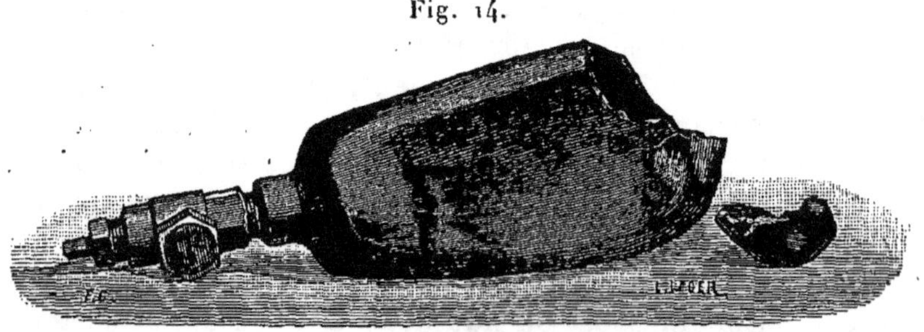

résulte que l'acétylène n'a pas été décomposé en ses éléments, mais il a simplement brûlé sous l'influence de l'oxygène de l'air.

De semblables inflammations, consécutives à la rupture violente d'un récipient chargé de gaz combustible, ont, du reste, été observées dans de nombreuses circonstances, et notamment dans certaines ruptures de récipients chargés d'hydrogène, comprimé à plusieurs centaines d'atmosphères.

3° Une bouteille en fer forgé, chargée d'acétylène gazeux et comprimé à dix atmosphères, a subi également sans explosion le choc d'une balle animée d'une vitesse suffisante pour perforer la paroi antérieure et déprimer la seconde paroi.

4° Détonation par une amorce au fulminate.

Une bouteille de fer chargée d'acétylène liquide a été munie d'une douille mince, permettant d'introduire une amorce de $1^{gr},5$ de fulminate de mercure, au milieu du liquide. Le tout a détoné

Fig. 15.

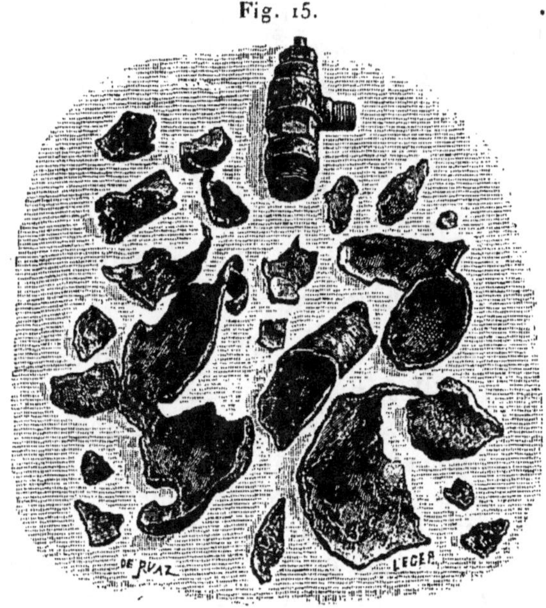

avec violence, par l'inflammation de l'amorce. La fragmentation de la bouteille présentait les caractères observés dans l'emploi des explosifs proprement dits. C'est ce que montre la *fig.* 15. Les débris sont recouverts de carbone, provenant de la décomposition de l'acétylène en ses éléments.

III. — Effets calorifiques.

Plusieurs causes d'élévation de température locale paraissent devoir être signalées dans les opérations industrielles de préparation ou d'emploi de l'acétylène.

1° La première résulte de l'attaque du carbure de calcium en excès par de petites quantités d'eau, dans un appareil clos. M. Pictet a rapporté un accident de cette nature. Il y a lieu dès lors de redouter, dans la réaction de l'eau sur le carbure, des élévations de température locales, susceptibles de porter quelques points de la masse à l'incandescence. L'ignition de ces points suffit, d'après les expériences que nous venons d'exposer, pour provoquer l'explosion de toute la masse du gaz comprimé.

L'élévation locale de la température ainsi produite peut d'ailleurs développer des effets successifs, c'est-à-dire déterminer d'abord la formation des polymères condensés de l'acétylène (benzine, styrolène, hydrure de naphtaline, etc.), que j'ai étudiés en détail (ce Volume, p. 81). Cette formation même dégage de la chaleur, et la température s'élève ainsi, dans certaines conditions, jusqu'au degré où la décomposition de l'acétylène en ses éléments devient totale, et même explosive.

2° D'autres causes de danger, dans les opérations industrielles, peuvent résulter des phénomènes de compression brusque, lors du chargement des réservoirs du gaz; ainsi que des phénomènes de compression adiabatique, qui accompagnent l'ouverture subite d'un récipient d'acétylène sur un détenteur, ou sur tout autre réservoir de faible capacité.

On sait, en effet, qu'il a été établi, par des expériences effectuées sur des bouteilles d'acide carbonique liquide munies de leur détenteur, que l'ouverture brusque du robinet détermine, dans ce détenteur, une élévation de température susceptible d'entraîner la carbonisation de copeaux de bois placés dans son intérieur.

Dans le cas de l'acétylène, des températures de cet ordre pourraient entraîner une décomposition locale, susceptible de se propager, *a retro,* au sein du milieu gazeux maintenu sous pression, et même jusqu'au réservoir.

3° Un choc brusque, dû à une cause extérieure capable de rompre la bouteille, ne paraît pas de nature à déterminer directement l'explosion de l'acétylène. Mais la friction des fragments métalliques les uns contre les autres, ou contre les objets extérieurs, est susceptible d'enflammer le mélange tonnant, constitué par l'acétylène et l'air, mélange formé consécutivement à la rupture du récipient.

En résumé, il nous a paru utile et nécessaire de définir plus complètement, au point de vue théorique et par des expériences précises, le caractère explosif de l'acétylène, et de signaler, au point de vue pratique, quels accidents peuvent se produire, dans les conditions de son emploi. Hâtons-nous d'ajouter que ces inconvénients ne sont pas, à nos yeux, de nature à compenser les avantages que présente cette matière éclairante et à en limiter l'usage. Il est facile, en effet, de parer à ces risques avec des dispositions convenables, indiquées par nos expériences; dispositions telles que, d'une part, l'opérateur évite un écoulement trop brusque du gaz comprimé au travers des détenteurs, et que, d'autre part, il prenne soin d'absorber à mesure la chaleur produite par les compressions et réactions intérieures des appareils, de façon à y prévenir toute élévation notable de température.

CHAPITRE XXVIII.

NOUVELLES RECHERCHES SUR LES PROPRIÉTÉS EXPLOSIVES DE L'ACÉTYLÈNE ([1]).

Nous avons continué nos recherches sur les propriétés explosives de l'acétylène, comme suite aux travaux de l'un de nous en 1882 ([2]) et aux expériences publiées dans le Chapitre précédent.

Le développement considérable pris par l'éclairage au moyen de l'acétylène, les accidents auxquels cet éclairage est exposé et l'étude des précautions à prendre pour s'en préserver, nous ont paru justifier ces nouveaux travaux. Ils comprennent trois études, savoir :

1º Sur les dissolutions d'acétylène et leurs propriétés explosives;

2º Sur la décomposition simultanée du dissolvant;

3º Sur quelques conditions de propagation de la décomposition de l'acétylène pur.

Nous nous sommes proposé d'examiner les propriétés explosives des dissolutions d'acétylène, telles que les dissolutions de ce gaz dans l'acétone, récemment préconisées pour atténuer les dangers de son emploi. Présentons d'abord quelques données relatives à ces dissolutions : puis nous examinerons l'aptitude à la détonation et à l'inflammation de l'acétylène dissous, ainsi que celle de l'atmosphère gazeuse qui surmonte cette dissolution : elles donnent lieu à des observations fort intéressantes pour la Mécanique chimique, comme pour les applications industrielles.

([1]) *Annales de Chimie et de Physique,* 7ᵉ série, t. XIII, p. 5; 1898. En collaboration avec M. VIEILLE.

([2]) Ce Volume, p. 124. — *Sur la force de la poudre et des matières explosives,* t. I, p. 106.

I. — **Tension de l'acétylène dissous.**

Le Tableau suivant renferme les pressions développées, par centimètre carré, dans un récipient de 824^{cc}, renfermant 301^{gr} (376^{cc}) et 315^{gr} (394^{cc}) d'acétone. Ce liquide a été saturé à une température de 15° et sous des pressions initiales de 7^{kg} (1re série); $12^{kg},5$ (2e série); $20^{kg},5$ (3e série) environ.

Voici les résultats observés, en faisant croître progressivement les températures.

Première série.

Température.	Pressions absolues par centimètre carré.
°	gr
7,8	5,60
14,0	6,74
26,3	8,70
35,7	10,55
50,1	13,94
59,6	16,30
74,5	20,52

Poids d'acétone : 301^{gr}.
Poids d'acétylène : 69^{gr}.

Deuxième série.

Température.	Pressions absolues par centimètre carré.
°	gr
6,4	10,34
14,0	12,25
19,9	14,16
36,0	19,46
(50,5)	(22,64)
(60.1)	(28,36)

Poids d'acétone : 315^{gr}.
Poids d'acétylène : 118^{gr}.

Troisième série.

Température.	Pressions absolues par centimètre carré.
°	gr
2,8	16,17
13,0	19,98
19,9	22,63
25,0	24,76
36,0	30,49
(50,5)	(33,21)

Poids d'acétone : 315^{gr}.
Poids d'acétylène : 203^{gr}.

Observations. — Les tensions normales ne s'établissent à chaque température qu'à la suite d'une agitation énergique du récipient.

Cet état limite ne paraît pas avoir été complètement atteint aux températures les plus élevées des deuxième et troisième séries (nombres entre parenthèses).

Observons maintenant que le volume d'acétylène dissous, par litre d'acétone et par kilogramme de pression absolue (P), à 10°, a varié, dans ces trois séries d'expériences, de 23 à 24,6 volumes environ; ce qui fait à peu près $28^{gr} \times$ P par litre initial d'acétone, ou $35^{gr} \times$ P par kilogramme d'acétone; le coefficient le plus élevé correspondant aux pressions maxima.

Ces nombres mettent en évidence un fait déjà indiqué par MM. Claude et Hess, à savoir que le volume dissous croît à peu près proportionnellement à la pression (*Comptes rendus*, t. CXXIV, p. 626), du moins entre les limites de température, 0° et 35°. Mais ils conduisent à des conséquences d'un ordre plus général et d'un intérêt théorique considérable.

Les nombres de la première série, qui a été la plus étendue, sont très exactement représentés par une formule simplifiée à trois constantes, la même que celle que Regnault a appliquée à la représentation des tensions de vapeur saturée d'un nombre considérable de corps volatils [1] :

$$\log F = a + b\,\alpha^t,$$

F étant évalué en millimètres de mercure. Il suffit de prendre, dans le cas présent,

$$a = 5,11340,$$
$$b = 1,5318,$$
$$\log \alpha = \overline{1},99696.$$

Or voici, en particulier, les valeurs données par Regnault pour l'acétone :

$$\left. \begin{array}{l} a_1 = 5,15169 \\ b_1 = -2,85634 \\ \log \alpha_1 = \overline{1},997 \end{array} \right\} \quad t = T - 22.$$

Nous citons les derniers chiffres à titre d'exemple ; car les tensions attribuables au dissolvant dans nos expériences, c'est-à-dire à l'acétone [2], ne forment qu'une petite fraction de la tension totale. Cette fraction d'ailleurs croît nécessairement avec la tempé-

---

[1] REGNAULT, *Relation des expériences*, etc., t. II.
[2] REGNAULT, *Relation des expériences*, etc., t. II, p. 470.

rature. Soit, par exemple, la première série, où la dose d'acétone est la plus considérable ; la tension attribuable à l'acétone forme : vers 36°, les 4,2 centièmes de la tension totale ; vers 50°, les 5,8 centièmes ; vers 75°, les 12 centièmes.

Dans la deuxième série, la dose relative du corps dissous comparé au dissolvant est environ double ; or la tension de l'acétone, comparée à la tension totale, en forme : vers 36°, les 2,4 centièmes ; vers 50°, les 3,6 centièmes.

Dans la troisième série, la dose relative du corps dissous comparé au dissolvant étant triplée, la tension de l'acétone, comparée à la tension totale, en forme : vers 36°, les 1,5 centièmes ; vers 50°, les 2,4 centièmes.

On voit que les tensions observées, surtout dans les solutions concentrées, sont attribuables, presque en totalité, à l'acétylène ; circonstance qu'il importe de mettre en évidence, pour établir la loi des tensions propres à un gaz dissous dans un liquide, sous différentes pressions. Or il est très remarquable de voir que ces tensions de dissolution obéissent à la même loi générale que les tensions des vapeurs saturées d'un liquide homogène. En effet, nous retrouvons, dans la circonstance présente, pour log α, la valeur $\overline{1},997$, signalée par Regnault comme une constante commune à tous les corps.

II. — Aptitude à la détonation de l'acétylène dissous.

Une bouteille métallique de 700^{cc} de capacité, renfermant 320^{gr} d'acétone, a été chargée de 132^{gr} d'acétylène : soit 41,25 pour 100 du poids d'acétone ; le tout sous une pression initiale de 13^{kg} environ, et à la température de 15°.

La bouteille était munie, à sa partie inférieure, d'une douille métallique à parois minces, pénétrant dans le liquide et pouvant recevoir une amorce au fulminate renforcée, de 1^{gr},5. L'explosion de cette amorce n'a donné lieu qu'à un bruit sec, accompagné d'une fuite de gaz, sans explosion ni inflammation.

Le tube amorce a été cependant pulvérisé par l'action du détonateur, et la bouteille a été fêlée par la violence du choc, transmis par le liquide à la paroi. Rappelons qu'une expérience identique, effectuée sur l'acétylène liquéfié, avait entraîné la rupture en menus fragments de la bouteille de fer (¹).

(¹) *Voir* la figure p. 140.

Le choc explosif de l'amorce de fulminate, exercé sur l'acétylène dissous, dans ces conditions, n'en a donc pas déterminé l'explosion. Il s'est comporté, à cet égard, comme la nitroglycérine dissoute dans l'alcool méthylique, lors des essais faits autrefois pour atténuer les propriétés explosives de cette redoutable substance. Mais la stabilité d'un semblable liquide n'est assurée que jusqu'à une certaine proportion relative du composé explosif. En effet, nous montrerons plus loin qu'une dissolution renfermant un poids d'acétylène égal à 64 pour 100 du poids de l'acétone, sous une pression initiale de 20^{kg}, à $13°$, fait explosion par simple inflammation.

III. — Aptitude à l'inflammation de l'atmosphère saturée, en contact avec les dissolutions d'acétylène, et de la dissolution coexistante.

Une éprouvette en acier, munie de manomètres crushers enregistreurs, éprouvette de 50^{cc} de capacité (*fig.* 13, p. 135), a été chargée avec des poids d'acétone, tels qu'ils remplissaient 56 pour 100 de cette capacité, dans une première série d'expériences, et 33 pour 100, dans une seconde série. L'acétone a été saturée d'acétylène à la température ordinaire, sous des pressions de 10^{kg}, ou de 20^{kg}, par centimètre carré.

L'inflammation interne a été provoquée par un *fil fin de platine* ou *de fer, porté à l'incandescence* et maintenu immergé : tantôt dans l'acétone, tantôt dans l'atmosphère gazeuse superposée. Dans ces conditions, l'inflammation explosive de l'acétylène gazeux a toujours été obtenue, et parfois celle de l'acétylène dissous, ainsi qu'il va être spécifié.

Il y a lieu de distinguer divers cas, suivant la valeur de la pression initiale et le mode d'inflammation :

1° Lorsque *la pression initiale n'est pas supérieure à* 10^{kg} et que l'inflammation est provoquée par un fil métallique rougi *au sein de l'atmosphère gazeuse,* les pressions observées ne diffèrent pas de celles qui correspondent à la combustion de l'acétylène pur, sous la même pression. On peut en conclure que la portion d'acétylène dissous dans l'acétone a été entièrement soustraite à la décomposition : celle-ci ne s'est pas propagée au sein du liquide.

2° Dans les mêmes conditions de *pression initiale voisine de* 10^{kg}, si l'inflammation est produite *au sein de l'acétone,* — ce qui exige l'incandescence énergique d'un fil de platine, — une portion de l'acétylène dissous se dégage par l'échauffement de la dissolution, et les pressions produites s'élèvent sensiblement au-dessus des pressions normales, qui correspondraient à la décomposition explosive de l'acétylène gazeux, envisagé sous sa tension initiale avant cet échauffement. Mais la décomposition paraît limitée au gaz dégagé du sein de la dissolution. En effet, les pressions produites n'ont pas dépassé le double de la pression qui serait produite au sein du gaz, pris sous sa tension initiale.

D'après ces observations, l'acétylène dissous sous une pression initiale de 10^{kg} est presque entièrement soustrait à la combustion. Aussi, les pressions maxima observées ont-elles été à peu près dix fois plus faibles que celles qui correspondraient à la décomposition explosive de la totalité de l'acétylène contenu, tant à l'état gazeux qu'à l'état dissous, dans la capacité intérieure de l'éprouvette.

3° Il en est autrement si le rapport entre le poids de l'acétylène dissous et le poids de l'acétone est accru par une saturation, accomplie sous des *pressions initiales notablement supérieures à* 10^{kg}. Dans ces conditions, la dissolution participe à la décomposition de l'atmosphère gazeuse et l'on retombe sur un fonctionnement explosif analogue à celui de l'acétylène pur et liquide. Voici les résultats observés, lorsque nous avons opéré sous une pression initiale de 20^{kg}, à la température ordinaire :

L'éprouvette en acier, de 50^{cc} de capacité, avait été remplie au tiers d'acétone pur, puis le liquide saturé d'acétylène.

Soit d'abord l'inflammation provoquée à l'aide d'un fil de platine incandescent, *au sein de l'atmosphère gazeuse*. Elle a donné lieu à des pressions dépassant parfois le double de la pression qui eût été développée par le gaz pur, se décomposant sous la même pression initiale : au lieu de 212^{kg} obtenus avec le gaz pur, nous avons obtenu 303^{kg} et 558^{kg}, dans deux expériences.

4° La pression initiale étant toujours de 20^{kg}, les choses se passent tout autrement lorsqu'on provoque l'inflammation : soit *au sein de l'acétone* (la bombe étant maintenue verticale); soit *à la surface du liquide* (la bombe étant tenue horizontale). Dans ces conditions, trois expériences nous ont fourni des pressions de plusieurs milliers d'atmosphères : c'est-à-dire que l'acétylène, même dans la portion dissoute, a fait explosion. Cette explosion est accompagnée de circonstances très remarquables. Examinons-en de plus près la marche et les résultats.

Dans le dernier essai, l'enregistrement de la loi de combustion a été recueilli au moyen d'un cylindre tournant. La pression maximum a atteint 5100^{kg} par centimètre carré. Or, cet enregistrement montre que la pression développée résulte d'une réaction relativement lente, sensiblement uniforme, sauf au début, et qui s'est effectuée en près de $\frac{1}{10}$ de seconde, soit $0^s,3871$. Ce temps est relativement énorme pour une réaction explosive : il rappelle la durée de combustion d'une poudre qui fuse.

Pour citer un exemple opposé, l'onde explosive, provoquée par la détonation du mélange tonnant d'acétylène et d'oxygène $(C^2H^2 + O^5)$, parcourrait la longueur de la même éprouvette en $\frac{1}{22500}$ de seconde; c'est-à-dire que sa vitesse est 9000 fois plus considérable.

Dans la décomposition précédente de l'acétylène, le tracé s'étend sur plusieurs tours de cylindres et la pression s'élève avec une vitesse moyenne qui répondrait à un accroissement de 13 tonnes par seconde. A la vérité, la vitesse de développement de la pression a d'abord été plus rapide, répondant à 114 tonnes par seconde au début. Mais l'accroissement de pression est tombé à $22^{tonnes},5$, après $\frac{1}{50}$ de seconde; pour se maintenir ensuite entre des vitesses répondant à un accroissement de pression de 10 à 12 tonnes par seconde, pendant le temps vingt fois plus considérable de la période principale de la combustion.

Les phénomènes chimiques sont particulièrement importants. En effet, non seulement l'acétylène est décomposé; mais l'acétone, qui le tenait dissous, se détruit simultanément. On n'en retrouve plus trace dans l'éprouvette, après la décomposition explosive. Celle-ci donne naissance à une masse compacte de charbon, moulée dans la capacité intérieure de l'éprouvette.

Les gaz formés sont constitués par de l'hydrogène et de l'oxyde de carbone, mélangés d'acide carbonique. L'acétone a été, on le répète, totalement décomposé : résultat extrêmement intéressant pour la Mécanique chimique, ainsi que nous le montrerons dans le Chapitre suivant.

Le Tableau ci-après renferme les résultats observés :

BOMBE CYLINDRIQUE DE 50^{cc} : 22^{mm} DE DIAMÈTRE, 120^{mm} DE LONGUEUR.

Pression de saturation, 10^{kg}.

Rapport du volume de l'acétone à la capacité de l'éprouvette.	Pressions observées en kilogrammes par cent. carré.	Observations.
0,56...	88,1 kg 89,5	Bombe droite. Inflammation supérieure, dans le gaz.
	142,4 123,0	Bombe horizontale. Inflammation à la surface de l'acétone.
	155,4 141,0	Bombe droite. Inflammation inférieure, dans l'acétone.
0,33...	95,0	Bombe droite. Inflammation dans le gaz.
	117,4 106,9	Bombe horizontale. Inflammation à la surface de l'acétone.
	115	Bombe droite. Inflammation inférieure, dans l'acétone.

Pression de saturation, 20^{kg}.

Rapport du volume de l'acétone à la capacité de l'éprouvette.	Pressions observées en kilogrammes par cent. carré.	Observations.
0,38...	303 kg 558	Bombe droite. Inflammation dans le gaz.
	>2000	Bombe droite. Inflammation dans l'acétone.
	>2000 5100	Bombe horizontale. Inflammation à la surface de l'acétone.

Il a paru utile de contrôler les résultats obtenus dans de petits récipients, par des essais portant sur des réservoirs de dimensions analogues à celles qui pourraient être utilisées dans la pratique.

Une grande bouteille de fer, de $13^{lit}, 5$ de capacité, telle que les récipients employés pour l'acide carbonique liquide, a reçu 7^{lit} d'acétone. Cet acétone a été saturé d'acétylène, sous des pressions qui ont atteint 6^{kg} environ dans un premier essai, et $8^{kg}, 2$ dans une seconde expérience (poids de l'acétylène dissous, 1170^{gr}). On s'est placé ainsi dans les limites où l'atmosphère gazeuse seule est susceptible de faire explosion, à l'exclusion de l'acétylène dissous.

Le feu était mis à la partie supérieure de la bouteille, maintenue verticale, par le moyen d'un fil métallique porté à l'incandescence. L'inflammation n'a donné lieu, dans les deux expériences, à aucune fuite par la fermeture. La bouteille est devenue brûlante à la main, sur la moitié supérieure de sa hauteur, c'est-à-dire dans la partie qui renfermait l'acétylène gazeux ; tandis que la partie inférieure, dans laquelle se trouvait l'acétone saturé d'acétylène, est demeurée froide. La bouteille a pu servir ensuite à des essais d'éclairage, exécutés avec l'acétylène non décomposé. En l'ouvrant plus tard pour la vider, on y a trouvé un volumineux dépôt de charbon, en poudre impalpable, délayée dans l'acétone et occupant, après repos, un volume apparent de plusieurs litres.

Cette expérience montre que des récipients commerciaux de nature semblable (timbrés à 250 atmosphères) peuvent supporter sans rupture, aux températures ambiantes de 10° à 15°, les pressions qui résulteraient d'une inflammation interne et fortuite de l'atmosphère gazeuse surmontant des dissolutions d'acétone, saturées d'acétylène sous des pressions initiales de 6^{kg} à 8^{kg}. Ce résultat s'explique : la pression développée n'ayant pas dépassé 155^{kg} dans les expériences précédentes, exécutées sous une pression initiale inférieure à 10^{kg}, et la bouteille de fer employée ayant été essayée sous une pression presque double. Le développement de la pression se fait d'ailleurs peu à peu, dans les essais. Mais une pression trop subite ne répondrait plus aux conditions des essais, exécutés au moyen de la pression hydraulique.

Cette sécurité relative cesserait si la pression initiale surpassait notablement 10^{kg}. En effet, avec une pression de 20^{kg}, l'inflammation provoquée au sein de l'atmosphère gazeuse a été susceptible de développer une pression de 568^{kg}, double de celle sous laquelle la bouteille actuelle avait été essayée.

Enfin, quand l'inflammation a été provoquée dans le liquide même, la pression s'est élevée à 5100^{kg}. Il est évident que, dans ces conditions, aucun récipient industriel n'est susceptible de résister.

Ce n'est pas tout : au point de vue du risque d'explosion, même avec une pression initiale de 6^{kg} à 8^{kg}, il importe de tenir compte de l'influence qu'exerce la température sur les tensions d'acétylène correspondant à une dissolution donnée. En effet, nous avons montré plus haut qu'un récipient ayant été rempli d'acétone saturé d'acétylène, sous une pression initiale de $6^{kg},74$, à la température de 14°;

Si ce récipient vient à être porté ensuite à 35°,7, il subit une pression de $10^{kg},55$;

Cette pression croît d'ailleurs avec la température, car elle s'élève à 14^{kg} vers 50°; à $20^{kg},5$ vers 74°,5.

Un récipient, inexplosible par inflammation à la température de 14°, peut donc le devenir, s'il vient à être porté à des températures supérieures à 35°, par un échauffement dû soit à la chaleur solaire, soit au voisinage de sources de chaleur industrielles.

Cette possibilité doit être signalée d'autant plus que toute élévation de température accroît, et même fort vite, l'aptitude générale à la décomposition des matières explosives pures. La limite de 10^{kg}, qui suffit à 15°, deviendrait certainement dangereuse à une température notablement plus élevée.

Ces réserves étant formulées, il convient d'insister sur le fait établi par nos observations : à savoir que l'acétylène, dissous dans un liquide tel que l'acétone, devient moins dangereux; attendu que le carbure dissous cesse d'être explosif par inflammation interne : non seulement sous une pression de 2^{kg}, mais jusqu'à une pression initiale de 10^{kg} au moins, toujours vers la température de 15°.

Bref, l'acétylène gazeux est susceptible de faire explosion par inflammation interne lorsqu'un récipient de 1^{lit} contient $2^{gr},5$, ou davantage, de ce composé, ce qui répondrait, vers 0°, à une pression initiale de 2 atmosphères; tandis que l'acétylène dissous dans l'acétone, étant soumis à la même cause d'inflammation interne, n'est exposé à faire explosion, vers 15°, que si la pression initiale surpasse 10 atmosphères. Or un tel récipient pourrait contenir 100^{gr} à 120^{gr} d'acétylène, c'est-à-dire 50 fois plus, avant que le risque commençât dans ces conditions.

Observons toutefois que, même dans ces conditions favorables, la portion gazeuse qui surmonte la dissolution conserve ses propriétés explosives et la faculté de développer par là des pressions voisines du décuple de la pression initiale. Pour y résister, il faudra donc employer des récipients suffisamment épais, de l'ordre de ceux où l'on a coutume de renfermer l'acide carbonique liquéfié.

Enfin, si la pression initiale de dissolution atteint 20^{kg} (et sans doute déjà au-dessous de cette limite), on est exposé à réaliser, en cas d'inflammation interne, les conditions d'une explosion totale de l'acétylène, avec développement d'une pression de plusieurs milliers d'atmosphères et rupture des récipients métalliques. Ce risque existe également si le récipient, même rempli sous une pression initiale inférieure à 10^{kg}, à la température ordinaire, vient à subir l'influence d'une température notablement plus élevée. Il sera essentiel de tenir compte de ces diverses circonstances dans les applications industrielles des dissolutions d'acétylène, au sein de l'acétone, ou d'autres liquides.

CHAPITRE XXIX.

SUR LA DÉCOMPOSITION DU DISSOLVANT DANS L'EXPLOSION DES DISSOLUTIONS D'ACÉTYLÈNE.

Dans les expériences que nous venons de rapporter, tantôt l'acétylène dissous dans l'acétone n'éprouve aucune décomposition, tantôt il subit une décomposition explosive. Or, lors de ce dernier cas, le dissolvant, c'est-à-dire l'acétone, se décompose en même temps en ses éléments, le carbone et l'hydrogène étant mis en liberté, du moins en majeure partie ; tandis que l'oxygène se trouve régénéré sous forme d'acide carbonique et d'oxyde de carbone. Ce dernier est corrélatif, sans doute, d'une certaine proportion d'eau ; car l'acide carbonique est en partie réduit par l'hydrogène dans les réactions opérées à haute température :

$$2\,C^3H^6O = \begin{cases} 5\,C + 12\,H + CO^2, \\ 5\,C + 10\,H + CO + H^2O. \end{cases}$$

Cette décomposition totale du dissolvant est très digne d'intérêt, en tant que provoquée par le choc explosif qui résulte de la destruction de l'acétylène, accomplie à volume constant. Elle rentre dans la catégorie des réactions par entraînement ([1]) et elle donne lieu au phénomène exceptionnel de la destruction totale et brusque d'un corps formé avec dégagement de chaleur, tel que l'acétone. Il paraît utile d'en approfondir le mécanisme.

Ce qui fait la différence entre la stabilité de l'acétylène dissous et sa décomposition en éléments, d'après nos expériences, c'est la pression initiale du système : sous une pression de 10 atmosphères (ou kilogrammes), l'acétylène est stable, à l'égard des agents d'inflammation interne. Tandis que, sous une pression de 20 atmo-

---

([1]) *Essai de Mécanique chimique,* t. II, p. 30.

sphères, il se détruit complètement et il provoque la décomposition simultanée du dissolvant.

Cette différence s'explique par la Thermochimie, ainsi qu'il va être dit. Observons d'abord que, d'après les résultats consignés dans le Chapitre précédent, sous une pression P (exprimée en kilogrammes), 1^{kg} d'acétone dissout sensiblement à $10°$ un poids d'acétylène égal à $35^{gr} \times$ P : soit 350^{gr}, sous une pression de 10^{kg}, et 700^{gr}, sous une pression de 20^{kg}.

Or, la décomposition de 26^{gr} d'acétylène gazeux en ses éléments, carbone amorphe et hydrogène, dégage $+ 51^{Cal},5$. L'acétylène dissous dégagera en moins sa chaleur de dissolution, que nous admettrons égale à la chaleur de dissolution du même gaz dans l'eau, soit $5^{Cal},3$: donnée qui peut être acceptée comme suffisamment approchée. Sa chaleur de décomposition sera ainsi réduite à $+ 46^{Cal},3$. La chaleur de vaporisation d'une molécule d'acétone (sous la pression normale) étant exprimée par $7^{Cal},5$, on voit que la décomposition d'une molécule d'acétylène serait susceptible de vaporiser à cette pression 6 molécules d'acétone, c'est-à-dire à peu près 13 fois son poids : tel serait l'effet produit dans une dissolution renfermant 77^{gr} d'acétylène par kilogramme d'acétone. Encore faudrait-il y ajouter la chaleur nécessaire pour échauffer au même degré le carbone et l'hydrogène, résultant de la décomposition de l'acétylène. Il est clair que l'on ne saurait atteindre, dans ces conditions, les températures élevées nécessaires pour la destruction totale de l'acétylène. Il faut évidemment employer une dose notablement plus forte de ce composé endothermique. On s'explique, dès lors, que les dissolutions d'acétylène dans l'acétone ne soient décomposées que lorsque la proportion du carbure est beaucoup plus considérable.

Faisons le même calcul pour les dissolutions saturées sous les pressions initiales de 10^{kg} et de 20^{kg}. Nous l'exécuterons, afin de simplifier, avec les données relatives à la pression normale, les seules qui aient été observées; elles fournissent d'ailleurs une approximation suffisante pour l'objet que nous nous proposons.

Sous une pression de 10^{kg}, les 350^{gr} d'acétylène dissous dans 1^{kg} d'acétone dégageraient, par leur décomposition propre : $613^{Cal},3$;

Sous une pression de 20^{kg}, les 700^{gr} d'acétylène dissous dégageraient $1226^{Cal},6$.

Acceptons, pour la chaleur spécifique moléculaire de l'acétone gazeux à volume constant, la valeur 29, déduite des expériences de Regnault, valeur calculée pour la température de $100°$ environ et qui croît certainement beaucoup au delà avec la température ; soit encore 4,8 la chaleur spécifique de H^2 ; soit 6 celle de C^2, à haute température. Envisageons la dissolution de l'acétylène dans l'acétone, saturé sous une pression de 10^{kg}, et supposons que l'acétylène dissous soit décomposé en ses éléments. Nous trouvons, la chaleur de vaporisation de l'acétone étant déduite, que le mélange d'acétone (supposé inaltéré), avec le carbone et l'hydrogène ($C^2 + H^2$), atteindrait au plus une température de 730°, à volume constant. La température serait même notablement moins élevée, si on la calculait à l'aide des chaleurs spécifiques réelles, qui doivent être plus fortes que les précédentes. Or, cette température est insuffisante pour résoudre subitement l'acétylène en ses éléments.

Le calcul, effectué pour l'hypothèse d'une décomposition simultanée de l'acétone, c'est-à-dire du dissolvant, en ses éléments et acide carbonique, conduirait seulement à une température voisine de 400° ; température à laquelle l'acétone offre une stabilité relative, au moins pendant la courte durée de l'explosion.

Ces chiffres rendent bien compte de l'impossibilité d'une semblable décomposition, lorsqu'on opère avec les proportions relatives d'acétylène et d'acétone répondant à une pression initiale de 10^{kg}, ou moindre.

Pour le liquide saturé sous une pression de 20^{kg}, un calcul semblable indiquerait 1300°, à volume constant ; ce chiffre répondant à la décomposition de l'acétylène seul. Or, nous atteignons ici la température de décomposition effective de l'acétylène ; c'est-à-dire que la dose d'acétylène mise en jeu est capable de produire les effets observés, en raison de la chaleur qu'elle dégage en se décomposant.

Ce n'est pas tout : nous avons constaté qu'en élevant ainsi la température du système la destruction de l'acétylène dissous détermine en même temps un effet nouveau, à savoir la décomposition du dissolvant, l'acétone, en éléments (carbone, hydrogène) et acide carbonique ; décomposition qui absorbe pour son propre compte une dose de chaleur considérable, soit 328^{Cal} environ pour 1^{kg}.

Établissons le calcul de ces nouveaux effets, d'après les équations données plus haut (p. 154). Comme elles sont à peu près équivalentes au point de vue thermique, nous nous bornerons à la première. Dans ce calcul, il suffit de remplacer la chaleur spécifique de l'acétone par celle de ses produits, laquelle est, d'ailleurs, mieux connue.

On trouve ainsi, pour la chaleur dégagée : 919^{Cal}, nombre qui

peut être regardé comme assez exact; et pour la température développée : 1160°. Ce dernier chiffre n'est qu'approché, en raison des
variations de la chaleur spécifique du carbone et de celle de l'acide
carbonique.

Or ces valeurs rendent bien compte des phénomènes et notamment de la diversité des effets observés avec les dissolutions d'acétylène, saturées sous les pressions de 10^{kg} et de 20^{kg}. Elles rendent
compte spécialement de la décomposition propre de l'acétone,
laquelle accroît singulièrement la pression finale des gaz produits
par l'inflammation du mélange. Dans ces conditions de haute
pression initiale, la présence de l'acétone, au lieu d'atténuer le
phénomène, risque, au contraire, d'en augmenter l'intensité.

En effet, la décomposition de l'acétone en carbone, hydrogène et
acide carbonique, remplace un volume gazeux C^3H^6O, mesuré sous
la pression normale, par $3\frac{1}{2}$ volumes, $3H^2 + \frac{1}{2}CO^2$ (le carbone solide $2\frac{1}{2}C$ occupant un volume négligeable); c'est-à-dire qu'à température égale et à volume constant, la pression attribuable à la
présence de l'acétone est accrue dans le rapport de $3\frac{1}{2} : 1$, tandis que
la température s'abaisse seulement de 1300° à 1160°.

Si l'on tient compte de la décomposition simultanée de l'acétylène et de ses produits, calculons, d'après les lois ordinaires des
gaz, les pressions développées à volume constant, aux températures
produites par les quantités inégales de chaleur dégagées, — tant
par le système où l'acétone subsisterait intact, que par le système
où l'acétone serait résolu en carbone, hydrogène et acide carbonique. On trouve ainsi que ces pressions sont entre elles comme 47
est à 83; c'est-à-dire que la décompositon de l'acétone, malgré
l'absorption de chaleur qu'elle entraîne, doublerait à peu près la
pression due à la décomposition isolée de l'acétylène.

A un point de vue plus général, les conditions théoriques des
réactions par entraînement se trouvent nettement définies par les
explications qui viennent d'être données ([1]). Ces réactions portent,
dans la plupart des cas, soit sur des combinaisons endothermiques,
dont la décomposition dégage de la chaleur, soit sur des transformations exothermiques, dans l'enchaînement desquelles les phénomènes chimiques qui absorbent de la chaleur doivent être com-
pensés et au delà par les phénomènes qui en dégagent. Cette
condition est surtout essentielle pour les cas où il ne paraît exister
aucune liaison d'ordre chimique entre le phénomène exothermique,

---

([1]) Voir aussi *Essai de Méc. chim.*, t. II, p. 30 et 31.

tel que la destruction explosive de l'acétylène, et le phénomène endothermique simultané, tel que la décomposition de l'acétone.

Il y a plus : la comparaison entre les chiffres calculés, — dans l'hypothèse de la décomposition totale de l'acétone, saturé d'acétylène sous des pressions de 10^{kg} et de 20^{kg}, — montre que, pour déterminer cette décomposition, il est nécessaire que la destruction simultanée de l'acétylène fournisse une quantité de chaleur susceptible non seulement de compenser la chaleur absorbée par l'acétone, mais en outre de porter tout le système final à la température de décomposition totale du dernier composé. Ainsi, dans les conditions de nos expériences, l'explosion de l'acétylène, étant accompagnée par un développement de chaleur et de pression énorme à volume constant, produit un *échauffement interne et instantané du système,* comparable par ses effets chimiques à celui qui résulte de la compression brusque d'un gaz. Tel est, par exemple, l'échauffement instantané, à l'aide duquel l'un de nous a décomposé autrefois le protoxyde d'azote, en le comprimant subitement à 500 atmosphères, par la chute d'un mouton (¹).

Remarquons, en terminant, que nos expériences montrent une fois de plus que la pression, si grande qu'elle soit, n'empêche pas l'accomplissement des réactions exothermiques, en dehors des cas d'équilibre ou de dissociation (²). Elle tend, au contraire, à en accroître la vitesse et à abaisser la limite d'inflammabilité (³).

(¹) *Annales de Chimie et de Physique*, 5ᵉ série, t. IV, p. 144; 1875.

(²) *Annales de Chimie et de Physique,* 4ᵉ série, t. XVIII, p. 95; 1869; 5ᵉ série, t. XII, p. 310, etc.; 1875.

(³) BERTHELOT, *Sur la force des matières explosives d'après la Thermochimie,* t. I, p. 78; t. II, p. 163, et *passim.* Paris, Gauthier-Villars.

CHAPITRE XXX.

SUR QUELQUES CONDITIONS DE PROPAGATION DE LA DÉCOMPOSITION DE L'ACÉTYLÈNE PUR ([1]).

Nous avons montré, dans un précédent Chapitre, que l'acétylène ne propage pas, sous la pression normale, la décomposition excitée en un de ses points; tandis qu'il reprend, sous des pressions plus élevées et dès le double de la pression normale, les propriétés des mélanges explosifs usuels. '

Sous une même pression, cette aptitude à la propagation dépend des conditions d'excitation et des influences extérieures de refroidissement. Entre les conditions où l'explosion se produit à coup sûr et celles où elle ne présente point de probabilité sensible, il existe un intervalle correspondant à la mise en train de la plupart des machines et réactions ([2]) : c'est cet intervalle que nous allons chercher à définir. En effet, il nous a paru utile de préciser, en vue des applications pratiques actuellement à l'étude, les valeurs limites des pressions à partir desquelles les propriétés explosives de l'acétylène sont susceptibles de prendre une importance dangereuse.

Nous avons étudié deux modes d'excitation :

Excitation par l'incandescence d'un fil métallique;

Excitation par une amorce au fulminate de mercure.

Le premier mode correspondrait, en pratique, à l'échauffement intense et localisé, qui peut se produire : soit dans l'attaque d'une masse de carbure de calcium en excès par de petites quantités d'eau; soit par des frictions énergiques entre des pièces métal-

---

([1]) *Annales de Chimie et de Physique,* 7ᵉ série, t. XVI, p. 24; 1899. — En collaboration avec M. VIEILLE.

([2]) Voir aussi *Essai de Mécanique chimique,* t. II, p. 6, et surtout p. 39 et 42. — *Force des matières explosives,* t. I, p. 187.

liques en contact avec le gaz (serrage d'écrou ou de pointeaux de fermeture).

Le second mode d'excitation peut se trouver réalisé par la déflagration de petites quantités d'acétylures très explosifs, tels que ceux dont se recouvrent, au contact de l'acétylène, les pièces de cuivre ou de ses alliages, dès que l'ammoniaque ou ses sels, et même divers autres composés salins, se trouvent en demeure d'intervenir.

Pour mettre en évidence l'influence du refroidissement sur les phénomènes de propagation, nous avons expérimenté : tantôt sur des masses de gaz renfermés dans des vases de diamètre sensiblement égal à la hauteur, la capacité des vases variant de 4^{lit} à 25^{lit};

Tantôt sur des tubes métalliques de 22^{mm} de diamètre et de 3^{m} de longueur, dans lesquels l'influence des surfaces de refroidissement était incomparablement plus considérable.

Propagation dans de larges récipients.

Les Tableaux suivants résument les résultats observés.

Pour chaque expérience, on faisait le vide dans le récipient, puis on laissait rentrer le gaz acétylène, provenant d'une bouteille métallique où il était liquéfié ; le vide était fait une seconde fois, et une nouvelle introduction de gaz permettait d'établir une pression donnée, mesurée cette fois par un manomètre à mercure. L'excitation décomposante était produite successivement par un double dispositif de mise de feu, formé d'un boudin de fil métallique porté à l'incandescence, et par une amorce au fulminate, disposée vers le centre de la capacité.

Récipient de 4 litres, en acier.

Pression initiale du gaz en centimètres de mercure.	Amorçage :	
	par fil incandescent au centre du récipient.	par une charge de $0^{gr},1$ de fulminate de mercure placée au centre du récipient.
$76 + 17$		10 expériences. Sans propagation.
$76 + 24$	1 expérience. Pas d'inflammation.	4 expériences. Une inflammation.
$76 + 30,5$	1 expérience. Pas d'inflammation.	3 expériences. Deux inflammations.
$76 + 38$	4 expériences. Pas d'inflammation.	3 expériences. Deux inflammations.
$76 + 46$	4 expériences. Pas d'inflammation; deux fils de fer, deux fils de platine.	
$76 + 52$	6 expériences. Pas d'inflammation.	
$76 + 61$	5 expériences. Une inflammation.	
$76 + 70$	7 expériences. Quatre inflammations.	

Flacon de 25 litres, en verre.

Pression initiale du gaz en centimètres de mercure.	par fil incandescent au centre du récipient.	par une charge de $0^{gr},1$ de fulminate de mercure placée au centre du récipient.
76		1 expérience. Pas d'inflammation.
$76 + 7,5$	3 expériences. Pas d'inflammation.	2 expériences. Pas d'inflammation.
$76 + 10,5$		1 expérience. Pas d'inflammation.
$76 + 16,8$	1 expérience. Pas d'inflammation.	1 expérience. Pas d'inflammation.
$76 + 24$	2 expériences. Pas d'inflammation.	2 expériences. Pas d'inflammation.
$76 + 38$		1 expérience. Inflammation et rupture du récipient.

Ces essais montrent qu'il n'est pas possible, pour un mode d'excitation déterminé, de définir une pression critique absolument fixe, au-dessous de laquelle la propagation serait impossible ; tandis qu'immédiatement au-dessus la propagation serait certaine.

Le passage se fait progressivement, suivant une échelle de pressions auxquelles correspondent des probabilités croissantes d'explosion.

Ce fait, d'ailleurs, n'est pas particulier à l'acétylène. Pour tous les explosifs, les phénomènes de propagation, par choc ou par influence, présentent le même caractère, et les conditions qui assurent l'explosion certaine sont toujours largement séparées de celles qui assurent l'insensibilité certaine : dans l'intervalle, il existe des zones dangereuses, où l'on ne peut définir autre chose que la probabilité de l'explosion.

Toutefois, la loi rapide de décroissance de ces probabilités conduit à regarder, dans le cas qui nous occupe, comme n'offrant pas un danger probable, une surpression inférieure à 52^{cm} de mercure (7^m d'eau), lors de l'inflammation provoquée par un point en ignition. De même une surpression inférieure à 17^{cm} de mercure ($2^m,30$ d'eau), lors de l'inflammation provoquée par l'amorce au fulminate. L'un des modes d'excitation est ici trois fois plus énergique que l'autre.

Les essais effectués dans le flacon de 25^{lit} n'ont pas mis en évidence une influence appréciable de la capacité du récipient.

L'inflammation donne lieu, sous toutes les pressions, à la production de volumineux flocons de charbon, d'une extrême ténuité, qui tapissent les parois du récipient et le remplissent partiellement. En même temps, le récipient métallique devient brûlant. Lorsque l'inflammation ne se propage pas, on n'observe que des fumées, qui se déposent sous forme d'une légère buée transparente, visible seulement dans les récipients en verre.

Observons enfin que, dans ces essais, le poids de l'amorce a été choisi assez faible pour ne pas modifier d'une façon sensible la pression générale du récipient, tout en assurant une excitation initiale convenable.

Propagation dans les tubes métalliques.

Il était difficile de prévoir l'influence qu'exercerait sur le phénomène de propagation la forme tubulaire donnée au récipient. Si l'on devait admettre, en effet, dans le cas d'une excitation par fil incandescent, que le refroidissement tendrait à s'opposer à la propagation, au contraire, il y avait lieu de penser que l'influence de l'amorce serait accrue, en raison des pressions locales énergiques développées au sein de la région de capacité réduite occupée par la charge fulminante.

Les essais ont été effectués dans un tube en acier de 22^{mm} de diamètre et de 3^m de longueur, fermé à l'une de ses extrémités par un tampon métallique, et à l'autre par une cloche en verre fort, mastiquée elle-même dans un raccord. Ces essais n'ont fourni que des résultats négatifs, pour des surpressions initiales de 76^{cm} de mercure, trois fois plus élevées que celles qui avaient permis d'observer la propagation dans des capacités de même ordre dont la largeur était considérable. La capacité du tube employé était de 1^{lit} environ, et les premiers essais furent effectués avec une charge amorce de $0^{gr},025$, de façon à conserver le rapport du poids de la charge amorce au volume total, tel que ce rapport avait été admis lors des expériences exécutées dans un récipient de 4^{lit}.

La propagation ne se produisant pas, on a employé alors, malgré le volume réduit du tube, la même amorce de $0^{gr},1$ précédemment expérimentée. Cette fois encore, avec des surpressions ne dépassant pas 1 atmosphère, soit $2^{kg},06$ absolus par centimètre carré, aucune propagation n'a été observée. L'explosion de l'amorce, produite soit contre l'une des extrémités du tube, soit à une distance de 30^{cm}, n'a entraîné qu'une légère buée charbonneuse dans son voisinage immédiat.

Les résultats de ces essais sont relevés dans le Tableau suivant:

Tube en acier de 22^{mm} de diamètre et de $2^m,89$ de longueur.
Capacité : $1^{lit},098$.

Pression initiale.	Amorçage.		Observations.
$76 + 17$	$0^{gr},025$	fulminate.	1 expérience. Pas de propagation; buée charbonneuse sur le bouchon.
$76 + 30,5$	$0,025$	fulminate.	1 expérience. Pas de propagation; buée charbonneuse sur le bouchon.
$76 + 38$	$0,025$	fulminate.	1 expérience. Pas de propagation; buée charbonneuse sur le bouchon.
$76 + 24$	$0,1$	amorce placée au voisinage de l'extrémité.	1 expérience. Pas de propagation; buée charbonneuse sur le bouchon.
$76 + 38,8$	$0,1$		1 expérience. Pas de propagation; buée charbonneuse sur le bouchon.
$76 + 61$	$0,1$		1 expérience. Pas de propagation; buée charbonneuse sur le bouchon.
$76 + 76$	$0,1$		

Pression initiale.	Amorçage.	Observations.
$76 + 38$	$\overset{gr}{0,1}$ $\Big\{$ amorce à 30^{cm} de l'extrémité.	1 expérience.
$76 + 76$	$0,1$	3 expériences. Pas de propagation; buée charbonneuse sur le bouchon.

Dans les trois dernières expériences, l'inflammation par fil rougi, sous la pression de 76^{cm}, avait été préalablement essayée sans résultat.

CHAPITRE XXXI.

SUR L'APTITUDE EXPLOSIVE DE L'ACÉTYLÈNE MÉLANGÉ AVEC DES GAZ INERTES ([1]).

Nous avons établi le caractère explosif de l'acétylène, caractère qui résulte de sa formation endothermique ([2]). Par suite, sa décomposition en éléments dégage une quantité de chaleur considérable, soit

$$+ 58^{Cal},1$$

pour la régénération théorique du carbone (diamant) et de l'hydrogène, par 26^{gr} d'acétylène

$$C^2H^2 = C^2 + H^2,$$

ou bien

$$+ 51^{Cal},4$$

pour la régénération effective du carbone amorphe.

Cet excès de chaleur joue un rôle essentiel dans les propriétés éclairantes si remarquables de l'acétylène; car il a pour effet d'élever considérablement la température de sa flamme, température beaucoup plus élevée pour les mélanges gazeux qui renferment de l'acétylène que pour tous mélanges équivalents, c'est-à-dire formés des mêmes éléments, associés dans les mêmes proportions et dans le même état de condensation; que ces éléments soient libres, ou qu'ils aient préalablement été combinés, avec un déga-

---

([1]) *Ann. de Chim. et de Phys.*, 7e série, t. XVI, p. 303; 1899. — Avec la collaboration de M. VIEILLE.

([2]) BERTHELOT, *Annales de Chim. et de Phys.*, 4e série, t. VI, p. 387; 1865; t. XII, p. 94; 1867; t. XVIII, p. 161, 175; 5e série, t. IX, p. 171; t. XIII, p. 14; t. XXIII, p. 181 et *passim*. — *Détonation de l'acétylène* (*Ann. de Chim. et de Phys.*, 5e série, t. XXVII, p. 182; 1882). — *Essai de Mécanique chimique*, t. II. — *Thermochimie : Données et lois numériques*, t. II; 1898. — Le présent Volume, pages précédentes.

gement de chaleur qui se retrouvera en moins lors de la combustion.

Or les propriétés lumineuses d'une flamme, comme on le sait aujourd'hui, s'accroissent avec une extrême rapidité avec la température même de cette flamme, les produits de la combustion étant d'ailleurs supposés identiques, comme composition et comme condensation.

Les facultés lumineuses de l'acétylène, qui ont pris une si grande importance dans l'industrie de l'éclairage, sont donc liées intimement avec le caractère endothermique de ce composé, c'est-à-dire avec ses propriétés explosives. Nous avons déjà publié plusieurs recherches destinées à définir les conditions expéri-mentales dans lesquelles se manifestent ses propriétés explosives. Elles ont acquis un intérêt particulier depuis que l'acétylène a reçu dans l'éclairage des applications, dont l'étendue va tous les jours croissant. Cet emploi même a révélé certains dangers, prévus par la théorie, mais que la pratique a mis en évidence, et l'on a été ainsi conduit à rechercher les conditions propres à les prévenir, ou tout au moins à les diminuer.

Rappelons d'abord que ces dangers sont de deux ordres : les uns, — propres à l'acétylène pur, ou mélangé avec des gaz non comburants, et résultant de son caractère endothermique — existeraient aussi pour le cyanogène, et jusqu'à un certain degré pour l'éthylène, si ces gaz venaient à être employés dans l'éclairage ; les autres sont communs à tous les gaz combustibles, mélangés d'air ou d'oxygène. Dans le présent Chapitre, nous nous occuperons seulement du premier ordre de phénomènes, auquel nous avons déjà consacré plusieurs séries d'expériences ([1]).

Parmi les conditions susceptibles de diminuer les propriétés explosives des systèmes dégageant de la chaleur, lors de leur mise en réaction, l'une de celles que la théorie indique tout d'abord consiste à les mélanger avec une matière non explosive, susceptible d'amoindrir à la fois la condensation du système explosif, tel que l'acétylène, et la température développée par sa décomposition. En effet, la condensation tend en général à rendre les réactions exothermiques plus rapides à température constante, et l'élévation de température les accélère également, suivant une loi expo-

---

([1]) *Ann. de Chim. et de Phys.*, t. XI, p. 51; 1897; t. XIII, p. 5-30; 1898. — *Sur la force des matières explosives*, t. I, p. 109; 1883. — Le présent Volume, pages précédentes.

nentielle ([1]). Une troisième circonstance, également favorable dans une certaine mesure, peut être réalisée si l'on emploie comme corps additionnel un composé exothermique, susceptible d'être détruit simultanément par les énergies, calorifiques mises en jeu dans la destruction propre de l'acétylène, en consommant par lui-même une fraction de ces énergies : c'est ce que nous avons établi avec l'acétone, mis en œuvre comme dissolvant de l'acétylène (p. 154), et c'est ce qui doit jouer un rôle essentiel dans les précautions préservatrices.

Ajoutons enfin que ces diverses influences des corps additionnels peuvent être exercées d'une façon avantageuse pour l'éclairage, si l'on dilue l'acétylène avec des matières douées elles-mêmes de facultés éclairantes, facultés qui seront exaltées par une addition convenable d'acétylène.

Nous avons été ainsi conduits à examiner les propriétés explosives de certains mélanges gazeux formés, les uns d'acétylène et d'hydrogène, les autres d'acétylène et de gaz d'éclairage, en différentes proportions.

Nous rappellerons d'abord que nous avons montré, dans des Communications précédentes, comment l'aptitude de l'acétylène gazeux à propager une décomposition excitée en un de ses points, était rapidement variable avec la pression (p. 134). Cette même propriété se retrouve, ainsi qu'on devait s'y attendre, dans le mélange de l'acétylène avec les gaz inertes. Il semblait donc indiqué de rechercher s'il existe une pression limite, bien définie, entre les mélanges explosifs et ceux qui ne le sont pas.

En fait, dans ce cas, comme dans la plupart des réactions explosives, nous avons reconnu qu'il n'existe pas de pression critique rigoureusement déterminée, au-dessus de laquelle la propagation soit assurée, et au-dessous de laquelle elle soit impossible. Tout ce que l'expérience permet de définir, c'est une zone plus ou moins étendue de pressions, zone dans laquelle la probabilité de propagation varie avec une extrême rapidité.

La détermination de cette zone de passage est la seule donnée expérimentale qui présente quelque valeur, lorsqu'il s'agit d'évaluer le degré de sécurité que peut présenter une installation industrielle, comportant l'emploi de semblables mélanges. On conçoit en effet que, si multipliés que soient les essais, il est impossible d'obtenir,

---

([1]) *Essai de Mécanique chimique,* t. II, p. 92-95; d'après les recherches de l'un de nous sur les éthers (1862).

par leur nombre seul et pour une condition unique d'expérience donnée, une garantie absolue de sécurité concernant une exploitation régulière, où les réitérations des phénomènes s'opèrent par millions.

Lorsque, au contraire, les essais de laboratoire ont circonscrit la région dans laquelle s'effectue, suivant une loi régulière, le passage des phénomènes depuis une probabilité de propagation très voisine de l'unité jusqu'à une probabilité très petite, il devient possible de définir d'une façon raisonnable le coefficient de sécurité d'une opération, d'après l'écart entre les conditions industrielles adoptées et les conditions franchement dangereuses.

C'est à ce point de vue que nous avons étudié divers mélanges d'acétylène et de gaz inertes, dont l'emploi a été proposé pour l'éclairage. Les résultats suivants concernent, ainsi que nous l'avons dit plus haut, les mélanges en proportions variables de l'acétylène avec le gaz d'éclairage ordinaire de Paris et avec le gaz hydrogène.

Exécution des essais. — Le mélange était préparé sous la pression ordinaire, dans un gazomètre à cuve annulaire, de 100^{lit} de capacité. Le mélange était aspiré, refoulé et comprimé par une pompe Golaz, dans une éprouvette en acier, munie d'un appareil crusher pour la mesure des pressions, et d'un dispositif d'allumage, par fil métallique porté à l'incandescence au moyen d'un courant électrique.

Cette éprouvette est isolée de la pompe et du manomètre, au moyen d'un robinet à pointeau.

Il est bon d'interposer en outre un flacon laveur à eau, de très petites dimensions, entre la grande cuve et la pompe de compression, afin de prévenir tout risque de propagation *a retro* de la flamme et de l'explosion, jusqu'au gazomètre : cette propagation étant susceptible de donner lieu à des accidents graves aux dépens des opérateurs, ainsi que nous en avons fait nous-mêmes l'expérience.

Lorsque la réaction a lieu, l'éprouvette est retrouvée pleine d'un charbon poreux dont nous avons étudié ailleurs les caractères ([1]).

Le manomètre crusher indique, d'autre part, une pression supérieure à la pression initiale du chargement : ce qui est une conséquence générale de toute réaction exothermique, opérée à volume

---

([1]) *Annales de Chimie et de Physique,* 5ᵉ série, t. XXVII, p. 189; 1882. — Le présent Volume, p. 129.

constant ([1]). Le coefficient d'accroissement des pressions est toutefois variable avec la composition du mélange et la pression initiale, en raison de la vitesse variable des réactions et de l'influence du refroidissement.

Alors même que la réaction déterminée sur un point ne se propage pas dans toute la masse, les résultats de l'essai ne sont pas purement négatifs. Le fil incandescent est retrouvé couvert de charbon, et l'importance de la végétation charbonneuse qui le recouvre permet, dans une certaine mesure, d'apprécier la tendance que le mélange présente à propager la réaction et, par suite, d'abréger les essais destinés à localiser la zone des pressions dangereuses.

Voici les Tableaux de nos expériences : ils permettent d'acquérir quelques notions générales, fort intéressantes pour la théorie comme pour la pratique.

Dans la première colonne, on indique les pressions initiales.

Dans la deuxième colonne, les pressions réalisées au moment de l'explosion.

La troisième colonne donne le rapport de ces pressions.

La quatrième colonne se rapporte au volume de l'acétylène, rapport qui ne correspond pas d'ailleurs au calcul théorique des pressions.

La cinquième colonne renferme quelques remarques relatives aux expériences.

Enfin, dans les sixième et septième colonnes, nous avons cru utile d'indiquer les pressions et températures d'explosion théoriques, calculées par les formules suivantes :

Q étant la chaleur développée à volume constant, soit $51^{Cal},400$ pour la décomposition en éléments (hydrogène gazeux et carbone amorphe) du poids qui répond au volume moléculaire de l'acétylène, $C^2H^2 = 26^{gr}$,

T la température correspondante, comptée depuis le zéro ordinaire,

K la chaleur spécifique, à volume constant, des produits finaux résultant du système mis en expérience, c'est-à-dire du carbone et de l'hydrogène, dans les cas les plus généraux,

P la pression finale,

p la pression initiale.

On a les relations connues

$$T = \frac{Q}{K}; \qquad P = p\left(1 + \frac{T}{273}\right),$$

c'est-à-dire d'après la valeur de $Q = 51^{Cal},400$ (rapportée au car-

---

([1]) *Essai de Mécanique chimique,* t. I, p. 339.

bone amorphe),

$$\frac{P}{p} = 1 + \frac{188,3}{K}.$$

Dans le cas où le gaz additionnel serait un gaz composé formé avec un dégagement de chaleur q et susceptible d'être détruit au moment de l'explosion, il faudrait remplacer dans ce calcul Q par $Q - q$.

Soit 1 molécule d'acétylène, C^2H^2, mélangée avec une molécule de formène CH^4, par exemple, alors $q = 22^{Cal},2$ (carbone amorphe), et

$$Q - q = 29^{Cal},200; \qquad \frac{P}{p} = 1 + \frac{106,8}{K}.$$

Mais ce calcul ne donne des valeurs applicables à des réactions possibles que pour le cas où la dose de formène décomposée est peu considérable. En effet, pour un mélange, $C^2H^2 + 2,5\,CH^4$, par exemple, il devrait y avoir absorption de chaleur.

On voit par là combien est grande l'influence du mélange des composés destructibles avec absorption de chaleur et comment ils ne se bornent pas à jouer le rôle de mixtures inertes.

K est la somme des chaleurs spécifiques des produits finaux, c'est-à-dire de l'hydrogène et du carbone. Or, dans les cas que nous allons envisager, la chaleur spécifique moléculaire à volume constant de l'hydrogène, H^2, est de la forme $4,8 + aT$; celle du carbone, C^2,

$$8,4 + bT\ (^1).$$

Rappelons que la détonation de l'acétylène pur, pris à la pression normale, d'après ces formules, développerait une température de 2750° et une pression de 11 atmosphères environ.

L'expérience a donné $10 \times n$ atmosphères pour les mélanges les plus condensés [pris sous une pression initiale n (par exemple $n = 21$)], c'est-à-dire pour ceux où l'influence du refroidissement est la plus petite.

Afin de simplifier, et dans une première approximation plus applicable aux mélanges actuels, nous adopterons pour H^2 : $K = 5,4$; pour C^2 : $K' = 9,0$, valeurs calculées pour la température de 2000°, lesquelles suffisent aux comparaisons générales $(^2)$.

$(^1)$ *Annales de Chimie et de Physique,* 7ᵉ série, t. XI, p. 9; 1897. — Le présent Volume, p. 137.

$(^2)$ Pour l'acétylène pur, elles fourniraient une valeur un peu trop forte, soit 14 atmosphères, celle des chaleurs spécifiques étant évaluée trop haut, comme les formules l'indiquent d'ailleurs; mais la température est abaissée, dans les cas que nous examinons ici, par la présence des gaz étrangers.

Première série.

Mélange :
$\begin{cases} 25 \text{ acétylène en volume} \\ 75 \text{ hydrogène.} \end{cases}$

Pressions		Coefficient d'accroissement des pressions		Observations.	Rapport des pressions calculées.	Température calculée.
initiales absolues en kilogrammes par centimètre carré.	finales en kilogrammes par centimètre carré.	moyen.	rapporté à l'acétylène.			
kg 41,3	kg 145,6	3,51	14,0	propagation éprouvette pleine de charbon	7,2	1680°
41,3	147,8					
30,9	105,0	3,39	13,6			
20,6	63,0	3,05	12,20			
20,6	61,5					
10,3	non-propagation			3 propagations sur 6 expériences. filaments charbon-neux dans les cas de non-propaga-tion.		
10,3	id.					
10,3	20,6	2,14	8,56			
10,3	23,4					
10,3	22,1					
10,3	non-propagation					
7,2	non-propagation			Dépôt charbonneux sur le fil.		
7,2	id.					
7,2	id.	»	»			
7,2	id.					
7,2	id.					
7,2	id.					

Mélange : { 25 acétylène en volume.
{ 75 gaz d'éclairage (Ville de Paris).

Pressions		Coefficient d'accroissement des pressions		Observations.	Rapport des pressions calculées.	Température calculée.
initiales absolues en kilogrammes par centimètre carré.	finales en kilogrammes par centimètre carré.	moyen.	rapporté à l'acétylène.			
kg						
40,2	non-propagation			Très léger dépôt charbonneux sur le fil.		
40,2	id.					
40,2	107^{kg},0	2,66	10,64		4,2	848°
40,2	non-propagation			Les 2 derniers essais amorcés par le fulminate de mercure.		
40,2	id.					
40,2	id.					

Deuxième série.

Mélange : { 33,3 acétylène. / 66,6 hydrogène.

| Pressions | | Coefficient d'accroissement des pressions | | Observations. | Rapport des pressions calculées. | Température calculée. |
initiales absolues en kilogrammes par centimètre carré.	finales en kilogrammes par centimètre carré.	moyen.	rapporté à l'acétylène.			
kg	kg					
10,3	29,8					
10,3	29,8					
10,3	29,8	2,86	8,58	{ 5 propagations sur 5 expériences	8,5	2048°
10,3	28,7					
10,3	29,8					
7,2	non-propagation					
7,2	11kg,0					
7,2	non-propagation	»	»	{ 1 propagation sur 6 expériences		
7,2	id.					
7,2	id.					
7,2	id.					
4,1	id.					
4,1	id.					
4,1	id.	»	»	{ pas de propagation sur 5 expériences		
4,1	id.					
4,1	id.					

Mélange : $\begin{cases} 33,3 \text{ acétylène.} \\ 66,6 \text{ gaz d'éclairage.} \end{cases}$

Pressions		Coefficient d'accroissement des pressions		Observations.	Rapport des pressions calculées.	Température calculée.
initiales absolues en kilogrammes par centimètre carré.	finales en kilogrammes par centimètre carré.	moyen.	rapporté à l'acétylène.			
kg	kg					
29,9	112,5					
29,9	109,5	3,68	11,04	4 propagations sur 4 essais	5,1	1090°
29,9	108,2					
29,9	< 123					
21,1	67,8					
21,1	70,7	3,35	10,15	4 propagations sur 4 essais		
21,1	72,1					
21,1	72,1					
12,4	non-propagation					
12,4	id.			pas de propagation sur 5 essais		
12,4	id.	»	»	léger dépôt charbon-		
12,4	id.			neux sur le fil		
12,4	id.					

Troisième série.

Mélange : { 5o acétylène. / 5o hydrogène. }

Pressions		Coefficient d'accroissement des pressions		Observations.	Rapport des pressions calculées.	Température calculée.
initiales absolues en kilogrammes par centimètre carré.	finales en kilogrammes par centimètre carré.	moyen.	rapporté à l'acétyléne.			
kg	kg					
4I,3	22I,0	5,55	II,0		10,8	2590°
4I,3	24I,0					
22,6	1I0,4	4,9	9,8			
6,2	14,8					
6,2	18,0					
6,2	14,8	2,7	5,4	5 propagations sur 5 essais		
6,2	26,2					
6,2	12,6					
4,1	non-propagation					
4,1	id.					
4,1	11,0	2,6	5,2	2 propagations sur 6 essais		
4,1	11,0					
4,1	non-propagation					
4,1	id.					
3,1	non-propagation			pas de propagation sur 5 essais		
3,1	id.					
3,1	id.	»	»			
3,1	id.			léger dépôt charbon-neux sur le fil.		
3,1	id.					

Mélange : { 5o hydrogène.
{ 5o gaz d'éclairage (Ville de Paris).

Pressions		Coefficient d'accroissement des pressions		Observations.	Rapport des pressions calculées.	Température calculée.
initiales absolues en kilogrammes par centimètre carré.	finales en kilogrammes par centimètre carré.	moyen.	rapporté à l'acétylène.			
kg	kg				7,2	1700°
12,4	49,0				si le formène est supposé	
12,4	5o,o	3,79	7,58	éprouvette remplie de charbon	décomposé entièrement,	
12,4	(23,4)				on aurait	
12,4	42,0				4,6	980°
7,2	11,0					
7,2	18,0					
7,2	18,0			éprouvette remplie de charbon		
7,2	22,0					
7,2	non-propagation					
7,2	id.	2,68	5,36	8 propagations sur 12 essais		
7,2	19,6					
7,2	non-propagation					
7,2	id.			champignon charbon-		
7,2	19,6			neux sur le fil		
7,2	18,2					
7,2	22,7					
4,1	non-propagation					
4,1	id.					
4,1	id.	»	»			
4,1	id.					
4,1	id.					

Comparons, maintenant, les données expérimentales entre elles et avec les chiffres calculés :

1° Pour tous les mélanges examinés, l'accroissement proportionnel de la pression est d'autant plus faible que la pression initiale est moindre : ce qui accuse l'influence d'un refroidissement croissant, exercé par les parois, à la fois en raison de la masse relative moindre des gaz intérieurs et de la durée plus grande du phénomène explosif.

Même dans le cas du mélange le plus riche en acétylène et le plus condensé ($41^{kg},3$), la pression observée avec l'hydrogène n'a été que la moitié de la pression calculée ; et le chiffre est tombé au quart avec le mélange limite étudié, c'est-à-dire avec celui où l'explosion, sous une pression initiale de 10^{kg}, ne se propageait plus qu'une fois sur trois.

De même, avec le mélange à volumes égaux d'acétylène et de formène. Ici l'intervalle entre le calcul et l'expérience est cependant moindre. Ces circonstances semblent indiquer que la décomposition du formène a dû être faible ou nulle, dans ces conditions.

Observons encore que les mélanges les plus riches en acétylène sont à peu près les seuls qui aient fait explosion sous les faibles pressions. Mais aussi ce sont ces mélanges qui ont fourni les plus grandes irrégularités des pressions finales, répondant à un même système initial ; circonstance attribuable, ainsi qu'il a été dit plus haut, à la condensation moindre des mélanges gazeux, laquelle tend à la fois à ralentir la réaction et à exagérer l'influence du refroidissement, attendu que la masse du mélange gazeux devient plus petite par rapport à celle de l'éprouvette métallique qui le renferme.

2° On voit par là que la température moyenne des produits des systèmes, formés au début à volumes égaux, doit être fort inférieure, au moment de l'explosion, à la température calculée : elle serait réduite à peu près à moitié avec l'hydrogène, la réduction étant un peu moindre avec le gaz d'éclairage.

Poussons plus loin les conséquences des nombres observés. Dans la troisième série, par exemple, le rapport entre la pression finale observée et la pression initiale tombe, avec les condensations les plus faibles, vers $2,7$: ce qui signifie que la température moyenne des systèmes, au moment où ces pressions ont été observées, était voisine de 350°. Or, c'est là une température incapable de déterminer l'explosion de l'acétylène, ou, ce qui est la même chose, de la propager. Il est clair que, pour ces conditions, l'explosion n'a dû être que partielle et lentement propagée dans une certaine zone, entourant le fil métallique incandescent qui a provoqué cette explosion.

3° La propagation de l'explosion cesse d'avoir lieu vers une limite de pression initiale, d'autant plus élevée que le mélange est moins riche en acétylène. Cette limite était située vers 4^{kg}, avec le mélange à volumes égaux d'hydrogène; vers 7^{kg}, avec le mélange renfermant deux tiers d'hydrogène; vers 10^{kg}, avec le mélange qui contient 3 volumes d'hydrogène pour 1 volume d'acétylène.

Pour les mélanges formés avec le gaz d'éclairage, les pressions limites sont encore plus hautes : soit 7^{kg} à volumes égaux; supérieures à 12^{kg}, pour les deux tiers de gaz inerte; enfin voisines de 40^{kg}, pour le mélange qui contient seulement un quart d'acétylène.

Ces limites pourraient être abaissées, surtout pour les faibles pressions, si l'on opérait avec des récipients d'une capacité considérable, dans lesquels la température de la masse centrale du gaz n'aurait pas le temps d'être refroidie au contact des parois.

En admettant les valeurs observées, les nombres de la série I montrent que la probabilité d'explosion $[\frac{1}{2}]$ se rencontre vers la pression de 10^{kg} avec l'hydrogène, et vers celle de 45^{kg} seulement avec le gaz d'éclairage ordinaire, dans les mélanges renfermant 25 pour 100 d'acétylène en volume.

Les nombres de la série II montrent que la probabilité d'explosion $[\frac{1}{2}]$ s'obtient vers la pression de 8^{kg} avec l'hydrogène, et vers la pression de 17^{kg} avec le gaz d'éclairage, dans les mélanges renfermant 33 pour 100 d'acétylène en volume.

Les données de la série III conduisent à attribuer la probabilité d'explosion $[\frac{1}{2}]$ à une pression voisine de $4^{kg},5$ pour l'hydrogène, et de $6^{kg},5$ pour le gaz d'éclairage, dans les mélanges renfermant 50 pour 100 d'acétylène en volume.

Le risque sera donc toujours diminué par la présence du gaz d'éclairage, c'est-à-dire d'un gaz riche en formène, composé décomposable avec absorption de chaleur.

En résumé, ces premiers exemples suffisent à établir que les pressions limites, susceptibles d'assurer l'explosibilité des mélanges d'acétylène et des gaz inertes, convergent avec une extrême rapidité vers les valeurs correspondant à l'acétylène pur, au fur et à mesure que la teneur de ce gaz dans les mélanges augmente.

La loi de cette croissance est essentiellement variable avec la nature du gaz inerte utilisé. Le choix de ce dernier gaz joue donc un rôle important dans la sécurité d'emploi, aussi bien que dans les questions pratiques de rendement lumineux et de prix de revient.

Les gaz décomposables avec absorption de chaleur paraissent aptes à diminuer le risque d'explosion de l'acétylène, auquel ils sont mélangés, en absorbant pour leur propre compte une portion de l'énergie interne du composé endothermique et explosif. Mais, par là même, ils abaissent la température développée dans la décomposition propre de l'acétylène, aussi bien que dans sa combustion, et ils en amoindrissent dès lors, dans une certaine mesure, les propriétés éclairantes. C'est entre ces deux ordres de phénomènes que l'industrie doit se tenir, en recherchant les conditions à la fois les moins périlleuses pour la pratique et les plus favorables pour l'éclairage.

CHAPITRE XXXII.

SUR LA VITESSE DE DÉTONATION DE L'ACÉTYLÈNE ([1]).

Nous avons étudié la vitesse de propagation de la détonation de l'acétylène pur, sous différentes pressions, et dans des conditions diverses : cette étude est intéressante à la fois au point de vue de la théorie de la propagation des réactions physico-chimiques dans les gaz, et au point de vue des règles de l'emploi de ce gaz pour l'éclairage. Les expériences ont été exécutées au printemps 1898. Indiquons d'abord les procédés expérimentaux, en y joignant quelques figures.

L'acétylène était contenu dans des tubes de verre horizontaux, longs de 1^m, d'un diamètre intérieur compris entre 2^{mm} et 6^{mm}, et d'une épaisseur comparable à ce diamètre. L'une des extrémités est close, l'autre rodée et ajustée, à l'aide d'un joint en caoutchouc comprimé, avec une pièce de fer : ce qui permet l'introduction du gaz au sein du tube vidé d'air à l'avance, par un jeu de trompe.

Le gaz était introduit sous diverses pressions, qui ont varié de 5^{kg} à 36^{kg} (ou atmosphères). Ce gaz contenait, d'après analyse, 98 pour 100 d'acétylène.

L'allumage se faisait électriquement, dans la pièce de fer, à l'aide d'une amorce de fulminate, ou de poudre chloratée (sulfure d'antimoine et graphite), pesant en général de 1 à 4 centigrammes. Les amorces plus fortes doivent être évitées, parce qu'elles sont susceptibles de donner lieu à des mouvements ondulatoires violents, attribuables à l'action impulsive de l'amorce et non à la détonation même; mouvements dont la vitesse est parfois moindre, mais souvent beaucoup plus considérable que celle de la propagation de la détonation véritable.

Dans un certain nombre d'expériences, afin d'éliminer l'influence

<hr>

([1]) *Annales de Chimie et de Physique,* 7e série, t. XX, p. 15; 1900. — Avec la collaboration de M. LE CHATELIER.

de la période initiale et variable ([1]) de propagation, on a fait pré-céder le tube de verre d'un tube de fer long de $1^m,5o$, à l'entrée duquel on déterminait l'allumage.

L'enregistrement des phénomènes avait lieu par la méthode photographique, qui permet d'en suivre exactement toutes les phases, du moins tant que les gaz enflammés demeurent lumineux.

Dans les expériences de MM. Berthelot et Vieille sur l'onde explosive, les durées étaient estimées à l'aide d'un chronographe, d'après les intervalles de rupture de courants électriques traversant des bandes minces d'étain, disposées au travers des tubes; ce qui permet d'opérer sur de grandes longueurs, 42^m par exemple ([2]). La méthode photographique, telle que nous l'appliquons, s'applique à des longueurs beaucoup moindres; mais elle montre le phénomène dans sa continuité et en enregistre tous les détails.

Voici comment nous avons opéré:

Vis-à-vis du tube de verre horizontal, à une distance de 8^m environ, était disposé un appareil photographique. La plaque et sa lentille étaient fixées sur un cadran vertical à coulisses, le long duquel elle tombait, à l'instant même de l'allumage électrique de l'amorce. La vitesse de chute était de $8^m,3o$ par seconde, enregistrée sur la plaque même.

L'image de la flamme qui parcourt le tube s'enregistre ainsi sur la

Fig. 16.

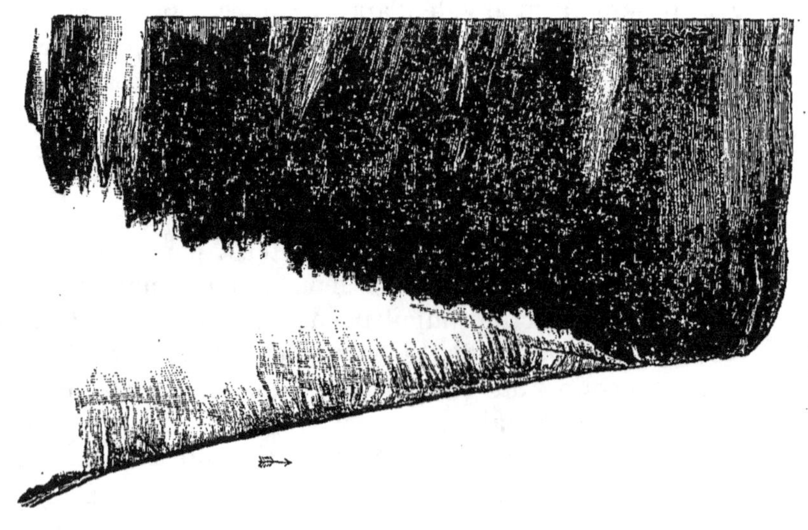

([1]) Berthelot, *Force des matières explosives*, t. I, p. 160.
([2]) Même ouvrage, p. 137.

plaque, sous la forme d'une ligne plus ou moins courbe (*fig.* 16).

Les clichés ont été agrandis, dans la proportion de 1 à 3, de telle sorte que l'échelle des temps était de 25^{mm} pour un millième de seconde.

L'inclinaison de la tangente (empirique) à cette courbe, en un point donné, permet de calculer la vitesse de propagation de l'explosion en ce point. Dans le cas d'une vitesse uniforme, on obtient une ligne droite, plus ou moins inclinée sur l'axe horizontal (*fig.* 17).

Fig. 17.

Tel est le cas de la combustion d'un mélange d'acétylène et d'oxygène, $C^2H^2 + 3O^2$, sous la pression atmosphérique. L'existence de l'onde explosive se traduit par une ligne droite, dont l'inclinaison représente, dans la figure ci-jointe, une vitesse de 2300^m par seconde.

Ce procédé enregistre, non seulement la propagation de la flamme, mais aussi certains mouvements ondulatoires de retour, à partir de l'extrémité opposée à celle où a lieu l'inflammation : du moins toutes les fois que le tube n'est pas brisé, et jusqu'à l'instant où les gaz cessent d'être lumineux. Une semblable onde de retour, de vitesse égale à 1150^m, se lit en effet sur le cliché précédent.

Dans tous les cas où le tube est brisé au cours de l'explosion, sa fracture, ou plutôt sa pulvérisation explosive, se propage en sens inverse et revient à l'origine du tube de verre, le phénomène étant enregistré fidèlement, ainsi que sa vitesse relative.

A ce moment, d'ailleurs, le carbone, préalablement mis à nu dans l'intérieur du tube, brûle au contact de l'air, en donnant lieu à des colonnes incandescentes, qui partent du tube éclaté.

C'est ce que montre, par exemple, le cliché N (*fig.* 16) : la vitesse de propagation relative à l'acétylène pur, comprimé préalablement à 24 atmosphères, suit une marche asymptotique. Le tracé supérieur représente la propagation de l'inflammation dans l'air, pendant la rupture du tube.

La combustion du carbone est beaucoup plus lumineuse que la détonation de l'acétylène, celle-ci fournissant bien moins de lumière que la combustion d'un mélange gazeux qui ne dégage pas plus de chaleur : ce qui s'explique, si l'on observe que le carbone précipité, lors de la détonation de l'acétylène, arrête la lumière provenant des couches centrales. La couche refroidie au contact des parois du tube concourt seule à la lumière aperçue du dehors.

Comme contre-épreuve, nous avons cru utile d'exécuter d'abord quelques essais avec des mélanges d'acétylène et d'oxygène, afin de vérifier les caractères de l'image produite par l'onde explosive. Cette onde, comme on le sait, ne s'établit régulièrement qu'à partir d'une certaine distance de l'origine de l'inflammation. Au delà on doit obtenir, et l'on obtient, en effet, comme nous l'avons expliqué, une droite régulière, c'est-à-dire une vitesse de propagation uniforme : c'est ce que montre le cliché X (*fig.* 17).

Ce point une fois vérifié, nous avons étudié la détonation de l'acétylène pur, sous différentes pressions. Dans tous les cas, nous avons observé une vitesse croissant au fur et à mesure de la propagation de la flamme. La rupture du tube survient en général avant que l'on ait obtenu une période de vitesse tout à fait uniforme. Toutefois, la progression des vitesses suit des marches bien différentes, même avec un gaz également comprimé et un mode d'inflammation en apparence semblable. Cette diversité paraît dépendre de ce qui se passe au voisinage de la région initiale d'inflammation, c'est-à-dire de la mise en train de la détonation. Elle est comprise entre deux limites, que nous allons d'abord décrire.

Dans le plus grand nombre des cas, la courbe prend presque aussitôt une marche asymptotique; ou, plus exactement, sa tangente, au bout d'un trajet fort court, diffère peu de la valeur qu'elle a acquise vers la fin du trajet. En somme, celui-ci tend à être presque rectiligne : on le voit sur le cliché N (*fig.* 16). Ce sont évidemment les meilleures déterminations. Seulement, au point final, au moment de la rupture des tubes, la vitesse exprimée par la tangente devient parfois beaucoup plus forte. Mais la valeur obtenue à ce moment ne peut plus être regardée comme régulière.

En effet, la vitesse du gaz comprimé qui s'échappe alors, sous la pression atmosphérique, du tube brisé, s'ajoute dans une certaine mesure à celle de la propagation de la flamme enregistrée; en même temps, la combustion immédiate de ce gaz au contact de l'air développe une lumière plus éclatante, qui masque en partie la fin du premier phénomène.

Donnons quelques exemples du cas le plus circonstancié d'après l'expérience (N) :

Diamètre intérieur du tube, 3^{mm};

Épaisseur, $3^{mm},5$;

Pression initiale de l'acétylène dans ce tube, 24^{kg};

Détonation provoquée par une amorce de poudre chloratée pesant $0^{gr},04$.

La vitesse de la lumière de détonation a varié assez rapidement pendant le premier cinquième du parcours. Au delà, entre ce point et le voisinage de la rupture, la vitesse a présenté une valeur moyenne de 1450^{m} par seconde. Mais, dans les derniers centimètres qui précèdent immédiatement la rupture, la tangente à la courbe enregistrée semblait répondre à 2160^{m}, la flamme extérieure résultant de l'échappement du gaz au lieu d'éclatement masquant en partie la lumière intérieure. Il est clair que cette dernière valeur est incertaine.

Dans des cas assez multiples, les variations ont été beaucoup plus prononcées pendant tout le cours de la détonation. Ainsi, dans l'expérience (II), exécutée dans un tube de diamètre intérieur égal 4^{mm}, rempli d'acétylène sous une pression de 15^{kg}, la courbe s'élève d'abord presque verticalement, puis un peu inclinée : de telle sorte qu'entre les longueurs $0^{m},10$ et $0^{m},40$ la vitesse moyenne est seulement de 64^{m};

Elle croît rapidement.

Entre $0^{m},80$ et 1^{m}, la vitesse moyenne atteint 1320^{m}.

Le tube a éclaté seulement après qu'il avait été entièrement parcouru par la flamme. Son éclatement s'est propagé en arrière avec une vitesse à peu près uniforme de 1200^{m} par seconde.

Citons encore l'expérience suivante, exécutée avec un tube de diamètre égal à 4^{mm}, rempli d'acétylène sous une pression initiale de 21^{kg}. Pendant les trois premiers quarts du trajet, la vitesse moyenne, estimée à $0^{m},25$ de l'origine, était 182^{m}.

A $0^{m},50$, elle a atteint 1693^{m}.

Mais le tube a éclaté vers ce point. La détonation ne s'est pas propagée en avant dans le tube, au delà de l'éclatement; tandis que l'explosion du tube s'est propagée en arrière, avec une vitesse de 1500^{m} environ par seconde.

L'expérience suivante (C) a fourni une variation plus lente (20^{kg}) :

$$
\begin{array}{llr}
\text{De } 0\overset{m}{,}10 \text{ à } 0\overset{m}{,}20\dots & \dots\dots\dots\dots\dots & 58\overset{m}{7} \\
0,20 \text{ à } 0,50\dots & \dots\dots\dots\dots & 1021 \\
0,50 \text{ à } 0,65\dots & \dots\dots\dots\dots & 1518
\end{array}
$$

Au delà l'image de la flamme est en partie masquée par l'éclatement du tube.

Donnons encore le cliché de l'expérience A (*fig.* 18).

Pression, 21^{kg} ;

Diamètre du tube, 6^{mm} ;

Épaisseur, 3^{mm}.

Fig. 18.

La variation est fort rapide : au moment de l'éclatement du tube la vitesse était voisine de 1265^{m} par seconde. Cet éclatement a eu lieu à moitié longueur, et elle a arrêté la détonation.

Voici la liste des expériences réalisées. On donnera seulement la valeur de la vitesse à peu près régulière de détonation dans la dernière région, à quelque distance du point de rupture :

	Pression initiale.	Vitesse.	Observations.
	kg	m	
(L)......	5	1050	La variation de la courbe est lente.
(P)......	10	1010	Courbe presque rectiligne.
(M)......	10	1100	Tracé à peu près régulier, presque rectiligne. L'allumage a eu lieu à l'extrémité d'un tube de fer de $1^m,50$, précédant le tube de verre; le tube de fer a crevé à son raccord avec le verre.
(I)	10	1080	
(K)......	10	1030	Tracé peu régulier, sans variation trop rapide. Rupture à $0^m,50$ de l'origine.
(U)......	10	1190	Tracé sensiblement rectiligne. Tube de fer de $1^m,50$.
(G)......	12	1280	Tracé irrégulier, sans variation trop rapide.
(H)......	14	1210	Tracé à peu près rectiligne. Tube de fer de $1^m,50$.
(II)......	15	1320	Variation de la courbe extrêmement rapide.
(A_5).....	17	1230	
(T)......	18	1210	
(C)......	20	1500	Tracé presque rectiligne.
(O)......	21	1400	Tracé à peu près régulier.
(A)......	21	1265	Variation de la courbe extrêmement rapide. Éclatement à $0^m,50$.
(I).......	21	1693?	Même observation. Même éclatement.
(N)......	24	1450	Tracé régulier et asymptotique.
(E)......	24	1260	Variation de la courbe extrêmement rapide. Éclatement à $0^m,50$.
Vers.....	30	1600 env.	

Nous avons reproduit tous les résultats observés avec exactitude. Mais il semble que l'on doive en écarter ceux où la variation de la courbe a été très rapide et s'est prolongée jusque vers la fin; quoique, à ce moment, les écarts avec ceux observés pour des courbes plus régulières ne soient pas extrêmement grands.

En raison de ces variations et de la brièveté de l'espace parcouru, ce genre d'expériences ne comporte pas la même précision que les mesures faites sur la vitesse de l'onde explosive dans les mélanges de gaz combustibles et d'oxygène, par d'autres méthodes et dans des tubes parfois quatre-vingts fois aussi longs.

Quoi qu'il en soit, d'après le Tableau précédent, la propagation de la détonation de l'acétylène s'effectue avec une vitesse qui croît avec la pression, soit de 1000^m à 1600^m par seconde, lorsque la pression passe de 5^{kg} à 30^{kg}

La propagation de la détonation s'est toujours effectuée avec une vitesse croissante ; sans être encore réduite cependant à cette uniformité observée dans les systèmes gazeux formés de corps combustibles et d'oxygène.

Sans doute, la longueur des tubes était trop petite pour assurer une semblable uniformité. Mais il y a aussi d'autres différences essentielles.

Des caractères de l'onde explosive.

C'est ici le lieu d'insister sur les caractères fondamentaux de l'onde explosive, lesquels la distinguent de l'onde sonore, et plus généralement des ondes provoquées au sein d'un fluide par une impulsion originelle unique et non renouvelée. La vitesse de ces dernières ondes est fonction de l'énergie de l'impulsion première : l'onde qui se propage possède une force vive limitée, définie par cette vitesse et la masse de la matière en mouvement comprise dans la longueur d'une onde. Cette force vive initiale de la masse fluide ne peut aller qu'en diminuant, par suite de la communication du mouvement aux corps environnants. Elle est, en général, trop petite pour élever par compression la température du fluide vibrant jusqu'au degré où il deviendrait lumineux.

L'onde explosive répond à des phénomènes tout différents. L'impulsion originelle détermine dans le fluide qui la subit une transformation chimique, développant une force vive incomparablement plus grande et qui croît continuellement à mesure que l'onde se propage, car le nombre des molécules qui en sont animées *simultanément* va sans cesse en augmentant. Une portion de la force vive emmagasinée par la matière comprise dans une longueur d'onde est employée à reproduire, sur la tranche de matière suivante, les conditions mécaniques et, spécialement, la compression qui provoquent la transformation chimique de cette tranche. Une autre portion de la force vive se manifeste sous forme de chaleur, qui rend lumineux les gaz résultant de la transformation. Par suite, l'énergie totale, évaluée à la fois sous forme de mouvements mécaniques et de chaleur, croît continuellement à mesure que l'onde se propage, et cela proportionnellement à la masse chimiquement transformée. Celle-ci conserve son éclat lumineux jusqu'au moment où la chaleur qu'elle renferme a été en partie dissipée, en se répartissant dans les corps environnants, par conductibilité, rayonnement, convection ; dans le cas d'explosion, on doit ajouter : par détente subite des gaz comprimés.

En ce qui touche la détonation de l'acétylène, comparée à celle des mélanges combustibles, il convient d'expliquer comment les conditions de répartition de la chaleur entre les produits, ainsi que les conditions de propagation de l'onde elle-même ne sont pas exactement comparables avec celles d'un mélange gazeux fournissant uniquement des produits gazeux.

En effet, au sein d'un mélange gazeux homogène, l'onde explosive se produit dans un système dont toutes les molécules tendent à être animées d'une même force vive, incessament régénérée par le fait même de la transformation chimique. Les réactions de compression et de dilatation, tant au point de vue calorifique qu'au point de vue dynamique, s'effectuent sur tous les corps mis en présence suivant les mêmes procédés, en raison de l'état gazeux qui leur est commun.

Or, il en est autrement de la détonation de l'acétylène, car elle développe un mélange de deux éléments dont l'état physique est dissemblable: l'un gazeux, l'hydrogène, qui obéit aux lois thermodynamiques des fluides élastiques; l'autre solide, le carbone, presque incompressible et fonctionnant à peu près à la façon d'un gaz supposé réduit à son covolume: par conséquent le carbone est incapable d'emmagasiner la force vive, comme le ferait un gaz dans son état de fluide élastique.

Ce n'est pas tout: un semblable système, de constitution essentiellement hétérogène, ne saurait conserver son homogénéité; les communications de chaleur et de force vive s'y font suivant de tout autres lois que dans un système entièrement gazeux.

En raison de ces circonstances, l'onde explosive de l'acétylène ne saurait présenter exactement les mêmes caractères que celle d'un mélange d'hydrogène et d'oxygène, ou de tout autre mélange gazeux combustible. On trouve à cet égard une indication remarquable dans le caractère éminemment brisant de l'explosion de l'acétylène pur, aucun tube de verre n'y ayant résisté au delà d'un mètre et le plus ordinairement d'un demi-mètre de longueur, lors de nos expériences. Au delà ils ont été constamment pulvérisés. Tandis que nous avons pu faire détoner les mélanges d'oxygène et d'acétylène, pris à diverses pressions, sous les mêmes longueurs, les tubes de verre ayant d'ordinaire résisté. Il en était de même pour le mélange tonnant d'hydrogène et d'oxygène, sous une longueur de tube de verre de 43^m, dans les expériences de MM. Berthelot et Vieille.

Cette différence s'explique si l'on remarque que les combustions d'hydrogène et de gaz hydrocarbonés mêlés d'oxygène produisent

de l'eau et de l'acide carbonique, en partie dissociés au moment et
à la température de l'explosion, et complétant progressivement leur
combinaison et les phénomènes thermodynamiques dont elle est
accompagnée, pendant les premiers instants du refroidissement,
ce qui tempère la violence du choc initial; tandis que la détonation
de l'acétylène le résout brusquement et du premier coup en carbone
et hydrogène libres.

En définitive, on voit, par ces développements, que la propagation
de l'explosion dans un gaz composé endothermique, tel que l'acétylène, réduit par là en ses éléments, peut avoir lieu avec une
vitesse de 1000^m à 1600^m par seconde, en vertu des mêmes transformations thermodynamiques et chimiques qui provoquent la
production de l'onde explosive; elle présente des caractères du plus
haut intérêt pour les théories générales de la Mécanique chimique.

CHAPITRE XXXIII.

L'ONDE EXPLOSIVE DANS LA COMBUSTION DES MÉLANGES RENFERMANT DE L'ACÉTYLÈNE.

Voici les résultats observés dans les recherches que nous avons faites, M. Vieille et moi, sur l'onde explosive ([1]) développée dans la combustion de l'acétylène mélangé d'oxygène

$$C^2H^2 + 5o = 2CO^2 + H^2O.$$

Vitesse trouvée (par seconde) : $2482^m,5$.

____

([1]) *Sur la force des matières explosives*, t. I, p. 153; 1883.

QUATRIÈME SECTION.

SYNTHÈSE DU FORMÈNE ET DES CARBURES ÉTHYLÉNIQUES.

CHAPITRE XXXIV.

SYNTHÈSE DU FORMÈNE PAR LE SULFURE DE CARBONE ([1]).

Le sulfure de carbone peut être pris pour point de départ de la synthèse des carbures d'hydrogène par les éléments.

Ce corps se prête aisément à la formation des carbures d'hydrogène, en raison de la facilité avec laquelle il cède aux réactifs le soufre qu'il renferme. D'où résulte du carbone naissant, très apte à s'unir avec l'hydrogène également naissant...

...L'emploi du sulfure de carbone dans les expériences de synthèse donne lieu à des expériences concluantes; car c'est un composé très simple, très bien défini, analogue par sa composition à l'acide carbonique, et de même susceptible d'être formé directement au moyen des deux corps simples qui le constituent. On pourrait cependant objecter que le sulfure de carbone n'a été préparé jusqu'à ce jour que par un seul procédé, la réaction du soufre, non sur le carbone pur, mais sur le charbon, c'est-à-dire sur une substance complexe, dont la structure particulière, due à son origine organique, influe d'une manière inconnue sur ses réactions. A ce point de vue les résultats obtenus avec le sulfure de carbone n'ont pas tout à fait le même degré de certitude que les résultats obtenus

([1]) *Ann. de Chim. et de Phys.*, 3ᵉ série, t. LIII, p. 5o; 1858.

avec l'oxyde de carbone. Malgré cette objection, la certitude des expériences de synthèse réalisées avec le sulfure de carbone ne paraîtra guère diminuée, si l'on réfléchit à la composition simple et au caractère nettement défini du sulfure de carbone. Mais il est essentiel d'opérer avec un corps parfaitement pur et exempt de toute trace de substance étrangère.

Après avoir rectifié à une température fixe une proportion de ce sulfure suffisante pour toutes les expériences que l'on se proposait de réaliser, on a soumis sa pureté aux épreuves suivantes :

1° On a distillé ce liquide et vérifié son point d'ébullition ; puis on a analysé séparément les premières gouttes volatilisées, et les dernières portions demeurées dans la cornue à la fin de la distillation.

100 parties des premières gouttes ont fourni. 84,3 de soufre,
100 parties du résidu ont fourni............ 84,0 de soufre.

Ces nombres se confondent avec ceux qui répondent à la formule théorique du sulfure de carbone, CS^2. En effet, d'après cette formule,

100 parties de sulfure de carbone renferment. 84,2 de soufre.

2° On a chauffé successivement, au rouge, à 400 degrés, et à 300 degrés, dans des tubes vides d'air, très résistants et scellés à la lampe, quelques grammes de sulfure de carbone avec des métaux sulfurables, tel que le plomb, le cuivre, l'étain, le fer, le zinc, le mercure. Ces métaux doivent être pris parfaitement secs et exempts d'oxydes, si l'on veut prévenir l'action perturbatrice de l'eau et celle de l'oxygène. Tantôt on a poussé l'action des métaux jusqu'à destruction complète du sulfure de carbone, ce qui n'a pu être réalisé qu'avec le plomb, le cuivre et l'étain ; tantôt on s'est borné à une attaque incomplète et fractionnée, ce qui a pu être exécuté avec les six métaux signalés plus haut. Dans le premier cas, le sulfure de carbone a disparu complètement, sans fournir trace d'hydrogène, de gaz ou de substance étrangère (¹) ; dans le second cas, aucun gaz permanent, aucun produit distinct du sulfure de carbone ne s'est développé.

(¹) Tous les échantillons de sulfure de carbone du commerce ne résistent pas aussi bien à cette épreuve : la plupart, après leur destruction par un métal, laissent une trace de substance goudronneuse, d'ailleurs presque impondérable.

Ainsi, le sulfure de carbone destiné aux expériences présentait tous les caractères d'un composé pur et défini.

Pour le changer en carbure d'hydrogène, on l'a soumis à deux séries d'épreuves : tantôt on a fait réagir un gaz hydrogéné, destiné à attaquer à la fois les deux éléments du sulfure de carbone ;

Tantôt on a combiné cette réaction avec celle d'un métal, destiné à absorber entièrement le soufre du sulfure de carbone.

Les gaz formés par la première voie demeurent mêlés avec la vapeur de sulfure de carbone incomplètement décomposé, ce qui introduit beaucoup de complication dans les analyses, et ce qui ne permet pas de condenser dans le brome le gaz oléfiant, de façon à l'isoler des autres éléments gazeux : aussi ces résultats seront-ils indiqués seulement en dernier lieu et sans être regardés comme suffisamment démonstratifs.

Mais les gaz formés avec l'intervention d'un métal, qui détruit complètement le sulfure de carbone, se prêtent avec facilité aux épreuves ordinaires. On peut les soumettre directement à l'analyse, car ils ne renferment que de l'hydrogène et des carbures d'hydrogène. On peut également enlever à l'aide du brome le gaz oléfiant qu'ils renferment, puis régénérer de son bromure ce gaz oléfiant.

D'ailleurs, l'action d'un métal sur le sulfure de carbone offre cet avantage de présenter au gaz hydrogéné du carbone mis à nu dans l'état naissant, c'est-à-dire dans l'état le plus favorable à la combinaison. Aussi ce procédé a-t-il fourni du gaz des marais, produit principal, et du gaz oléfiant, produit accessoire. L'étude du gaz oléfiant a été poursuivie jusqu'à la régénération des composés alcooliques eux-mêmes.

Après avoir réalisé ainsi la synthèse du gaz des marais et du gaz oléfiant, on a poussé plus loin les expériences.

On a cherché à faire réagir, à la température rouge, l'un des hydrogènes carbonés précédents, le gaz des marais, sur l'oxyde de carbone, dans la pensée que, l'oxygène et une partie de l'hydrogène entrant en combinaison pour former de l'eau, le carbone de l'hydrure primitif s'unirait au carbone de l'oxyde et au reste de l'hydrogène et formerait un carbure d'hydrogène plus compliqué dans sa constitution. Cette expérience a réussi, et l'on a obtenu une certaine quantité de propylène.

En résumé, le carbone du sulfure de carbone, en s'unissant à l'hydrogène, peut engendrer du formène, produit principal, et d'autres carbures d'hydrogène ; il sert ainsi de point de départ à la synthèse des composés organiques.

B. — I.   13

I. — Synthèse du gaz des marais et du gaz oléfiant.

La transformation du sulfure de carbone en carbures d'hydrogène s'exécute plus particulièrement par le procédé suivant : .

Du cuivre, ou du fer, étant chauffé à la température du rouge sombre, on fait arriver sur ce corps un mélange de sulfure de carbone et d'hydrogène sulfuré ; le métal s'empare à la fois du soufre contenu dans le composé hydrogéné et du soufre contenu dans le composé carboné ; une partie de l'hydrogène devient libre, une autre partie s'unit au carbone et forme du gaz des marais, CH^4, en quantité considérable, une proportion très sensible de gaz oléfiant, C^2H^4, et une trace de naphtaline, $C^{10}H^8$.

Dans cette expérience, on peut remplacer l'hydrogène sulfuré par l'hydrogène phosphoré et même par la vapeur d'eau.

Enfin, la proportion du gaz oléfiant peut être rendue plus considérable, en faisant agir sur le fer un mélange de sulfure de carbone, d'hydrogène sulfuré et d'oxyde de carbone.

Pour établir avec une certitude plus complète l'existence et l'identité du gaz oléfiant, on l'a transformé en composés éthyliques caractéristiques, c'est-à-dire en sulfovinate de baryte et en éther benzoïque.

Quant au gaz des marais, il a été isolé par l'action des dissolvants et étudié à l'état de pureté.

Voici le détail des expériences :

1° Action d'un mélange d'hydrogène sulfuré et de sulfure
de carbone sur le cuivre.

L'hydrogène sulfuré est dégagé régulièrement par l'action de l'acide sulfurique étendu sur le sulfure de fer, préparé par voie sèche ; il traverse lentement un flacon laveur, un tube dessiccateur rempli de chlorure de calcium, puis un petit ballon contenant du sulfure de carbone légèrement chauffé. Ce ballon peut être pesé au préalable.

Le mélange du gaz hydrogéné et de la vapeur de sulfure de carbone pénètre ensuite dans un tube de verre vert horizontal, long de $1^m,20$, et du diamètre le plus grand possible.

Ce tube est rempli de tournure de cuivre, préalablement grillée, puis réduite par l'hydrogène pur dans le tube lui-même, lequel demeure plein de gaz hydrogène. On le porte au rouge sombre avec précaution, en évitant soigneusement d'échauffer les bouchons, puis on y fait pénétrer le mélange de sulfure de carbone et d'hydrogène sulfuré; le cuivre noircit et se sulfure peu à peu. On doit maintenir le tube à une température aussi basse que possible, quoique suffisante pour arrêter complètement le soufre contenu dans les gaz.

Pour plus de sécurité à cet égard, on fait suivre le tube principal d'un second tube de verre vert, long de 25 à 30 centimètres, large de 1 à 2 centimètres, rempli également de tournure de cuivre et chauffé de la même manière.

A l'extrémité de ce dernier tube, par laquelle les gaz se dégagent, on adapte :

1° Un petit flacon vide et refroidi;

2° Un flacon laveur, rempli d'une dissolution d'acétate de plomb;

3° Une éprouvette à pied, en forme d'œuf, contenant 15 à 20 grammes de brome placé sous une couche d'eau : ce brome est destiné à condenser le gaz oléfiant;

4° Un flacon laveur, renfermant une lessive de soude assez concentrée.

Puis on recueille les gaz sur la cuve à eau.

La direction régulière de l'expérience demande quelque exercice.

Voici à quels signes on en reconnaît le terme :

Au moment où la surface du cuivre contenu dans le gros tube se trouve entièrement sulfurée jusqu'au voisinage des bouchons, le cuivre contenu dans le petit tube consécutif commence à noircir. On détache aussitôt le flacon qui dégage l'hydrogène sulfuré, et l'on pèse le ballon qui contient le sulfure de carbone : la perte de poids qu'il a éprouvée indique sensiblement la proportion de sulfure de carbone mise en jeu dans l'expérience.

Si l'on prolonge le courant gazeux une minute de plus, les bulles qui traversent le flacon d'acétate de plomb déterminent une coloration brune aux points où elles se dégagent. Au delà de ce terme, la vapeur du sulfure de carbone traverse les flacons, va se condenser dans le brome, finit même par demeurer mélangée avec le gaz des marais recueilli sur la cuve à eau; ce qui trouble tous les résultats. Mais il est facile de prévenir cet accident, si l'on arrête l'expérience au moment qui a été précisé tout à l'heure.

Reste à examiner les produits formés durant l'opération.

Le cuivre contenu dans le tube a retenu le soufre et une partie du carbone, il est transformé à la surface en sulfure de cuivre;

dissous dans l'eau régale, il fournit du carbone amorphe et sans éclat.

Dans le petit flacon qui suit les tubes échauffés se sont condensées quelques paillettes cristallines de naphtaline et une trace d'huile empyreumatique, douée d'une odeur fétide et goudronneuse.

Si l'on verse le brome de l'éprouvette ovoïde dans une lessive de soude, ou mieux dans une dissolution aqueuse d'acide sulfureux, on obtient en proportion notable un liquide neutre, pesant, insoluble dans l'eau, présentant la densité, le point d'ébullition, les caractères physiques et chimiques du bromure d'éthylène. On y reviendra tout à l'heure.

Quant aux gaz recueillis sur la cuve à eau, voici l'analyse de divers échantillons, recueillis dans des conditions différentes :

I. Gaz recueilli au milieu du cours d'une opération, l'hydrogène sulfuré se trouvant en excès par rapport au sulfure de carbone.

100   volumes de gaz ont fourni, par combustion eudiométrique,
 16   volumes d'acide carbonique ;
     La diminution finale due à la disparition du gaz combustible et de l'oxygène employé à le brûler était égale à
174   volumes.

D'où l'on déduit la composition suivante :

		Rapport.
Gaz des marais, CH^4	16)	
Hydrogène	84)	1 : 5
	100	

II. Premières bulles de gaz, recueillies au commencement de l'expérience précédente (mélangées avec l'air des appareils).

100   volumes de gaz traités par la potasse n'ont subi aucune diminution ;
     Par addition d'acide pyrogallique, ils ont perdu ensuite
8,7   volumes d'oxygène ;
     Le résidu, traité par le protochlorure de cuivre en solution acide, n'a pas diminué (absence de l'oxyde de carbone).
     On l'a fait détoner avec un excès d'oxygène, et
91,3   volumes de ce résidu ont fourni :
10,2   volumes d'acide carbonique ; la diminution finale étant égale à
76,5   volumes, et l'azote restant à
50,5   volumes.

D'où l'on déduit :

		Rapport.
Gaz des marais, CH^4..........	10,2	1 : 3
Hydrogène................ .	3o,6	
Azote......../.............	5o,5	
Oxygène..................	8,7	
	100,0	

III. Gaz recueilli au commencement d'une autre expérience.

100   volumes de ce gaz renferment

2,0 oxygène; point d'oxyde de carbone.

98,0 volumes du résidu, brûlés dans l'eudiomètre, fournissent

20,0 volumes d'acide carbonique; la diminution finale étant égale à

166,0 volumes, et l'azote à

7,3 volumes.

D'où l'on déduit :

		Rapport.
Gaz des marais, CH^4.........	20,0	2 : 7
Hydrogène..	70,7	
Azote....................	7,3	
Oxygène.................	2,0	
	100,0	

IV. Gaz recueilli dans une autre expérience, le sulfure de carbone se trouvant en excès par rapport à l'hydrogène sulfuré. On a retranché dans les calculs 1,0 d'azote déterminé directement.

100   volumes de ce gaz combustible ont fourni par combustion

20   volumes d'acide carbonique; la diminution finale étant égale à

180   volumes.

D'où l'on déduit :

		Rapport.
Gaz des marais, CH^4...........	20	1 : 4
Hydrogène.................	8o	
	100	

Pour contrôler les résultats ci-dessus par une autre voie, on a mélangé l'un des gaz précédents avec $1\frac{1}{2}$ fois son volume de chlore, et l'on a laissé la combinaison commencer dans l'obscurité, se continuer à la lumière diffuse et se terminer par l'action de la lumière solaire, réfléchie irrégulièrement sur un mur. On a obtenu du perchlorure de carbone, CCl^4, liquide chloré qui correspond au gaz des marais.

2° Action d'un mélange de sulfure de carbone et d'hydrogène sulfuré
sur le fer métallique.

Les appareils sont les mêmes que ceux qui ont été décrits tout à l'heure. Le fer a été de même calciné à l'air, puis réduit dans un courant d'hydrogène.

Les résultats sont de tous points analogues aux précédents. Il suffira de donner l'analyse de l'un des gaz recueillis.

100   volumes de gaz combustible (privé d'éthylène) ont fourni par combustion

23,5 volumes d'acide carbonique; la diminution finale étant égale à

185   volumes.

D'où l'on déduit :

		Rapport.
Gaz des marais, CH^4	23,5	
Hydrogène	76,5	1 : 3
	100,0	

3° Action d'un mélange de sulfure de carbone et d'hydrogène phosphoré
sur le cuivre métallique.

Un flacon tritubulé contient du phosphure de calcium; il est suivi d'un flacon laveur, d'un vase dessiccateur rempli de chaux vive; puis vient un petit ballon contenant du sulfure de carbone, et le reste de l'appareil est disposé comme précédemment. On le remplit entièrement d'hydrogène pur, puis on verse de l'eau sur le phosphure de calcium, par l'une des tubulures du flacon qui renferme cette substance. L'hydrogène phosphoré se dégage, se dessèche sur du chlorure de calcium, se sature de sulfure de carbone et arrive enfin sur le cuivre métallique : tout le reste de l'opération se conduit comme avec l'hydrogène sulfuré.

Les résultats sont de tous points analogues aux précédents. On reviendra sur le bromure de gaz oléfiant formé dans ces conditions. Voici l'analyse de l'un des gaz recueillis sur la cuve à eau :

100   volumes de gaz (privé d'éthylène) ont fourni par combustion

19   volumes d'acide carbonique; la diminution finale étant égale à

178,5 volumes.

D'où l'on déduit :

		Rapport.
Gaz des marais, CH^4	19	
Hydrogène	81	1 : 4
	100	

4° *Action d'un mélange de sulfure de carbone et de vapeur d'eau*
sur le fer.

La vapeur du sulfure de carbone, porté à l'ébullition dans un ballon, entraîne la vapeur d'eau, maintenue un peu au-dessous de 100 degrés dans une cornue : le reste de l'appareil est disposé comme précédemment.

Le brome, qui a absorbé le gaz oléfiant, renferme une trace d'un composé neutre et liquide. Au delà, le gaz obtenu a été privé d'oxyde de carbone par le protochlorure de cuivre acide; purifié par la potasse et analysé.

100   volumes ont fourni par combustion
6   volumes d'acide carbonique; la diminution finale étant égale à
156   volumes, et l'azote à
2   volumes.

D'où l'on déduit que ce gaz est formé de

Gaz des marais, CH^4....................	6
Hydrogène............................	92
Azote................................	2
	100

Les expériences qui précèdent établissent la transformation du sulfure de carbone en gaz des marais (formène), c'est-à-dire la production du formène, carbure d'hydrogène analogue au sulfure de carbone par le rapport qui existe entre ses éléments.

En effet, dans des volumes égaux de gaz des marais, CH^4, et de vapeur de sulfure de carbone, CS^2, se trouvent les mêmes poids de carbone, et des poids respectifs d'hydrogène et de soufre proportionnels aux nombres 1 et 16, c'est-à-dire aux équivalents du soufre et du carbone.

Toutefois, tout le carbone du sulfure et tout l'hydrogène du gaz hydrogéné n'entrent pas en combinaison : car on retrouve une partie du carbone fixée sur le cuivre, et une partie de l'hydrogène libre, mélangée avec le gaz des marais. Ce partage des éléments, suivant plusieurs modes distincts de décompositions simultanées, se présente presque dans toutes les réactions de la Chimie organique. Dans le cas présent, il atteste la faiblesse des affinités qui unissent le carbone avec l'hydrogène, et la facilité avec laquelle ces éléments, même à l'état naissant, au lieu de se combiner l'un avec l'autre, demeurent dissociés.

5° Action d'un mélange de sulfure de carbone, d'hydrogène sulfuré
et d'oxyde de carbone sur le fer métallique.

Les expériences précédentes établissent la formation du gaz des marais (formène) dans la réaction simultanée du sulfure de carbone et d'un gaz hydrogéné sur les métaux. La formation du gaz oléfiant (éthylène) sera démontrée plus loin, en régénérant ce dernier carbure d'hydrogène au moyen de son bromure, produit dans les réactions précédentes. Mais cette dernière formation n'est pas très considérable. Aussi ai-je cherché à l'augmenter par divers artifices, dont je vais d'abord exposer les résultats.

J'ai pensé que cet objet pourrait être atteint principalement en substituant à l'emploi d'un seul composé carboné, très propre à produire un carbure peu condensé, tel que le gaz des marais, CH^4, l'emploi simultané de deux composés carbonés, plus propres peut-être à former le gaz oléfiant, C^2H^4, qui renferme deux fois autant de carbone sous le même volume. Le procédé qui a fourni les meilleurs résultats consiste à ajouter au mélange du sulfure de carbone et d'hydrogène sulfuré un autre gaz carboné, l'oxyde de carbone, et à faire agir le tout sur le fer métallique. Dans ces conditions, l'affinité du fer concourt avec celle de l'hydrogène, et le carbone naissant paraît tirer son origine de deux sources différentes, à savoir, du sulfure de carbone et de l'oxyde de carbone : dès lors il tend à entrer dans une combinaison d'un ordre plus élevé. En fait, le gaz oléfiant, plus condensé que le gaz des marais, se forme ainsi en plus grande abondance, par l'emploi simultané des deux composés carbonés. Dans ces conditions, le bromure de gaz oléfiant isolé peut renfermer jusqu'au seizième du carbone contenu dans le sulfure de carbone décomposé. Cette expérience, l'une des plus importantes, va être décrite avec détail.

Voici les appareils :

Dans un flacon tritubulé arrivent, d'une part un courant d'hydrogène sulfuré, d'autre part un courant d'oxyde de carbone : les deux gaz s'y mélangent, se dessèchent ensemble sur du chlorure de calcium, traversent un ballon contenant du sulfure de carbone, et le mélange gazeux des trois corps est dirigé sur du fer métallique chauffé au rouge sombre. Au delà, les gaz passent dans les flacons condenseurs, puis sur la cuve à eau.

L'hydrogène sulfuré a été produit par l'action de l'acide sulfurique étendu sur 1 kilogramme de sulfure de fer, préparé par voie sèche ; il se purifiait dans un flacon laveur.

L'oxyde de carbone, préparé par voie minérale (carbonate de baryte et fer métallique), a été dissous d'abord dans une solution chlorhydrique de protochlorure de cuivre. Il suffit de placer ensuite dans un ballon 4 à 5 litres de cette liqueur saturée et de la chauffer doucement, pour en dégager l'oxyde de carbone, avec une régularité parfaite. Le gaz est lavé dans l'eau, puis dans une éprouvette ovoïde, contenant du brome sous une couche d'eau, enfin dans un flacon contenant une lessive de soude concentrée.

Le fer métallique, destiné à réagir sur le mélange gazeux, est contenu dans un cylindre de cuivre rouge, terminé par deux bases hémisphériques, épais d'un centimètre et dont la capacité est supérieure à un litre. Deux longs tubes de cuivre rouge sont soudés au centre des deux bases hémisphériques et permettent le libre passage des gaz à travers le cylindre. Cet appareil est le seul qui ait satisfait complètement aux conditions suivantes, exigées par la nature de l'expérience, et qui pourront donner une idée de sa difficulté :

1° Il faut une capacité intérieure considérable, pour permettre d'agir sur des poids de matière un peu notables ;

2° Une forme allongée, pour donner aux réactions le temps de se compléter.

3° Il est nécessaire de clore le vase par des bouchons de liège fin, seuls propres à retenir, sans l'emploi d'aucun lut ou substance organique, des gaz qui s'écoulent sous une pression considérable. D'ailleurs ces bouchons doivent être maintenus dans toute leur étendue à une température voisine de o degré, à l'aide d'une circulation d'eau extérieure, pour prévenir leur altération.

Les conditions précédentes déterminent la forme du vase.

4° Il est nécessaire de soumettre le vase à des températures extrêmement variables dans ses divers points, depuis le rouge, dans la partie centrale, jusqu'à zéro, dans les extrémités tubulées.

Cette condition, à elle seule, suffit pour exclure tous les vases de porcelaine ou de terre ; car un tel vase, pour peu qu'il ait un volume notable et une forme compliquée, ne résiste pas aux variations brusques de température. D'ailleurs les vases de terre sont trop poreux pour des expériences de ce genre. Il est indispensable d'employer des vases métalliques.

Les métaux fusibles au-dessous du rouge étant exclus, il reste le fer ou le cuivre. Mais il serait difficile de fabriquer un cylindre

de fer creux, terminé par deux bouts soudés chacun avec un tube
étroit du même métal, surtout si le système devait être imper-
méable aux gaz dans toutes ses parties, à la température rouge.
Reste le cuivre rouge, plus malléable, plus facile à travailler et à
souder. Le vase employé dans ces expériences a été exécuté dans
la fabrique de MM. Derosne et Cail.

Les détails qui précèdent montrent quelles difficultés rencontre
le chimiste dans la nature des vases qu'il emploie, toutes les fois
qu'ils s'écartent des conditions communes de l'expérimentation.

Dans le cylindre de cuivre rouge qui vient d'être décrit, on a
introduit de la tournure de fer, en aussi grande quantité qu'il a été
possible. Cette tournure avait été, au préalable, lavée à grande
eau, triée, puis calcinée, pour détruire toute matière organique.
On l'a chauffée ensuite au rouge dans le cylindre même, disposé
horizontalement, et l'on y a fait passer un courant d'hydrogène pur,
de façon à réduire tout le fer à l'état métallique. Ce dernier résultat
n'a pu être atteint qu'au bout de trois jours.

Pendant cette réduction, aussi bien que plus tard, on refroidit, à
l'aide d'un courant continu d'eau froide, les tubes qui terminent le
cylindre de part et d'autre. Ceci a pour but d'éviter toute altération
des bouchons.

Quand la réduction du fer est terminée, on laisse pénétrer dans
le cylindre chauffé au rouge sombre le mélange gazeux d'oxyde
de carbone, de sulfure de carbone et d'hydrogène sulfuré. On fait
marcher les gaz avec lenteur et régularité, et l'on arrête l'expérience au moment où une couche de tournure de cuivre, chauffée
doucement dans un tube de verre vert horizontal, qui suit le
cylindre métallique, commence à être attaquée par les gaz sulfurés.

Les gaz, après s'être désulfurés dans le cylindre et avoir traversé
le tube de verre qui le suit, arrivent dans un petit flacon refroidi,
puis dans un flacon laveur, contenant une dissolution d'acétate de
plomb, laquelle sert de témoin. De là ils barbotent dans du brome,
renfermé au sein d'éprouvettes à pied, de forme ovoïde. Ils se
lavent ensuite dans un flacon contenant une lessive de soude, et ils
sont recueillis sur la cuve à eau.

En raison des expériences qui précèdent, on a jugé inutile d'analyser avec détail les gaz recueillis sur la cuve à eau, lesquels sont
très riches en formène; mais on s'est particulièrement attaché à
l'étude du bromure de gaz oléfiant, condensé dans le brome; on
l'a isolé et l'on en a régénéré à l'état libre le carbure d'hydrogène
qui l'avait formé.

On isole d'abord ce bromure en dissolvant l'excès de brome soit dans une lessive de soude moyennement concentrée, soit et mieux dans une dissolution d'acide sulfureux. Puis on enlève avec un tube de verre effilé le liquide neutre et pesant, insoluble dans la liqueur aqueuse. On réunit les produits de plusieurs opérations et on les distille avec précaution. Le bromure distille en majeure partie vers 125 à 130 degrés. Dans la cornue il restait une très petite quantité d'un composé bromé, qui paraissait renfermer un dérivé de la naphtaline.

Le bromure isolé a été chauffé à 275 degrés, dans des tubes scellés à la lampe, avec de l'eau, du cuivre et de l'iodure de potassium, conformément à la méthode décrite ailleurs pour régénérer le gaz oléfiant (t. III).

I. Voici quels résultats a fournis l'analyse des gaz ainsi régénérés :

1° 100   volumes, agités avec la potasse, ont perdu
     2   volumes d'acide carbonique ;
    98   volumes du résidu, brûlés dans l'eudiomètre, ont fourni
   190   volumes d'acide carbonique ; la diminution finale (volumes réunis du gaz combustible et de l'oxygène employé à les brûler) était égale à
   382   volumes. Il est resté
     3   volumes d'azote.
2° 98   volumes du même gaz non absorbable par la potasse ont été traités par le brome ; ils ont perdu
    90   volumes.
3°   8   volumes du gaz non absorbable par le brome ont été brûlés dans l'eudiomètre ; ils ont fourni
    10   volumes d'acide carbonique ; la diminution finale était égale à
  22,3   volumes, et il est resté
     3   volumes d'azote.

Enfin, on a constaté que le gaz absorbable par le brome s'absorbe également dans l'acide sulfurique concentré. Mais cette absorption n'est pas immédiate. Elle a eu lieu seulement au moyen de 3000 secousses et avec les signes caractéristiques du gaz oléfiant.

La composition du gaz primitif, déduite des données précédentes, est la suivante :

Gaz oléfiant ou éthylène, C^2H^4	90
Hydrure d'éthyle, C^2H^6	5
Acide carbonique.	2
Azote.	3
	100

Cette composition s'accorde avec les données, car

100   volumes d'un tel mélange doivent céder à la potasse
2   volumes d'acide carbonique, et
98   volumes du résidu, étant brûlés dans l'eudiomètre, fourniront
190   volumes d'acide carbonique, la diminution finale étant égale à
382,5 volumes, et le résidu d'azote à
3   volumes.

Ces vérifications suffiraient pour établir la nature du gaz examiné ; mais il est bon de dire comment, au moyen des données précédentes, on peut calculer la composition du gaz analysé.

En effet, on peut opérer ce calcul par plusieurs méthodes différentes, déduites des données précédentes ; elles se contrôlent les unes les autres :

(1) Par la connaissance qualitative des éléments du mélange, gaz oléfiant, C^2H^4, et hydrure d'éthyle, C^2H^6, indépendamment de toute mesure relative à l'action du brome ;

(2) Par la seule comparaison des six données eudiométriques, indépendamment de toute autre détermination numérique ;

(3) Les résultats fournis par cette comparaison peuvent être rapprochés de la mesure relative à l'action du brome ;

(4) En combinant cette même mesure avec les six données eudiométriques, on peut établir directement l'existence et la composition du gaz oléfiant, C^2H^4.

Entrons dans les détails :

(1) La nature du gaz est connue qualitativement : car l'action spécifique de l'acide sulfurique établit l'existence du gaz oléfiant, et l'analyse du résidu non absorbable par le brome indique l'existence de l'hydrure d'éthyle. En effet, d'après l'analyse eudiométrique,

8   volumes de ce résidu renferment
3   volumes d'azote et
5   volumes du gaz combustible, lesquels ont fourni par combustion
10   volumes d'acide carbonique, la diminution finale étant de
22,3 volumes.

Or

5   volumes d'hydrure d'éthyle, C^2H^6, produisent par combustion
10   volumes d'acide carbonique, et la diminution finale est de
22,5 volumes.

Dès lors les 95 volumes de gaz combustible, contenus dans le premier mélange, peuvent être regardés comme formés de gaz oléfiant, C^2H^4, et d'hydrure d'éthyle, C^2H^6. On calcule aisément leur proportion relative, car

$$x + y = 95,$$
$$2x + 2y = 190,$$
$$4x + 4\tfrac{1}{2}y = 382;$$

d'où

$$x = 91, \text{ gaz oléfiant, } C^2H^4,$$
$$y = 4, \text{ hydrure d'éthyle, } C^2H^6.$$

(2) Si l'on compare les six données eudiométriques, indépendamment de toute autre détermination numérique,

X étant le gaz éliminé par le brome et correspondant à la formule C^nH^{2n}, ce gaz produit un volume nX d'acide carbonique et une diminution finale $\left(\dfrac{3}{2}n + 1\right)$X,

Y, le gaz combustible non absorbé par le brome, produit $\dfrac{10}{5}$Y d'acide carbonique et une diminution finale égale à $\dfrac{22,3}{5}$Y;

on a donc pour le gaz combustible primitif :

$$X + Y = 95;$$
$$n X + 2Y = 190;$$
$$\left(\frac{3}{2}n + 1\right)X + \frac{22.3}{5}Y = 382.$$

D'où $n = 2$, car X n'est pas nul. Ce qui prouve que le gaz absorbé par le brome est du gaz oléfiant :

$$X = 90,6, \text{ gaz oléfiant, } C^2H^4,$$

et

$$Y = 4,4, \text{ hydrure d'éthyle, } C^2H^6.$$

(3) D'après les premiers calculs,

100   volumes du gaz primitif renferment
91   volumes de gaz oléfiant.

D'après les seconds calculs, qui sont indépendants de toute hypothèse qualitative, ils renferment

90,6   volumes de gaz oléfiant, C^2H^4.

Or l'absorption directe exercée sur le mélange par le brome indique

90   volumes.

Ces trois nombres s'accordent sensiblement les uns avec les autres.

(4) Si l'on combine la mesure relative à l'action du brome avec les six données eudiométriques, — ce qui est après tout la marche la plus simple, — on trouve que

90   volumes du gaz absorbable par le brome ont produit, dans l'eudiomètre, $190 - 10 =$
180   volumes d'acide carbonique; la diminution finale correspondante étant égale à $382,5 - 22,3 =$
360,2   volumes.

    Or

90   volumes de gaz oléfiant, C^2H^4, doivent produire
180   volumes d'acide carbonique, $2CO^2$, la diminution finale étant égale à
360   volumes (soit $C^2H^4 + 3O^2$ disparus).

Ainsi le bromure de gaz oléfiant, préparé au moyen du sulfure de carbone, de l'oxyde de carbone, de l'hydrogène sulfuré et du fer, a régénéré le gaz oléfiant, avec sa composition et ses propriétés.

II. Voici les résultats de l'analyse du gaz régénéré dans une autre préparation :

1° En premier lieu,

100   volumes du gaz primitif, traités par la potasse, ont perdu
19   volumes d'acide carbonique.
81   volumes du résidu, brûlés dans l'eudiomètre, ont fourni
144   volumes d'acide carbonique; la diminution finale étant égale à
297   volumes, et l'azote à
9   volumes.

2° Le brome a dissous 54 volumes sur 81 volumes du gaz primitif, privé d'acide carbonique.

3° Enfin,

27   volumes du gaz non absorbable par le brome, brûlés dans l'eudiomètre, ont fourni
36   volumes d'acide carbonique; la diminution finale étant égale à
80   volumes, et l'azote à
9   volumes.

D'où l'on déduit la composition suivante :

Gaz oléfiant, C^2H^4 54
Hydrure d'éthyle, C^2H^6........... 18
Acide carbonique 19
Azote............................ 9
————
100

Cette composition s'accorde avec les données, car.

100   volumes d'un tel mélange doivent céder à la potasse
19   volumes ; et
81   volumes du résidu, étant brûlés dans l'eudiomètre, fourniront
144   volumes d'acide carbonique ; la diminution finale étant
297   volumes et l'azote
9   volumes.

Le brome doit dissoudre 54 volumes, et

27   volumes du gaz insoluble dans le brome doivent fournir
36   volumes d'acide carbonique, la diminution finale étant égale à
81   volumes, et l'azote à
9   volumes.

Le calcul de ces résultats peut être exécuté par les divers procédés indiqués plus haut.

Ainsi, par exemple,

54   volumes du gaz dissous par le brome ont fourni $144 - 36 =$
108   volumes d'acide carbonique, la diminution finale étant de $297 - 80 =$
217   volumes,

nombres qui correspondent précisément à la composition du gaz oléfiant.

On donnera encore les analyses des gaz régénérés, au moyen des bromures préparés dans diverses autres expériences. Ces bromures, moins abondants que les précédents, n'ont pu être purifiés par distillation. On les a traités directement par l'eau, le cuivre et l'iodure de potassium. La nature des gaz régénérés a été établie par des mesures suffisantes ; mais leur proportion était trop faible pour permettre des vérifications aussi nombreuses que celles qui viennent d'être développées.

III. Gaz régénérés du bromure obtenu au moyen des produits de la réaction de l'hydrogène sulfuré et du sulfure de carbone sur le cuivre. — Privés au préalable d'acide carbonique par la potasse,

43   volumes de gaz, brûlés dans l'eudiomètre, ont fourni
76   volumes d'acide carbonique, la diminution finale étant égale à
153   volumes, et le résidu d'azote à
5   volumes.

Ces nombres répondent à la composition suivante :

$$
\begin{array}{lr}
\text{Gaz oléfiant, } C^2H^4 & 36 \\
\text{Hydrure d'éthyle, } C^2H^6 & 2 \\
\text{Azote} & 5 \\
\hline
& 43
\end{array}
$$

IV. Gaz régénérés du bromure obtenu au moyen des produits de la réaction de l'hydrogène phosphoré et du sulfure de carbone sur le cuivre. — Privés au préalable d'acide carbonique par la potasse,

100   volumes de gaz, brûlés dans l'eudiomètre, ont fourni
192   volumes d'acide carbonique, la diminution finale étant égale à
390   volumes, et l'azote à
4   volumes.

100 volumes du même gaz, traités par le brome, ont perdu 82,5 volumes.

Les nombres de l'analyse eudiométrique répondent à la composition suivante :

$$
\begin{array}{lr}
\text{Gaz oléfiant, } C^2H^4 & 84 \\
\text{Hydrure d'éthyle, } C^2H^6 & 12 \\
\text{Azote} & 4 \\
\hline
& 100
\end{array}
$$

Les résultats précédents établissent nettement la formation du gaz oléfiant au moyen du sulfure de carbone : une portion notable du sulfure concourt à cette formation. Je rappellerai que, d'après les mesures exécutées sur le mélange gazeux initial, traité par le brome, la quantité du carbone contenu dans le gaz oléfiant peut s'élever jusqu'au seizième de la dose de carbone contenue dans le sulfure de carbone décomposé.

En d'autres termes, 32 litres de vapeur de sulfure de carbone peuvent fournir 1 litre de gaz oléfiant. La proportion du carbone qui concourt à la formation du gaz des marais est beaucoup plus

considérable, car 8 litres de vapeur de sulfure de carbone ont fourni.
plus de 1 litre de gaz des marais (formène).

Pour compléter les démonstrations, on a cru utile d'isoler ce gaz
de son mélange avec l'hydrogène, et de l'analyser à l'état de pureté. Pour atteindre ce but, il suffit d'agiter avec de l'alcool absolu,
préalablement bouilli, 1 litre du gaz obtenu dans la réaction du
cuivre sur un mélange de sulfure de carbone et d'hydrogène sulfuré. Ce gaz avait été préalablement lavé dans du brome, pour le
débarrasser d'éthylène. Après une agitation, suffisamment prolongée pour saturer l'alcool sous une pression un peu supérieure à
la pression atmosphérique, on a rempli exactement un petit ballon
avec cet alcool, ainsi que le tube à dégagement, et on l'a porté à
l'ébullition. On a employé les précautions ordinaires pour isoler
le gaz dégagé, du liquide qui se volatilisait en même temps.

On a lavé ce gaz avec de l'acide sulfurique concentré, de façon à
enlever les vapeurs d'alcool, puis on l'a analysé dans l'eudiomètre :

1 volume de ce gaz a fourni exactement
1 volume d'acide carbonique, en absorbant
2 volumes d'oxygène.

Ces nombres répondent à la composition du gaz des marais pur,
CH^4 formant CO^2 en prenant $2O^2$: la formation de ce gaz se trouve
ainsi complètement démontrée.

Enfin, pour achever d'établir l'identité complète du gaz oléfiant,
préparé au moyen du sulfure de carbone, avec le gaz oléfiant ordinaire, on a jugé nécessaire de changer ce gaz en composés alcooliques caractéristiques. On a opéré sur les gaz régénérés du bromure obtenu dans la réaction d'un mélange de sulfure de carbone,
d'oxyde de carbone et d'hydrogène sulfuré sur le fer métallique.
Ces gaz ont été agités dans un flacon à sec, pendant trois quarts
d'heure, avec de l'acide sulfurique concentré. L'absorption du gaz
oléfiant s'est effectuée avec les caractères ordinaires, c'est-à-dire
d'une manière lente et graduelle et avec le concours d'une agitation extrêmement prolongée, accomplie en présence du mercure,
qu'on laissait rentrer de temps en temps dans le flacon renversé
sur la cuve. Quand l'absorption a été terminée, on a étendu d'eau
l'acide sulfovinique formé, en évitant toute élévation notable de
température ; on a saturé par du carbonate de baryte, filtré et évaporé au bain-marie.

On a obtenu de beaux cristaux de sulfovinate de baryte, parfaitement défini.

Ce sel a été chauffé au bain d'huile avec du benzoate de potasse, à une température comprise entre 200° et 220°; il a fourni de l'éther benzoïque, c'est-à-dire un nouveau composé défini et caractéristique.

L'ensemble des expériences précédentes fournit donc une nouvelle méthode pour réaliser expérimentalement la synthèse du gaz des marais, celle du gaz oléfiant et celle de l'alcool, au moyen des corps simples qui les constituent.

II. — Action de divers corps hydrogénés sur le sulfure de carbone.

Les expériences qui viennent d'être exposées sont les plus décisives, au point de vue de la transformation du sulfure de carbone en carbures d'hydrogène; mais ce ne sont pas les seules que j'aie exécutées en vue d'obtenir un semblable résultat. Le récit abrégé des autres essais n'est pas sans intérêt et achève de mettre dans tout son jour le jeu des affinités qui concourent à l'union du carbone avec l'hydrogène.

Ces essais ont été tentés par trois méthodes différentes :

1° On a fait agir au rouge naissant un gaz hydrogéné sur le sulfure de carbone, sans faire intervenir d'autre substance chimiquement active : on a opéré avec l'hydrogène, le gaz chlorhydrique, le gaz iodhydrique, le gaz ammoniac et l'hydrogène arséniqué.

2° On a cherché à décomposer le sulfure de carbone par l'hydrogène naissant, développé à la température de 275° dans la réaction de l'eau sur les métaux ; le zinc seul et en présence de la potasse, le cuivre seul et en présence de l'iodure de potassium, enfin l'iodure de potassium, ont été éprouvés tour à tour.

3° Dans la pensée que les composés bromurés seraient plus faciles à hydrogéner que les composés sulfurés, on a fait diverses tentatives au moyen d'un sulfoxybromure de carbone particulier, qui se produit à froid dans la réaction du brome sur le sulfure de carbone en présence de l'eau.

1° Action directe des gaz hydrogénés sur le sulfure de carbone.

L'action de l'hydrogène sur le sulfure de carbone, à la température du rouge sombre, a donné lieu tout d'abord à un dépôt de soufre, dû à l'oxydation du sulfure par l'air des appareils; ensuite les deux corps ne réagissent presque plus l'un sur l'autre.

L'hydrogène arséniqué, saturé de vapeur de sulfure de carbone, puis chauffé dans une cloche courbe, se décompose, avec formation d'un peu de sulfure d'arsenic et d'hydrogène sulfuré, mais sans dépôt sensible de carbone. Il paraît se former en même temps un peu de gaz des marais : mais la dose en est faible.

L'action du gaz chlorhydrique sur le sulfure de carbone, à la température du rouge sombre, est sensiblement nulle. Le gaz ammoniac, même en présence du cuivre, n'a pas fourni de carbures gazeux.

Il n'en est pas de même de l'action du gaz iodhydrique sur le sulfure de carbone. Cette réaction s'exécute en dirigeant le mélange des deux corps à travers un tube de porcelaine, chauffé à une température un peu plus élevée que le rouge sombre. Elle a produit, en effet, du formène, mélangé avec un peu d'éthylène.

Voici les faits observés :

A première vue, on reconnaît qu'il se forme du carbone, doué de l'aspect métallique, de l'iode, du soufre libre et probablement de l'acide sulfhydrique. En même temps passent inaltérés du sulfure de carbone, de l'acide iodhydrique et de l'hydrogène phosphoré (provenant de l'iodure de phosphore employé dans la préparation). Un peu d'oxyde de carbone et d'acide carbonique sont produits par l'air des appareils. Enfin de l'hydrogène et une certaine proportion de gaz hydrocarbonés prennent naissance simultanément. Le volume des gaz hydrocarbonés s'élevait seulement à 20^{cc} dans une expérience exécutée sur 50^{gr} d'iodure de phosphore.

Pour analyser le mélange gazeux, obtenu dans les conditions précédentes, on élimine l'acide iodhydrique par l'eau; l'hydrogène sulfuré et l'acide carbonique réunis par la potasse, puis l'hydrogène phosphoré par le sulfate de cuivre, en mesurant chaque absorption. On sépare, d'autre part, l'hydrogène sulfuré et l'hydrogène phosphoré réunis par le sulfate de cuivre, l'acide carbonique par la potasse. On absorbe alors l'oxygène en ajoutant une solution concentrée d'acide pyrogallique, la vapeur de sulfure de carbone par la potasse imbibée d'alcool, et on lave le gaz à l'eau. Il ne reste plus qu'à terminer l'analyse par l'étude des gaz combustibles. A cet effet, on brûle dans l'eudiomètre une portion du résidu. On traite une autre portion par le brome, pour absorber le gaz oléfiant, puis par le protochlorure de cuivre, pour absorber l'oxyde de carbone; chaque absorption étant suivie de mesures exactes. On brûle dans l'eudiomètre les gaz non absorbés et l'on détermine l'azote directement après avoir éliminé l'acide carbonique formé et l'oxygène employé en excès.

La dernière combustion eudiométrique permet d'établir l'existence et la proportion de l'hydrogène et du gaz des marais. Comparée avec la première, elle doit vérifier la composition du gaz oléfiant.

Les résultats relatifs à ce dernier gaz peuvent offrir quelque incertitude, en raison de la difficulté d'éliminer entièrement au préalable l'hydrogène phosphoré et le sulfure de carbone. Mais les résultats obtenus dans l'analyse eudiométrique des gaz combustibles qui ont résisté à l'emploi du brome, précédé de celui des dissolvants précédents, peuvent être regardés comme exacts.

Donnons les nombres obtenus dans ces analyses :

100   volumes du gaz obtenu après les actions successives du sulfate de cuivre, de la potasse aqueuse, puis alcoolique, enfin du pyrogallate de potasse, ont été brûlés dans l'eudiomètre : ils ont fourni

33,5   volumes d'acide carbonique ; la diminution finale, due à la disparition du gaz combustible et de l'oxygène employé à le brûler, était égale à

133   volumes.

100 volumes de ce même gaz, traités par le brome, ont perdu 7 volumes ; le résidu traité par son volume de protochlorure de cuivre en solution acide a perdu 2 volumes.

On a séparé ce qui restait, à l'aide d'une pipette à gaz ; on l'a purifié d'acide et séché à l'aide d'une pastille de potasse ; puis on l'a mesuré, mélangé d'oxygène, et fait détoner dans l'eudiomètre :

91   volumes de ce gaz ont fourni
17,5   volumes d'acide carbonique ; la diminution finale étant égale à
102,5 volumes ; il est resté
40   volumes d'azote.

D'après cette dernière analyse, le gaz non absorbable par le brome et par le protochlorure de cuivre, etc., était un mélange de

Gaz des marais, CH^4................. 17,5
Hydrogène 33,5
Azote................................ 40

Si l'on compare les résultats de la seconde analyse eudiométrique à ceux de la première, on trouve que

9   volumes du gaz total, dissous par le brome et par le protochlorure de cuivre, ont produit 33,5 — 17,5 =
16   volumes d'acide carbonique ; la diminution finale étant de 133 — 102,5 =
30,5 volumes.

Résultats qui s'accordent avec un mélange de 7 volumes de gaz oléfiant et de 2 volumes d'oxyde de carbone, car

  9   volumes d'un tel mélange produisent.
16   volumes d'acide carbonique, la diminution finale étant de
31   volumes.

Ces nombres s'accordent d'ailleurs avec ceux que l'action du brome et celle du protochlorure de cuivre ont fournis et peuvent être regardés comme leur vérification.

En résumé, d'après le calcul des nombres obtenus, le gaz primitif, après les traitements indiqués ci-dessus, est formé de

$$
\begin{array}{lr}
\text{Gaz des marais, } CH^4 \dots\dots\dots\dots\dots\dots & 17,5 \\
\text{Gaz oléfiant, } C^2H^4 \dots\dots\dots\dots\dots\dots & 7 \\
\text{Oxyde de carbone} \dots\dots\dots\dots\dots\dots & 2 \\
\text{Hydrogène} \dots\dots\dots\dots\dots\dots\dots & 33,5 \\
\text{Azote} \dots\dots\dots\dots\dots\dots\dots\dots & 40
\end{array}
$$

Ainsi l'action réciproque du gaz iodhydrique et du sulfure de carbone, à la température rouge, donne naissance à du gaz des marais et à du gaz oléfiant; peut-être l'hydrogène phosphoré concourt-il à ces phénomènes. On peut concevoir la réaction, en raison de la facilité avec laquelle se décompose le gaz iodhydrique, d'où résulte de l'hydrogène naissant. La proportion de ces carbures est faible relativement au poids du gaz iodhydrique. C'est en raison de cette circonstance que l'on n'a pas poussé plus loin l'étude de la réaction ([1]).

2° *Action de l'hydrogene naissant sur le sulfoxybromure de carbone.*

Si l'on abandonne ensemble pendant quelques mois, à la température ordinaire, un mélange de brome et de sulfure de carbone, en présence de l'eau, il se forme un composé liquide particulier, lequel renferme du brome, du soufre, de l'oxygène et du carbone : il suffit de mêler le brome avec le sulfure de carbone pour que ce composé commence à se former. Afin d'isoler ce corps, on agite avec de la potasse le mélange de brome et de sulfure de carbone, jusqu'à décoloration : il se sépare un liquide pesant, incolore ou légèrement orangé, doué d'une odeur particulière et extrêmement tenace. On le

---

([1]) *Voir* le Tome III du présent Ouvrage.

distille et l'on rejette les produits volatils au-dessous de 150 degrés, lesquels consistent principalement en sulfure de carbone. Le produit qui passe entre 150 et 200 degrés renferme du carbone, du brome, du soufre et de l'oxygène : il est exempt d'hydrogène. Traité par une lessive de soude concentrée, il s'y dissout lentement, en formant du sulfate de soude, du bromure de sodium, etc., et un sel particulier, cristallisé en tables rhomboïdales et formé de carbone, de brome, de sodium, de soufre et d'oxygène.

Le sulfoxybromure de carbone, chauffé à 250 degrés avec de l'eau et du zinc, a fourni de l'hydrogène, de l'acide carbonique et une faible proportion de gaz carbonés combustibles. Le même composé, chauffé à 275 degrés avec du cuivre, de l'eau et de l'iodure de potassium, a fourni de l'acide carbonique, de l'hydrogène et de l'oxyde de carbone; chauffé avec de l'eau et de l'iodure de potassium, il a produit de l'acide carbonique, du sulfure de carbone et de l'oxyde de carbone, etc. Bref, ce composé n'a pas donné de résultats satisfaisants, au point de vue de la formation des carbures d'hydrogène.

3° Décomposition du sulfure de carbone par l'hydrogène naissant
à 375 degrés.

Tantôt on a eu recours au zinc, c'est-à-dire à un métal décomposant l'eau par lui-même; tantôt au cuivre, c'est-à-dire à un métal qui, sans dégager l'hydrogène de l'eau dans l'état d'isolement, paraît propre à la décomposer par affinité complexe, avec le concours du sulfure de carbone.

On a d'abord chauffé le sulfure de carbone avec du zinc et de l'eau à 275 degrés, pendant quinze heures, dans un tube scellé à la lampe. On ouvre ensuite le tube sur le mercure et l'on analyse le gaz dégagé.

À cet effet, on traite ce gaz par le sulfate de cuivre humide, pendant quelques minutes, de façon à enlever l'hydrogène sulfuré (une petite quantité de sulfure de carbone s'absorbe en même temps). Le résidu est traité par la potasse, pour dissoudre l'acide carbonique; puis par l'acide pyrogallique et par la potasse, ce qui ne produit aucune diminution. On traite ce qui reste par la potasse et l'alcool, ce qui enlève le sulfure de carbone. On agite alors avec le brome, qui ne change pas le volume, et l'on termine par la combustion eudiométrique du dernier résidu, suivie de la mesure de l'azote.

100 volumes du gaz combustible, demeuré insoluble dans les divers dissolvants, ont fourni

3,7 volumes d'acide carbonique; la diminution finale étant égale à
126   volumes, et l'azote à
19,7 volumes.

D'où l'on déduit pour la composition de ce gaz :

    Gaz des marais, CH^4   3,7
    Hydrogène   76,6
    Azote   19,7
                                        ————
                                        100,0

On voit que le sulfure de carbone, traité par l'hydrogène naissant à 275°, peut donner naissance à du gaz des marais. Mais la proportion de ce gaz est très faible, et c'est en vain que l'on a cherché à l'augmenter par divers artifices.

Ainsi, au mélange de sulfure de carbone, d'eau et de zinc on a ajouté de la potasse, pour faciliter l'élimination du soufre : ce mélange chauffé en vase clos à 275° a fourni de l'hydrogène pur.

Le cuivre et l'eau n'ont pas agi sensiblement sur le sulfure de carbone à 250°.

Le cuivre, l'eau et l'iodure de potassium, chauffés en vase clos à 275° pendant vingt heures avec le sulfure de carbone, le détruisent complètement, avec formation d'acide carbonique et d'hydrogène, d'un peu d'hydrogène sulfuré et d'une trace de gaz carboné combustible, lequel paraît être du gaz des marais.

L'iodure de potassium, l'eau et le sulfure de carbone, à 275°, ont fourni seulement de l'hydrogène sulfuré et de l'acide carbonique.

CHAPITRE XXXV.

TRANSFORMATION DU FORMÈNE EN ACÉTYLÈNE, ÉTHYLÈNE ET ÉTHANE ([1]).

Le formène, dirigé à travers un tube de porcelaine chauffé au rouge d'une façon modérée, se transforme en carbures condensés, avec perte d'hydrogène. Il fournit ainsi des doses sensibles d'hydrure d'éthylène ou éthane

$$2\,CH^4 = C^2H^6 + H^2,$$

d'éthylène

$$2\,CH^4 = C^2H^4 + 2\,H^2$$

et d'acétylène

$$2\,CH^4 = C^2H^2 + 3\,H^2.$$

On se borne à citer ici ces résultats, pour compléter le tableau des synthèses. Le détail des expériences sera développé dans le second Volume, spécialement consacré aux actions pyrogénées. On y montrera comment entre ces quatre carbures existent des équilibres mobiles, à la température rouge, tels que l'existence de l'un quelconque d'entre eux détermine la formation de tous les autres.

([1]) *Annales de Chimie et de Physique*, 4ᵉ série, t. XVI, p. 148; 1869.

CHAPITRE XXXVI.

TRANSFORMATION DU GAZ DES MARAIS EN PROPYLÈNE [1].

Le gaz des marais est le plus simple des carbures d'hydrogène et le moins condensé: car 1 litre de ce gaz renferme seulement $\frac{1}{2}$ gramme de carbone, tandis que tous les autres gaz hydrocarbonés connus renferment, dans 1 litre, au moins 1 gramme de carbone. Aussi la synthèse du gaz des marais n'est-elle que le premier pas dans la synthèse des carbures d'hydrogène. J'ai démontré qu'on peut aller plus loin en soumettant le gaz des marais lui-même à diverses réactions : les unes reposent sur la formation intermédiaire de nouveaux composés liquides, et notamment sur la synthèse de l'alcool méthylique, qui sera développée dans le Tome III du présent Ouvrage ; les autres résultent de l'action directe que plusieurs corps gazeux exercent sur le gaz des marais. En voici le principe : le gaz des marais n'est pas seulement le moins riche en carbone de tous les gaz hydrocarbonés, mais son hydrogène est à son carbone dans un rapport plus grand que dans tout autre gaz : c'est ce qu'indiquent l'ancien nom d'*hydrogène protocarboné* et la formule, CH^4, d'après laquelle l'hydrogène forme le quart du poids du gaz des marais. Si donc on enlève au gaz des marais une portion de cet hydrogène, à l'aide d'actions suffisamment ménagées, on pourra concevoir l'espérance d'obtenir quelqu'un des carbures d'hydrogène connus, tous plus riches en carbone et plus condensés.

J'ai réussi en effet à enlever cette portion d'hydrogène par l'affinité de diverses substances, telles que l'oxygène, ou le chlore, employées en quantité insuffisante, avec le concours de la chaleur, de l'étincelle électrique, ou de la lumière solaire. Ces résultats, obtenus de 1862 à 1869, ont été exposés dans les Chapitres précédents. Il me reste à dire comment, dès l'année 1858, j'avais formé un carbure plus condensé, en faisant réagir le gaz des marais et

---

[1] *Ann. de Chim. et de Phys.*, 3ᵉ série, t. LIII, p. 80 ; 1858.

l'oxyde de carbone. Les deux gaz, dirigés ensemble à travers un tube de verre vert, chauffé au rouge sombre et rempli de pierre ponce, ont fourni une petite quantité de propylène, C^3H^6. Cette formation paraît due à la réaction de 2 volumes de gaz des marais sur 1 volume d'oxyde de carbone :

$$2\,CH^4 + CO = C^3H^6 + H^2O.$$

Voici les détails de l'expérience, qui a été reproduite plusieurs fois.

L'oxyde de carbone est dégagé de sa dissolution dans le proto-chlorure de cuivre acide, lavé dans une eau alcaline, puis mélangé dans un flacon tritubulé avec du gaz des marais.

Le gaz des marais est produit par la distillation d'un mélange d'acétate de soude fondu et de chaux-sodée, lavé dans l'eau, puis dans deux éprouvettes successives, contenant du brome, sous une couche d'eau, dans une autre renfermant de la potasse ; au delà il est mélangé avec l'oxyde de carbone, dans le flacon tritubulé. Les deux gaz traversent ensuite une nouvelle éprouvette contenant du brome, puis une lessive de soude assez concentrée, et ils arrivent enfin dans un tube de verre vert, horizontal, long de $1^m,20$, large de 2 centimètres et rempli de fragments de pierre ponce.

Ce tube est chauffé au rouge sombre. Au bout du tube, les gaz qui ont subi l'action de la chaleur traversent un petit flacon refroidi, un flacon laveur plein d'eau, une éprouvette ovoïde, contenant du brome sous une couche d'eau ; enfin un flacon laveur, contenant de la lessive de soude. On fait marcher lentement l'expérience pendant plusieurs heures.

A la fin de l'expérience, on dissout l'excès de brome dans une lessive alcaline, et il se sépare une petite quantité d'un bromure liquide, neutre et pesant, analogue à la liqueur des Hollandais bromée. Ce corps n'étant pas assez abondant pour être rectifié, on s'est borné à en régénérer les carbures d'hydrogène générateurs, en le chauffant à 275 degrés, avec du cuivre, de l'eau et de l'iodure de potassium, dans un tube scellé à la lampe. Ce tube a été ensuite ouvert dans une éprouvette, sur le mercure, de façon à recueillir les gaz qu'il contenait.

D'une part,

100   volumes du gaz ainsi régénéré ont cédé à la potasse
4   volumes d'acide carbonique.
96   volumes du résidu, brûlés dans l'eudiomètre, ont fourni

264   volumes d'acide carbonique; la diminution finale étant égale à
492   volumes; il est resté
  8   volumes d'azote.

D'autre part,

96   volumes du gaz insoluble dans la potasse, traités par le brome, ont perdu
74   volumes.

Les résultats de l'analyse du gaz combustible s'accordent sensiblement avec un mélange de propylène, C^3H^6, avec un peu d'hydrure de propylène, C^3H^8.

En effet, soient x le volume du premier gaz, y celui du second.

$$x + y = 96 - 8 = 88 \text{ (gaz combustible)},$$
$$3x + 3y = 264 \text{ (acide carbonique)},$$
$$5,5x + 6y = 492 \text{ (diminution finale)},$$

d'où résultent :

$$y = 16$$
$$x = 72 \text{ propylène.}$$

Le brome indiquait pour ce dernier 74.

En résumé, 100 volumes de ce gaz, régénéré du bromure, renferment :

Propylène, C^3H^6	72
Hydrure de propylène, C^3H^8	16
Acide carbonique	4
Azote	8
	100

La formation du propylène, dans les conditions qui précèdent, est un fait d'expérience; cependant l'origine réelle de ce gaz donne lieu à une objection qu'il importe de ne pas dissimuler. Le gaz des marais qui a servi à le former n'avait pas été produit avec des substances minérales, mais par la distillation de l'acétate de soude en présence d'un excès d'alcali.

A la vérité, l'acide acétique peut être préparé avec des éléments minéraux, par exemple en oxydant avec l'alcool, lequel dérive du gaz oléfiant, dont on a établi plus haut la formation; mais le gaz des marais n'est pas le seul corps qui prenne naissance dans la distillation des acétates; il se forme en même temps des carbures d'hydrogène gazeux, absorbables par le brome, de l'acétone et divers liquides empyreumatiques. Ces produits divers concourent-ils à la formation du propylène? A la vérité, si ce gaz avait préexisté, mélangé dans le gaz des marais, il eût été éliminé par l'action préalable du brome. Mais on pourrait supposer dans le gaz des marais quelque autre corps non absorbable, ou susceptible de donner naissance au propylène. Sans regarder ces objections comme absolument réfutées, on doit toutefois remarquer que les expériences citées tout à l'heure ont été faites dans les conditions les plus propres à éliminer tout produit étranger au gaz des marais; car ce gaz a été lavé, à trois reprises successives, dans des éprouvettes contenant du brome, et il n'a laissé dans la dernière absolument aucune trace de bromures liquides, insolubles dans les alcalis. L'action du brome arrête et détruit ainsi non seulement les gaz étrangers, mais aussi toutes les vapeurs empyreumatiques.

Comme contrôle, l'expérience a été reproduite à blanc avec le même appareil; seulement on a supprimé le dégagement d'oxyde de carbone. Or, dans ce cas, en opérant exactement de la même manière, il ne s'est formé aucune trace de bromure de propylène, ou d'un bromure analogue.

C'est pourquoi je pense que l'on peut admettre, sinon avec entière certitude, du moins avec grande probabilité, que le propylène observé a été formé réellement dans la réaction du gaz des marais sur l'oxyde de carbone.

CHAPITRE XXXVII.

TRANSFORMATION DES CHLORURES DE CARBONE
EN CARBURES D'HYDROGÈNE.

Les composés que le carbone forme avec les corps simples pré-sentent une physionomie particulière et se distinguent des autres composés par la plupart de leurs propriétés. Ces différences sont déjà sensibles dans les oxydes de carbone, qui peuvent cependant être rapprochés à juste titre des oxydes formés par les autres métalloïdes. Elles sont plus accusées dans le sulfure de carbone, si analogue aux composés éthérés par ses propriétés physiques, ses aptitudes chimiques ne l'assimilant que d'une façon imparfaite aux autres sulfacides. Mais les dissemblances deviennent surtout frappantes dans l'étude des chlorures de carbone. En effet, les chlorures formés par les autres métalloïdes sont presque tous de nature acide, ou susceptibles de donner naissance à des acides, en se décomposant au contact de l'eau ; ce liquide les dissout, ou les détruit avec une grande énergie. Au contraire, les chlorures de carbone sont des corps insolubles dans l'eau et parfaitement neutres vis-à-vis des réactifs acides, ou alcalins.

En un mot, ces chlorures possèdent au plus haut degré les pro-priétés des éthers, c'est-à-dire des composés les plus caractéris-tiques de la Chimie organique et les moins analogues aux composés formés par l'union réciproque des divers corps simples, à l'exception du carbone.

Les propriétés spéciales des chlorures de carbone, qui rap-pellent déjà celles des carbures d'hydrogène, coïncident aussi avec une difficulté plus marquée dans l'union du chlore avec le carbone, avec une stabilité moindre, avec variété plus grande dans les produits de cette combinaison. Tandis que le carbone s'unit directement avec le soufre et l'oxygène, et que les com-posés formés résistent à l'influence de températures élevées, le carbone et le chlore ne se combinent pas directement, et la chaleur rouge suffit pour détruire toutes leurs combinaisons.

Aussi les chlorures de carbone, formés d'abord au moyen des carbures d'hydrogène, n'ont-ils pu être produits par voie minérale que dans ces dernières années : c'est M. Kolbe qui a réussi le premier à les préparer en faisant agir le chlore sur le sulfure de carbone. Sans développer ici cette belle réaction, il suffira de dire qu'elle peut donner naissance, suivant les circonstances, à quatre chlorures de carbone distincts, à savoir :

Le perchlorure, CCl^4 ;

Le sesquichlorure, C^2Cl^6 ;

Le protochlorure, C^2Cl^4 ;

Et le chlorure de Julin, représenté jusqu'ici par la formule

$$C^2Cl^2;$$

mais auquel les expériences que j'ai faites plus tard avec M. Jungfleisch paraissent assigner la formule

$$C^6Cl^6.$$

Ce sont ces chlorures qu'il s'agit de changer en carbures d'hydrogène pour en établir, par une troisième voie, la synthèse. Les affinités puissantes du chlore rendent facile cette transformation.

En effet, j'ai reconnu qu'il suffit de faire agir sur les chlorures de carbone l'hydrogène libre, à la température du rouge sombre, pour en séparer le chlore sous forme d'acide chlorhydrique : une portion du carbone demeure libre, une autre portion s'unit à l'hydrogène et forme les carbures d'hydrogène, correspondant aux chlorures décomposés.

L'expérience s'exécute en vaporisant la substance chlorée dans un courant d'hydrogène convenablement réglé, et dirigeant le mélange à travers un tube de verre vert, rempli de pierre ponce, et chauffé à une température comprise entre le rouge sombre et le rouge vif, selon les circonstances. Au sortir du tube, les gaz traversent un flacon refroidi, un second flacon plein d'eau, une éprouvette ovoïde contenant du brome, un flacon laveur renfermant de la soude, et ils sont recueillis sur la cuve à eau.

Dans ces conditions, le perchlorure de carbone, CCl^4, et le sesquichlorure de carbone, C^2Cl^6, fournissent tous deux une proportion considérable de gaz oléfiant, C^2H^4, et une certaine quantité du gaz des marais, CH^4. C'est ce qui résulte des analyses suivantes :

I. Gaz recueillis sur la cuve à eau, après avoir traversé le brome.

1° 100 volumes du gaz obtenu dans l'action de l'hydrogène sur le perchlorure de carbone, brûlés dans l'eudiomètre, produisent

2 volumes d'acide carbonique; la diminution finale était égale à

153 volumes.

Ce gaz est donc formé de

$$
\begin{aligned}
&\text{Gaz des marais, } CH^4 \dots\dots\dots\dots\dots \quad 2 \\
&\text{Hydrogène}\dots\dots\dots\dots\dots\dots\dots\dots \quad \underline{98} \\
&\hphantom{\text{Hydrogène}\dots\dots\dots\dots\dots\dots\dots\dots\quad} 100
\end{aligned}
$$

2° 100 volumes du gaz obtenu dans la décomposition du sesquichlorure de carbone par l'hydrogène, brûlés dans l'eudiomètre, ont fourni

5 volumes d'acide carbonique; la diminution finale était égale à

157,5 volumes.

Ce gaz est donc formé de

$$
\begin{aligned}
&\text{Gaz des marais, } CH^4 \dots\dots\dots\dots\dots \quad 5 \\
&\text{Hydrogène}\dots\dots\dots\dots\dots\dots\dots\dots \quad \underline{95} \\
&\hphantom{\text{Hydrogène}\dots\dots\dots\dots\dots\dots\dots\dots\quad} 100
\end{aligned}
$$

II. Gaz régénérés des bromures obtenus au moyen des gaz formés dans la réaction des chlorures de carbone sur l'hydrogène et dirigés à travers le brome.

Cette régénération s'opère en chauffant les bromures à 275° avec de l'eau, du cuivre et de l'iodure de potassium, dans des tubes scellés à la lampe.

(1). Gaz régénéré du bromure fourni par le perchlorure de carbone, CCl^4.

1° 100 volumes de ce gaz, brûlés dans l'eudiomètre, ont fourni

190 volumes d'acide carbonique; la diminution finale était égale à

387 volumes; l'azote est égal à

5 volumes.

2° 100 volumes de ce même gaz, traités par le brome, ont perdu

81 volumes.

3° 19 volumes du gaz non absorbable par le brome, ainsi obtenu, ont été brûlés dans l'eudiomètre, ce qui a fourni

28,5 volumes d'acide carbonique, la diminution finale étant égale à

64 volumes; l'azote est égal à

5 volumes.

Les derniers nombres répondent à un mélange de 14 volumes d'hydrure d'éthylène, C^2H^6, et de 5 volumes d'azote.

D'autre part, l'analyse 3° s'accorde avec la composition suivante, dont le calcul est indépendant de la mesure 2° relative à l'action du brome :

$$
\begin{array}{lr}
\text{Gaz oléfiant, } C^2H^4\dots\dots\dots\dots\dots\dots & 80 \\
\text{Hydrure d'éthyle, } C^2H^6\dots\dots\dots\dots & 15 \\
\text{Azote}\dots\dots\dots\dots\dots\dots\dots\dots\dots & 5 \\
\hline
& 100
\end{array}
$$

Ajoutons d'ailleurs que la proportion du gaz oléfiant calculée s'accorde sensiblement avec l'absorption 2° mesurée par le brome. Enfin, on peut remarquer, comme dernier contrôle, que

81   volumes du gaz absorbable par le brome ont fourni $190 - 28,5 =$

161,5 volumes d'acide carbonique; la diminution finale correspondante étant égale à $387 - 64 =$

323   volumes,

c'est-à-dire que la composition de ce gaz s'accorde avec celle du gaz oléfiant : ce qui vérifie d'une autre manière le calcul direct des résultats eudiométriques.

(2). Gaz régénéré du bromure fourni par le sesquichlorure de carbone, C^2Cl^6.

1°   40   volumes de ce gaz, brûlés dans l'eudiomètre, ont fourni

  54   volumes d'acide carbonique; la diminution finale étant égale à

112   volumes, et l'azote à

10   volumes.

2° Sur 40 volumes le brome en a dissous 24.

D'où l'on déduit, en utilisant toutes les données :

$$
\begin{array}{lr}
\text{Gaz oléfiant, } C^2H^4\dots\dots\dots\dots\dots & 24,0 \\
\text{Hydrure d'éthyle, } C^2H^6\dots\dots\dots\dots & 2,3 \\
\text{Hydrogène}\dots\dots\dots\dots\dots\dots\dots & 2,3 \\
\text{Oxyde de carbone}\dots\dots\dots\dots\dots & 1,3 \\
\text{Azote}\dots\dots\dots\dots\dots\dots\dots\dots\dots & 10,0 \\
\hline
& 39,9
\end{array}
$$

(3). Gaz régénéré du bromure fourni par le protochlorure de carbone, C^2Cl^4.

1° 100   volumes de ce gaz, brûlés dans l'eudiomètre, ont fourni
    175   volumes d'acide carbonique, la diminution finale étant égale à
    351   volumes, et l'azote à
    2   volumes.

2° Le brome agité avec ce gaz en absorbe les 76 centièmes.

L'acide sulfurique concentré en dissout 75,5 centièmes. Cette absorption exige d'ailleurs une agitation violente et prolongée, et présente tous les caractères qui répondent au gaz oléfiant.

3° 24   volumes du gaz non dissous par le brome, brûlés dans l'eudio-
         mètre, ont fourni
    22   volumes d'acide carbonique, la diminution finale étant égale à
    44   volumes, et l'azote à
    2   volumes.

Les divers nombres fournis par les deux systèmes d'équations eudiométriques 1° et 3° s'accordent avec la composition suivante, dont le calcul est indépendant de toute mesure relative à l'action du brome :

Gaz oléfiant, C^2H^4................	77,0
Hydrure d'éthyle, C^2H^6............	3,5
Hydrogène......................	3,5
Oxyde de carbone................	14,0
Azote.........................	2,0
	100,0

Observons encore que la proportion de gaz oléfiant, déterminée ainsi par le calcul, s'élève à 77;

Tandis que la proportion de gaz oléfiant déterminée par le brome (2°) s'élève à 76;

Et la proportion de gaz oléfiant, déterminée par l'acide sulfurique concentré, s'élève à 75,5.

La nature de ce gaz serait d'ailleurs établie suffisamment par le mode d'action exercé par l'acide sulfurique, même sans analyse eudiométrique.

Enfin, on peut la contrôler en comparant le volume absorbé par le brome aux six données eudiométriques : en effet,

76   volumes du gaz absorbé par le brome ont fourni 175 — 22 =
153 volumes d'acide carbonique; la diminution finale correspondante étant
     égale à 351 — 44 =
307 volumes.

B. — I.   15

Or

76   volumes de gaz oléfiant doivent fournir
152   volumes d'acide carbonique, la diminution finale étant égale à
304   volumes.

Le chlorure de Julin, chauffé au rouge vif dans un courant d'hydrogène, a été également réduit, et il a produit un corps cristallisé, trop peu abondant, d'ailleurs, pour être analysé (diphényle?).

CINQUIÈME SECTION.

SYNTHÈSE DE L'ACIDE FORMIQUE ET SYNTHÈSES CONSÉCUTIVES DES CARBURES D'HYDROGÈNE PAR DISTILLATION SÈCHE DES FORMIATES.

CHAPITRE XXXVIII.

SYNTHÈSE DE L'ACIDE FORMIQUE PAR L'OXYDE DE CARBONE [1].

L'oxyde de carbone présente vis-à-vis de l'acide formique la même relation que le gaz oléfiant vis-à-vis de l'alcool : les deux gaz ne diffèrent des composés correspondants que par les éléments de l'eau :

$$CH^2O^2 = CO + H^2O,$$
$$C^2H^6O = C^2H^4 + H^2O.$$

D'ailleurs, l'oxyde de carbone peut être obtenu en chauffant l'acide formique avec l'acide sulfurique concentré, par le même procédé que le gaz oléfiant au moyen de l'acool.

Ces rapprochements m'ont conduit à transformer l'oxyde de carbone en acide formique, de la même manière que j'ai transformé le gaz oléfiant en alcool. Seulement, au lieu d'opérer la fixation des éléments de l'eau par l'intermédiaire de l'acide sulfurique, substance propre à se combiner avec l'alcool, j'ai eu recours à la potasse, substance propre à se combiner avec l'acide formique.

Le succès de cette expérience m'a engagé à rechercher ensuite

[1] *Annales de Chimie et de Physique,* 3ᵉ série, t. XLVI, p. 477; 1856:

s'il ne serait pas possible de modifier quelqu'une des réactions dans lesquelles se développe l'oxyde de carbone, de façon à combiner ce gaz à l'état naissant avec les éléments de l'eau, et à obtenir facilement et en abondance l'acide formique lui-même. En effet, ce but a été atteint en prenant pour point de départ la réaction par laquelle on produit d'ordinaire l'oxyde de carbone, à savoir, la décomposition de l'acide oxalique en acide carbonique, eau et oxyde de carbone :

$$C^2H^2O^4 = CO^2 + CO + H^2O.$$

On peut ainsi combiner avec les éléments de l'eau tout l'oxyde de carbone qui serait fourni par l'acide oxalique, et transformer simplement cette substance en acide carbonique et acide formique :

$$C^2H^2O^4 = CO^2 + CH^2O^2.$$

Il suffit de faire intervenir un autre corps, opérant par action de contact, la glycérine.

En résumé, les présentes recherches comprennent les objets suivants :

1° Transformation de l'oxyde de carbone libre en acide formique;

2° Étude de la décomposition de l'acide oxalique, à 100 degrés, sous diverses influences;

3° Nouveau procédé pour préparer l'acide formique.

I. — Transformation de l'oxyde de carbone en acide formique.

1. Voici comment on opère :

Dans un ballon d'un demi-litre, on introduit 10 grammes de potasse légèrement humectée; puis on remplit le ballon d'oxyde de carbone pur, et on le ferme à la lampe. On dispose dix à douze de ces ballons dans un bain d'eau, et on les chauffe à 100 degrés, pendant soixante-dix heures. Au bout de ce temps, on ouvre les ballons sur le mercure, et l'on constate qu'un vide presque complet s'y est produit : l'oxyde de carbone a été absorbé par la potasse.

On dissout dans l'eau le contenu des ballons; on sursature avec l'acide sulfurique dilué, et l'on distille, ce qui fournit une dissolution aqueuse d'acide formique. On traite par le carbonate de plomb le produit distillé, on fait bouillir, on filtre. La liqueur refroidie dépose des cristaux de formiate de plomb.

2. Ces cristaux possèdent l'aspect, les propriétés et la composition normale. En effet, leur analyse a donné :

$$C\dots\dots\dots\dots\dots\dots\dots\quad 7,5$$
$$H\dots\dots\dots\dots\dots\dots\dots\quad 0,9$$
$$Pb\,O\dots\dots\dots\dots\dots\dots\quad 75,8$$

La formule

$$(CHO^2)^2Pb$$

exige :

$$C\dots\dots\dots\dots\dots\dots\dots\quad 8,0$$
$$H\dots\dots\dots\dots\dots\dots\dots\quad 0,7$$
$$Pb\,O\dots\dots\dots\dots\dots\dots\quad 75,1$$

Les cristaux présentent les réactions connues des formiates, car ils réduisent les sels d'argent et de mercure ; ils fournissent, avec le sulfovinate de chaux, de l'éther formique ; enfin ils sont aptes à dégager *sans noircir,* à 100 degrés, de l'oxyde de carbone pur, au contact de l'acide sulfurique concentré.

3. Les expériences qui précèdent ont été répétées et variées de diverses manières.

Ainsi, on les a reproduites avec de l'oxyde de carbone préparé tant avec l'acide oxalique qu'au moyen d'un mélange de craie et de coke. On s'est assuré que le laps de soixante-dix heures est nécessaire à 100 degrés pour obtenir une absorption complète. A 200 degrés, la même absorption exige moins de dix heures.

A la température ordinaire, l'oxyde de carbone est également absorbé par une dissolution aqueuse de potasse. Mais cette absorption est extrêmement lente : en quatre mois les quatre cinquièmes d'un volume donné d'oxyde de carbone ont été ainsi absorbés.

La baryte dissoute absorbe aussi à 100 degrés l'oxyde de carbone.

J'ai cherché si un mélange d'oxyde de carbone et d'oxygène s'unirait en totalité avec la potasse à 100 degrés, en formant directement du carbonate de potasse. Mais l'oxyde de carbone est seul entré en combinaison : l'oxygène a été respecté.

Les alcalis caustiques ne sont pas les seuls corps aptes à transformer l'oxyde de carbone en acide formique : le carbonate de potasse humide produit, à 220 degrés, en dix à quinze heures, le même phénomène. L'acide formique est le seul composé dont j'aie observé la formation dans le cas précédent. Il exige pour prendre naissance le concours des éléments de l'eau ; en effet, le carbonate de potasse sec n'absorbe pas, à 200 degrés, l'oxyde de carbone. L'acétate de soude humide est également sans action.

- Terminons par une observation intéressante. L'oxyde de carbone est versé continuellement dans l'atmosphère terrestre par les combustions incomplètes des matières carbonées, si fréquentes à la surface du globe. D'autre part les eaux minérales et même la presque universalité des eaux douces, à la surface du globe, renferment des carbonates alcalins et ceux-ci absorbent peu à peu l'oxyde de carbone, quelle que soit leur dilution, ou celle de l'oxyde de carbone dans l'atmosphère. J'ai d'ailleurs vérifié cette absorption par des expériences spéciales exécutées dans de grands flacons, avec une dissolution de bicarbonate de soude et de l'air contenant seulement quelques millièmes d'oxyde de carbone.

Dès lors, nous devons admettre la production dans la nature de l'acide formique, formé uniquement par la réaction spontanée de matières minérales, et susceptible d'engendrer d'autres matières organiques sous l'influence des actions réductrices naturelles [1].

II. — Étude de la décomposition de l'acide oxalique à 100 degrés sous diverses influences.

L'espérance d'unir directement l'oxyde de carbone naissant avec les éléments de l'eau, et d'obtenir ainsi facilement et en abondance l'acide formique, m'a conduit à étudier la décomposition de l'acide oxalique à 100 degrés sous diverses conditions. J'exposerai en quelques lignes les résultats de cette étude.

1. L'acide oxalique pur, chauffé à 100 degrés pendant longtemps, éprouve un commencement de décomposition : au bout de vingt heures, 3 à 4 pour 100 du poids de l'acide se trouvent changés en acide carbonique et oxyde de carbone ; les volumes de ces deux gaz sont sensiblement égaux. Si l'acide oxalique est dissous dans l'eau ou dans l'alcool, il ne subit aucune décomposition.

Le quadroxalate de potasse éprouve également, à 100 degrés, une décomposition extrêmement lente. Mais aucun autre oxalate neutre ou acide ne m'a offert, à 100 degrés, d'indice de décomposition ; sauf l'oxalate d'argent, lequel fournit de l'acide carbonique pur.

2. Divers corps activent, à 100 degrés, la décomposition spon-

---

[1] *Leçons sur les méthodes générales de synthèse,* p. 185; 1864.

tanée de l'acide oxalique. On sait combien est efficace à cet égard l'acide sulfurique concentré. L'acide sulfurique étendu de 10 parties d'eau accélère très notablement la décomposition de l'acide oxalique à 100 degrés ; il suffit même d'ajouter à la solution aqueuse d'acide oxalique, saturée à froid, quelques gouttes d'acide sulfurique, et de chauffer la liqueur au bain-marie pour obtenir un peu d'acide carbonique et d'oxyde de carbone. Ce phénomène est d'autant plus remarquable que la solution aqueuse concentrée d'acide oxalique est parfaitement stable à 100 degrés, comme je l'ai dit plus haut.

L'acide chlorhydrique concentré, l'acide phosphorique sirupeux, et même les acides tartrique et acétique provoquent, faiblement à la vérité, la décomposition de l'acide oxalique ; leur action paraît surtout marquée au début.

Les gaz chlorhydrique et fluoborique provoquent d'abord, à 100 degrés, une décomposition notable de l'acide oxalique solide (¹). Mais bientôt la réaction s'arrête presque complètement, alors même qu'on maintient l'acide oxalique à 100 degrés, dans un courant du premier de ces gaz.

Le platine n'exerce pas, à 100 degrés, d'action sensible sur la décomposition de l'acide oxalique.

Les diverses observations qui précèdent pouvaient être prévues ; elles se résument en un mot : les corps acides accélèrent, à 100 degrés, la décomposition de l'acide oxalique. La généralité du phénomène et sa production avec l'acide sulfurique dilué prouvent qu'il est dû, non à une réaction chimique proprement dite, mais à une action catalytique ou de contact.

3. Cette réaction se révèle avec un caractère encore plus simple dans la réaction de la glycérine sur l'acide oxalique.

L'acide oxalique, chauffé à 100 degrés avec son poids de glycérine sirupeuse, donne lieu à un dégagement régulier d'acide carbonique pur, totalement exempt d'oxyde de carbone. Au bout de vingt-sept heures, la décomposition est complète ; la glycérine retient en dissolution, sous forme d'acide formique, la moitié du carbone de l'acide oxalique. Cet acide formique est simplement dissous et retenu par la glycérine, à la manière du gaz ammoniac dissous dans l'eau. En effet, il suffit de traiter la liqueur par le carbonate de plomb pour en extraire l'acide formique.

La mannite et la dulcite agissent à 100 degrés sur l'acide oxa-

---

(¹) L'acide oxalique cristallisé absorbe à froid une grande quantité de ce deux gaz. On doit l'en saturer, avant de procéder à l'expérience que je signale.

lique, comme la glycérine : elles décomposent cet acide en acide carbonique et acide formique. Les autres matières sucrées, fermentescibles on non, ne produisent, à 100 degrés, qu'une décomposition extrêmement faible de l'acide oxalique. Encore le gaz formé renferme-t-il presque toujours de l'oxyde de carbone. L'essence de térébenthine n'active pas sensiblement, à 100 degrés, la décomposition de l'acide oxalique.

Ce dédoublement de l'acide oxalique en acide carbonique et acide formique, au contact de certaines matières spéciales, est l'un des phénomènes des plus nets que l'on puisse observer. Il prouve que l'oxyde de carbone et l'eau, produits simultanément et à l'état naissant, lors de la décomposition de l'acide oxalique, peuvent demeurer combinés, si l'on fait intervenir des conditions convenables. Lors de la décomposition de l'acide oxalique au contact de l'acide sulfurique, l'acide formique ne saurait prendre naissance ; car l'acide sulfurique le décompose lui-même au contact en eau et oxyde de carbone. Mais, par le seul fait de la distillation de l'acide oxalique, la combinaison de l'eau et de l'oxyde de carbone commence déjà à s'effectuer, d'après les expériences de Gay-Lussac, ou plutôt à se maintenir : cependant, la quantité d'acide formique ainsi produite est toujours petite (¹).

Au contraire, au contact de la glycérine, tout l'oxyde de carbone fourni par l'acide oxalique demeure uni aux éléments de l'eau et se change en acide formique. Je vais déduire de cette observation un nouveau procédé pour préparer l'acide formique.

III. — Nouveau procédé pour préparer l'acide formique.

1. On sait combien sont pénibles les procédés actuellement suivis (1856) pour préparer l'acide formique, le plus simple de tous les acides organiques. On l'obtient d'ordinaire en traitant le sucre ou l'amidon par un mélange d'acide sulfurique et de bioxyde de manganèse. Ce procédé est d'une grande importance historique, car il a permis de préparer l'acide formique sans l'extraire des fourmis, comme on l'avait fait d'abord ; mais il n'est pas exempt d'inconvénients. En effet, dans la réaction qui vient d'être rappelée il se développe une très grande quantité de gaz, avec boursouflement ; d'où résulte la nécessité de vases d'une capacité énorme, dont la rupture ou la

---

(¹) J'ai également observé que, dans la préparation de l'éther oxalique avec le concours de l'acide sulfurique, il se produit une petite quantité d'éther formique.

corrosion est fréquente. De plus, l'acide obtenu est mélangé avec diverses autres substances, tant acides que neutres, produites simultanément; ce qui oblige à purifier l'acide formique, en le changeant en formiate de plomb et faisant cristalliser ce corps à plusieurs reprises. Ces difficultés ont été observées par tous les chimistes et se sont opposées plus d'une fois à la préparation de grandes quantités d'acide formique et à son emploi dans les laboratoires.

2. Or voici comment je prépare cet acide avec facilité et en quantités considérables au moyen de l'acide oxalique et de la glycérine :

Dans une cornue de 2 litres au plus, j'introduis 1 kilogramme d'acide oxalique du commerce, 1 kilogramme de glycérine sirupeuse et 100 à 200 grammes d'eau; j'adapte un récipient, et je chauffe très doucement la cornue. La température ne doit guère dépasser 100 degrés. Bientôt une vive effervescence se déclare, et il se dégage de l'acide carbonique pur. Au bout de douze à quinze heures environ, tout l'acide oxalique est décomposé. La moitié de son carbone et de son oxygène s'est dégagée sous forme de gaz acide carbonique; une petite quantité d'eau chargée d'acide formique a distillé, et il reste dans la cornue la glycérine, tenant en dissolution presque tout l'acide formique.

On verse dans la cornue un demi-litre d'eau et l'on distille; on remplace à mesure l'eau qui passe et l'on continue l'opération, jusqu'à ce qu'on ait recueilli 6 à 7 litres de liquide. A ce moment presque tout l'acide formique s'est volatilisé avec l'eau, et la glycérine reste seule dans la cornue; elle peut servir à décomposer un second kilogramme d'acide oxalique, puis un troisième, etc.

3 kilogrammes d'acide oxalique du commerce,

$$C^2H^2O^4 + 2H^2O,$$

ont fourni, par ce procédé, $1^k,05$ d'acide formique.

D'après la formule

$$C^2H^2O^4 . 2H^2O = CO^2 + 2H^2O + CH^2O^2,$$

3 kilogrammes d'acide oxalique doivent fournir $1^k,09$ d'acide formique.

La différence entre le résultat obtenu et le résultat calculé est aussi faible que possible; elle s'explique d'ailleurs par les impuretés que renferme l'acide oxalique du commerce ([1]).

([1]) 100 parties de l'acide employé laissaient un résidu fixe de 2,7 parties.

3. Voici le détail de la préparation qui précède :

Acide oxalique............... 1 kilogramme;
Glycérine.................. 1 kilogramme.

On a opéré comme il vient d'être dit et obtenu :

1° 2 litres de liquide distillé renfermant acide formique..... 146^{gr}
2° 5^l,5 de liquide   »   acide formique..... 176^{gr}

322^{gr}.

La glycérine retenait encore de l'acide formique. On a ajouté dans la cornue un second kilogramme d'acide oxalique; on a obtenu :

3° 1 litre de liquide distillé renfermant acide formique...... 70^{gr}
4° 4 litres de liquide   »   acide formique...... 250^{gr}

320^{gr}

La glycérine retenait encore de l'acide formique. On a ajouté dans la cornue un troisième kilogramme d'acide oxalique; on a obtenu :

5° 2 litres de liquide distillé renfermant acide formique.... 180^{gr}
6° 4^l,5 de liquide   »   acide formique.... 229^{gr}

409^{gr}

En résumé, 3 kilogrammes d'acide oxalique ont fourni 1^k,051 acide formique.

Cette préparation est tellement régulière qu'elle peut être exécutée sans embarras sur des quantités quelconques d'acide oxalique; elle n'exige d'ailleurs presque aucune surveillance.

4. Le seul point essentiel, c'est de ne pas brusquer la décomposition de l'acide oxalique par la glycérine. En effet, si l'on opère trop rapidement, si la température du mélange s'élève à un trop haut degré, le dégagement de l'acide carbonique s'accélère d'abord; mais, dès qu'il a cessé, la température de la masse atteint bientôt 190 à 200 degrés, et un nouveau dégagement gazeux se produit : c'est de l'oxyde de carbone pur. Le liquide distillé pendant toute la durée de l'opération ainsi conduite ne renferme pas le dixième de l'acide formique que l'on peut obtenir en opérant comme je l'ai dit plus haut.

Ce nouveau phénomène, dégagement d'oxyde de carbone, est dû

à la décomposition, vers 200 degrés, de l'acide formique retenu en dissolution par la glycérine. En effet, l'acide formique pur, chauffé entre 200 et 250 degrés pendant quelques heures, dans des tubes scellés, se décompose en majeure partie en eau et en oxyde de carbone.

Ces observations peuvent être utilisées pour la préparation de l'oxyde de carbone par l'acide oxalique: Si l'on chauffe l'acide oxalique mélangé, non avec l'acide sulfurique, mais avec la glycérine, on obtient successivement et séparément les deux gaz, que l'acide sulfurique fournit mélangés à volumes égaux : d'abord l'acide carbonique, puis l'oxyde de carbone. Ce dernier corps peut donc être ainsi préparé pur, sans lavages alcalins et du premier coup.

5. Quoi qu'il en soit, un intervalle considérable de température sépare ces deux phénomènes successifs : décomposition à 100 degrés de l'acide oxalique en acide carbonique et acide formique, au contact de la glycérine ; puis décomposition ultérieure à 200 degrés de l'acide formique en eau et oxyde de carbone. Rien de plus facile que de maîtriser la réaction et d'obtenir par des additions d'eau graduelles la totalité de l'acide formique que peut fournir l'acide oxalique. C'est ce que prouvent les nombres cités plus haut.

L'acide formique ainsi préparé est très pur et complètement exempt d'acide oxalique. Saturé par les carbonates de chaux, de baryte, de cuivre ou de plomb, il fournit, dès la première cristallisation, des formiates purs de chaux, de baryte, de cuivre, ou de plomb. 500 grammes d'acide oxalique cristallisé ont produit environ 500 grammes de formiate de plomb pur.

On remarquera que, lorsqu'on évite la concentration finale des liqueurs, la glycérine se retrouve presque intégralement dans la cornue à la fin de chaque opération, exactement comme l'acide sulfurique dans la préparation de l'éther.

CHAPITRE XXXIX.

SYNTHÈSE DES CARBURES D'HYDROGÈNE AVEC LES OXYDES DU CARBONE
PAR L'INTERMÉDIAIRE DE L'ACIDE FORMIQUE ([1]).

Le carbone ne se combine pas directement avec l'hydrogène
sous l'influence de la chaleur seule ([2]); mais on peut chercher à
réaliser cette combinaison par des procédés indirects et en profitant
de l'aptitude à entrer dans une combinaison nouvelle que possèdent
les corps, au moment où ils sortent d'une autre combinaison.

Pour prévenir tout soupçon relatif à l'origine des matières premières employées dans ces expériences, j'ai tiré le carbone de combinaisons purement minérales et notamment du carbonate de baryte.
En effet, dans les expériences de synthèse, les résultats ne peuvent
être regardés comme concluants que s'ils ont été obtenus avec des
composés parfaitement définis, tels que les corps gazeux, volatils
ou cristallisés, et s'ils ont été réalisés par une série d'opérations
dans lesquelles on a employé seulement des réactifs, des agents
et des dissolvants purement minéraux. Les résultats contenus dans
les présentes recherches ont été réalisés avec toute là rigueur des
conditions précédentes. Mais les substances d'origine organique,
et notamment le charbon, ont été formellement exclues de ces
expériences, parce que les résultats auxquels aurait pu conduire
leur emploi seraient nécessairement douteux. En effet, toutes ces
substances, et le charbon en particulier, retiennent presque constamment de petites quantités d'hydrogène, et conservent d'ordinaire une structure spéciale, dépendant de leur origine organique,
que l'on ne saurait reproduire à volonté, et dont on ne peut pas
apprécier l'influence sur les phénomènes.

La formation des carbures d'hydrogène les plus simples étant

([1]) *Annales de Chimie et de Physique,* 3ᵉ série, t. LIII, p. 72, 75; 1858.

([2]) Ceci était écrit en 1858, cinq ans avant que j'eusse réalisé la synthèse directe
de l'acétylène.

ainsi démontrée au moyen de composés purement minéraux, on peut, avec ces carbures, former des composés oxygénés, tels que les alcools, les alcalis et les acides; ces composés deviennent à leur tour le point de départ de carbures d'hydrogène plus compliqués que ceux qui leur ont donné naissance. Avec les carbures nouveaux, on forme des combinaisons oxygénées correspondantes et l'on s'élève, par une série graduelle et régulière de transformations, à des composés de plus en plus compliqués.

La transformation de l'acide carbonique et de l'oxyde de carbone en carbures d'hydrogène est l'une des expériences de synthèse les plus concluantes que l'on puisse réaliser : car l'acide carbonique et l'oxyde de carbone sont doués de propriétés constantes et nettement définies, en raison de leur état gazeux. Ils peuvent être obtenus, soit avec le carbone lui-même, soit avec une combinaison quelconque de ce corps simple, quels qu'en soient l'état actuel, la stabilité et l'origine; notamment avec des carbonates naturels, composés purement minéraux et susceptibles d'être toujours reproduits dans un état identique. On peut d'ailleurs prendre à volonté pour point de départ l'acide carbonique, ou l'oxyde de carbone : car ces deux corps sont aisément transformables l'un dans l'autre, à l'aide d'agents purement minéraux.

Divers procédés ont été employés dans le cours de ces recherches pour changer les composés oxygénés du carbone en carbures d'hydrogène. Ce qui rend surtout ce changement difficile, c'est la stabilité extrême des composés oxygénés du carbone, opposée à la facile décomposition des carbures d'hydrogène. Quel que soit l'agent employé, il n'est guère possible de décomposer directement l'oxyde de carbone à une température inférieure à celle du rouge vif; c'est-à-dire à une température inférieure à celle à laquelle se détruisent les carbures d'hydrogène, aussi bien que les autres composés organiques.

Aussi les procédés de réduction directe des oxydes de carbone par les composés hydrogénés n'ont-ils point fourni de résultats satisfaisants : il a été nécessaire d'effectuer l'hydrogénation du carbone en deux temps.

D'abord on engage le carbone dans une combinaison organique proprement dite, en produisant l'acide formique par l'union directe de l'oxyde de carbone avec les éléments de l'eau (¹).

(¹) *Annales de Chimie et de Physique,* 3ᵉ série, t. XLVI. p. 479; 1856. — *Voir* le Chapitre précédent.

On obtient ainsi un premier composé ternaire, formé de carbone, d'hydrogène et d'oxygène, identique avec l'un de ceux qui se produisent sous l'influence de la vie : il offre, dans sa stabilité et dans ses réactions, les mêmes caractères généraux, c'est-à-dire cette même propriété de se transformer graduellement sous l'influence de forces peu énergiques, en donnant naissance à de nouveaux composés, analogues à lui-même et formés également par l'union du carbone avec l'hydrogène. En vertu de ces propriétés, l'acide formique se prête à la formation de nouveaux composés organiques ; c'est le premier anneau de la série, auquel on parvient à rattacher successivement tous les autres.

I. — Transformation de l'acide formique en carbures d'hydrogène. — Synthèse du gaz des marais, du gaz oléfiant et du propylène.

L'acide formique est un composé ternaire : il est formé de carbone, d'hydrogène et d'oxygène. Dès lors il suffira d'enlever l'oxygène qu'il renferme par un procédé quelconque, qui ne détruise point l'association du carbone avec l'hydrogène, pour obtenir des carbures d'hydrogène.

Cette élimination de l'oxygène, indépendamment de l'hydrogène, est loin d'être facile. En effet, l'acide formique isolé n'était réputé susceptible jusqu'ici que de deux réactions : tantôt l'hydrogène se sépare uni à la moitié de l'oxygène sous forme d'eau, le reste de l'oxygène demeurant uni au carbone sous forme d'oxyde de carbone, c'est-à-dire que l'on retourne au point de départ ;

Tantôt le carbone de l'acide formique s'oxyde plus ou moins complètement, l'hydrogène se dégageant à l'état libre, ou combiné avec l'oxygène sous forme d'eau.

Dans tous les cas, l'hydrogène se sépare sans avoir contracté de combinaison avec le carbone.

Voici par quel mécanisme on peut réaliser cette combinaison. Il suffit de désoxyder une portion de l'acide formique aux dépens d'une autre portion, laquelle devient apte à agir sur l'hydrogène. On oppose ainsi à elle-même l'affinité si puissante que le carbone présente vis-à-vis de l'oxygène. Ce partage peut être provoqué par l'intervention d'une base puissante, la baryte, laquelle détermine à une haute température la formation de l'acide carbonique, auquel elle demeure combinée. Or l'acide carbonique renferme plus d'oxygène que l'acide formique : la proportion est telle que, si une portion du carbone du formiate de baryte se sépare

sous forme de carbonate de baryte, en se suroxydant, le reste des
éléments sera constitué par du carbone, de l'hydrogène et de
l'oxygène à équivalents égaux :

$$(CHO^2)^2 BaO = CO^3 Ba + (CH^2O).$$

Ce carbone, cet hydrogène et cet oxygène, ainsi mis en rapport à
l'état naissant, au sein d'une même substance, réagissent les uns
sur les autres, de façon à produire toutes les combinaisons stables
dans les conditions de l'expérience. Or les trois corps simples sont
dans des proportions relatives telles qu'ils ne peuvent se résoudre
entièrement en composés binaires oxygénés. Une portion de l'hydrogène ou du carbone se trouvera nécessairement mise en liberté,
à moins que ces deux corps n'entrent en combinaison réciproque.
Le dernier cas se trouve en effet réalisé sur une portion de la
matière entrée en réaction.

D'où résultent des carbures d'hydrogène, parmi lesquels j'ai
pu isoler et caractériser le gaz des marais, le gaz oléfiant et le
propylène.

En résumé, l'oxyde de carbone uni aux éléments de l'eau produit
l'acide formique, et le formiate de baryte distillé produit des carbures d'hydrogène : c'est le point de départ de la synthèse des
matières organiques.

Voici le détail des deux principales expériences ; l'une d'elles a
été exécutée sur de l'acide formique, préparé directement au moyen
de l'oxyde de carbone.

Cette expérience étant fondamentale, il est nécessaire de la
décrire avec développement. Elle se compose de quatre périodes
successives :

1° Production du formiate de potasse avec des éléments minéraux ;

2° Transformation du formiate de potasse en formiate de baryte ;

3° Distillation du formiate de baryte ;

4° Isolement du gaz oléfiant et du propylène ; transformation du
gaz oléfiant en sulfovinate de baryte.

1. On a préparé de l'oxyde de carbone, en chauffant au rouge vif
un mélange de limaille de fer et de carbonate de baryte naturel.
Ce gaz se trouve ainsi formé à l'aide d'éléments minéraux et susceptibles d'être reproduits à volonté dans leur état actuel.

Après avoir lavé préalablement l'oxyde de carbone dans la potasse et dans l'acide sulfurique, on en a rempli soixante ballons, de 1 litre chacun, contenant de la potasse.

Voici le mode opératoire relatif à ce remplissage : On choisit des ballons à long col, suffisamment épais pour résister à la pression d'une atmosphère, on les lave avec soin, on les sèche; puis on introduit dans chacun d'eux 8 à 10 grammes d'eau et 8 à 10 grammes de potasse solide, parfaitement exempte de matières organiques. On étrangle à la lampe le col du ballon sur deux points, de façon à le terminer par une sorte d'ampoule à l'extrémité de laquelle on puisse fixer un caoutchouc.

A ce caoutchouc on adapte un robinet, qui se trouve ainsi annexé au ballon. On met en communication ce robinet, à l'aide d'un second tube de caoutchouc, suivi d'un tube de plomb, avec une machine pneumatique, et l'on fait le vide dans le ballon, aussi exactement que possible.

Cela fait, on ferme le robinet du ballon, on détache le caoutchouc qui le joint au tube de plomb et on le met en communication avec un gazomètre rempli d'oxyde de carbone. On ouvre avec précaution le robinet du ballon et ceux du gazomètre, de façon à produire un remplissage graduel et régulier. L'eau contenue dans le réservoir du gazomètre remplace à mesure le gaz qui s'écoule dans le ballon, et son niveau est maintenu tel qu'il permette de remplir le ballon d'oxyde de carbone sous une pression un peu supérieure à la pression atmosphérique.

A ce moment, on ferme tous les robinets, on détache le ballon, on le transporte près de la lampe d'émailleur, on ouvre son robinet et l'on ferme le ballon à la lampe, en effilant l'étranglement compris entre le col et son ampoule.

Quand tous les ballons sont remplis, on les emballe avec du foin et des linges, dans de grandes chaudières; on remplit d'eau les chaudières et l'on fait bouillir, en renouvelant l'eau, à mesure qu'elle s'évapore.

A la fin de chaque semaine, on retire de la chaudière et l'on ouvre sous le mercure un petit ballon destiné à servir de témoin. L'absorption de l'oxyde de carbone n'a été trouvée complète qu'au bout de trois semaines, durant lesquelles la température des chaudières avait été maintenue à 100 degrés pendant plus de deux cents heures. Le temps nécessaire pour obtenir ce résultat est plus long que celui qui a été indiqué à l'occasion de la synthèse de l'acide formique : cette différence de durée paraît due à la proportion de potasse, beaucoup plus faible dans la dernière expérience que dans les premières.

2. L'absorption de l'oxyde de carbone et sa transformation en formiate de potasse étant terminées, il est nécessaire d'isoler l'acide formique et de le changer en formiate de baryte. C'est ce qu'il est facile de réaliser. Il suffit de saturer la potasse par l'acide sulfurique et de distiller pour isoler l'acide formique ; puis on le neutralise par du carbonate de baryte et l'on obtient par évaporation le formiate de baryte.

A cet effet, on ouvre les ballons, on en délaye le contenu dans une quantité d'eau distillée la plus petite possible, on les rince avec un peu d'eau : on obtient ainsi une dissolution aqueuse de formiate de potasse, renfermant un excès d'alcali et diverses substances minérales empruntées au verre des ballons. On la sature exactement par de l'acide sulfurique pur, étendu de son volume d'eau; dans la liqueur cristallise du sulfate de potasse, que l'on sépare par décantation. On ajoute alors à cette liqueur une proportion d'acide sulfurique suffisante pour saturer toute la potasse unie à l'acide formique, et l'on distille avec ménagement. Quand la plus grande partie de l'eau chargée d'acide formique a distillé, on laisse refroidir, et l'on sépare une nouvelle proportion de sulfate de potasse cristallisé; on continue la distillation. Vers la fin, on ajoute de l'eau dans la cornue et l'on prolonge la distillation, en répétant cette addition d'eau jusqu'à ce que le liquide distillé ne présente plus sensiblement de réaction acide. On réunit alors tous les liquides obtenus par la distillation : ils renferment l'acide formique. On le neutralise par le carbonate de baryte, en complétant la saturation sous l'influence d'une légère chaleur, et l'on évapore à cristallisation la liqueur filtrée.

Le poids du formiate de baryte préparé ainsi au moyen de l'oxyde de carbone s'est élevé à près de 300 grammes.

3. On l'a soumis à l'action de la chaleur pour obtenir les carbures d'hydrogène.

Les carbures que l'on se propose d'isoler peuvent être de trois espèces : les uns liquides ou solides; les autres gazeux et susceptibles de former des bromures liquides, volatils et définis : tels sont le gaz oléfiant et le propylène; enfin les derniers sont gazeux et incapables de s'unir directement au brome dans les conditions ordinaires, tel est le gaz des marais. Les appareils sont disposés de façon à obtenir séparément ces trois espèces de composés. En voici la description :

Le formiate de baryte est introduit dans une cornue de grès verni, d'une capacité inférieure à un demi-litre. La cornue communique avec deux petits flacons vides et entourés d'eau froide, placés l'un à la suite de l'autre et destinés à la condensation des liquides. Puis vient une éprouvette à pied, de forme ovoïde, contenant 3o à 4o grammes de brome placés sous une couche d'eau. Les gaz, dégagés par la cornue et refroidis dans les deux premiers flacons, barbotent dans le brome liquide : le gaz oléfiant et le propylène s'y condensent sous forme de bromures liquides. Les gaz non absorbés passent, mélangés avec la vapeur du brome, sur la cuve à eau où ils sont recueillis. Afin de diminuer les chances de fuite qui résultent de la porosité de la cornue, tout l'appareil doit être construit de façon à permettre le dégagement des gaz sous des pressions aussi faibles que possible, sans nuire toutefois à leur absorption par le brome.

Le brome, seul réactif employé dans cette expérience pour la condensation des carbures, ne contenait pas de matière organique en proportion sensible. En effet, on a vérifié que 3oo grammes de ce brome se dissolvaient dans une lessive alcaline, sans laisser de résidu ; 3oo grammes du même brome ont pu être évaporés à froid, dans un courant d'hydrogène pur, sans laisser davantage de résidu.

L'appareil disposé, on chauffe la cornue en l'entourant de charbons avec précaution : les gaz se dégagent, traversent le brome et sont recueillis sur la cuve à eau. Dans les deux premiers flacons se condensent de l'eau et une petite quantité de liquides empyreumatiques.

Quand l'expérience est terminée, on étudie les produits auxquels elle a donné naissance.

La cornue refroidie est brisée pour en examiner le contenu : c'est du carbonate de baryte pur ou sensiblement, mêlé intimement avec une petite proportion de carbone noir et amorphe. Ce carbone est remarquable par son origine ; car il vient du carbonate de baryte primitif, et consécutivement du carbone de l'oxyde de carbone.

Le liquide contenu dans les flacons est formé de deux couches : la plus grande masse est de l'eau, chargée d'une faible proportion de substances empyreumatiques. Au fond des vases se trouvent quelques gouttes d'un liquide goudronneux, dont l'odeur est tout à fait analogue à celle des produits de la distillation du sucre, ou de l'acide tartrique. La quantité de ce liquide était trop faible pour permettre un examen plus approfondi ; mais il est évident que c'est là un composé hydrocarboné complexe, analogue à ceux qui prennent naissance dans la destruction par la chaleur des composés organiques proprement dits.

Le brome, dissous dans une lessive de soude moyennement concentrée et employée en excès, a abandonné plusieurs grammes d'un liquide neutre, plus dense que l'eau, analogue à la liqueur des Hollandais et sur lequel on reviendra tout à l'heure.

Les gaz recueillis par la cuve à eau sont un mélange d'acide carbonique, d'oxyde de carbone, d'hydrogène et de gaz des marais : la proportion relative de ces divers gaz varie aux diverses époques de l'expérience. Voici les détails de l'analyse d'un échantillon recueilli vers le milieu de la distillation et privé d'acide carbonique par l'action de la potasse :

100   volumes de ce gaz, brûlés dans l'eudiomètre, ont fourni
59,5   volumes d'acide carbonique ; la diminution finale, due à la disp arition du gaz brûlé et de l'oxygène employé dans cette combustio n, était égale à
164,2   volumes. Après l'absorption de l'oxygène excédant, il est res té
0,5   volumes d'azote (provenant des appareils).

D'où l'on déduit pour la composition de ce gaz :

Gaz des marais, CH^4.......... 10,0
Oxyde de carbone............ 49,5
Hydrogène................. 40,0
Azote.................... 0,5
                          ______
                          100,0

Ces nombres établissent la formation du gaz des marais ou hydrogène protocarboné, CH^4, dans la distillation du formiate de baryte. Les autres carbures d'hydrogène ont été condensés sous forme de bromures ; il est nécessaire de les régénérer à l'état libre.

4. La condensation du gaz oléfiant et du propylène dans le brome permet en effet de séparer ces carbures d'hydrogène des autres gaz combustibles produits simultanément. On les recueille ainsi, quelque faible que soit leur proportion. La formation de bromures liquides, définis, inattaquables à froid, et même à une température de 5o à 6o degrés, par une lessive alcaline étendue ou concentrée, fournit un premier indice de l'existence des car-

bures qui possèdent la composition de l'hydrogène bicarboné (autrement dit *gaz oléfiant* ou *éthylène*).

On purifie ces bromures en les distillant avec ménagement : la plus grande quantité distille au voisinage de 130 degrés, une proportion sensible, de 130 à 150 degrés, quelques gouttes passent encore à une température plus haute.

Ces degrés de volatilité correspondent aux points d'ébullition du bromure d'éthylène, du bromure de propylène, etc. Mais les indices obtenus dans les expériences précédentes doivent être contrôlés par des analyses et par une étude directe des carbures d'hydrogène. Il est donc nécessaire de décomposer ces bromures et d'en séparer le brome, afin d'isoler à l'état libre les carbures dont on soupçonne l'existence.

On opère cette régénération en faisant réagir sur les bromures, du cuivre, de l'eau et de l'iodure de potassium à la température de 275 degrés, conformément aux procédés décrits dans mon Mémoire relatif aux substitutions inverses (¹).

En opérant sur le mélange des bromures préparés dans les expériences précédentes, et distribués dans trois tubes, on a obtenu plus d'un demi-litre de gaz régénéré. On sait que le carbone de ce gaz provient de 60 litres d'oxyde de carbone.

Or ce gaz est un mélange de gaz oléfiant, de propylène, d'hydrure d'éthyle, d'un peu d'acide carbonique et d'une trace d'azote. Le gaz oléfiant et le propylène sont régénérés directement de leurs bromures, tandis que l'acide carbonique et l'hydrure d'éthyle sont des produits secondaires, développés au moment de cette régénération ; l'azote vient de l'air des appareils.

Pour simplifier l'exposition des résultats, on a retranché dans les calculs le volume de l'acide carbonique absorbé par la potasse, et celui de l'azote, lequel est connu par une mesure directe, opérée après combustion et absorption de l'excès d'oxygène.

Voici quels nombres a fournis l'analyse des gaz combustibles :

.On a analysé par combustion une portion de ce gaz :

100 volumes ont fourni

215 volumes d'acide carbonique, et la diminution finale due à la disparition du gaz combustible et de l'oxygène correspondant était égale à

427 volumes.

(¹) *Annales de Chimie et de Physique,* 3ᵉ série, t. LI, p. 54. — *Voir* Tome III du présent Ouvrage.

De ces nombres on peut conclure la composition quantitative du gaz analysé, pourvu que sa nature soit établie qualitativement. Or on prouvera tout à l'heure qu'il ne renferme que trois gaz combustibles : l'éthylène, le propylène et l'hydrure d'éthyle :

1 volume d'éthylène, C^2H^4, produit 2 volumes d'acide carbonique et la diminution finale est égale à 4 volumes ;

1 volume de propylène, C^3H^6, produit 3 volumes d'acide carbonique, et la diminution finale est égale à $5\frac{1}{2}$ volumes ;

1 volume d'hydrure d'éthyle, C^2H^6, produit 2 volumes d'acide carbonique et la diminution finale est égale à $4\frac{1}{2}$ volumes.

Soient donc x le volume du gaz oléfiant, y celui du propylène z celui de l'hydrure d'éthyle ; on pourra exprimer le volume primitif du mélange

$$100 = x + y + z ;$$

le volume de l'acide carbonique produit

$$215 = 2x + 3y + 2z,$$

et la diminution finale due à la disparition du gaz combustible et de l'oxygène employé à le brûler,

$$427 = 4x + 5\tfrac{1}{2}y + 4\tfrac{1}{2}z.$$

D'où l'on tire :

$$\text{Éthylène, } C^2H^4 \ldots\ldots\ldots\ldots \quad x = 76$$
$$\text{Propylène, } C^3H^6 \ldots\ldots\ldots\ldots \quad y = 15$$
$$\text{Hydrure d'éthyle, } C^2H^6 \ldots \quad z = 9$$

L'analyse qualitative de ce gaz peut être effectuée à l'aide de deux dissolvants, le brome et l'acide sulfurique concentré.

Le brome absorbe l'éthylène et le propylène, mais respecte l'hydrure d'éthyle, dont on peut ensuite déterminer la nature par l'analyse eudiométrique ([1]).

L'acide sulfurique concentré absorbe le propylène presque immédiatement, et il ne dissout l'éthylène qu'à l'aide d'une agitation violente et soutenue pendant 3000 secousses. Ce dernier phéno-

___

([1]) L'hydrure d'éthyle pourrait être mélangé avec un système équivalent d'hydrure de propyle et d'hydrogène :

$$3\,C^2H^6 = 2\,C^3H^8 + H^2 ;$$

l'analyse eudiométrique ne distinguerait pas ces deux systèmes.

mène caractérise à lui seul l'éthylène, car aucun autre gaz ne présente rien d'analogue.

La nature même de ce gaz, aussi bien que celle du propylène, peuvent être déterminées par des mesures rigoureuses, en comparant les résultats de l'analyse eudiométrique du gaz primitif avec ceux de l'analyse du résidu dépouillé de gaz oléfiant et de propylène, soit par l'action du brome, soit par l'action d'abord immédiate, puis prolongée, de l'acide sulfurique.

A cette fin on a analysé :

1° Une portion du gaz, après lui avoir fait subir l'action du brome ;

2° Une portion du gaz, après lui avoir fait subir l'action prolongée de l'acide sulfurique ;

3° Enfin une portion du gaz, après lui avoir fait subir seulement la première action de ce même acide.

(I) Voici les résultats de l'analyse eudiométrique des gaz combustibles obtenus dans ces trois conditions, et rapportés à 100 volumes du gaz primitif :

1°   9   volumes du gaz combustible non absorbable par le brome ont fourni
18,1 volumes d'acide carbonique, et la diminution finale a été trouvée. égale à
40,8 volumes.

Ces nombres conduisent à la composition de l'hydrure d'éthyle, C^2H^6 ([1]); car

9 .. volumes de ce gaz doivent produire
18 volumes d'acide carbonique, avec une diminution finale égale à
40,5 volumes.

2° De même,

9   volumes du gaz combustible, non dissous par l'acide sulfurique au bout de 3000 secousses, ont fourni
18,2 volumes d'acide carbonique, et la diminution finale a été trouvée égale à
41   volumes.

([1]) *Voir* la note précédente.

Ces nombres conduisent également à la composition de l'hydrure d'éthyle.

3° Enfin

85   volumes du gaz privé de propylène par la première action de l'acide sulfurique ont fourni

170   volumes d'acide carbonique, la diminution totale étant égale à

345   volumes.

Ce gaz étant regardé comme un mélange d'éthylène et d'hydrure d'éthyle, on peut en calculer les proportions relatives. Soient x le volume de l'éthylène et y le volume de l'hydrure d'éthyle; on a

$$85 = x + y,$$
$$170 = 2x + 2y,$$
$$345 = 4x + 4\tfrac{1}{2}y,$$

d'où

$$x = \text{éthylène} = 75,$$
$$y = \text{hydrure d'éthyle} = 10,$$

nombres qui s'accordent sensiblement avec ceux de la première analyse eudiométrique.

Les résultats des diverses analyses eudiométriques qui précèdent se contrôlent les uns les autres et sont indépendants de toute mesure relative aux volumes gazeux dissous par le brome et par l'acide sulfurique : ils suffisent donc pour établir la nature des gaz analysés.

Toutefois, pour plus de certitude, on a cru utile d'établir deux vérifications nouvelles, l'une tirée des mesures relatives aux volumes gazeux absorbés par le brome et par l'acide sulfurique concentré; l'autre de la comparaison de ces mesures avec les quatre analyses qui précèdent.

(II) Voici la première vérification :

100   volumes du gaz primitif, traités par le brome, se sont réduits à

8,7   volumes. L'absorption, égale à

91,3   volumes, représente l'éthylène et le propylène réunis.

D'autre part :

100   volumes du gaz primitif, agités quinze à vingt fois avec l'acide sulfurique concentré, ont perdu

15   volumes (propylène).

Et il est resté

85   volumes. D'ailleurs l'agitation prolongée de ce résidu avec l'acide sul-
    furique concentré, pendant 3000 secousses, a réduit le gaz à
9,5   volumes. La seconde absorption, caractéristique de l'éthylène, repré-
    sente donc
75,5 volumes.

Or, d'après les analyses eudiométriques envisagées séparément,

100   volumes du mélange analysé sont formés par
76   volumes d'éthylène   ) en tout : 91;
15   volumes de propylène)
9   volumes d'hydrure d'éthyle.

On voit que tous ces résultats concordent, dans les limites des
petites erreurs que comporte toute détermination numérique.

(III) Enfin la comparaison entre les résultats des analyses eudiométriques et les résultats des analyses opérées par le brome et
par l'acide sulfurique peut être présentée sous une forme un peu
différente de la précédente, mais plus propre à mettre en évidence
la nature et la composition des gaz examinés :
    1° :

100 volumes du gaz primitif ont fourni dans l'eudiomètre
215 volumes d'acide carbonique, avec une diminution finale égale à
427 volumes.

Or ces 100 volumes, agités quinze à vingt fois avec l'acide sulfurique, ont perdu dans un autre essai :

15 volumes, et les
85 volumes restants, brûlés dans l'eudiomètre, ont fourni
170 volumes d'acide carbonique, la diminution finale étant égale à
345 volumes.

D'où il suit que les

15 volumes de gaz absorbés immédiatement par l'acide sulfurique ont fourni
    215 — 170, ou
45 volumes d'acide carbonique, la diminution finale (gaz combustible et oxy-
    gène employé à le brûler) qui leur correspond étant égale à 427 — 345,
    ou
2 volumes.

Ces nombres s'accordent avec la composition du propylène, car

15 volumes de propylène, C^3H^6, fournissent
45 volumes d'acide carbonique, la diminution finale étant égale à
82,5 volumes.

Ceci établit la nature du propylène par sa composition.

2° La nature de l'éthylène se démontre de la même manière; car les

85 volumes précédents qui avaient résisté à l'action immédiate de l'acide sulfurique, étant agités de nouveau d'une façon prolongée, par 3000 secousses avec l'acide sulfurique concentré, ont perdu
75,5 volumes, et les
9,5 volumes restants, brûlés dans l'eudiomètre, ont fourni
19,2 volumes d'acide carbonique, la diminution finale étant égale à
43,3 volumes.

D'où il suit que les

75,5 volumes de gaz absorbés en dernier lieu par l'acide sulfurique ont fourni
170 — 19,2 ou
150,8 volumes d'acide carbonique, la diminution (gaz combustible et oxygène employé à le brûler) correspondante étant égale à 345 — 43,3 ou
301,7 volumes.

Ces nombres s'accordent avec la composition de l'éthylène, car

75,5 volumes de gaz oléfiant, C^2H^4, fournissent
151 volumes d'acide carbonique, la diminution finale étant égale à
302 volumes.

En résumé, les analyses qui précèdent établissent rigoureusement la formation de l'éthylène et celle du propylène au moyen du formiate de baryte, préparé lui-même avec des éléments purement minéraux.

L'identité de l'éthylène ainsi formé avec l'éthylène ordinaire résulte, non seulement de sa composition, mais du mode d'action caractéristique qu'exerce sur ce gaz l'acide sulfurique concentré. Pour la confirmer, on a poussé jusqu'au bout l'étude des produits définis de cette dernière réaction.

On a donc pris le gaz régénéré des bromures et non employé dans les analyses : son volume s'élevait à près d'un demi-litre. On l'a agité pendant une minute avec l'acide sulfurique concentré, pour éliminer le propylène. Le reste du gaz a été introduit dans un flacon et agité 3000 fois avec une autre proportion d'acide sulfurique concentré. Au bout de ce temps, tout l'éthyléne s'est trouvé combiné avec l'acide sulfurique, sous forme d'acide sulfovinique. On a étendu d'eau le liquide et on l'a saturé par du carbonate de baryte; la liqueur filtrée et évaporée d'abord au bain-marie, puis dans le vide, a fourni des cristaux bien définis de sulfovinate de baryte.

Ainsi, dans la série des expériences qui précèdent et dont l'exécution a duré plusieurs mois, le carbone contenu dans le carbonate de baryte, après avoir été changé successivement en oxyde de carbone, en formiate de potasse, en acide formique, en formiate de baryte; puis en éthylène, en bromure de ce gaz, en éthylène régénéré pour la seconde fois, enfin en acide sulfovinique et en sulfovinate de baryte; après avoir passé par dix combinaisons successives et traversé cinq fois l'état gazeux, sans jamais avoir été en contact avec aucune substance organique, ce carbone, dis-je, se trouve définitivement fixé dans un composé organique cristallisé, défini, et dont la transformation en alcool ne présente aucune difficulté et a été démontrée par la formation de l'éther benzoïque. Cette expérience établit donc complètement la formation de l'alcool au moyen d'éléments purement minéraux : le carbonate de baryte et l'eau sont les seuls composés qui aient fourni leurs éléments à l'alcool formé.

L'expérience fondamentale qui vient d'être développée avait été précédée par un grand nombre d'autres, exécutées sur les formiates préparés en plus grandes proportions, par des procédés plus faciles, et destinées à fixer les conditions de l'expérience principale.

Parmi ces essais, on décrira seulement le suivant, dans lequel la transformation en alcool de l'éthylène des formiates a été poussée jusqu'au bout. Cet essai, exécuté sur une proportion de matière plus considérable, était spécialement consacré à étudier la nature et les proportions relatives des produits multiples formés dans la décomposition du formiate de baryte par la chaleur.

On a préparé cette fois le formiate de baryte au moyen de l'acide formique produit aux dépens de l'acide oxalique, c'est-à-dire non plus aux dépens de l'oxyde de carbone libre, mais aux dépens de l'oxyde de carbone naissant ([1]).

([1]) *Voir* le Chapitre XXXVIII, p. 230.

On a saturé 1 kilogramme d'acide formique par du carbonate de baryte et l'on a fait cristalliser le formiate de baryte. On a mis de côté les dernières eaux mères, afin de prévenir tout soupçon relatif à la pureté du sel, et l'on a opéré seulement sur les 2 kilogrammes de formiate de baryte obtenus en premier lieu.

On a distillé en deux fois cette proportion de formiate de baryte, préalablement desséché, en opérant exactement comme il a été dit précédemment. Les appareils étaient disposés de la même manière et se composaient :

1° D'une cornue de grès ;

2° De deux petits flacons vides, propres à recueillir les liquides ;

3° De deux éprouvettes ovoïdes, contenant le brome destiné à condenser les carbures ;

4° D'un flacon laveur renfermant de la soude ;

5° D'une cuve à eau pour recueillir les gaz.

A la fin de l'expérience, la cornue renferme un mélange de carbonate de baryte et de carbone noir et amorphe, dans la proportion de 1,1 partie de carbone pour 98,9 de carbonate de baryte.

Les premiers flacons contiennent 50 grammes d'eau, chargée d'une faible proportion de substances pyrogénées, et environ $1^{gr},5$ d'une huile pesante, empyreumatique, insoluble dans l'eau et analogue à celle qui se forme dans la distillation du sucre.

Le brome des éprouvettes, dissous dans une lessive de soude employée en excès, a abandonné près de 25 grammes de bromures liquides, analogues à la liqueur des Hollandais.

Les gaz recueillis sur la cuve à eau sont un mélange d'acide carbonique, d'oxyde de carbone, d'hydrogène et de formène ; leur proportion relative varie extrêmement d'une opération à l'autre et jusque dans la durée d'une même opération.

Voici le détail de l'analyse de deux échantillons recueillis dans des expériences distinctes : l'un sur le mercure sans avoir subi de lavage alcalin, l'autre sur l'eau, après avoir été privé de son acide carbonique par les alcalis.

100   volumes du premier gaz, traités par la potasse, ont perdu

16   volumes d'acide carbonique ; le résidu brûlé dans l'eudiomètre a fourni

41   volumes d'acide carbonique ; et la diminution finale, due à la combustion du gaz combustible et de l'oxygène correspondant, s'est trouvée égale à

131   volumes. Après l'élimination de l'excès d'oxygène, il est resté

1   volume d'azote.

D'où l'on déduit que

100 volumes de ce gaz renferment :

$$
\begin{array}{lr}
\text{Formène (gaz des marais), } CH^4\ldots\ldots & 4 \\
\text{Oxyde de carbone}\ldots\ldots\ldots & 37 \\
\text{Hydrogène}\ldots\ldots\ldots & 42 \\
\text{Acide carbonique}\ldots\ldots\ldots & 16 \\
\text{Azote}\ldots\ldots\ldots & 1 \\
\hline
& 100
\end{array}
$$

Pour contrôler cette analyse, on a traité une autre portion du gaz par la potasse, puis par le protochlorure de cuivre en solution chlorhydrique ; ce dernier était destiné à absorber l'oxyde de carbone ; il a produit une diminution de volume égale à 37,5 cen-tièmes.

On a fait détoner le résidu dans l'eudiomètre :

47　　volumes du résidu ont fourni
4　　volumes d'acide carbonique, et la diminution finale a été trouvée
　　　　égale à
74,5 volumes. Il est resté
1　　volume d'azote.

D'où l'on déduit que ces 47 volumes étaient formés de

$$
\begin{array}{lr}
\text{Gaz des marais, } CH^4\ldots\ldots & 4 \\
\text{Hydrogène}\ldots\ldots\ldots & 42 \\
\text{Azote}\ldots\ldots\ldots & 1
\end{array}
$$

Résultat concordant avec le précédent, et concourant de même à établir la formation du gaz des marais dans la distillation du for-miate de baryte.

Cette formation résulte encore de l'analyse suivante, faite sur un gaz privé de son acide carbonique et recueilli sur l'eau, dans une autre expérience :

100　　volumes de ce gaz, brûlés dans l'eudiomètre, ont fourni
50　　volumes d'acide carbonique, la diminution finale était égale à
166,5 volumes. Le volume de l'azote était inférieur à $\frac{1}{400}$.

D'où l'on déduit pour la composition de ce gaz :

$$
\begin{array}{lr}
\text{Gaz des marais, } CH^4\ldots\ldots & 11 \\
\text{Oxyde de carbone}\ldots\ldots\ldots & 39 \\
\text{Hydrogène}\ldots\ldots\ldots & 50 \\
\hline
& 100
\end{array}
$$

Ces analyses, et plusieurs autres, qu'il serait superflu de transcrire, confirment la formation du gaz des marais dans la distillation des formiates.

Les bromures d'hydrogène carbonés ont été l'objet d'une étude particulière. On les a isolés et distillés; on a obtenu à l'aide de deux séries successives de distillations fractionnées :

1° Un liquide neutre, volatil vers 130 degrés et présentant les propriétés du bromure d'éthylène : c'est le produit principal;

2° Un liquide neutre, volatil entre 145 et 150 degrés, présentant les propriétés du bromure de propylène : ce liquide est beaucoup moins abondant que le précédent;

3° Une petite quantité de liquides bromurés volatils de 150 à 190 degrés, et même de liquides non volatils à cette dernière température, à laquelle le mélange sur lequel on opère commence à se décomposer.

D'après les expériences relatives à la distillation des acétates, des butyrates, etc., qui seront développées d'ailleurs, il est probable que les derniers liquides bromurés renferment du bromure de butylène, du bromure d'amylène, etc.; mais leur proportion était trop faible pour permettre un examen approfondi.

On a régénéré l'éthylène et le propylène de leurs bromures, en chauffant ces derniers composés à 275 degrés, avec de l'eau, du cuivre et de l'iodure de potassium.

Voici l'analyse des gaz combustibles fournis par ces deux bromures.

Bromure d'éthylène.

1° D'une part :

100   volumes du gaz combustible régénéré (¹) du bromure d'éthylène et privé d'acide carbonique ont été brûlés dans l'eudiomètre; ils ont donné

184   volumes d'acide carbonique, la diminution finale (gaz combustible et oxygène correspondant) étant égale à

473   volumes.

2° D'autre part :

100   volumes du même gaz ont été privés d'éthylène par l'action du brome, lequel a absorbé

84   volumes; et

16   volumes du résidu, brûlés dans l'eudiomètre, ont fourni

(¹) On a retranché l'azote.

16   volumes d'acide carbonique, la diminution finale étant égale à 37,5 volumes.

3° Enfin 100 volumes du gaz primitif, traité par l'acide sulfurique monohydraté, en ont éprouvé l'action d'une manière lente et graduelle; au bout de 3000 secousses, 83,5 volumes se sont trouvés absorbés. Les caractères de cette absorption suffisent pour prouver que le gaz absorbé est l'éthylène.

Les mesures obtenues dans les expériences qui précèdent permettent de calculer la composition du mélange gazeux analysé, par plusieurs procédés déduits de données différentes, qui se contrôlent les unes les autres.

Cette composition est la suivante :

Gaz primitif, 100 volumes.

Éthylène, C^2H^4	84,0
Hydrure d'éthyle, C^2H^6	4,5
Oxyde de carbone...................	7,0
Hydrogène	4,5
	100,0

Gaz non absorbable par le brome, 16 volumes.

Hydrure d'éthyle, C^2H^6	4,5
Hydrogène......................	4,5
Oxyde de carbone.................	7,0
	16,0

Pour calculer ces nombres on a employé deux procédés très différents, lesquels conduisent à peu près aux mêmes résultats.

D'un côté l'on compare le système des six équations eudiométriques obtenues directement, sans s'occuper en aucune façon des mesures relatives à l'action des dissolvants, et l'on conclut de cette comparaison l'existence et la proportion de l'éthylène et des autres éléments du mélange.

D'autre part, l'on a tenu compte des résultats fournis par les absorbants et l'on s'en est servi pour calculer la composition du mélange gazeux; les résultats fournis par cette seconde méthode s'accordent suffisamment avec ceux de la première, qui en est tout à fait distincte et indépendante.

Voici comment s'exécutent ces calculs :

Première méthode.

100   volumes de gaz primitif ont donné
184   volumes d'acide carbonique, la diminution finale étant de
373   volumes.
16   volumes du gaz non absorbé par le brome ont donné
16   volumes d'acide carbonique, la diminution finale étant de
37,5   volumes.

Soient x le volume du gaz absorbé par le brome et y le volume du gaz qu'il n'absorbe pas;

x fournira nx volumes d'acide carbonique, et y, d'après l'expérience, y volumes du même gaz; la diminution finale correspondant à x et à l'oxygène nécessaire pour le brûler sera $n'x$ volumes, et la diminution finale correspondant à y sera $\dfrac{37,5}{16}y$ volumes.

On a donc

$$100 = x + y,$$
$$184 = nx + y,$$
$$373 = n'x + \frac{37,5}{16}y.$$

Éliminant y,

$$(16\,n' - 37,5)\,x = 2218,$$
$$(n - 1)\,x = 84,$$

Éliminant x,

$$\frac{16\,n' - 37,5}{n - 1} = \frac{2218}{84}.$$

Enfin, remarquant que tous les gaz hydrocarbonés connus (^{1}) insolubles dans l'eau et absorbables par le brome sont compris dans la formule

$$C^n H^2;$$

ce qui donne entre n et n' la relation

$$n' = \frac{3}{2}\,n + 1,$$

(^{1}) En 1857. Les carbures acétyléniques découverts depuis compliquent la théorie des analyses; mais ils ne se forment pas dans les conditions décrites par le présent Chapitre. En outre, ils ne satisferaient pas aux données eudiométriques complètes, calculées d'après la diminution finale. Mais il me paraît superflu de donner cette discussion additionnelle.

relation entre l'acide carbonique et les volumes réunis du gaz combustible et de l'oxygène qui l'ont fourni. On en tire

$$n = \frac{200}{101} = 2,04;$$

c'est-à-dire que le gaz de la formule

$$C^n H^{2n},$$

absorbable par le brome, fournit sensiblement deux fois son volume d'acide carbonique : c'est donc de l'éthylène, $C^2 H^4$.

Sa proportion centésimale, $x = 81$.

Sa nature se trouve ainsi établie, indépendamment de la nature qualitative du mélange gazeux non absorbable par le brome.

La composition des 16 volumes de gaz non absorbable par le brome, qui ont été soumis à l'analyse, peut se représenter soit par 7 volumes d'oxyde de carbone, 4,5 volumes d'hydrogène, 4,5 volumes d'hydrure d'éthyle, soit par 7 volumes d'oxyde de carbone et 9 volumes de gaz des marais : car ces deux systèmes fournissent exactement les mêmes résultats eudiométriques et sont équivalents. Mais on a préféré admettre l'existence de l'hydrure d'éthyle, en raison des résultats obtenus dans l'action dissolvante de l'alcool absolu, et surtout parce que la formation de ce gaz, à l'exclusion du gaz des marais, a été établie d'une manière rigoureuse, dans des expériences faites sur le bromure d'éthylène préparé avec l'éthylène pur.

D'après les nombres cités plus haut,

100   volumes de gaz primitif traités par le brome ont perdu
84   volumes.
100   volumes de ce gaz primitif, traités par l'acide sulfurique, ont perdu
83,5 volumes,

et l'absorption par l'acide sulfurique a présenté les phénomènes caractéristiques de celle de l'éthylène. Or, d'après la combinaison des six équations eudiométriques, et l'hypothèse que le gaz absorbé par le brome présentait la composition $C^n H^{2n}$, on a vu que

100   volumes du gaz primitif renfermaient
81   volumes d'éthylène.

Ces divers résultats s'accordent suffisamment; surtout si l'on remarque que le dernier résulte de la combinaison de six données numérique, dont chacune est sujette aux petites erreurs inévitables dans les expériences.

Deuxième méthode.

On vient de calculer la nature et la proportion de l'éthylène dans le mélange gazeux, en s'appuyant exclusivement sur les équations eudiométriques ; mais ce calcul exige dans les mesures une extrême précision, car la moindre erreur fait varier, dans une proportion considérable, les inconnues qui se multiplient l'une par l'autre. Aussi, dans la plupart des cas, est-il beaucoup plus sûr de calculer directement les résultats eudiométriques et de les comparer aux volumes absorbés par le brome et par l'acide sulfurique.

Ce contrôle, indépendant de toute hypothèse sur la nature du gaz combustible absorbable par le brome, peut servir à en établir la composition ; les calculs auxquels il conduit définissent plus clairement la nature du gaz absorbable par le brome.

En effet,

100   volumes de gaz primitif ont donné
184   volumes d'acide carbonique, la diminution finale (gaz combustible et oxygène employé à le brûler) étant de
373   volumes.

Le brome a dissous
84   volumes, et les
16   volumes restant ont fourni
16   volumes d'acide carbonique, la diminution finale étant égale à
37,5   volumes.

Donc :

84   volumes du gaz absorbable par le brome fournissent $184 - 16 =$
168   volumes d'acide carbonique, la diminution finale étant égale à $373 - 37,5 =$
335,5   volumes.

Ces nombres s'accordent avec la composition de l'éthylène [1], car

84   volumes de ce gaz fournissent
168   volumes d'acide carbonique, la diminution finale étant égale à
336   volumes.

Ainsi l'un des bromures préparés avec les gaz du formiate de baryte a régénéré de l'éthylène.

Avant d'exposer les transformations que l'on a fait éprouver à ce

---

[1] * Ils excluent celle du carbure C^2H^2, l'acétylène. (*Voir* la note p. 255.)

gaz, il est nécessaire d'étudier les gaz régénérés du bromure de propylène, produit avec le même formiate de baryte.

Bromure de propylène.

1° 100 volumes du mélange gazeux combustible, produit au moyen du bromure de propylène, mélange privé au préalable d'acide carbonique, ont été brûlés dans l'eudiomètre. Ils ont fourni

210,5 volumes d'acide carbonique, la diminution totale (gaz combustible et oxygène qui l'a brûlé) étant égale à
440 volumes.

2° 100 volumes du même gaz ont été privés de propylène par l'action du brome, lequel a dissous

    55 volumes; et
3° 45 volumes de résidu, brûlés dans l'eudiomètre, ont fourni
    45 volumes d'acide carbonique, la diminution finale étant égale à
  134,5 volumes.

4° Enfin 100 volumes de ce gaz primitif, agités avec l'acide sulfurique concentré, ont perdu immédiatement 54 volumes; l'acide employé dans cette expérience avait pris l'odeur caractéristique et analogue à celle du cyprès, que possède une dissolution de propylène dans l'acide sulfurique.

D'après l'ensemble des mesures et des propriétés précédentes, 100 volumes du gaz primitif peuvent être regardés comme formés de

$$
\begin{array}{lr}
\text{Propylène. } C^3H^6 \dots\dots\dots\dots\dots\dots\dots & 55 \\
\text{Hydrure de propyle, } C^3H^8 \dots\dots\dots\dots & 15 \\
\text{Hydrogène} \dots\dots\dots\dots\dots\dots\dots\dots\dots & 30 \\
\hline
& 100
\end{array}
$$

et 45 volumes de gaz non absorbable par le brome peuvent être egardés comme un mélange de

$$
\begin{array}{lr}
\text{Hydrure de propyle, } C^3H^8 \dots\dots\dots\dots & 15 \\
\text{Hydrogène} \dots\dots\dots\dots\dots\dots\dots\dots\dots & 30 \\
\hline
& 45
\end{array}
$$

La composition du gaz non absorbable par le brome peut se

représenter : soit par 15 volumes d'hydrure de propyle et 30 volumes
de gaz d'hydrogène ; soit par 45 volumes de gaz des marais ; car ces
deux systèmes fournissent les mêmes résultats eudiométriques.
Mais on a préféré admettre l'existence de l'hydrure de propyle,
parce que l'action dissolvante de l'alcool absolu démontre dans ce
gaz l'existence de deux parties distinctes, l'une (hydrure de propyle) très soluble, l'autre (hydrogène) presque insoluble dans ce
menstrue. D'ailleurs la formation de l'hydrure de propyle, à l'exclusion du gaz des marais, a été établie d'une manière directe dans
des expériences faites sur le bromure de propylène, préparé avec
le propylène pur.

La nature du gaz absorbable par le brome peut être contrôlée
d'une manière plus directe, en comparant les mesures eudiométriques avec les mesures par absorption.

En effet,

55   volumes de ce gaz ont fourni 210,5 — 45 ou
165,5 volumes d'acide carbonique, la diminution finale (gaz combustible et
       oxygène qui l'a brûlé) étant égale à 440 — 134,5 ou
305,5 volumes.

Or

55   volumes de propylène, C^3H^6, fournissent
165   volumes d'acide carbonique, la diminution finale étant égale à
302,5 volumes,

nombres qui s'accordent sensiblement avec les précédents.

Ainsi le second bromure défini obtenu avec les gaz du formiate
de baryte a régénéré du propylène.

La formation du propylène et celle de l'éthylène aux dépens
des éléments du formiate de baryte est établie par les expériences
qui précèdent ; car ces gaz ont été obtenus en nature, à la suite
d'une série de transformations définies. On s'est demandé si ces
gaz préexistent parmi les produits de la distillation du formiate de
baryte, ou bien si les bromures dont on peut les extraire auraient
été formés par la réaction du brome sur les liquides pyrogénés qui
se développent dans cette distillation. Comme la presque totalité de
ces liquides se trouve condensée dans les deux flacons qui précèdent
le brome, il est facile d'éclaircir ce doute par l'expérience directe.
Or l'action du brome, tant sur les liquides aqueux condensés que
sur l'huile empyreumatique qu'ils surnagent, n'a fourni que des
traces très douteuses de composés liquides, insolubles dans une

dissolution de potasse. Ce ne sont donc pas les liquides pyrogénés qui ont pu donner naissance aux bromures d'éthylène et de propylène, et l'on est conduit à admettre la préexistence de ces carbures d'hydrogène au sein des produits gazeux de la distillation du formiate de baryte.

L'éthylène, régénéré dans les expériences qui précèden t, a été soumis à une série de transformations définies, de façon à établir avec certitude son identité complète avec l'éthylène ordinaire.

Dans ce but, on l'a agité avec l'acide sulfurique concentré, jusqu'à ce qu'il fût complètement absorbé et changé en acide sulfovinique ; puis l'acide a été étendu. d'eau avec précaution, en évitant tout dégagement notable de chaleur ; on a saturé par du carbonate de baryte, filtré, évaporé au bain-marie, de façon à obtenir du sulfovinate de baryte. Ce sel est défini par sa cristallisation en tables rhomboïdales, douées d'un éclat tout particulier.

Mêlé intimement avec du benzoate de potasse, introduit dans une cornue tubulée et chauffé au bain d'huile entre 200 et 220 degrés, il a fourni de l'éther benzoïque, c'est-à-dire un nouveau composé caractéristique.

Cet éther benzoïque, chauffé à 190 degrés dans un tube scellé avec une dissolution aqueuse de potasse, s'est dissous entièrement et décomposé, en régénérant du benzoate de potasse et de l'alcool. Enfin on a pu isoler par une dernière distillation cet alcool lui-même.

Ainsi l'éthylène, formé au moyen des éléments du formiate de baryte, a pu être changé successivement en acide sulfovinique, sulfovinate de baryte, éther benzoïque et alcool. Il possède donc non seulement la composition, mais tous les caractères de l'éthy-lène ordinaire.

Cette série d'expériences est une nouvelle démonstration de la formation de l'alcool au moyen d'éléments purement minéraux.

Pour caractériser complètement les réactions qui donnent naissance aux carbures d'hydrogène dans la décomposition du formiate de baryte par la chaleur, on a déterminé les proportions relatives des divers produits de cette distillation. Bien que ces produits varient dans leur nature et dans leur proportion, suivant les conditions de chaque opération et dans le cours d'une même opération, on peut cependant représenter les résultats moyens de l'ensemble des expériences de la manière suivante :

D'après ces résultats moyens,

100   parties de formiate de baryte ont donné :
87,6   carbonate de baryte,
1,1   carbone,
2,5   eau,
1,3   bromures d'hydrogènes carbonés, constitués surtout par de l'éthylène,
0,07   huile pesante empyreumatique,

et un mélange gazeux composé de

Gaz des marais, CH^4	9
Oxyde de carbone	37
Hydrogène	40
Acide carbonique	14
	100

Ces nombres peuvent se représenter approximativement de la manière suivante :

Les $\frac{4}{9}$ du formiate de baryte se sont décomposés en carbonate de baryte, oxyde de carbone et hydrogène :

$$(CHO^2)^2 Ba = CO^3 Ba + CO + H^2 ;$$

$\frac{1}{4}$ en carbonate de baryte, carbone et eau :

$$(CHO^2)^2 Ba = CO^3 Ba + C + H^2O ;$$

Les éléments CH^2O se groupent ainsi de deux manières différentes ;

$\frac{2}{9}$ du formiate se transforment en carbonate de baryte, acide carbonique et gaz des marais :

$$2(CHO)^2 Ba = 2 CO^3 Ba + CO^2 + CH^4 ;$$

Les éléments $2(CH^2O)$ se groupent ainsi d'une manière différente ;

$\frac{1}{15}$ du formiate se change en carbonate de baryte, éthylène ou carbures analogues, acide carbonique et hydrogène :

$$4(CHO^2)^2 Ba = 4 CO^3 Ba + 2 CO^2 + 2 H^2 + C^2 H^4,$$

réaction qui se ramène à la précédente, étant établi (p. 77. et 216)
que le formène sous l'influence de la chaleur rouge se change en
partie en éthylène et hydrogène

$$2\,CH^4 = C^2H^4 + 2\,H^3.$$

Ici ce sont les éléments $4(CH^2O)$ qui se transforment.

Enfin $\dfrac{1}{80}$ du formiate fournit du carbonate de baryte, une huile
pyrogénée insoluble dont la nature n'a pas été déterminée, etc.

D'après cette représentation de la décomposition, on aurait dû
obtenir avec 100 parties de formiate de baryte :

86,8   carbonate de baryte,
 1,3   carbone,
 2,0   eau,
 1,4   bromure d'éthylène,
 0,06 huile pyrogénée insoluble, assimilée aux carbures, etc.,

et un mélange gazeux formé de

<pre>
Gaz des marais, CH⁴...............   9,5
Oxyde de carbone.................   37,5
Hydrogène   40,5
Acide carbonique................   12,5
                                   ───────
                                    100,0
</pre>

Pour préciser exactement dans quelle proportion s'opère la
formation des carbures d'hydrogène, il suffira de rappeler que
60 litres d'oxyde de carbone fournissent en fait environ 3 litres de
gaz des marais et un demi-litre d'éthylène : tels sont les nombres
obtenus dans l'expérience qui a permis de régénérer ces carbures
d'hydrogène au moyen d'éléments minéraux. .

On remarquera le rôle fondamental que joue, dans ces métamorphoses synthétiques, le groupement CH^2O, sur lequel j'ai déjà
appelé l'attention au début du présent Chapitre. C'est aussi le point
de départ de la synthèse végétale, procédant à partir des éléments
de l'acide carbonique et de l'eau, privés d'une partie de leur oxygène

$$CO^2 + H^2O - O^2 = CH^2O.$$

Ce point de départ se retrouve donc à la fois dans la synthèse chimique pure, des laboratoires, aussi bien que dans la synthèse accomplie au sein des êtres vivants ([1]).

Les synthèses du formène et de l'éthylène ainsi accomplies constituent de nouveaux points de départ : le formène, d'une part, sert à reconstituer l'alcool méthylique et tous les composés qui renferment un atome de carbures; l'éthylène, d'autre part, engendre l'alcool éthylique et tous ses dérivés. Ceux-ci permettent d'aller plus loin, en procédant toujours par les mêmes méthodes. Ainsi avec l'alcool ordinaire, on fabrique l'acide acétique, et la distillation sèche des acétates fournit à son tour des carbures plus compliqués, tels que le propylène, le butylène, l'amylène, que j'ai pu caractériser : cette marche synthétique s'élève ainsi indéfiniment. J'en exposerai la suite dans le second Volume.

([1]) *Leçons sur les méthodes générales de synthèse*, p. 181; 1864.

LIVRE II.

LES DÉRIVÉS DE L'ACÉTYLÈNE.

INTRODUCTION.

L'acétylène se combine à la plupart des corps simples et à un grand nombre de corps composés; ces combinaisons ont lieu souvent par voie directe et avec dégagement de chaleur, c'est-à-dire qu'elles sont assimilables à celles d'un véritable radical. Cette aptitude et cette plasticité résultent à la fois du caractère incomplet, non saturé de l'acétylène, carbure dans lequel la capacité de saturation du carbone n'est pas épuisée; et de la formation endothermique de l'acétylène, laquelle constitue une réserve d'énergie considérable, exprimée par 58100 calories pour une molécule (26^{gr}) et susceptible de déterminer une multitude de combinaisons et réactions ultérieures.

Sans prétendre en retracer ici le tableau général, je me bornerai à signaler celles dont j'ai fait une étude expérimentale particulière. Ce sont :

1° Les *polymérisations*, ou réunions de plusieurs molécules d'acétylène en une seule, phénomènes assimilables à la combinaison. J'ai réalisé ainsi la synthèse directe de la benzine, du styrolène, de la naphtaline, de l'anthracène, etc. Ces synthèses ont été exposées dans le Chapitre XIX du Livre I (p. 81). Les expériences concernant les autres corps de ce groupe que j'ai étudiés seront développées dans le Livre III, relatif aux carbures pyrogénés.

2° Les *combinaisons de l'acétylène avec les autres carbures d'hydrogène*. Mes expériences sur ce sujet font l'objet principal du Livre III.

3° Les *combinaisons de l'acétylène avec l'hydrogène*. Telle est la synthèse de l'éthylène exposée dans le Chapitre XVII du Livre I (p. 71). Mes expériences concernant les combinaisons ultérieures de l'acétylène et des carbures qui en dérivent avec l'hydrogène seront décrites avec détail dans le Livre IV.

4° Les *combinaisons de l'acétylène avec l'azote* et spécialement la synthèse directe de l'acide cyanhydrique vont être présentées dans la première Section du présent Livre, qui comprend deux Chapitres.

5° Les *combinaisons de l'acétylène avec l'oxygène* et la synthèse par ce carbure des acides acétique, glycollique, oxalique, ainsi que la synthèse du phénol, font l'objet de la seconde Section, comprenant huit Chapitres distincts dans le présent Livre. Cet exposé aura lieu sans préjudice de l'étude des méthodes expérimentales d'oxydation des carbures, auxquelles j'ai consacré des expériences, signalées dans le Livre V.

6° Les *combinaisons des éléments halogènes avec l'acétylène* ont également fait l'objet des expériences de la troisième Section du présent Livre, lesquelles comprennent entre autres la synthèse du chlorure de Julin, ou benzine perchlorée. Six Chapitres.

7° Enfin je relaterai dans la quatrième Section les expériences que j'ai exécutées sur les *combinaisons métalliques de l'acétylène,* acétylures proprement dits et radicaux métalliques composés. Ces expériences constituent quatre Chapitres.

PREMIÈRE SECTION.

CHAPITRE I.

SYNTHÈSE DE L'ACIDE CYANHYDRIQUE [1].

L'azote libre, on le sait, se distingue par son indifférence à l'égard de la plupart des autres corps : ce n'est guère que sous l'influence de l'étincelle électrique que l'on réussit à faire cesser cette indifférence, soit à l'égard de l'oxygène, dans la célèbre expérience de Cavendish, soit à l'égard de l'hydrogène, ce qui fournit des traces d'ammoniaque. J'ai observé une nouvelle réaction du même ordre, à savoir : l'union directe de l'azote libre avec l'acétylène, laquelle donne naissance à l'acide cyanhydrique.

L'acétylène est un carbure d'hydrogène doué d'une remarquable activité chimique. Formé par la synthèse directe de ses éléments, il peut être uni ensuite avec l'hydrogène naissant et même libre, pour former le gaz oléfiant ou éthylène d'abord, puis l'hydrure d'éthylène; l'acétylène libre peut être combiné directement avec l'oxygène naissant pour former l'acide oxalique ; les métaux alcalins l'attaquent aisément, avec production d'acétylures, C^2HK et C^2K^2, etc.

Cette même activité chimique se manifeste entre l'acétylène et l'azote libres. En effet, si, dans un mélange de deux gaz purs, on fait passer une série de fortes étincelles, à l'aide de l'appareil Ruhmkorff, les gaz ne tardent pas à prendre l'odeur caractéristique de l'acide cyanhydrique ; il suffit alors de les agiter avec

---

[1] *Annales de Chimie et de Physique*, t. XVIII, p. 162 ; 1869.

dé la potasse pour changer cet acide en cyanure et manifester les réactions qui le caractérisent. On peut aussi le doser par les moyens connus.

Dans les circonstances que je viens de décrire, la formation de l'acide cyanhydrique est accompagnée par celle du charbon et de l'hydrogène, engendrés par une décomposition distincte, mais simultanée, de l'acétylène. Cette complication peut être évitée, en ajoutant à l'avance au mélange un volume d'hydrogène convenable : par exemple dix fois le volume de l'acétylène. On n'observe plus alors aucun dépôt de charbon, et la réaction répond à l'équation suivante :

$$C^2 H^2 + Az^2 = 2\,C\,H\,Az.$$

En d'autres termes, l'acétylène et l'azote se combinent à volumes égaux et sans condensation ; ce sont les mêmes rapports qui président à la combinaison du cyanogène avec l'hydrogène

$$C^2 Az^2 + H^2 = 2\,C\,H\,Az.$$

La formation de l'acide cyanhydrique, dans la réaction de l'azote sur l'acétylène, commence assez rapidement ; mais elle ne tarde pas à se ralentir. Dans une expérience faite sur 100 centimètres cubes d'un mélange formé de 10 volumes d'acétylène, 14,5 d'azote et 75,5 d'hydrogène, j'ai trouvé, au bout d'une heure et demie d'étincelles, 8 centimètres cubes (10 milligrammes) d'acide cyanhydrique, sans dépôt de charbon. Quand l'action commence à s'arrêter, on peut la manifester de nouveau, en enlevant l'acide cyanhydrique à l'aide d'un fragment de potasse humectée, puis en exposant le gaz purifié à l'influence des étincelles. Mais l'action finit toujours par se ralentir, par suite de la dilution croissante de l'acétylène.

Cependant on peut la pousser jusqu'au bout et faire disparaître complètement un volume déterminé d'acétylène, en plaçant à l'avance dans l'éprouvette une goutte de potasse concentrée, destinée à absorber l'acide cyanhydrique, au fur et à mesure de sa formation. J'ai ainsi changé en acide cyanhydrique jusqu'aux cinq sixièmes d'un volume connu d'acétylène. Le sixième manquant s'explique par la réaction inévitable de la vapeur d'eau, laquelle forme de l'oxyde de carbone et de l'acide carbonique, comme je m'en suis assuré. Cette expérience a exigé douze à quinze heures d'étincelles.

Réciproquement, en présence d'un excès d'acétylène et avec le concours de la potasse, j'ai réussi à changer en acide cyanhydrique plus de la moitié d'un volume donné d'azote. Le reste aurait disparu, sans aucun doute, sous l'influence d'un temps beaucoup plus long.

La présence de l'acide cyanhydrique déjà formé arrête la réaction, comme je viens de le dire. Cette circonstance s'explique parce que le mélange d'acide cyanhydrique et d'hydrogène, traversé par une série d'étincelles, ne tarde pas à fournir de l'acétylène : réaction inverse de la précédente, et qui ne peut pas davantage être poussée jusqu'au bout

$$2\,CH\,Az = C^2H^2 + Az^2.$$

En d'autres termes, entre le carbone, l'hydrogène, l'azote, l'acétylène et l'acide cyanhydrique, il s'établit, sous l'influence de l'étincelle, un certain équilibre où concourent les trois éléments, carbone, hydrogène et azote, C, H, Az, et leurs trois composés : l'acétylène ou hydrure de carbone C^2H^2 ; l'azoture de carbone ou cyanogène C^2Az^2, et l'acide cyanhydrique $CHAz$. Il existe également des équilibres spéciaux, du même ordre, entre le cyanogène, l'hydrogène et l'acide cyanhydrique, sous l'influence de l'étincelle électrique. J'établirai d'ailleurs plus loin la synthèse du dernier composé, par voie purement chimique, au moyen du cyanogène et de l'hydrogène libre.

De là résultent, je le répète, sous l'influence de l'étincelle, des systèmes en équilibre, dépendant des proportions relatives qui déterminent la formation de celui de ces six gaz qui manque dans le mélange, ou qui s'y trouve en proportion insuffisante.

Ce sont là des phénomènes pareils à ceux que j'ai signalés dans les réactions éthérées, et plus généralement dans la formation des carbures pyrogénés ([1]).

L'ammoniaque, dont j'avais d'abord soupçonné l'intervention, ne joue aucun rôle sensible dans ces phénomènes ; car je n'ai pas réussi à y constater la formation de ce composé, si ce n'est à l'état de traces équivoques. J'ai également vérifié que l'ammoniaque gazeuse, en réagissant sur le carbone privé d'hydrogène, sous la seule influence de la température rouge, — ce qui a lieu, comme on sait, avec production de cyanhydrate d'ammoniaque, — ne forme pas trace d'acétylène.

L'azote pur, soumis à l'influence d'un courant prolongé d'étin-

---

([1]) *Voir* le Livre suivant et *Essai de Mécanique chimique*, t. II, p. 110, 119-142.

celles, ou à celle de l'effluve électrique, n'acquiert pas la propriété de se combiner ultérieurement de lui-même, soit avec l'hydrogène, soit avec l'acétylène : il n'éprouve donc aucune transformation permanente, analogue à celle qui change l'oxygène en ozone.

La transformation de l'azote libre en acide cyanhydrique, par son union avec l'acétylène, donne lieu à une autre conséquence intéressante. En effet, j'ai établi que tous les composés hydrocarbonés, soumis à l'influence de l'étincelle, donnent naissance à l'acétylène. Il semble donc que l'azote, mêlé avec une vapeur hydrocarbonée quelconque, doive aussi former de l'acide cyanhydrique. J'ai vérifié cette conséquence avec le gaz oléfiant et avec l'hydrure d'hexylène (des pétroles). En opérant en présence de la potasse, il suffit de deux ou trois minutes d'étincelles pour obtenir ensuite du bleu de Prusse avec les produits de la réaction.

Voilà donc un caractère de l'azote fort sensible et facile à constater.

Cette formation d'acide cyanhydrique est si marquée, qu'elle a donné lieu à diverses illusions, relatives à la combinaison supposée de l'azote avec le carbone. En effet, les charbons de cornue, échauffés par l'arc électrique dans une atmosphère d'azote, engendrent des traces de composés cyaniques. Mais ces composés sont attribuables à l'existence de l'hydrogène dans le charbon employé, et aussi à la présence de la vapeur d'eau dans les gaz. Si l'on opère avec des charbons absolument privés d'hydrogène et avec de l'azote sec, on n'observe plus de proportion appréciable d'acide cyanhydrique. Réciproquement, le cyanogène ordinaire, décomposé par l'étincelle, laisse d'ordinaire de l'azote, renfermant encore quelques traces de composés cyaniques. Mais il est facile d'y constater aussi la présence d'une trace d'acétylène, preuve irrécusable de l'existence de l'hydrogène; cet hydrogène provient d'une dessiccation incomplète du cyanure de mercure. Le cyanogène sec et tout à fait pur peut être décomposé complètement en carbone et azote par l'étincelle, comme je m'en suis assuré, et comme MM. Buff et Hoffmann l'avaient déjà constaté. Ceci prouve par une autre voie qu'il ne peut pas être formé par l'étincelle.

Les faits que je viens d'exposer établissent la synthèse directe de l'acide cyanhydrique. Le carbone s'unit d'abord à l'hydrogène :

$$C^2 + H^2 = C^2 H^2,$$

puis l'acétylène se combine avec l'azote :

$$C^2 H^2 + Az^2 = 2\, CH\, Az.$$

On connaissait déjà la formation du cyanure de potassium par la réaction de l'azote sur un mélange de carbonate de potasse et de charbon porté à une très haute température, réaction dont le mécanisme n'a pas encore été complètement expliqué. Je pense que ce mécanisme est analogue à celui de la synthèse de l'acide cyanhydrique. En d'autres termes, il se formerait d'abord de l'acétylure de potassium, C^2K^2, composé que j'ai obtenu en effet par la réaction du potassium soit sur l'acétylène, soit sur le carbonate de potasse. Or, les conditions de la formation du cyanure de potassium sont les mêmes que celles de la fabrication du potassium. L'acétylure de potassium absorbe ensuite l'azote, à la température du rouge blanc :

$$C^2K^2 + Az^2 = 2\,C\,Az\,K$$

précisément comme l'acétylène libre absorbe l'azote sous l'influence de l'étincelle.

La transformation de l'acétylène en acide cyanhydrique donne encore lieu à d'autres remarques. En effet, j'ai reconnu que l'acide cyanhydrique, soumis à l'influence du gaz iodhydrique, à une température voisine de 300°, peut être changé en gaz des marais :

$$CH\,Az + 3\,H^2 = CH^4 + Az\,H^3.$$

Il en est donc de même de l'acétylène formé au moyen du gaz des marais, par une transformation susceptible d'être rendue presque totale (ainsi que je l'ai établi précédemment, page 40) :

$$2\,CH^4 = C^2H^2 + 3\,H^2.$$

Réciproquement, on voit que l'acétylène peut reproduire le gaz des marais, c'est-à-dire un carbure moitié moins condensé, par l'intermédiaire d'un dérivé azoté, l'acide cyanhydrique.

C'est d'ailleurs ainsi que le cyanogène engendre les cyanures :

$$(CAz)^2 + H^2 = 2\,CHAz,$$
$$(CH)^2 + Az^2 = 2\,CHAz.$$

Ce rapprochement est d'autant plus digne d'intérêt, que l'acétylène et le cyanogène peuvent fournir également des dérivés renfermant 2 atomes de carbone. Tous deux, en effet, peuvent être changés, soit en acide oxalique, $C^2H^2O^4$, soit en hydrure d'éthylène, C^2H^6.

Les expériences précédentes pourraient devenir le point de départ d'une méthode nouvelle, propre à dédoubler en deux carbures, ou autres composés distincts, les nitriles diazotés, comparables au cyanogène.

Terminons enfin par une considération d'un ordre différent, relative à l'action chimique de l'électricité.

J'ai établi ([1]) que l'acide cyanhydrique est un corps formé avec absorption de chaleur, à partir de ses éléments; je viens de montrer, d'autre part, que l'acide cyanhydrique peut être produit par l'union directe du carbone, de l'hydrogène et de l'azote, sous les influences successives de l'arc et de l'étincelle électriques. Le courant électrique, transmis sous ces formes, a donc la propriété d'effectuer le travail nécessaire pour former directement les composés produits avec absorption de chaleur : j'attache quelque importance à cette démonstration.

([1]) *Ann. de Chim. et de Phys.*, 4ᵉ série, t. VI, p. 432; 1865. — *Thermochimie Données et lois numériques*, t. II, p. 168; 1897.

CHAPITRE II.

SUR LA COMBINAISON DIRECTE DU CYANOGÈNE AVEC L'HYDROGÈNE ET LES MÉTAUX ([1]).

Dans le Chapitre précédent, j'ai étudié les équilibres entre le carbone, l'hydrogène et l'azote, équilibres développés sous l'influence de l'étincelle électrique, lesquels engendrent l'acétylène, l'acide cyanhydrique et le cyanogène.

En particulier la synthèse de l'acide cyanhydrique a été réalisée ainsi au moyen de l'hydrure de carbone (acétylène) et de l'azote libre. Cette étude m'a conduit à rechercher si l'hydrogène libre pouvait s'unir directement avec l'azoture de carbone (cyanogène) de façon à engendrer par une autre route ce même acide cyanhydrique. En fait, j'ai montré qu'il est aisé d'effectuer cette synthèse sous l'influence de l'étincelle électrique; et elle accompagne une formation simultanée d'acétylène.

Mais j'ai été plus loin et j'ai reconnu que l'on peut réaliser des expériences parallèles, sous la seule influence de la chaleur. L'azote libre, à la vérité, ne se combine pas directement à l'acétylène; mais il est absorbé par les acétylures métalliques (carbures), composés correspondant à l'acétylène. Quant au cyanogène, le parallélisme des réactions est plus complet : ce gaz en effet s'unit avec l'hydrogène libre, pour constituer l'acide cyanhydrique, non seulement sous l'influence de l'étincelle électrique, mais même sous la seule influence de la chaleur, ainsi que je vais le démontrer.

La possibilité de cette synthèse directe était indiquée par mes mesures thermochimiques.

1. En effet, j'ai mesuré la chaleur de formation de l'acide cyanhydrique et celle du cyanogène, depuis leurs éléments; la comparaison des deux nombres, rapportés à un atome de carbone (— 30,5

([1]) *Ann. de Chim. et de Phys.*, 5ᵉ série, t. XVIII, p. 378; 1879.

et — 37,0), montre que la synthèse de l'acide cyanhydrique au moyen du cyanogène et de l'hydrogène doit dégager une quantité de chaleur notable :

$$Cy + H = CyH \text{ dégage} + 7^{Cal},5.$$
Gaz.   Gaz.   Gaz.

C'est là un résultat tout à fait conforme aux analogies du cyanogène avec le chlore et le brome; le chiffre observé étant inférieur d'ailleurs à la chaleur de formation du gaz chlorhydrique (+ 22,0) et même du gaz bromhydrique (+ 12,3).

Il semble donc que le cyanogène doive pouvoir être combiné directement, à la façon du chlore et du brome, avec l'hydrogène.

2. La stabilité même du gaz cyanhydrique n'y fait pas obstacle; car j'ai vérifié que ce corps, dans l'état gazeux, étant renfermé à 29° dans un tube de verre dur, que l'on scelle à la lampe, peut être chauffé ensuite, vers 550°, pendant trois à quatre heures sans aucun signe de décomposition ou de dissociation.

3. Cependant Gay-Lussac, à qui nous devons la découverte du cyanogène, déclare avoir fait des essais infructueux pour unir le cyanogène à l'hydrogène sous l'influence de la chaleur et de l'étincelle électrique. Mais, à cette époque, le rôle du temps dans cet ordre de combinaisons n'était pas suffisamment apprécié.

J'ai cru opportun de faire de nouveaux essais.

4. J'ai reconnu d'abord qu'une telle conclusion négative n'est pas fondée, en ce qui touche l'étincelle électrique. J'ai montré, il y a une douzaine d'années (¹), que le cyanogène mêlé d'hydrogène et soumis à l'influence d'une série d'étincelles, se change en acétylène et en acide cyanhydrique. La synthèse de l'acide cyanhydrique, manifestée dans cette circonstance, est donc réelle, mais compliquée de celle de l'acétylène. En effet on ne saurait dire si l'hydrogène se combine aussitôt avec le cyanogène, ou bien si ce n'est pas plutôt l'acétylène qui se forme d'abord aux dépens du cyanogène, avec mise en liberté d'azote, lequel se recombinerait ensuite directement avec l'acétylène pour former l'acide cyanhydrique.

(¹) *Annales de Chimie et de Physique*, 4ᵉ série, t. IX, p. 418; 1866; et t. XVIII, p. 162; 1896. — Ce Volume, p. 37.

5. J'ai obtenu des résultats plus simples, et par conséquent plus décisifs, par la seule influence de la chaleur. Déjà le cyanogène et l'hydrogène purs et secs, mêlés à volumes rigoureusement égaux et dirigés lentement à travers un tube de verre étroit, que l'on chauffe vers 500° à 550°, donnent quelque signe de combinaison. Les gaz, à la sortie du tube, ne renferment plus que 47 à 48 centièmes d'hydrogène libre, au lieu des 50 centièmes originels; 2 à 3 centièmes d'hydrogène sur 50 ont donc disparu, c'est-à-dire sont entrés en combinaison, sans autre complication d'ailleurs.

6. Mais la réaction est plus complète, si on la prolonge, en opérant sur le même mélange renfermé dans un tube de verre dur, scellé à la lampe et maintenu pendant plusieurs heures vers 500° à 550°. Le tube employé, étant ensuite ouvert sur le mercure, a manifesté d'abord une diminution d'un septième environ dans le volume gazeux; diminution qui s'explique par la formation fort apparente d'une certaine dose de paracyanogène.

La potasse a absorbé aussitôt cinq septièmes du gaz, le dernier septième étant constitué par de l'hydrogène à peu près pur : ce qui a été établi en analysant le gaz par combustion. Le volume de cet hydrogène étant sensiblement égal à la condensation primitive (laquelle représente le cyanogène changé en paracyanogène), il en résulte que le gaz absorbable par la potasse était formé d'acide cyanhydrique, presque exempt d'hydrogène libre.

La réaction des deux gaz s'est donc exercée directement et comparativement à l'équation théorique

$$Cy + H = CyH.$$

C'est bien là un phénomène assimilable à la synthèse de l'acide chlorhydrique : toute la différence est dans la lenteur plus grande et la température plus élevée de la réaction, température qui est celle à laquelle l'hydrogène devient actif et se combine directement, soit avec l'oxygène, soit avec l'éthylène et les autres carbures d'hydrogène.

7. Quand la température est plus basse et la réaction moins prolongée, la combinaison entre l'hydrogène et le cyanogène n'est pas aussi complète, et il reste une certaine dose de cyanogène non combiné : ce qui se traduit par l'excès de volume de l'hydrogène résiduel sur la condensation initiale. Au contraire, à une température notablement plus élevée on peut observer de l'azote libre.

Cependant la dissociation de l'acide cyanhydrique ne paraît jouer aucun rôle dans les conditions où il prend naissance, l'acide cyanhydrique demeurant intact à la même température, ainsi qu'il a été dit plus haut.

8. Après avoir combiné le cyanogène avec l'hydrogène, il était naturel de tâcher de l'unir aux métaux. Gay-Lussac l'a fait avec succès pour le potassium ; mais avec les autres métaux réagissant au rouge, on enseigne qu'il se produit seulement de l'azote et un carbure métallique.

J'ai reconnu que c'était encore là une question de temps et de température. A 300° le cyanogène forme aisément des cyanures avec le zinc, le cadmium, le fer, au contact desquels il se trouve maintenu dans un tube scellé.

Le cyanogène ne fournit d'ailleurs aucune trace d'azote à cette température et au contact de ces métaux ; une faible portion seulement se change en produits condensés (paracyanogène, etc.). La formation de ces produits et celle des cyanures déterminent à la surface du métal un enduit brunâtre, qui arrête l'action en empêchant le contact, mais sans qu'il y ait dissociation proprement dite, les cyanures précédents étant stables par eux-mêmes à 300°. La proportion du cyanogène ainsi absorbé s'est élevée au tiers, à la moitié, et davantage, suivant l'étendue des surfaces métalliques.

Les métaux mis en œuvre étaient secs et brillants ; dans certains cas, ils avaient été purifiés par les actions successives de l'hydrogène (pour les désoxyder) et de l'azote (pour les purger d'hydrogène par déplacement), le tout au rouge sombre.

Le zinc est déjà attaqué à froid par le cyanogène au bout de quelques jours, mais superficiellement. A 100°, après trois ou quatre heures, il y a absorption manifeste de cyanogène. Dans les deux cas, la formation du cyanure a été constatée.

Le cadmium n'est pas attaqué à froid. A 100°, il donne des indices de réaction. Le fer n'a rien fourni à 100°.

Le cuivre et le plomb n'ont pas fourni de cyanure, ni à 100°, ni à 300°. Vers 500° à 550°, ils en ont produit une dose faible ; mais, en même temps, il y a eu formation d'une matière charbonneuse et d'azote libre, lequel demeurait mêlé à l'excès de cyanogène : circonstance qui se manifeste aussi avec le fer vers 550°.

Enfin, l'argent et le mercure ne se sont combinés au cyanogène à aucune température, bien qu'ils se soient aussi recouverts d'un enduit brunâtre. Sans doute, la température nécessaire pour provoquer la réaction serait supérieure au degré suffisant pour produire la décomposition.

Le mercure maintenu pendant longtemps, soit vers 200°, soit vers 300°, dans une atmosphère de cyanogène où il se sublimait, n'a pas fourni la moindre trace de cyanure de mercure. Cependant, dans la préparation ordinaire du cyanogène, le cyanure de mercure se sublime d'une façon appréciable ([1]). Ce composé possède donc une tension de vapeur sensible ; mais il ne paraît avoir aucune tension de dissociation : ce qui est conforme à la distinction établie par M. Troost entre ces deux genres de tensions.

Pour constater la formation des cyanures, on lave à grande eau le métal, afin d'éliminer les traces de cyanogène condensées à sa surface ; puis on le traite par la potasse étendue et froide, laquelle décompose déjà le cyanure de zinc et de cadmium, enfin par la potasse fondante, laquelle décompose les autres cyanures métalliques (fer, cuivre, etc.).

Aux solutions alcalines on ajoute du sulfate ferro-ferrique, puis de l'acide chlorhydrique étendu : ce qui fournit le bleu de Prusse, quand il y a des cyanures.

Les résultats négatifs obtenus avec les produits bruns condensés sur le verre isolé, ou sur l'argent et le mercure, à toutes températures, ou sur le plomb et le cuivre à 100° et à 300°, ou sur le fer à froid et à 100°, produits en partie solubles dans la potasse froide, fournissent la contre-épreuve et la vérification du procédé analytique employé.

9. Ainsi le cyanogène forme directement l'acide cyanhydrique et les cyanures, à la façon d'un radical simple et conformément aux notions reçues.

10. Ces notions réclament quelque éclaircissement, par suite des changements survenus dans les idées et les notations de la Chimie organique depuis le temps de Gay-Lussac.

En effet, c'est ici le lieu d'insister sur le double caractère du cyanure et sur la double série à laquelle il appartient, dans la classification des composés organiques.

([1]) Il est moins volatil que le chlorure de mercure, car ce dernier donne un sublimé très sensible à 250° : température qui ne fournit rien, ou presque rien avec le cyanure de mercure, si ce n'est un commencement de décomposition, très manifeste au bout d'une heure.

D'une part, l'acide cyanhydrique appartient à la série forménique, par sa condensation gazeuse aussi bien que par ses métamorphoses en acide formique et en formène, cette dernière obtenue au moyen du gaz iodhydrique dans mes expériences [1]

$$(CAz), \quad CHAz, \quad CH^2O^2, \quad CH^4.$$

Au contraire, le cyanogène est changé en acide oxalique par hydratation, et même en hydrure d'éthylène, au moyen de l'acide iodhydrique [2] :

$$C^2Az^2, \quad C^2H^2O^4, \quad C^2H^6.$$

Si donc on consultait seulement les règles ordinaires, acceptées par les auteurs qui s'occupent aujourd'hui de Chimie organique, on devrait ranger le cyanogène dans la série éthylique, à laquelle il appartient par sa condensation.

Mais ces règles sont trop systématiques. En réalité le cyanogène forme le passage entre les deux séries, et ses propriétés montrent que la démarcation de ces deux séries n'est pas plus absolue que celle des corps simples (chlore, brome, iode), opposés à leurs composés binaires (acide chlorhydrique, etc.), substances entre lesquelles existent les mêmes rapports de condensation.

Tel est aussi le cas du protohydrure de carbone (acétylène) formé par l'association de ses éléments, à atomes égaux comme le cyanogène. Ce composé joue également un double rôle, à savoir : d'une part, le rôle d'un corps appartenant à la série éthylique, lorsqu'il engendre directement l'éthylène, l'hydrure d'éthylène, l'acide acétique et l'acide oxalique, toutes substances de même condensation

$$C^2H^2, \quad C^2H^4, \quad C^2H^6, \quad C^2H^4O^2, \quad C^2H^2O^4;$$

et, d'autre part, le rôle d'un radical composé, lequel engendre tout aussi directement la série forménique, lorsqu'il produit le formène, avec l'hydrogène libre (au rouge sombre), et l'acide cyanhydrique, avec l'azote (par l'étincelle) :

$$(CH), \quad CH^4, \quad CHAz,$$

---

[1] *Annales de Chimie et de Physique,* 4ᵉ série, t. XX, page 504; 1870, et *Bulletin de la Société chimique,* 2ᵉ série, t. IX, p. 187; 1868. — *Voir* le Tome III du présent Ouvrage.

[2] *Annales de Chimie,* même Volume, p. 301 et, pour plus de détails, le *Bulletin de la Société chimique,* 2ᵉ série, t. IX, p. 185; 1868. — *Voir* le Tome III du présent Ouvrage.

La formation synthétique de l'acide cyanhydrique, en particulier, soit par l'union directe du cyanogène et de l'hydrogène à volumes égaux et sans condensation,

$$(CAz) + H = CAzH,$$

soit par l'union directe de l'acétylène et de l'azote à volumes égaux et sans condensation,

$$(CH) + Az = CHAz,$$

établit une relation frappante entre le cyanogène et l'acétylène, ces deux corps étant envisagés comme des radicaux composés véritables.

11. Quoi qu'il en soit, la généralité de la Science trouve une nouvelle confirmation dans les expériences que je viens d'exposer.

Les analogies classiques du cyanogène avec les corps halogènes reposaient surtout jusqu'à présent sur les formules de leurs composés, plutôt que sur les méthodes employées pour former ceux-ci. On ne comprenait pas, par exemple, pourquoi l'acide cyanhydrique et les cyanures métalliques, corps produits en théorie avec dégagement de chaleur, comme les chlorures et l'acide chlorhydrique, ne pouvaient point cependant être obtenus de la même manière par synthèse directe. Les faits que je viens de présenter montrent que, non seulement les formules des corps sont les mêmes, mais aussi leur génération effective ; la diversité se trouvant réduite au détail des conditions de préparation.

DEUXIÈME SECTION.

COMBINAISONS DE L'ACÉTYLÈNE AVEC L'OXYGÈNE.

CHAPITRE III.

LISTE DES COMPOSÉS OBTENUS.

J'ai préparé au moyen de l'acétylène les composés suivants :

$$
\begin{aligned}
&\text{Acide acétique :} &&\text{C}^2\text{H}^4\text{O}^2 \\
&\text{Acide glycollique :} &&\text{C}^2\text{H}^4\text{O}^3 \\
&\text{Acide oxalique :} &&\text{C}^2\text{H}^2\text{O}^4 \\
&\text{Acide formique :} &&\text{CH}^2\text{O}^2
\end{aligned}
$$

Et enfin

$$
\begin{aligned}
&\text{Acide carbonique :} &&\text{CO}^2 \\
&\text{Oxyde de carbone :} &&\text{CO}
\end{aligned}
$$

Ces divers corps ayant été obtenus tant par oxydation directe que par l'intermédiaire des dérivés chlorés de l'acétylène. J'exposerai d'abord les réactions d'oxydation directe : j'y joindrai la synthèse du phénol, C^6H^6O, par l'acétylène, en passant par l'intermédiaire des combinaisons sulfonées de ce carbure, et j'y joindrai quelques essais sur la formation des dérivés hydratés de l'acétylène.

CHAPITRE IV.

SYNTHÈSE DE L'ACIDE ACÉTIQUE PAR L'ACÉTYLÈNE LIBRE ([1]).

Entre la formule de l'acétylène et celle de l'acide acétique, il existe une relation très simple : il suffit, en effet, d'ajouter à la première 2 équivalents d'oxygène et 2 équivalents d'eau pour obtenir la seconde :

$$C^2H^2 + O + H^2O = C^2H^4O^2$$

C'est cette relation de formule que j'ai réalisée par expérience.

Première méthode.

J'ai opéré d'abord avec l'oxygène libre. Ayant abandonné à dessein un mélange renfermant 1 volume d'acétylène et 20 volumes d'air, dans un grand flacon, à la température ordinaire et à la lumière diffuse, en présence d'une solution étendue de potasse, j'ai analysé les produits six mois après. L'acétylène avait en grande partie disparu, ainsi qu'un volume d'oxygène voisin de la moitié de celui de l'acétylène. La moitié de ces corps, et même un peu plus, s'était changée en acide acétique, que j'ai isolé et caractérisé.

La réaction cherchée a donc lieu, et elle a lieu de la façon la plus directe :

$$C^2H^2 + KHO + O = C^2H^3KO^2$$

Cependant une autre portion du carbure, un peu plus faible que la première, avait engendré, en se condensant, une matière bitumineuse, formée de carbone, d'hydrogène et d'oxygène. La production immédiate de cette matière, au moyen de l'oxygène libre et d'un carbure d'hydrogène, semblera peut-être de nature à jeter quelque jour sur l'origine de certains bitumes naturels.

([1]) *Ann. de Chim. et de Phys.*, 4e série, t. XXIII, p. 212; 1871

Seconde méthode.

L'acétylène peut être changé en acide acétique d'une manière plus complète au moyen de l'*acide chromique pur*.

L'action oxydante de ce corps varie avec la concentration du réactif. Opère-t-on sur le gaz acétylène, en présence d'une petite quantité d'eau, l'action est brusque, violente, accompagnée par un grand dégagement de chaleur; elle engendre alors les acides carbonique et formique, ainsi qu'une quantité variable d'acide acétique.

Pour obtenir ce dernier à l'état de pureté, il convient de modérer la réaction : ce que l'on réalise en opérant sur une dissolution aqueuse d'acétylène. On y ajoute l'acide chromique et l'on abandonne le tout à la température ordinaire. Peu à peu, la liqueur brunit: au bout de quelques jours, l'acétylène a disparu. On distille alors et l'on sature la liqueur distillée par le carbonate de baryte. J'ai ainsi obtenu l'acétate de baryte cristallisé et parfaitement pur :

$$Ba = 53,6; \quad \text{théorie}: 53,7.$$

Le réactif employé dans ces expériences mérite quelque attention. Il ne doit pas être confondu avec le mélange ordinaire de bichromate de potasse et d'acide sulfurique, regardé comme équivalant à l'acide chromique par la plupart des chimistes. L'acide chromique pur [1], et aussi exempt que possible d'acide sulfurique, agit tout autrement et avec beaucoup plus de modération, malgré la violence apparente de sa première attaque. En effet, je montrerai ailleurs [2] que l'acide chromique pur transforme l'éthylène (vers 120 degrés seulement) en aldéhyde, le propylène en acétone (vers 30 à 40 degrés), le camphène en camphre, etc., toutes réactions que le mélange de bichromate de potasse et d'acide sulfurique ne produit pas toujours, parce qu'il dépasse le but.

Cette diversité répond à celle des produits formés aux dépens de l'acide chromique. En effet, le bichromate de potasse et l'acide sulfurique produisent de l'alun de chrome, avec perte de la *moitié* de l'oxygène de l'acide chromique :

$$Cr^2O^7K^2 + 4SO^4H^2 = SO^4K^2 . 3SO^3 . Cr^2O^3 + 4H^2O + 3O; \quad .$$

---

[1] Il convient d'opérer avec cet acide cristallisé en grosses aiguilles, de préférence à la bouillie cristalline que l'on trouve d'ordinaire dans le commerce, laquelle renferme une quantité considérable d'acide sulfurique.

[2] *Voir* le Tome III.

tandis que l'acide chromique pur cède aux carbures seulement le *cinquième* de son oxygène, en se changeant en un chromate de sesquioxyde de chrome, sel très soluble analogue au sulfate ferrique :

$$5\,CrO^3 = Cr^2O^3.\,3\,CrO^3 + O^3.$$

L'action de l'acide chromique pur sur les carbures d'hydrogène a lieu dès la température ordinaire : elle peut être accélérée par la chaleur, ou ralentie à volonté par la dilution des dissolutions et par l'abaissement de la température.

En brusquant les réactions sur les carbures, on obtient surtout les composés neutres (aldéhydes, acétones, camphre, etc.). En ralentissant les réactions, on forme plutôt les acides et surtout ceux qui renferment le même nombre d'atomes de carbone que le carbure mis en expérience.

Les réactions oxydantes réalisées au moyen de l'acide chromique pur, étant plus modérées que les réactions exercées par un mélange de bichromate de potasse et d'acide sulfurique, devront être étudiées de préférence, toutes les fois que l'on cherchera à discuter la constitution d'un principe organique.

On remarquera d'ailleurs que l'*on peut obtenir au moyen d'un seul et même principe*, tel que l'acétylène, *soit l'acide acétique, qui renferme le même nombre d'atomes de carbone, soit l'acide formique, qui renferme un atome de carbone de moins, suivant l'intensité* de la réaction ; ce qui prouve combien il faut mettre de réserve dans les inductions négatives tirées des essais de cette nature, lorsque l'on se propose d'établir la constitution des composés organiques par la méthode d'oxydation.

C'est ici le lieu d'observer que, pour transformer l'acétylène, c'est-à-dire les éléments, carbone et hydrogène, en acide acétique, on peut changer d'abord ce carbure en éthylène, par hydrogénation, puis l'éthylène en alcool, par hydratation, enfin l'alcool en acide acétique, par une nouvelle oxydation :

$$C^2H^2 + H^2 = C^2H^4 ; \quad C^2H^4 + H^2O = C^2H^6O ;$$
$$C^2H^6O + O = C^2H^4O^2 + H^2O ;$$

L'acétylène, C^2H^2, devient ainsi......$C^2H^2(H^2)(O^2)$.

J'ai réalisé en fait cette série exacte d'expériences ; mais elle est plus longue et plus pénible que les précédentes.

CHAPITRE V.

SYNTHÈSE DES ACIDES ACÉTIQUE, GLYCOLLIQUE, OXALIQUE PAR LES DÉRIVÉS CHLORÉS DE L'ACÉTYLÈNE [1].

1. Il suffit de chauffer en tubes scellés le protochlorure d'acétylène [2], soit avec la potasse aqueuse vers 230 degrés, soit avec la potasse alcoolique à 100 degrés (pendant 10 heures), pour former une grande quantité d'acide acétique :

$$C^2H^2Cl^2 + 3KHO = C^2H^3KO^2 + 2KCl + H^2O,$$

c'est-à-dire :

$$C^2H^2Cl^2 + 2H^2O - 2HCl = C^2H^2O.H^2O = C^2H^4O^2.$$

2. La même méthode conduit à la synthèse de l'acide glycollique. En effet, le perchlorure d'acétylène et la potasse alcoolique, chauffés ensemble en tubes scellés à 100 degrés, fournissent une certaine proportion d'acide glycollique :

$$C^2H^2Cl^4 + 5KHO = C^2H^3KO^3 + 4KCl + 2H^2O,$$

c'est-à-dire

$$C^2H^2Cl^4 + 3H^2O - 4HCl = C^2H^2O^2.H^2O = C^2H^4O^3.$$

Si l'on opère avec la potasse aqueuse, à 230 degrés, on obtient de l'acide oxalique, $C^2H^2O^3$, c'est-à-dire le produit de la décomposition de l'acide glycollique.

Rappelons encore mes anciennes expériences, faites en 1858, et celles de M. Geuther sur la transformation du chlorure d'éthylène

---

[1] *Ann. de Chim. et de Phys.*, 4ᵉ série, t. XIX, p. 435; 1870.
[2] *Voir* plus loin.

perchloré, C^2Cl^6, en acide oxalique ; $C^2O^3.H^2O$, par la potasse alcoolique ou aqueuse.

En résumé :

$$C^2Cl^6 \quad \text{fournit} \quad C^2O^3.H^2O \quad \text{ou} \quad C^2H^2O^4,$$
$$C^2H^2Cl^4 \quad \text{»} \quad C^2H^2O^2.H^2O \quad \text{ou} \quad C^2H^4O^3,$$
$$C^2H^2Cl^2 \quad \text{»} \quad C^2H^2O.H^2O \quad \text{ou} \quad C^2H^4O^2.$$

D'après la théorie, les composés chlorés ci-dessus, étant comparables aux éthers chlorhydriques, devraient fournir des alcools polyatomiques (ou leurs éthers, ou dérivés éthyliques). Mais l'influence de la potasse, dans les conditions décrites, détermine la formation des acides qui diffèrent de ces alcools par les éléments de l'eau, parce que ces acides sont plus stables et formés avec un plus grand dégagement de chaleur ([1]).

([1]) Voir *Thermochimie : Données et lois numériques,* t. I, p. 659.

CHAPITRE VI.

SYNTHÈSE DIRECTE DE L'ACIDE OXALIQUE PAR L'ACÉTYLÈNE ([1]).

1. Entre l'acétylène, C^2H^2, et l'acide oxalique, $C^2H^2O^4$, toute la différence des formules consiste dans 4 atomes d'oxygène. J'ai réussi à opérer la combinaison directe de cet oxygène avec l'acétylène libre :

$$C^2H^2 + O^4 = C^2H^2O^4.$$

La synthèse totale de l'acide oxalique peut ainsi être effectuée par l'addition successive des trois éléments qui le constituent :

$$\begin{cases} \text{Carbone} + \text{hydrogène} = \text{acétylène,} \\ \text{Acétylène} + \text{oxygène} = \text{acide oxalique.} \end{cases}$$

Il suffit de faire agir sur l'acétylène gazeux, à la température ordinaire, une solution de permanganate de potasse rendue fortement alcaline. On ajoute la solution peu à peu, par très petites quantités à la fois, en refroidissant et en agitant continuellement et tant que la liqueur se décolore. Arrivé près du terme, on filtre, pour séparer le bioxyde de manganèse. Le liquide renferme alors une grande quantité d'acide oxalique, uni à la potasse, et facile à caractériser et à isoler par les procédés ordinaires.

En même temps prennent naissance de l'acide formique et de l'acide carbonique, lesquels peuvent être envisagés comme produits par la transformation d'une partie de l'acide oxalique à l'état naissant :

$$C^2H^2O^4 = CO^2 + CH^2O^2.$$

Dans une liqueur acide, l'oxydation de l'acétylène par le permanganate de potasse donne seulement naissance aux acides formique et carbonique : l'acide oxalique ne peut prendre naissance, attendu

---

([1]) *Ann. de Chim. et de Phys.*, 4ᵉ série, t. XV, p. 343; 1868.

que l'acide oxalique est oxydé complètement dans cette condition, comme M. Hempel nous l'a appris [1].

La même chose arrive quelquefois dans une liqueur neutre, c'est-à-dire avec l'acétylène et le permanganate de potasse pur et sans addition d'alcali, parce qu'une telle liqueur tend à devenir acide, à cause de l'oxydation même, et comme il sera dit ailleurs. Aussi la présence d'un alcali libre et en grande quantité est-elle favorable à la production de l'acide oxalique aux dépens de l'acétylène. Elle n'empêche pas, d'ailleurs, à froid, l'apparition de l'acide formique : bien que cet acide soit détruit par un excès du permanganate rendu alcalin, sous l'influence du temps et surtout d'une légère élévation de température : circonstances qui tendent à accroître la proportion définitive d'acide carbonique [2].

Ainsi, 1 volume d'acétylène fixe directement, et par simple addition, 4 atomes, c'est-à-dire 2 volumes d'oxygène, en engendrant l'acide oxalique. C'est une nouvelle manifestation du caractère incomplet du carbure [3], caractère en vertu duquel 1 volume d'acétylène se combine, comme je l'ai démontré expérimentalement, avec 1 et avec 2 volumes d'hydrogène, ou d'hydracide :

$$C^2H^2(-)(-) + \ H^2 = C^2H^2(H^2)(-)$$

Acétylène.　　　　　　　　　Éthylène.

$$C^2H^2(-)(-) + 2H^2 = C^2H^2(H^2)(H^2)$$

Acétylène.　　　　　Hydrure d'éthylène.

De même..................................... $C^2H^2(-)(-)$
engendre..................................... $C^2H^2(HI)(-)$
et... $C^2H^2(HI)(HI)$

Au même titre on a encore :

$$C^2H^2(-)(-) + 2O^2 = C^2H^2(O^2)(O^2)$$

Acétylène.　　　　　　Acide oxalique.

Ces analogies conduisent à supposer l'existence d'un
acide monobasique........................... $C^2H^2(O^2)(-)$
qui serait le premier homologue de l'acide acrylique.　$C^2H^4O^2$

Les autres acides à 2 atomes de carbone sont compris dans les

---

[1] *Jahresbericht... von Liebig, für* 1853, p. 627.

[2] Sur cette destruction définitive de l'acide formique, *voir* PÉAN DE SAINT-GILLES, *Ann. de Chim. et de Phys*, 3ᵉ série, t. LV, p. 388; 1859.

[3] *Voir* le présent Volume, p. 93.

mêmes types de formules, dérivées de l'acétylène. Ainsi l'acide acétique répond à deux additions exécutées à volumes égaux, l'une d'hydrogène, l'autre d'oxygène :

$$C^2H^2(H^2)(O^2);$$

l'acide glycollique répond aussi à deux additions semblables, l'une d'eau, l'autre d'oxygène :

$$C^2H^2(H^2O)(O^2), \text{ etc.}$$

Il est facile de construire tout un système de formules analogues, qui montrent comment l'acétylène joue le rôle de radical à l'égard de tous les composés renfermant 2 atomes de carbone.

Sans m'étendre davantage sur ces considérations, je me bornerai à appeler l'attention sur la fixation directe de l'oxygène, et sur la relation en vertu de laquelle le volume de l'oxygène et le volume maximum de l'hydrogène, qui peuvent être fixés sur l'acétylène, sont précisément égaux. C'est en outre, si je ne me trompe, le premier exemple d'un carbure susceptible de s'unir directement et sans élimination d'hydrogène avec l'oxygène, pour former un acide.

2. Il m'a paru intéressant de comparer sous ce rapport l'acétylène avec l'éthylène, lequel peut être obtenu par l'union de l'hydrogène avec ce même acétylène, à volumes égaux.

L'oxydation de l'éthylène par le permanganate de potasse, neutre ou alcalin, n'est guère moins facile que celle de l'acétylène, quoiqu'un peu plus lente. Non seulement elle donne naissance aux acides formique et carbonique, comme M. Truchot l'a découvert ([1]), mais elle développe, et en proportion plus considérable, de l'acide oxalique.

L'acide oxalique est engendré ici en vertu d'une élimination d'hydrogène, avec fixation d'oxygène :

$$C^2H^2 + O^5 = C^2H^2O^4 + H^2O,$$

c'est-à-dire que l'hydrogène, fixé précédemment sur l'acétylène pour former l'éthylène, est éliminé, le produit d'oxydation finale étant le même avec les deux carbures

$$O^2H^2(H^2)(-) + O^5 = C^2H^2(O^2)(O^2) + H^2O.$$

([1]) *Comptes rendus des séances de l'Académie des Sciences*, t. LXIII, p. 274; 1866.

CHAPITRE VII.

NOUVELLE SYNTHÈSE DU PHÉNOL PAR L'ACÉTYLÈNE ([1]).

Dans la pensée d'expliquer les propriétés singulières du phénol, C^6H^6O, par celle de l'acétylène, générateur fondamental de la benzine, C^6H^6, j'ai cherché à transformer l'acétylène, C^2H^2, en un alcool correspondant, C^2H^2O. A cette fin, je me suis servi à dessein du procédé à l'aide duquel MM. Wurtz, Dusart et Kekulé ont changé la benzine en phénol.

J'ai combiné d'abord l'acétylène avec l'acide sulfurique fumant, ce qui a formé un acide acétylénosulfurique ([2]), fort distinct de l'acide acétylsulfurique que j'avais obtenu précédemment au moyen de l'acide sulfurique ordinaire. En effet, l'acide acétylsulfurique est décomposé lentement par un excès d'eau en hydrate acétylique et acide sulfurique, tandis que le nouvel acide résiste à l'action de l'eau bouillante. C'est une différence analogue à celle qui existe entre l'acide éthylsulfurique et l'acide éthylénosulfurique (iséthionique).

Dans la réaction de l'acétylène sur les acides sulfuriques fumant et monohydraté, il ne se forme pas trace de benzine libre ; bien que cette réaction, avec l'acide monohydraté surtout, engendre des polymères goudronneux.

En saturant par la potasse l'acide conjugué, préparé avec l'acétylène et l'acide sulfurique fumant, et séparant le sulfate de potasse et les sels peu solubles qui se présentent d'abord lorsqu'on évapore les liqueurs, j'ai isolé un acétylénosulfate de potasse, sel difficilement cristallisable et soluble dans l'alcool ordinaire ; puis j'ai décomposé ce sel par la potasse en fusion. J'ai obtenu ainsi, non

---

([1]) *Ann. de Chim. et de Phys.*, 4ᵉ série, t. XIX, p. 429 ; 1870.

([2]) *Ou plutôt un mélange de plusieurs acides de cet ordre, ainsi qu'il sera dit dans le Chapitre suivant.

l'alcool cherché, C^2H^2O, mais le phénol lui-même, C^6H^6O, en proportion considérable.

La formation du phénol s'explique par une condensation moléculaire, analogue à celle qui transforme l'acétylène en benzine. En effet, l'acide benzinosulfurique et l'acide acétylénosulfurique ne peuvent différer que par la proportion d'acide sulfurique combiné, puisque la benzine résulte de l'union de 3 molécules d'acétylène. Sous l'influence de l'hydrate de potasse, l'excès d'acide est éliminé et l'acétylène se condense, au moment même où il s'oxyde,

$$3\,C^2H^2 + O = C^6H^6O,$$

en vertu d'un mécanisme analogue à celui qui change la benzine en phénol :

$$C^6H^6 + O = C^6H^6O.$$

Le phénol prend aussi naissance, mais en quantité beaucoup plus faible, dans la décomposition des dérivés sulfonés de l'éthylène (*voir* p. 59).

* J'ai repris depuis ces expériences et soumis à une étude ultérieure et plus approfondie la synthèse du phénol par l'acétylène.

CHAPITRE VIII.

SUR LA SYNTHÈSE DU PHÉNOL PAR L'ACÉTYLÈNE ([1]).

Entre les nombreuses synthèses que j'ai réalisées au moyen de l'acétylène, l'une des plus intéressantes est celle du phénol,

$$3\,C^2H^2 + O = C^6H^6O,$$

synthèse obtenue : soit par l'intermédiaire de la condensation directe de l'acétylène en benzine, sous l'influence d'une température inférieure à celle du ramollissement du verre,

$$3\,C^2H^2 = C^6H^6,$$

la benzine étant ensuite, comme on sait, changée en un dérivé sulfoné, que l'on décompose par la potasse : ce qui fournit du phénol;

Soit par la réaction d'un dérivé sulfoné de l'acétylène sur l'hydrate de potasse, dérivé formé à la température ordinaire, et que l'on décompose par l'hydrate de potasse à une température voisine de 250° : ce qui fournit également du phénol (p. 59).

Dans les deux cas, la synthèse n'exige que des actions accomplies à une température inférieure au rouge, et même au rouge sombre; c'est-à-dire accomplies dans les conditions d'actions régulières et sans l'intervention de destructions profondes et de mécanismes obscurs. Il en est d'ailleurs de même de la transformation du perchlorure d'acétylène, $C^2H^2Cl^4$, en benzine perchlorée (chlorure de Julin),

$$3\,C^2H^2Cl^4 = C^6Cl^6 + 6\,HCl,$$

cette transformation étant accomplie entre 300° et 360°, d'après les

---

([1]) *Ann. de Chim. et de Phys.*, 7ᵉ série, t. XVII, p. 289; 1899.

expériences que j'ai faites en commun avec M. Jungfleisch ([1]).

La transformation de l'acétylène en phénol, par le dernier procédé, c'est-à-dire au moyen de son dérivé sulfoné, n'exige, je le répète, qu'une température peu élevée, la réaction s'effectuant vers 200°.

Quelques remarques ayant été présentées sur cette réaction, il m'a paru utile d'y revenir, afin d'en préciser les conditions et de montrer qu'elle est réalisable avec l'acétylène très pur, tel qu'on peut le préparer aujourd'hui par le carbure de calcium.

Rappelons d'abord que la réaction s'effectue au moyen du sel potassique d'un dérivé sulfoné de l'acétylène, sel que j'avais signalé comme difficilement cristallisable et soluble dans l'alcool ordinaire ([2]). En le préparant dans ces conditions, la reproduction de l'expérience n'offre aucune difficulté.

Je vais d'abord développer la préparation, l'analyse et la formule du sel lui-même; puis je décrirai sa transformation en phénol.

I. — L'acétylène pur et sec a été dirigé en courant lent à travers de l'acide sulfurique, SO^4H^2, renfermant un tiers environ de son poids d'anhydride, et contenu dans un flacon laveur, dont les tubulures étaient ajustées à l'émeri. L'opération a duré dix-huit heures : l'échauffement produit par la réaction a été sensible, mais faible.

On étend ensuite la liqueur avec 15 fois son poids d'eau, on la sature *exactement* par la potasse et l'on fait cristalliser par évaporation, en plusieurs fractionnements : ce qui sépare successivement du sulfate de potasse et un dérivé sulfoné peu soluble, décrit récemment par M. Schrœter ([3]).

Dans l'eau mère, on ajoute son volume d'alcool, afin de compléter l'élimination des sels précédents.

L'évaporation de cette dernière eau mère alcoolique a été exécutée au bain-marie. Elle a laissé un autre sel sulfoné, amorphe, sous la forme d'une résine dure et fragile, dont le poids formait le quart environ de celui du premier composé, dans mon expérience. Le sel amorphe renfermait 25,3 centièmes de potassium, suivant analyse.

([1]) *Ann. de Chim. et de Phys.*, 4ᵉ série, t. XXVI, p. 476; 1872. — *Voir* le présent Volume, Livre II, Chap. XII, p. 314.

([2]) *Ann. de Chim. et de Phys.*, 4ᵉ série, t. XIX, p. 429; 1870. — *Voir* le Chapitre précédent.

([3]) *Annales de Liebig*, 303, p. 121.

D'après cette analyse, j'avais pensé d'abord que c'était un isomère de l'autre sel ([1]).

En réalité, le sel de potasse de mon acide acétylénosulfonique a donné à l'analyse les résultats suivants, obtenus sur le composé desséché à 110° :

		Trouvé.	Calculé.
C	....	11,82	11,58
H	....	1,62	1,60
S.	....	20,17	20,57
K	....	25,30	25,12
O	....	41,03	41,13
		100,00	100,00

Le calcul a été établi d'après la formule brute suivante, déduite des rapports trouvés par l'analyse,

$$(C^2H^2)^3(SO^4KH)^4.$$

La dose du potassium est voisine du chiffre 26,22, qui répondrait au sel

$$(C^2H^2)(SO^4KH)^2,$$

produit simultanément ; mais la proportion des autres éléments est différente, ce qui montre la nécessité d'une analyse complète dans les cas de ce genre.

La constitution du nouveau sel est facile à concevoir, d'après les règles connues sur la valence des éléments, ou plus simplement sur celle de l'acétylène, qui en est la conséquence.

En effet envisageons, ainsi que j'ai coutume de le faire, l'acétylène

---

([1]) Le premier sel est cristallisé et représenté par la formule brute :

$$C^2H^4O^2.S^2O^6K^2;$$

c'est-à-dire qu'il répond à un acide formé en vertu de l'équation génératrice suivante :

$$C^2H^2 + 2H^2O + 2SO^3,$$

équation semblable à celle qui forme l'acide iséthionique, au moyen de l'éthylène :

$$C^2H^4 + H^2O + SO^3.$$

La constitution des deux acides est donc semblable, en tenant compte de la valence inégale des carbures générateurs.

M. Schrœter pense que, dans la formule précédente, il existerait une molécule d'eau de cristallisation ; mais cette eau ne peut en être séparée sans décomposition complète.

comme un carbure incomplet du second ordre, c'est-à-dire comportant quatre valences non saturées

$$C^2 H^2 (-)(-).$$

Ces quatre valences pourront être saturées par l'addition du carbure avec deux molécules de $SO^4 KH$

$$C^2 H^2 (SO^4 KH)(SO^4 KH),$$

molécules neutralisées d'ailleurs en raison du caractère même du carbure d'hydrogène uni à l'acide sulfurique, suivant des relations bien connues. Nous aurions ainsi l'acétylénodisulfonate normal, c'est-à-dire le dérivé sulfoné répondant à l'iséthionate

$$C^2 H^2 (H^2)(SO^4 KH).$$

Cet acétylénodisulfonate pourra être substitué à son tour à $SO^4 KH$ dans sa propre formule

$$C^2 H^2 (SO^4 KH)[C^2 H^2 (SO^4 KH)(SO^4 KH)],$$

et le sel résultant, substitué encore une fois à son tour à $SO^4 KH$ dans la formule initiale, soit

$$C^2 H^2 (SO^4 KH)[C^2 H^2 (SO^4 KH)(C^2 H^2 . SO^4 KH . SO^4 KH)].$$

On obtient cette fois un triacétylénotétrasulfonate, engendré et neutralisé suivant des lois de saturation régulière.

Il est facile de traduire ces relations dans les formules atomiques ordinaires, car elles reposent sur les mêmes principes de saturation ou valences. On voit d'ailleurs qu'il ne s'agit pas ici d'un système cyclique, c'est-à-dire dans lequel il y ait perte d'un certain nombre de couples de valences.

En réalité, une loi génératrice très simple préside à la formation de ces composés, et il est facile de démontrer qu'ils rentrent tous dans une formule générale de condensation indéfinie, telle que $(C^2 H^2)^{n-1}(SO^4 KH)^n$. En tout cas, le dérivé correspondant à trois molécules d'acétylène existe et il engendre du phénol en proportion considérable, ainsi que je vais l'établir.

II. — L'acétylénosulfonate de potassium précédent a été broyé rapidement avec son poids d'hydrate de potasse, le mélange introduit dans une cornue tubulée et celle-ci chauffée, au bain d'huile, au sein d'un courant lent d'hydrogène. On a fait trois opérations successives, en partant du même échantillon.

Première opération. — On chauffe le mélange entre 180° et 220°, pendant vingt minutes. Après refroidissement, on ajoute dans la cornue même, par portions successives, un excès d'acide sulfurique étendu, puis on distille.

L'eau qui passe en premier lieu renferme une proportion notable de phénol, doué d'une odeur spécifique. On isole ce composé, en ajoutant à la liqueur une petite quantité de potasse, et évaporant la liqueur dans le vide, à froid.

Sur le sel solide, ainsi obtenu, on ajoute quelques gouttes d'acide sulfurique étendu de son volume d'eau, puis on lave à l'éther ; ce dernier, évaporé rapidement, abandonne le phénol [1]. L'évaporation doit être arrêtée à temps, afin de ne pas perdre de phénol, en raison de la tension sensible de vapeur de ce dernier.

Pour contrôler les caractères du phénol, on l'a changé en acide picrique, en le chauffant avec un peu d'acide azotique fumant, dont on a chassé l'excès par évaporation au bain-marie. On a repris par l'eau, ce qui a donné une solution jaune d'or ; puis on a constaté la formation d'un précipité cristallisé de picrate de potasse, par addition ménagée d'acétate de potasse concentré.

La forme cristalline du picrate a été vérifiée sous le microscope. Son identité est surtout manifeste, quand la formation du précipité met un certain temps à s'accomplir.

D'autre part, on a constaté sur une portion de la liqueur la formation de l'isopurpurate de potasse, au moyen du cyanure de potassium.

Ces caractères multiples démontrent la formation du phénol, en dose notable, dès le premier traitement du sel potassique. Mais cette formation peut être considérablement accrue, en soumettant le reliquat du premier traitement à une seconde série d'opérations pareilles.

Deuxième opération. — A cet effet, le contenu acide de la cornue, qui avait fourni le phénol précédent, a été saturé avec la potasse, évaporé à sec au bain-marie, additionné de nouvelle potasse en excès et chauffé encore au bain d'huile, cette fois vers 250°, pendant une demi-heure. En procédant comme plus haut, on a obtenu une seconde dose de phénol, notablement plus grande et plus pure que la première. On l'a changé encore en acide picrique, en picrate de potasse, à cristaux caractéristiques, enfin en isopurpurate.

---

[1] Ce phénol est mélangé avec un acide organique de l'ordre de l'acide acétique, associé avec un acide à odeur butyrique (acide crotonique probablement).

Troisième opération. — La même série de manipulations a été reproduite pour la troisième fois sur le résidu de la seconde opération, en portant cette fois la température de la cornue presque au rouge sombre sur un bain de sable : ce qui a fourni encore du phénol, en moindre quantité, quoiqué encore notable, et caractérisé par les mêmes transformations.

En somme, le phénol constaté dans ces opérations successives contient une fraction très notable du carbone de l'acétylène primitif, 10 à 15 centièmes environ dans les conditions de mes essais ; le surplus formant du méthionate et le sulfonate, composés plus simples signalés au début de ce Chapitre.

Je rappellerai que, d'après mes anciens essais, l'acétylénosulfonate qui fournit du phénol, traité à 280° par l'acide iodhydrique en solution aqueuse saturée à froid (¹), n'a pas régénéré de benzine.

Il en résulte que le phénol formé aux dépens de l'acétylène, en suivant la marche qui vient d'être décrite, ne dérive pas d'un benzinosulfonate, c'est-à-dire d'une molécule de benzine formée préalablement dans la réaction de l'acide sulfurique sur l'acétylène, suivant un processus pareil à celui qui transforme l'allylène en mésitylène, au contact du même acide. C'est seulement dans la réaction ultérieure de l'hydrate alcalin que le phénol est formé, la molécule du carbure se triplant dans l'acte même de son oxydation.

Il m'a paru utile de poursuivre cette étude en opérant : d'une part avec l'acétylène et l'acide sulfurique ordinaire, au lieu d'acide mélangé d'anhydride.

Et, d'autre part, avec l'aldéhyde, corps qui dérive de l'hydratation de l'acétylène, dans certaines conditions, ainsi qu'avec le paraldéhyde, dérivé lui-même tricondensé de l'aldéhyde.

C'est pourquoi j'ai fait absorber l'acétylène par l'acide sulfurique ordinaire, SO^4H^2, au lieu de l'acide fumant. A la suite de traitements semblables, je n'ai obtenu qu'une fort petite quantité d'un sel sulfoné de potassium incristallisable et soluble dans l'alcool aqueux. Ce sel, chauffé avec de l'hydrate de potasse vers 250°, puis décomposé par l'acide sulfurique étendu, a fourni à la distillation un liquide aqueux à odeur de phénol ; et le dernier liquide a cédé à l'éther une proportion minime de matière : laquelle, traitée enfin par l'acide azotique, et évaporée, a donné un composé jaune. Celui-ci, repris par l'acétate de potasse, a fourni à peine quelques

---

(¹) *Annales de Chim. et de Phys.*, 4ᵉ série, t. XIX, p. 429 ; 1870.

cristaux microscopiques de picrate et un indice de coloration d'isopurpurate par le cyanure de potassium. Il s'est donc produit également du phénol, mais à l'état de traces seulement, dans les conditions précédentes.

Il résulte de ces expériences comparatives que le composé sulfoné, qui engendre le phénol, est formé essentiellement avec l'anhydride sulfurique et l'acétylène; tandis qu'il ne se produit qu'en très petite quantité avec l'acide hydraté, SO^4H^2. C'est précisément de la même façon que l'acide iséthionique apparaît à l'état de traces seulement dans la réaction de l'acide sulfurique, SO^4H^2, sur l'éthylène; tandis qu'il constitue le produit principal, si l'on opère avec l'anhydride sulfurique.

Si l'on remplace l'acétylène par l'aldéhyde, la formation du sel sulfoné générateur de phénol n'a pas lieu davantage en proportions notables, même avec l'anhydride sulfurique. En effet, j'ai obtenu seulement des traces très minimes de phénol, en soumettant à des traitements semblables : d'une part, l'aldéhyde pur, après réaction sur l'acide sulfurique fumant; d'autre part, le paraldéhyde, après réaction semblable.

Cependant, ces essais ont donné lieu à quelques observations dignes d'intérêt. En effet, le phénol obtenu aux dépens de l'aldéhyde et surtout du paraldéhyde, dans ces conditions, paraît mélangé de composés congénères, dérivés de carbures benzéniques plus condensés en C^8, C^{10}, etc.; lesquels forment des résines nitrées, en même temps que de l'acide picrique, lors du traitement ultérieur par l'acide azotique fumant. Mais aucune de ces actions n'a donné des produits comparables, en quantité ou en nature, avec ceux de l'acétylénosulfonate étudié plus haut.

Elles méritent toutefois d'être signalées, comme manifestant la tendance de l'acétylène et celle de l'aldéhyde (envisagé comme l'un des hydrates de l'acétylène), à fournir des dérivés polymérisés et à réaliser ainsi le passage de la série grasse à la série aromatique. Cette tendance se manifeste, comme on le sait, dans la formation synthétique d'un certain nombre d'alcalis et autres combinaisons complexes : on voit qu'elle se rattache au caractère incomplet, non saturé et éminemment plastique de la molécule acétylénique.

CHAPITRE IX.

SUR LES HYDRATES D'ACÉTYLÈNE (¹).

Acide acétylsulfurique.

L'*acide acétylsulfurique* se prépare au moyen de l'acétylène, à peu près exactement comme l'acide éthylsulfurique, au moyen du gaz oléfiant. Dans ce cas comme dans l'autre, l'absorption du gaz s'effectue seulement à l'aide de l'acide concentré et avec le concours d'une agitation violente et continue en présence du mercure, prolongée pendant un temps considérable. Un litre d'acétylène exige près d'une heure et 4ooo secousses.

L'absorption terminée, on étend d'eau l'acide avec précaution et l'on sature par du carbonate de baryte. La liqueur évaporée fournit tantôt un sel cristallisé, tantôt un sel incristallisable, suivant les conditions de la réaction initiale.

Au lieu de saturer par le carbonate de baryte, on peut distiller l'acide étendu d'eau. On obtient ainsi, par des rectifications systématiques, un liquide particulier, un peu plus volatil que l'eau, très altérable, doué d'une odeur extrêmement irritante, qui rappelle à la fois l'acétone et la nitrobenzine. Il est soluble dans 10 ou 15 parties d'eau. Il est précipitable de sa dissolution aqueuse par le carbonate de potasse; mais il ne paraît pas l'être par le chlorure de calcium.

Ce liquide est un *hydrate d'acétylène*.

Je me borne à signaler l'existence de ces divers composés : les difficultés que présenterait la préparation de quantités un peu considérables d'acétylène m'ayant empêché de les étudier en détail.

*J'avais d'abord regardé le composé ci-dessus comme un alcool dérivé de l'acétylène, alcool acétylique ou vinylique, dont les éthers

---

(¹) *Annales de Chimie et de Physique*, 3ᵉ série, t. LXVII, p. 56; 1863.

suivants seraient les composés :

$$C^2H^3I, \quad C^2H^3Br, \quad C^2H^3I,$$

composés préparés soit avec l'acétylène, par l'action ménagée des hydracides ; soit avec l'éthylène, en éliminant une molécule d'hydracide aux dépens des chlorure, $C^2H^4Cl^2$, bromure, $C^2H^4Br^2$, iodure, $C^2H^4I^2$, de ce carbure d'hydrogène. On a reconnu depuis que l'hydrate dérivé de l'acide acétylsulfurique varie dans sa composition suivant les circonstances, et qu'il renferme une dose considérable d'aldéhyde crotonique, C^4H^6O, dérivé condensé de l'aldéhyde ordinaire. L'hydratation même de l'acétylène, effectuée par différents autres procédés, a fourni de l'aldéhyde.

Toutefois, ni les propriétés de l'aldéhyde, ni celles de l'aldéhyde crotonique n'expliquant d'une façon adéquate celle du composé que j'avais obtenu en 1863, j'ai cru devoir reproduire ici mes premières expériences et je vais en citer de nouvelles.

CHAPITRE X.

OBSERVATIONS SUR LES HYDRATES D'ACÉTYLÈNE ([1]).

Dans le cours de mes recherches sur la transformation de l'acéty-lène en phénol, par l'intermédiaire de l'acide sulfurique (p. 295), je me suis attaché spécialement à reproduire l'hydratation de l'acétylène, que j'avais observée autrefois. Mais je n'avais pas fait une étude approfondie des produits, la rareté de l'acétylène, à cette époque, et l'altérabilité de ces corps la rendant extrêmement diffi-cile.

J'ai reconnu d'abord qu'on n'en obtient guère, lorsqu'on fait absorber l'acétylène par l'acide sulfurique fumant; presque tout le carbure demeure engagé dans des composés stables et non décomposables par simple hydratation.

On réussit mieux avec l'acide sulfurique ordinaire, SO^4H^2, et mieux encore, avec cet acide uni à une molécule d'eau

$$SO^4H^2 + H^2O.$$

Les produits obtenus ont une constitution différente, suivant les conditions des préparations.

1° L'acide ordinaire bouilli, soit SO^4H^2 sensiblement, a été saturé d'acétylène à froid (8o volumes environ, soit 10^{lit} dans mon essai); puis il a été abandonné à lui-même pendant plusieurs jours, avant de l'étendre d'eau. On a ensuite distillé lentement, de façon à décomposer l'acétylénosulfate proprement dit et peu stable, c'est-à-dire le dérivé alcoolique (vinylsulfate), correspondant à l'éthyl-sulfate normal; puis on a concentré la partie la plus volatile, par des distillations fractionnées successives. On a obtenu finalement un produit qui ne réduisait pas à froid, dans l'espace d'une demi-heure, l'azotate d'argent ammoniacal formé en proportions limites,

---

([1]) *Annales de Chimie et de Physique*, 7ᵉ série, t. XVII, p. 297; 1899.

c'est-à-dire préparé avec la dose exacte d'ammoniaque susceptible de redissoudre l'oxyde d'argent d'abord précipité.

Ce produit était constitué principalement par de l'aldéhyde crotonique, transformable par l'oxyde d'argent ordinaire, vers 60°, en acide crotonique cristallisable, lequel a été isolé et analysé. Ce sont là d'ailleurs des faits connus.

2° Mais les produits sont différents, lorsqu'on a ménagé l'action de l'acide sur l'acétylène : par exemple, en faisant absorber ce gaz par un excès de l'hydrate acide normal, $SO^4H^2 + H^2O$; absorption qui a lieu plus lentement et conformément à des observations que j'ai publiées en 1877 ([1]).

Aussitôt l'absorption accomplie, dans la proportion de 12 volumes environ de gaz pour 1 volume de liquide, le produit a été versé dans l'eau, en opérant sur un litre de gaz absorbé. On a distillé très lentement, de façon à décomposer l'acide vinylsulfurique, et l'on a recueilli le quart du liquide. Ce quart, à son tour, a été redistillé, de façon à en recueillir le dixième; puis, dans une troisième distillation, on a recueilli deux dixièmes successifs du liquide précédent.

[1] Le premier dixième était de l'eau, surnagée par une liqueur huileuse.

[2] Le second dixième constituait une liqueur homogène.

Le premier liquide [1] contient une forte dose d'aldéhyde crotonique. Mais cet aldéhyde est mélangé avec un composé fort différent, véritable dérivé vinylique, lequel réduit à froid, au bout de quelques secondes, l'azotate d'argent ammoniacal limite, en fournissant un précipité noir, précisémeut à la façon de l'oxyde de carbone. Or, cette propriété n'appartient ni à l'aldéhyde éthylique, ni à l'aldéhyde crotonique, dont l'action à froid est beaucoup plus lente.

En fait, le réactif argentique ammoniacal étant mis en présence d'un excès d'aldéhyde ordinaire pur, il forme d'abord des cristaux incolores et un précipité blanc; tandis qu'en opérant avec une trace seulement d'aldéhyde, il y a réduction métallique. Cette dernière réduction ne se manifeste guère qu'au bout d'une demi-heure (température vers 12°), et elle fournit un miroir blanc et brillant d'argent métallique : ce qui n'a pas lieu avec le dérivé acétylénique (c'est-à-dire vinylique).

Il est utile d'ajouter que le produit [2], lequel ne saurait plus renfermer d'aldéhyde éthylique, mais seulement un composé bien

---

.([1]) *Ann. de Chim. et de Phys.*, 5ᵉ série, t. XII, p. 294.

moins volatil, réduit également l'azotate d'argent ammoniacal limite, de la même manière que le produit [1], et immédiatement.

Le composé qui manifeste ainsi des réactions semblables à celles de l'oxyde de carbone, quoique différentes des réactions des aldéhydes éthylique et crotonique, est, je le répète, un dérivé vinylique, dérivé direct de l'acétylène : tel qu'un bihydrate (glycol acétylénique $C^2H^2.H^2O.H^2O$), ou un monohydrate (alcool acétylénique, autrement dit *vinylique* : $C^2H^2.H^2O$), ou plutôt un éther mixte, dérivé de ces hydrates.

Si l'on se rappelle avec quelle facilité le glycol ordinaire, soumis directement aux agents déshydratants, fournit, dans la plupart des circonstances, un corps isomère, l'aldéhyde éthylique ; — au lieu de son dérivé normal, l'éther glycolique, C^2H^4O (pseudoxyde d'éthylène), — et si l'on ajoute que l'éther glycolique devient aldéhyde, avec un dégagement de chaleur considérable ($+33^{Cal}$ d'après les données de mes expériences thermochimiques), on comprendra mieux comment les hydrates d'acétylène proprement dits (composés vinyliques) doivent être transformés aisément, par un mécanisme analogue.

L'alcool vinylique, corps éminemment mobile et altérable, se changerait aisément en aldéhyde, comme le fait le pseudoxyde d'éthylène : en vertu de cette transformation l'on obtiendra avec l'acétylène les aldéhydes éthylique, crotonique et autres dérivés aldéhydiques (éthylidéniques).

C'est ce que montrent en effet les expériences précédentes. L'action prolongée de l'acide sulfurique concentré sur l'acétylène ne fournit guère que de l'aldéhyde crotonique; tandis que la même action, pourvu qu'elle soit de courte durée et affaiblie par l'addition préalable à l'acide sulfurique d'une molécule d'eau, laisse apparaître les dérivés vinyliques, qui seraient les dérivés proprement dits de l'acétylène.

En fait l'existence propre de ces dérivés, spécialement celle des acides glycollique et congénères, composés que l'aldéhyde crotonique n'engendre point, caractérise l'oxydation la plus immédiate des dérivés vinyliques, c'est-à-dire des dérivés les plus prochains de l'acétylène. Elle rend également compte des observations suivantes.

Les liquides distillés successifs [1] et [2] ont été étendus d'eau et mis séparément en digestion à froid, pendant quelques heures, avec de l'oxyde d'argent humide. Puis on a décanté, filtré et évaporé dans le vide la liqueur, sur l'acide sulfurique. On a obtenu des sels d'argent cristallisés, où l'on a dosé ce métal.

B. — I.20

Là proportion du métal a été trouvée très voisine de celle du glycollate. Notamment, la liqueur [2], dans laquelle il n'existait plus d'aldéhyde éthylique, a fourni un sel qui contenait :

$$Ag = 58,6 \text{ centièmes} ;$$

au lieu de 59 indiqués par le calcul pour le glycollate d'argent.

Les faits suivants sont caractéristiques.

Après réaction et lavage, l'oxyde d'argent, mélangé d'argent métallique et de sels peu ou point solubles, a été séparé de la liqueur ci-dessus, puis agité avec une solution aqueuse d'hydrogène sulfuré, ajoutée peu à peu jusqu'à l'absence de toute réaction apparente. On a filtré alors : il a passé un liquide incolore, et l'on a chauffé quelques instants au bain-marie. Cette dernière opération a donné lieu à un précipité noir de sulfure d'argent, régénéré au moyen des éléments du sel demeuré dissous ; à la façon du sulfure d'argent, que l'on obtient au moyen de l'hyposulfite du même métal.

Là liqueur filtrée de nouveau, après cette première réduction, était incolore : elle ne contenait pas d'acide oxalique. Réchauffée une seconde fois à l'ébullition, elle s'est encore troublée, en précipitant de nouveau du sulfure d'argent.

Ces divers phénomènes signalent l'existence d'un sel d'argent soluble, formé par un acide sulfuré (acide thioglycollique, probablement), lequel se décompose peu à peu à chaud, en régénérant du sulfure d'argent.

Ce n'est pas tout. La dernière liqueur, filtrée pour la troisième fois et claire, a été neutralisée exactement avec de l'eau de chaux. On a obtenu une dissolution incolore, renfermant à la fois de la chaux et de l'oxyde d'argent demeuré en dissolution, probablement à l'état de sel double, encore sulfuré. On observera que l'excès de chaux n'avait pas précipité l'oxyde d'argent, pas plus que les alcalis ne le précipitent en présence de l'hyposulfite de soude. En fait, cette dissolution, évaporée au bain-marie, a donné, au bout d'un temps assez long, un abondant précipité noir de sulfure d'argent ; précipité dont j'ai vérifié spécialement les deux éléments, soufre et argent, en le redissolvant (après lavage) dans l'acide azotique bouillant.

Enfin, dans la dernière liqueur il est resté un sel calcaire blanc, soluble, neutre, exempt d'argent et de soufre, ne contenant pas d'ailleurs d'acide acétique.

L'ensemble de ces caractères ne laisse, je crois, aucun doute sur l'existence d'un sel d'argent oxysulfuré, soluble, formé pendant la réaction ménagée de l'hydrogène sulfuré sur l'oxyde d'argent; le tout conformément d'ailleurs à certaines observations de Böttinger, relatives à une réaction semblable de l'acide oxyglycollique (¹).

L'acide que j'ai observé résulte des actions simultanées de l'oxyde d'argent et de l'hydrogène sulfuré sur un dérivé acétylénique (vinylique) formé par hydratation immédiate. Dès lors cet acide ne saurait guère être autre chose qu'un acide thioglycollique, $C^2H^4O^2S$, ou thioxyglycollique, doué de la double fonction d'acide et de mercaptan (alcool sulfuré). Rappelons encore que j'ai observé (²) la transformation facile et normale de l'acétylène en acide glycollique, par l'intermédiaire du perchlorure d'acétylène, $C^2H^2Cl^4$, agissant sur la potasse alcoolique,

$$C^2H^2Cl^4 + 3H^2O = C^2H^4O^3 + 4HCl.$$

En tout cas, ces réactions ne sont pas celles de l'aldéhyde crotonique, ni même de l'aldéhyde éthylique; elles signalent l'existence d'hydrates propres de l'acétylène, retenant quelque chose de l'excès d'énergie et par conséquent de l'altérabilité du carbure générateur.

(¹) *Annalen der Chemie und Pharmacie*, t. CXCIX.
(²) *Annales de Chimie et de Physique*, 4ᵉ série, t. XIX, p. 436; 1870. — Ce Volume, p. 287.

TROISIÈME SECTION.

COMBINAISON DES ÉLÉMENTS HALOGÈNES AVEC L'ACÉTYLÈNE.

CHAPITRE XI.

ACTION DU CHLORE SUR L'ACÉTYLÈNE.

L'action du chlore sur l'acétylène donne lieu à des diversités singulières.

1° En général, le chlore gazeux, mélangé sur l'eau avec l'acétylène, à la lumière diffuse, détone presque aussitôt, avec production d'acide chlorhydrique et de charbon.

2° Mais il arrive parfois que la réaction se fait attendre pendant plusieurs minutes; puis l'explosion a lieu, sans l'intervention apparente d'une circonstance nouvelle. Cette explosion s'opère aussi bien avec l'acétylène étendu de plusieurs fois son volume d'hydrogène, ou d'acide carbonique, qu'avec l'acétylène pur. Elle s'opère également en présence d'un excès de chlore, ou en présence d'un excès d'acétylène. Elle exige le concours de la lumière diffuse : car j'ai pu conserver pendant plusieurs jours, dans l'obscurité d'une boîte opaque, renfermée elle-même au sein d'une armoire bien close, un mélange qui a détoné, à l'instant même où j'ai enlevé le couvercle de la boîte dans laquelle il était contenu.

3° Ce n'est pas tout : le mélange d'acétylène et de chlore, au lieu de réagir brusquement et avec dépôt de charbon, réagit, dans certains cas, graduellement, à volumes égaux, et en formant un chlorure liquide, $C^2H^2Cl^2$, comparable à la liqueur des Hollandais et produit avec des circonstances toutes semblables.

4° J'ai observé également dans certains cas l'absorption graduelle et la formation du chlorure liquide commencer, puis l'expérience se terminer par une explosion, avec dépôt de charbon.

5° Enfin, la combustion explosive étant produite après un délai préalable, tantôt le carbure est complètement séparé en carbone et acide chlorhydrique; tantôt une partie du carbure donne naissance à une vapeur spontanément inflammable au contact de l'air et qui est de l'acétylène chloré, C^2HCl.

Toutes ces observations ont été faites avec l'acétylène préparé au moyen de l'éther dirigé à travers un tube chauffé au rouge.

Malgré les nombreux essais que j'ai tentés, je n'ai pas réussi à reconnaître avec une certitude suffisante les conditions qui déterminent les différences que je viens de signaler dans la réaction du chlore sur l'acétylène. Mais je pense que ces différences tiennent à une sorte d'inertie moléculaire de l'acétylène, laquelle s'oppose à ce que les réactions soient déterminées immédiatement et au moment même du mélange. Dès lors, tout dépend de la condition qui fait cesser cette indétermination, c'est-à-dire de la présence d'une trace de vapeur étrangère jouant le rôle d'amorce; ou bien encore de l'intensité variable du phénomène calorifique qui se produit au point où l'attaque commence.

CHAPITRE XII.

SUR LES CHLORURES D'ACÉTYLÈNE.
SYNTHÈSE DU CHLORURE DE JULIN ([1]).

1. On sait avec quelle énergie le chlore agit sur l'acétylène, dont il détermine en général l'inflammation immédiate; ce n'est que dans des circonstances exceptionnelles qu'il donne naissance à un chlorure liquide, $C^2H^2Cl^2$, comparable à la liqueur des Hollandais. Cependant la théorie indique l'existence de deux chlorures normaux, $C^2H^2Cl^2$ et $C^2H^2Cl^4$, qu'il nous a paru intéressant de rechercher. Nous avons fait cette recherche d'autant plus volontiers que les transformations desdits chlorures semblaient devoir conduire à un acétylène bichloré, C^2Cl^2, qui offre à l'égard du chlorure de Julin les mêmes relations de formule que l'acétylène, C^2H^2, à l'égard de la benzine, C^6H^6. Nous avons en effet réussi à former les deux chlorures d'acétylène, et nous avons transformé l'un d'eux à 360 degrés en chlorure de Julin. Voici nos expériences.

2. Au lieu de faire agir l'acétylène sur le chlore libre, nous l'avons fait agir sur le chlore déjà combiné à un protochlorure, c'est-à-dire sur le perchlorure d'antimoine. L'acétylène sec en effet est absorbé par ce chlorure avec un vif dégagement de chaleur; dégagement qu'il est nécessaire de modérer, de façon à maintenir le mélange liquide, sans permettre ni une surchauffe, qui changerait la réaction, ni un refroidissement trop grand, qui solidifierait la masse. Le réactif étant presque saturé, on le laisse refroidir, et il s'y forme de magnifiques lamelles cristallines, fort volumineuses et qui semblent appartenir au système du prisme rhomboïdal droit : c'est une combinaison d'acétylène et de perchlorure d'anti-

---

([1]) *Annales de Chimie et de Physique*, 4ᵉ série, t. XXVI; 1872. — Avec la collaboration de M. JUNGFLEISCH.

moine, à équivalents égaux :

$$C^2 H^2 Sb\, Cl^5.$$

En effet, 100 parties de perchlorure ont absorbé 8 parties d'acétylène, d'après nos pesées. Le calcul indique 8,4.

On purifie ce corps en l'égouttant, puis en évaporant l'excès de perchlorure d'antimoine dans un courant d'acide carbonique sec.

Le composé est fort altérable; l'eau le détruit immédiatement. Si on le chauffe seul, il développe une action énergique qui, une fois commencée, continue d'elle-même, en donnant naissance à du protochlorure d'acétylène et à du protochlorure d'antimoine :

$$C^2 H^2.\ Sb\,Cl^5 = C^2 H^2 Cl^2 + Sb\,Cl^3.$$

Opère-t-on au contraire sur le composé précédent dissous dans un excès de perchlorure d'antimoine, il se produit une réaction plus violente encore, et qui engendre du protochlorure d'antimoine et du perchlorure d'acétylène :

$$C^2 H^2 Sb\, Cl^5 + Sb\,Cl^5 = C^2 H^2 Cl^4 + 2\, Sb\,Cl^3.$$

Disons, pour ne rien omettre, que, dans ces deux réactions, il se forme une quantité sensible d'acide chlorhydrique et de produits goudronneux, dont la proportion augmente beaucoup lorsqu'on abandonne quelque temps à lui-même le composé primitif, avant de le détruire par la chaleur.

3. *Protochlorure d'acétylène*, $C^2 H^2 Cl^2$. — La réaction qui engendre ce corps vient d'être signalée. Pour le préparer, on commence par opérer sur de petites quantités du composé acétylantimonique, afin d'éviter les actions secondaires qui résultent d'une trop grande élevation de température. Puis on incorpore aux résidus des premières opérations des quantités toujours croissantes du composé acétylantimonique, désormais disséminé dans une masse inerte de plus en plus considérable. On distille, en refroidissant fortement les produits condensés; on les lave à l'eau froide. D'autre part, le résidu de la cornue est traité par l'acide chlorhydrique étendu, de façon à dissoudre le chlorure d'antimoine, tandis que le chlorure d'acétylène se précipite sous forme liquide.

Dans la pratique, au lieu d'opérer sur le composé $C^2 H^2 Sb\, Cl^5$ tout à fait pur, composé dont la purification est pénible et délicate, on opère sur ce composé associé avec une certaine proportion de perchlorure d'antimoine, et l'on obtient dès lors un mélange des deux chlorures d'acétylène. On les lave à l'eau, on les sèche sur du chlorure de calcium et on les sépare par distillation fractionnée.

Le protochlorure d'acétylène est un liquide limpide et incolore, très fluide, doué d'une odeur forte et chloroformique; sa vapeur possède une saveur sucrée et donne des maux de tête.

$$\text{L'analyse a donné} \ldots\ldots\ldots\ldots\ldots \quad Cl = 73,o3$$
$$\text{Le calcul indique} \ldots\ldots\ldots\ldots\ldots \quad 73,2$$

Il bout vers 55 degrés. L'air humide l'altère. L'eau l'attaque lentement en vase clos à 18o degrés, en produisant de l'acide chlorhydrique et des composés condensés.

L'action de la potasse le change en acide acétique, $C^2H^4O^2$ ([1]).

Chauffé vers 36o degrés, pendant cent heures, dans un tube scellé, il se décompose entièrement en charbon noir et feuilleté et en acide chlorhydrique :

$$C^2H^2Cl^2 = C^4 + 2\,HCl,$$

sans produits secondaires sensibles.

4. *Perchlorure d'acétylène*, $C^2H^2Cl^4$. — Ce corps est facile à préparer en suivant la même marche que pour le premier chlorure, si ce n'est qu'on emploie un excès de perchlorure d'antimoine. Toutefois, il faut, pendant la réaction finale, opérer avec beaucoup de prudence pour éviter les explosions.

On peut encore faire arriver directement l'acétylène dans le perchlorure d'antimoine chauffé, mais non sans risque de détonation.

Le perchlorure d'acétylène est liquide, incolore, fluide, à odeur et à saveur chloroformiques. Il bout vers 147 degrés.

$$\text{L'analyse a donné} \ldots\ldots\ldots\ldots\ldots \quad Cl = 83,6$$
$$\text{Le calcul indique} \ldots\ldots\ldots\ldots\ldots \quad 83,5$$

Chauffé à 18o degrés avec de l'eau, il s'altère lentement, avec formation d'acide chlorhydrique.

Introduit dans une atmosphère de chlore, il se change en sesquichlorure de carbone, C^2Cl^6.

L'action très ménagée de la potasse alcoolique lui enlève un

([1]) Voir *Annales de Chimie et de Physique,* 4ᵉ série, t XIX, p. 435. — Ce Volume, p. 287.

équivalent d'acide chlorhydrique, avec formation d'un protochlorure d'acétylène coloré, $C^2HCl.Cl^2$:

$$C^2H^2Cl^4 + KHO = C^2HCl.Cl^2 + KCl + H^2O.$$

C'est un liquide incolore qui bout à 88 degrés ; l'humidité l'altère,
et la potasse alcoolique le détruit, sans que nous ayons pu réussir à
obtenir dans cette opération l'acétylène bichloré, C^2Cl^2, prévu par
la théorie.

L'action de la potasse alcoolique change le perchlorure d'acétylène en acide glycollique, $C^2H^4O^3$ ([1]).

5. *Synthèse du chlorure de Julin.* — L'action de la chaleur sur le
perchlorure d'acétylène est des plus remarquables. Chauffé à 300 degrés pendant quinze heures, dans un tube scellé, il se change en
protochlorure d'acétylène chloré et acide chlorhydrique :

$$C^2H^2Cl^4 = C^2H Cl.Cl^2 + HCl.$$

En prolongeant l'action, on voit apparaître, au lieu de l'acétylène
bichloré, C^2Cl^2, son polymère, le chlorure de Julin, C^6Cl^6, quoique seulement à l'état de traces à cette température. Mais il suffit de porter
la température jusqu'à 360 degrés et de la maintenir pendant cent
heures, pour transformer nettement et complètement le perchlorure d'acétylène (ou plutôt le chlorure intermédiaire) en acide
chlorhydrique et chlorure de Julin.

$$3 C^2H^2Cl^4 = C^6Cl^6 + 6 HCl.$$

Or le chlorure de Julin est identique avec la benzine perchlorée,
d'après les expériences de M. Bassett et les nôtres ([2]). Ce chlorure
résulte donc de la transformation polymérique de l'acétylène
bichloré naissant,

$$3 C^2Cl^2 = C^6Cl^6,$$

au même titre que la benzine résulte de la transformation polymérique de l'acétylène libre :

$$3 C^4H^2 = C^6H^6.$$

Ces relations expliquent très nettement la formation si générale
du chlorure de Julin dans la destruction des composés chlorés par

---

([1]) *Voir* page 287.
([2]) *Voir* le Chapitre suivant.

la chaleur. En effet, cette formation répond à la formation non moins générale de la benzine dans la destruction des composés hydrogénés. L'une et l'autre se rattachent à l'acétylène, pivot fondamental de toutes les réactions pyrogénées qui s'opèrent à la température rouge.

CHAPITRE XIII.

ÉTUDES COMPARATIVES SUR LA BENZINE PERCHLORÉE, LA NAPHTALINE PERCHLORÉE ET LE CHLORURE DE JULIN ([1]).

On désigne sous le nom de *chlorure de Julin* un beau corps cristallisé, obtenu pour la première fois par hasard dans une fabrique d'acide nitrique. M. Regnault l'a reproduit par l'action de la chaleur rouge sur les vapeurs du chloroforme, $CHCl^3$, du perchlorure de carbone, CCl^4, et du protochlorure de carbone, C^2Cl^4 (éthylène perchloré).

L'analyse de ce corps a fourni des nombres voisins de ceux qui répondent à la formule C^2Cl^2, laquelle a été adoptée pendant longtemps.

Cependant cette formule ne s'accorde pas avec les analogies tirées des propriétés physiques. En effet, le chlorure de Julin bout à une température très élevée, 330° environ, comme nous le dirons tout à l'heure; tandis que le chlorure d'éthylène, $C^2H^4Cl^2$, lequel renfermerait le même nombre d'équivalents de carbone et de chlore, bout à 84° seulement. En outre, l'éthylène perchloré, C^2Cl^4, plus riche en chlore et qu'il semble dès lors permis de croire moins volatil que les composés moins chlorurés et également carburés, bout à 120°. Il est donc probable que le chlorure de Julin répond à une formule plus élevée, sans doute à un multiple de C^2Cl^2.

Un nouvel argument peut être tiré de l'action exercée par l'hydrogène. En effet, le chlorure de Julin, chauffé au rouge vif dans un courant d'hydrogène, produit un carbure cristallisé, à équivalent élevé et semblable à la naphtaline.

Ajoutons encore les faits suivants, publiés par M. H. Bassett, il y a quelques mois : le chlorure de Julin, préparé au moyen du chloroforme, possède le même point de fusion que la benzine

---

([1]) *Ann. de Chim. et de Phys.*, 4ᵉ série, t. XV, p. 331; 1868. — En commun avec M. JUNGFLEISCH.

perchlorée et sa densité de vapeur s'accorde avec la formule C^6Cl^6.
D'où l'auteur conclut, avec M. H. Müller, à l'identité de la benzine
perchlorée et du chlorure de Julin.

Nous étions arrivés à la même conclusion de notre côté, dans des
recherches exécutées l'an dernier, mais demeurées inédites, sur
l'étude comparative du chlorure de Julin, de la benzine perchlorée et
de la naphtaline perchlorée. Ces recherches renferment d'ailleurs
quelques observations nouvelles. Nous croyons utile de les publier.

Nos observations ont porté sur les substances suivantes :

I. Benzine perchlorée.

II. Chlorure de carbone, $(C^2Cl^2)^n$, préparé au moyen du chloroforme.

III. Chlorure de carbone, $(C^2Cl^2)^n$, préparé au moyen du perchlorure de carbone.

IV. Naphtaline perchlorée.

La benzine perchlorée a été obtenue en traitant d'abord la benzine par le chlore en présence d'un peu d'iode; puis on a épuisé
l'action du chlore en faisant intervenir le chlorure d'antimoine.

Le chlorure de Julin a été préparé au moyen du chloroforme
dirigé à travers un tube rouge; puis on a purifié le produit par des
sublimations et des cristallisations dans le sulfure de carbone.

On a opéré de même avec le perchlorure de carbone, CCl^4. Le
composé résultant avait semblé d'abord distinct du précédent; mais
les différences ont disparu par le fait des purifications.

Enfin la naphtaline perchlorée a été obtenue en faisant agir
d'abord le chlore sur la naphtaline, épuisant ensuite l'action du
chlore, avec le concours du chlorure d'antimoine, et sublimant le
produit. On a fait cristalliser cette naphtaline perchlorée dans le
sulfure de carbone, par évaporation spontanée; puis on en a vérifié
la composition par l'analyse (¹).

Le corps ainsi obtenu ne semble pas identique avec la naphtaline perchlorée de Laurent; substance que l'un de nous a eu occasion de préparer il y a une vingtaine d'années, mais dont il n'avait
pas conservé d'échantillon. L'aspect du nouveau corps est différent;
il cristallise en gros prismes volumineux, au lieu de fines aiguilles

____

(¹) L'analyse de ce corps, en gros et beaux cristaux, a fourni des nombres
voisins de la composition théorique, mais en réalité intermédiaires entre ceux
de la naphtaline perchlorée, $C^{10}Cl^8$, et du chlorure de naphtaline perchlorée,
$C^{10}Cl^{10}$. Il semble que ce dernier composé soit le produit direct de la réaction,
mais qu'il se transforme en naphtaline perchlorée par la distillation.

fragiles. Il paraît plus soluble dans les dissolvants et plus altérable par les réactifs. Les deux composés sont légèrement jaunâtres. La forme cristalline du composé de Laurent n'a d'ailleurs pas été suffisamment décrite pour permettre une comparaison rigoureuse. Ce composé avait été préparé par lui sans l'intermédiaire du chlorure d'antimoine.

Nous avons déterminé pour chacune des substances qui viennent d'être définies :

1° Le point de fusion ;

2° Le point d'ébullition ;

3° La solubilité dans le sulfure de carbone ;

4° La forme cristalline ;

5° L'action de divers réactifs, et spécialement celle de l'hydrogène libre, ou naissant.

1° Points de fusion.

Benzine perchlorée : 226°.

Chlorure de Julin (du chloroforme) : 226°.

Chlorure de Julin (du perchlorure de carbone) : 226°.

Naphtaline perchlorée : 135°.

Ces températures sont corrigées de la partie de la tige du thermomètre extérieure au liquide et du déplacement du zéro. Elles représentent les points fixes de solidification, déterminés sur une quantité notable de matière fondue et mise en contact avec quelques cristaux.

2° Points d'ébullition.

I. Benzine perchlorée :

Thermomètre à mercure (corrigé) : 326°.

Thermomètre à air de M. Berthelot ([1]) : 332°.

II. Chlorure de Julin (du perchlorure de carbone) :

Autre thermomètre à mercure (corrigé) : 331°.

Ces chiffres peuvent être regardés comme identiques, dans les limites d'erreur des expériences ([2]).

([1]) *Essai de Mécanique chimique*, t. I, p. 300. — *Ann. de Chimie et de Physique*, 4ᵉ série, t. XIII, p. 141; 1868.

([2]) Les différences entre ces nombres ne dépassent pas celles que l'on observe entre divers thermomètres à mercure construits avec le plus grand soin. Au-dessus de 300°, ces instruments cessent d'être absolument comparables entre eux et avec le thermomètre à air, à moins de faire un travail spécial sur chaque thermomètre; c'est ce qui résulte des recherches classiques de M. Regnault.

III. Naphtaline perchlorée :

Thermomètre à air de M. Berthelot : 403°.

Les points d'ébullition des substances précédentes ne sont pas absolument fixes, parce qu'elles éprouvent un commencement de décomposition sous l'influence de la chaleur. On reviendra tout à l'heure sur ce fait.

On peut tirer de ces chiffres une remarque intéressante, pour préciser l'influence qu'exerce la substitution du chlore à l'hydrogène sur le point d'ébullition.

En effet, le substitution de 6 équivalents de chlore à 6 équivalents dans la benzine,

$$C^6 H^6 \qquad\qquad C^6 Cl^6$$

élève de 330° — 80° = 250° le point d'ébullition ; soit 42° environ par équivalent substitué.

Mais la substitution de 8 équivalents de chlore à 8 équivalents d'hydrogène dans la naphtaline,

$$C^{10} H^8 \qquad\qquad C^{10} Cl^8,$$

élève de 403° — 218° = 185° le point d'ébullition ; soit 23° environ par équivalent substitué.

Ces chiffres montrent que l'influence de la substitution sur les points d'ébullition diffère beaucoup dans les deux séries benzénique et naphtalique. Du reste, on peut observer des différences analogues dans d'autres séries. Ainsi :

$$
\begin{array}{ll}
\text{L'éthylène bichloré, } C^2 H^2 Cl^2, \text{ bout vers} \dots\dots & 40° \\
\text{Et l'éthylène perchloré, } C^2 Cl^4, \text{ bout à} \dots\dots & 122° \\
\hline
& 82°
\end{array}
$$

Soit un excès de 41° par équivalent substitué.

$$
\begin{array}{ll}
\text{Tandis que le chlorure d'éthylène bichloré, } C^2 H^2 Cl^4, \text{ bout à.} & 135° \\
\text{Et le chlorure d'éthylène perchloré, } C^2 Cl^6, \text{ bout à} \dots\dots & 182° \\
\hline
& 47°
\end{array}
$$

Soit un excès de 23° par équivalent substitué.

3° *Solubilités dans le sulfure de carbone.*

On a déterminé simultanément les solubilités des composés dans le sulfure de carbone, en procédant par voie d'épuisement successif et de refroidissement et en opérant sur un excès de matière solide. Les expériences ont été faites au sein d'un bain d'eau, maintenu à une température rigoureusement fixe et identique pour tous les corps mis en expérience; c'est-à-dire qu'elles sont essentiellement comparatives.

A cet effet on a pris une certaine quantité de chaque corps, on l'a pulvérisée finement, on l'a mêlée avec du sulfure de carbone, employé en quantité capable de dissoudre une portion seulement de la matière; on a chauffé légèrement, ce qui n'a pas tout dissous; on a agité, puis laissé refroidir, et l'on a maintenu pendant quelques heures la dissolution à une température fixe et en contact avec l'excès de matière solide. Alors seulement on a prélevé 20^{cc} de la solution saturée, on a évaporé et pesé le résidu. C'est ce que nous appellerons le *premier traitement*.

On a décanté alors la totalité des liqueurs saturées, surnageant l'excès de matière solide. On a versé sur celle-ci un nouveau volume de sulfure de carbone, on a chauffé légèrement, agité, laissé refroidir et maintenu à une température fixe, toujours en présence d'un excès de la matière solide. 20^{cc} de cette seconde liqueur ont été évaporés et le résidu pesé : c'est le *deuxième traitement*.

On a encore décanté les liqueurs saturées, on a versé sur le résidu du sulfure de carbone et l'on a répété les opérations ci-dessus, toujours en présence d'un excès du composé solide; ce qui constitue le *troisième traitement*.

On a obtenu, en suivant cette marche, les poids que voici pour la matière dissoute dans 20^{cc} de solution sulfocarbonique saturée.

Premier traitement. — Saturation à 15°. 20^{cc} renferment :

Benzine perchlorée	0^{gr},436
Chlorure de Julin (du chloroforme).	0^{gr},451
Chlorure de Julin (du perchlorure de carbone)	0^{gr},485

Deuxième traitement. — Saturation à 13°. 20^{cc} renferment :

Benzine perchlorée	0^{gr},406
Chlorure dérivé de C^2HCl^3	0^{gr},405
Chlorure dérivé de C^2Cl^4	0^{gr},415

Troisième traitement. — Saturation à 14°. 20^{cc} renferment :

Benzine perchlorée	0^{gr},416
Chlorure dérivé de C^2HCl^3,	0^{gr},433
Chlorure dérivé de C^2Cl^4	0^{gr},421

Quatrième traitement (sur un produit déposé par cristallisation dans le sulfure de carbone bouillant). — Saturation à 12°. 20^{cc} renferment :

> Benzine perchlorée 0,391
> Chlorure dérivé de C^2HCl^3 0,396
> Chlorure dérivé de C^2Cl^4 0,392

Ces chiffres établissent l'identité des trois corps.

Au contraire, la naphtaline perchlorée, beaucoup plus soluble, a fourni :

Premier traitement. — Saturation à 15°. 20^{cc} renferment :

> Naphtaline perchlorée............. 5^{gr},860

Deuxième traitement. — Saturation à 14°. 20^{cc} renferment :

> Naphtaline perchlorée............. 5^{gr},188

Troisième traitement. — Saturation à 14°. 20^{cc} renferment :

> Naphtaline perchlorée............. 5^{gr},136

4° *Forme cristalline.*

La naphtaline perchlorée s'obtient facilement en cristaux magnétiques qui présentent les caractères suivants :

Prisme rhomboïdal droit de 110° 40' :

$$D = 561,092, \qquad d = 388,52, \qquad h = 912,637$$

Angles.	Mesurés.	Calculés.
p sur e^1	121°35' (moy.)	121°35'
e^1 sur g^1	148°20' à 148°30'	148°25'
p sur a^1	112°50' (moy.)	112°50'
a^1 sur a^1	134° à 135°	134°20'
p sur b^1	109°20' à 109°30'	»
b^1 sur b^1	141° à 141°20'	»
e^1 sur b_1	129°15' à 129°30'	»
a^1 sur b^1	147°20' à 147°40'	»

Trois clivages faciles : 1° parallèlement à D ; 2° et 3° parallèlement aux faces primitives m du prisme. Le solide de clivage est donc le prisme primitif que donnent le deuxième et le troisième clivage, modifié par le premier parallèlement à l'arête verticale antérieure, c'est-à-dire parallèlement à h^1.

Cette forme cristalline différencie nettement la naphtaline perchlorée du chlorure de Julin et de la benzine perchlorée.

A la vérité nous n'avons pu obtenir, en cristaux déterminables, les chlorures dérivés du chloroforme et du perchlorure de carbone. Cependant il est un caractère qui permet d'affirmer que ces composés cristallisent de la même manière que la benzine perchlorée : c'est le suivant. Quand on verse sur une lame de verre quelques gouttes d'une solution sulfocarbonique de chacun des trois corps, le dissolvant s'évapore rapidement, et la lame reste couverte de cristaux. Or, si l'on examine comparativement, au microscope, les trois sortes de cristaux obtenus, on ne peut apercevoir entre elles la plus faible différence.

5° Réactions.

En général, la benzine perchlorée et le chlorure de Julin se comportent exactement de la même manière. Ce sont des corps beaucoup plus stables que la naphtaline perchlorée.

Chaleur. — I. Sous l'influence de la chaleur nécessaire pour la distiller, et surtout si l'on surchauffe à dessein les parois des vases, la benzine perchlorée éprouve un commencement de décomposition. Il se dégage un peu de chlore gazeux et il se forme de nouveaux chlorures de carbone, moins volatils que la benzine perchlorée.

Ces composés sont colorés en jaune rougeâtre, peut-être par un principe distinct de la masse principale. Ils sont plus solubles dans le sulfure de carbone que la benzine perchlorée et ils se concentrent dans les eaux mères, lorsqu'on traite par ce dissolvant les portions plus fixes qui restent dans la cornue vers la fin de la distillation de la benzine perchlorée.

II. Le chlorure de Julin, préparé soit avec le chloroforme, soit avec le perchlorure de carbone, renferme des substances analogues à celles que je viens de signaler, et formées sous l'influence de la chaleur, en même temps que le chlorure de Julin lui-même.

Nous nous bornons à signaler l'existence de ces nouveaux composés, lesquels se produisent en trop petites quantités pour se prêter aisément à une étude spéciale. Ce sont évidemment des chlorures de carbone et même des chlorures plus condensés et plus carbonés que la benzine perchlorée. Ils répondent aux dérivés pyrogénés de la benzine, formés par condensation du carbone et perte partielle de l'hydrogène, tels que :

<pre>
Le diphényle . . . . $2\,C^6 H^6 — H^2 = C^{12} H^{10}$
Le triphénylène et son hydrure. $3\,C^6 H^6 — 3\,H^2 = C^{18} H^{12}$ et $C^{18} H^{14}$
Le benzérythène,
Le bitumène, etc.
</pre>

III. La naphtaline perchlorée perd également du chlore pendant la distillation; elle fournit de nouveaux chlorures de carbone, résinoïnes, rouge orangé, moins volatils que la naphtaline perchlorée, et qui se concentrent dans les dernières eaux mères sulfocarboniques, lorsqu'on fait cristalliser au sein du sulfure de carbone les produits distillés. Ce commencement de décomposition est plus marqué avec la naphtaline perchlorée qu'avec la benzine perchlorée.

Potasse. — I. La benzine perchlorée et le chlorure de Julin, chauffés sur une lampe avec de l'hydrate de potasse dans un tube fermé par un bout, se subliment sans décomposition apparente.

II. La naphtaline perchlorée se comporte tout autrement. Chauffée avec l'hydrate de potasse, elle émet des vapeurs violettes, en étant vivement attaquée. Ce phénomène est fort caractéristique.

La potasse, reprise par l'eau, fournit une liqueur brune, dont l'acide chlorhydrique précipite des flocons humoïdes. Il y a là une réaction intéressante et qui mériterait d'être étudiée avec soin.

Hydrogène naissant. — La réaction de l'hydrogène sur la benzine perchlorée et sur la naphtaline perchlorée peut être étudiée dans diverses conditions. Nous rappellerons d'abord l'action de l'acide iodhydrique à 275°, action équivalente à celle de l'hydrogène naissant.

I. D'après les expériences publiées par l'un de nous, la benzine perchlorée peut être changée en carbures d'hydrogène par l'acide iodhydrique. Suivant la proportion du corps hydrogénant, on obtient : soit la benzine elle-même, C^6H^6, soit ses hydrures.

II. Ces deux réactions ont été reproduites avec le chlorure de Julin; elles en établissent complètement la constitution.

III. La naphtaline perchlorée peut être également changée par l'acide iodhydrique dans les mêmes carbures saturés que la naphtaline elle-même, et spécialement en hydrure d'octyle et hydrure d'éthyle : réaction fort différente de celles de la benzine perchlorée.

Hydrogène libre. — Nous nous sommes attachés à étudier la réaction de l'hydrogène libre sur la benzine perchlorée et sur la naphtaline perchlorée. A cet effet, il suffit de faire passer lentement la vapeur du corps chloruré, en même temps qu'un courant d'hydrogène, à travers un long tube de verre dur, rempli de pierre ponce et chauffé jusqu'à ramollissement.

I. La naphtaline perchlorée est ainsi attaquée bien plus aisément que la benzine perchlorée. Elle reproduit de la naphtaline et surtout des carbures résineux et colorés ([1]), semblables à ceux qui prennent naissance lorsqu'on dirige un courant de naphtaline en vapeur à travers un tube de porcelaine rouge de feu.

Les carbures qui viennent d'être signalés ressemblent beaucoup au dinaphtyle brut, $C^{20}H^{14}$, corps que nous avons examiné comparativement; ils renferment probablement une grande quantité de ce carbure, dérivé, comme on sait, de la naphtaline par déshydrogénation ([2]). Mais nous n'avons réussi à trouver aucun caractère précis pour distinguer le dinaphtyle des autres carbures d'hydrogène. Nous ne pouvons donc pas affirmer avec certitude son identité avec les dérivés pyrogénés de la naphtaline, ou bien de la naphtaline perchlorée.

II. La benzine perchlorée résiste mieux à l'hydrogène libre à la température du rouge que la naphtaline perchlorée. En opérant dans un tube de verre vert, il arrive, en général, que la plus grande partie de la benzine perchlorée le traverse sans altération. Cependant une proportion notable se trouve changée en un carbure d'hydrogène, comme il a été dit précédemment. Pour isoler ce carbure, on lave avec l'alcool absolu froid la matière sublimée dans les allonges adaptées au tube de verre, ainsi que l'anneau de matière condensé à l'extrémité du tube lui-même. Le carbure se dissout, tandis que la benzine perchlorée demeure à peu près insoluble dans l'alcool froid. On a soin d'ailleurs de ne pas employer trop d'alcool. On filtre et l'on ajoute à l'alcool deux ou trois volumes d'eau. Le carbure se précipite en abondance; on le laisse se rassembler, puis on le recueille sur un petit filtre, recouvert avec une lame de verre pour empêcher la volatilisation; on l'exprime, on le redissout dans l'alcool ordinaire froid, et on le reprécipite par l'eau.

Le nouveau corps se dissout aisément dans l'alcool froid et surtout bouillant, d'où il se dépose en fines et longues aiguilles incolores. Il est fort soluble dans l'éther et dans le toluène. Il se sublime aisément sous l'influence de la chaleur. Il fond au voisinage de 80°. Son odeur rappelle à la fois celle de la naphtaline et celle de l'acide

---

([1]) Ces corps retiennent un peu de chlore, qu'il est difficile d'éliminer entièrement.

([2]) On l'obtient, d'après M. Lossen, soit en oxydant la naphtaline au moyen de l'acide chromique; soit en faisant agir le sodium sur la naphtaline bromée. Nous avons préparé le dinaphtyle par oxydation.

pyrogallique brut. Il n'a paru fournir aucun précipité spécial, soit avec l'acide picrique en solution alcoolique, soit avec le réactif anthracéno-nitré.

Ce corps est semblable à la naphtaline par son aspect, son odeur, son point de fusion, sa composition. Cependant une étude plus approfondie nous a montré qu'il en est distinct. Il est également distinct des carbures solides connus, tels que l'anthracène, l'acénaphtène, le stilbène, le fluorène, et même le diphényle et le triphénylène, avec lesquels son origine nous portait d'abord à le comparer.

Ce qui nous a engagés à examiner de plus près le carbure formé par la transformation du chlorure de Julin, c'est d'une part l'identité désormais incontestable de ce chlorure avec la benzine perchlorée; et, d'autre part, l'impossibilité de former la naphtaline par une transformation régulière de la benzine seule.

Insistons sur ce point, qui est fort important dans la théorie des carbures pyrogénés. L'un de nous a prouvé, par des expériences synthétiques, que la naphtaline résulte de l'association régulière d'une molécule de benzine avec deux molécules d'acétylène (ou d'éthylène),

$$C^6 H^6 + 2 C^2 H^2 = C^{10} H^8 + H^2,$$

$$C^{10} H^8 = C^2 H^2 (C^6 H^4 [C^2 H^2]).$$

C'est dire que toutes les fois que la benzine et l'éthylène (ou l'acétylène) se trouvent en réaction à la température rouge, la naphtaline prend naissance. Mais inversement, lorsqu'on soumet la benzine seule et libre à l'action *aussi modérée que possible* de la chaleur, de façon à former le diphényle, on n'obtient pas la moindre trace de naphtaline.

La benzine naissante ne doit donc pas pouvoir fournir davantage de naphtaline. C'est ce qu'il est facile de vérifier dans la distillation sèche des benzoates. Les carbures cristallisés qui prennent naissance à la fin de cette distillation ne renferment pas trace de naphtaline. Mais le principal de ces carbures est constitué par le diphényle, $C^{12} H^{10}$, c'est-à-dire par un carbure dérivé de 2 molécules de benzine, et qui prend aussi naissance par l'action de la chaleur rouge sur la benzine libre.

De même, la benzine perchlorée, traitée par l'hydrogène, ne fournit pas de naphtaline, ainsi qu'il vient d'être établi; mais elle engendre un carbure nouveau, dont l'étude offrira sans doute quelque intérêt théorique.

L'identité du chlorure de Julin avec la benzine perchlorée apporte encore une autre preuve à l'appui de mes nouvelles théories, relatives à la formation des carbures pyrogénés.

En effet, la transformation des chlorures de carbone en chlorures de plus en plus condensés et de moins en moins hydrogénés, c'est-à-dire celle des corps CCl^4 et C^2Cl^4 en C^6Cl^6, est parallèle à la transformation des carbures d'hydrogène correspondants en carbures de plus en plus condensés et de moins en moins hydrogénés, et spécialement en benzine; c'est ainsi que les carbures CH^4 et C^2H^4 fournissent C^6H^6.

Mais, dans la série des carbures d'hydrogène, ces transformations s'opèrent par l'intermédiaire d'un terme fondamental, l'acétylène, C^2H^2; c'est d'abord la formation de l'acétylène par des réactions simples, tant aux dépens de l'éthylène :

$$C^2H^4 = C^2H^2 + H^2$$

qu'aux dépens du formène

$$2\,CH^4 = C^2H^2 + 3H^2,$$

et c'est ensuite la métamorphose polymérique dudit acétylène

$$3C^2H^2 = C^6H^6,$$

qui permettent d'interpréter la production de la benzine.

Au contraire, dans la série des chlorures de carbone, il manque encore le terme fondamental correspondant à l'acétylène, c'est-à-dire l'acétylène perchloré, C^2Cl^2, lequel se transformerait en chlorure de Julin

$$C^6Cl^6.$$

Cette dernière réaction est d'autant plus probable que nous avons obtenu réellement le chlorure condensé, en maintenant à 360°, pendant 100 heures, le perchlorure d'acétylène, dont le dédoublement devrait fournir précisément l'acétylène perchloré

$$C^2H^2Cl^4 - 2HCl = C^2Cl^2$$
$$3C^2Cl^2 = C^6H^6.$$

CHAPITRE XIV.

SUR LE PROTOBROMURE D'ACÉTYLÈNE [1].

J'ai préparé ce protobromure en dirigeant un courant d'acétylène à travers du brome placé sous une couche d'eau. L'acétylène était produit en décomposant par l'acide chlorhydrique étendu l'acétylure cuivreux, formé lui-même avec les gaz qui provenaient de la décomposition de l'éther dans un tube rouge. Le brome était en excès notable, par rapport au poids total de l'acétylène réagissant. Le volume de ce dernier n'a jamais dépassé 3 à 4 litres. Quand tout le gaz avait réagi, je séparais le bromure produit de l'excès de brome, au moyen d'une solution aqueuse et étendue de potasse.

J'ai fait plusieurs préparations de ce genre.

Dans toutes j'ai obtenu un bromure neutre, incolore, oléagineux, doué d'une odeur semblable à celle du bromure d'éthylène.

Le bromure d'acétylène, analysé sans autre purification, m'a fourni :

$$\text{Brome} \dots \dots 86,1.$$

La formule

$$C^2 H^2 Br^2 .$$

exige

$$86,0.$$

Dans une autre préparation, après avoir lavé le bromure avec de la potasse, je l'ai distillé. L'ébullition a commencé vers 130°. Quelques gouttes ont passé, puis la température s'est élevée très rapidement jusque vers 250°, en même temps que le liquide dégageait une grande quantité d'acide bromhydrique. Comme il commençait à se carboniser, j'ai arrêté l'opération.

Les premières gouttes, obtenues vers 130°, renfermaient :

$$\text{Brome} \dots \dots 85,7.$$

C'était donc du bromure d'acétylène pur.

---

[1] *Annales de Chimie et de Physique*, 3ᵉ série, t. LXVII, p. 73; 1863.

Le produit qui avait passé ensuite jusque vers 250°, renfermait seulement :

$$\text{Brome} \ldots \ldots \ldots \quad 72,5.$$

C'était d'ailleurs évidemment un produit de destruction.

Tels sont les faits que j'ai observés. S'il fallait les interpréter, j'admettrais que dans mes expériences le protobromure d'acétylène, $C^2H^2Br^2$, a pris seul naissance; ce qui résulte de l'analyse du produit non distillé. Ce bromure possède à peu près le même point d'ébullition que le bromure d'éthylène. Mais la température nécessaire pour le distiller paraît lui faire éprouver une transformation polymérique, et son polymère ne saurait être distillé sans décomposition. Les dérivés chlorés et bromés de l'éthylène présentent déjà, comme on sait, trois ou quatre exemples de ce genre de modification.

Quoi qu'il en soit de cette interprétation, le protobromure d'acétylène offre un nouvel exemple de métamérie, car il a la même composition que l'éthylène bibromé, avec des propriétés, un point d'ébullition et une origine différents. L'un de ces corps appartient à la série de l'acétylène, l'autre à la série de l'éthylène.

Au contraire, un perbromure $C^2H^2Br^4$ a été obtenu par M. Reboul avec l'acétylène : ce bromure me paraît appartenir à la série de l'éthylène, et non à celle de l'acétylène, d'après les faits observés par ce chimiste. Ce qui reste à éclaircir, ce sont les conditions qui déterminent tantôt la formation du protobromure, $C^2H^2Br^2$, tantôt celle du perbromure, $C^2H^2Br^4$.

C'est ici le lieu d'ajouter que ces deux bromures semblent avoir été obtenus simultanément par M. Ad. Perrot, en 1858, dans l'étude du gaz provenant de la décomposition de la vapeur d'alcool par l'étincelle électrique (*Comptes rendus*, t. XLVII, p. 350), mais sans qu'il en ait aucunement soupçonné la nature. C'est du moins ainsi que j'interprète les faits et les analyses publiés par ce chimiste. Il en avait donné une interprétation toute différente; mais il ignorait la présence de l'acétylène parmi les gaz qu'il a examinés.

La variabilité du résultat fourni par l'acétylène sous l'influence d'un même réactif se retrouve dans diverses autres circonstances, notamment dans la réaction du chlore. Tous ces faits paraissent tenir à la grande altérabilité que l'acétylène présente, surtout au moment où il entre en combinaison.

Cela résulte encore des remarques suivantes :

Plusieurs auteurs ([1]) ont signalé des différences sensibles entre les propriétés de l'acétylène préparé par diverses réactions. Ainsi, d'après M. Reboul, l'acétylène fournit du tétrabromure, $C^2H^2Br^4$; tandis que celui que j'ai obtenu par la décomposition de la vapeur d'éther avait donné naissance à un bibromure, $C^2H^2Br^2$.

D'après M. H. Muller, l'acétylène contenu dans le gaz de l'éclairage ne serait pas absorbé par le brome.

De là cette opinion, qu'il existerait divers carbures isomériques de la formule C^2H^2, capables de précipiter en rouge le chlorure cuivreux ammoniacal.

Tous les faits cités plus haut sont exacts ; mais ils ne démontrent pas l'isomérie des carbures sur lesquels on a expérimenté. En effet, le même acétylène, préparé au moyen de la vapeur d'éther, peut fournir avec le brome les trois réactions précédentes, d'après mes observations.

1° En fait l'acétylène, dirigé en courant rapide, et sans purification complète, à travers le brome liquide, donne naissance au tétrabromure, $C^2H^2Br^4$, pourvu que la réaction ait lieu avec élévation de température.

2° Dirigé lentement à travers du brome placé sous une couche d'eau, en opérant sur quelques litres seulement d'un gaz soigneusement purifié, et en évitant toute élévation de température, l'acétylène produit un bibromure, $C^2H^2Br^2$.

3° L'acétylène bien pur, transvasé sur l'eau dans un petit flacon, puis agité dans le flacon même avec du brome liquide, demeure souvent mélangé avec la vapeur de brome pendant plusieurs minutes sans réagir ; puis la réaction a lieu tout d'un coup et l'acétylène est absorbé.

4° Dans d'autres circonstances, l'absorption est immédiate.

Ces différences tiennent probablement à la présence de traces de matières étrangères, jouant le rôle d'amorces.

On voit que l'acétylène se comporte à cet égard tout autrement que l'éthylène et surtout que le propylène, lesquels sont toujours attaqués immédiatement par le brome.

On conçoit dès lors que l'acétylène mêlé avec un volume considérable d'un gaz étranger, et dirigé en courant rapide à travers le

---

([1]) *Annales de Chimie et de Physique*, 3ᵉ série, t. LIX, p. 426 ; 1866.

brome, puisse traverser le réactif sans être absorbé; mais il n'y a pas un cas d'isomérie.

J'ai reconnu depuis qu'un même échantillon de ce carbure pouvait offrir les deux réactions, sans cependant réussir d'abord à préciser les conditions qui déterminent cette différence (¹). Mais dans le cours d'observations récentes, j'ai reconnu très nettement l'une au moins de ces conditions.

C'était un jour de brouillard, le 27 novembre 1868, vers onze heures du matin. J'analysais divers gaz, qui avaient éprouvé l'action de l'étincelle électrique. Le brome n'absorbait pas sensiblement l'acétylène contenu dans ces mélanges (dérivés eux-mêmes de l'éthylène). Au contraire, le chlorure cuivreux ammoniacal et l'acide sulfurique monohydraté conservaient leur action normale. Pendant le cours des essais, le brouillard diminua lentement. Vers onze heures et demie, l'absorption de l'acétylène par le brome commença à se manifester, mais avec une grande lenteur. Enfin, vers midi, le ciel s'étant un peu éclairci, l'absorption de l'acétylène, sur un mélange fait à l'instant, s'opéra rapidement et complètement.

La lumière joue donc un rôle essentiel dans la formation du bromure d'acétylène.

Cependant ce n'est pas la seule condition qu'il soit nécessaire de remplir pour déterminer cette formation. En effet, il arrive parfois, même dans une lumière diffuse assez vive, que le mélange d'acétylène et de vapeur de brome subsiste inaltéré pendant quelques minutes, comme il a été dit plus haut; puis la réaction s'effectue tout d'un coup.

Ajoutons que cette circonstance introduit quelques complications dans l'analyse des mélanges gazeux qui renferment de l'acétylène. C'est pourquoi, lorsque l'acétylène est mélangé seulement avec de l'hydrogène, du gaz des marais et tout autre gaz non absorbable par le chlorure cuivreux, on peut recourir à un réactif plus sûr, l'acide sulfurique monhydraté. En effet, cet acide absorbe l'acétylène complètement, à la suite d'une agitation convenable; mais il ne faut pas oublier que cette agitation doit durer une demi-heure ou trois quarts d'heure pour que tout l'acétylène soit absorbé. En remplissant cette condition, on peut vérifier aisément par le chlorure cuivreux ammoniacal, que tout l'acétylène a disparu.

____

(¹) *Bulletin de la Société chimique*, 2ᵉ série, t. XI, p. 372; 1869.

CHAPITRE XV.

ACTION DE L'IODE, DE L'ACIDE IODHYDRIQUE ET AUTRES HYDRACIDES SUR L'ACÉTYLÈNE (¹).

1. L'iode et l'acétylène ne se combinent guère à froid, même sous l'influence de la lumière solaire; mais si l'on chauffe à 100° les deux substances dans un ballon scellé, pendant quinze à vingt heures, l'acétylène est absorbé, et l'on obtient un iodure cristallisé, très analogue à l'iodure d'éthylène, fusible vers 70° degrés et représenté par la formule

$$C^2H^2I^2.$$

Ce corps est beaucoup plus stable que l'iodure d'éthylène. Il résiste sans être altéré à l'action de la lumière diffuse, même pendant des années; tandis que l'iodure d'éthylène est fort altérable par la lumière.

L'iodure d'acétylène se sublime spontanément à la température ordinaire dans les flacons qui le contiennent, sous la forme de longues aiguilles flexibles et cireuses.

2. L'iodure iodhydrique, en solution aqueuse saturée, absorbe lentement, à la température ordinaire, l'acétylène et forme un diiodhydrate liquide, que l'on purifie par distillation,

$$C^2H^2 + 2HI = C^2H^4I^2.$$

La densité de ce composé est égale à 2,8.

Ce corps est volatil vers 182 degrés, sans décomposition notable.

La formation de ce corps a lieu en vertu de la réaction générale, que j'ai découverte pour combiner les hydracides avec les carbures C^nH^{2n},

$$C^nH^{2n} + HI = C^nH^{2n}.HI,$$

et qui a reçu depuis de si nombreuses applications.

(¹) *Annales de Chimie et de Physique,* 4ᵉ série, t. IX, p. 428; 1866.

Le diiodhydrate d'acétylène est isomère avec l'iodure d'éthylène; il donnera sans doute naissance à des dérivés isomériques, c'est-à-dire à un alcool diatomique, isomère du glycol, et à ses éthers.

On remarquera que l'iodhydrate d'acétylène est plus stable que l'iodure d'éthylène; contrairement à ce qui arrive dans la comparaison des iodures alcooliques et des iodhydrates isomériques, fournis par la série monoatomique qui répond au propylène, à l'amylène et à leurs hydrures.

3. L'iodure d'acétylène et l'iodhydrate de ce carbure, traités par la potasse alcoolique, reproduisent l'acétylène.

L'iodure d'éthylène, dans les mêmes conditions, produit une certaine quantité d'acétylène.

4. L'acétylène, chauffé à 100 degrés, avec l'acide bromhydrique concentré, donne naissance à un composé bromé gazeux, ou très volatil, qui demeure mélangé avec l'excès d'acétylène et qui est absorbable comme lui par le chlorure cuivreux ammoniacal : c'est probablement un monobromhydrate, C^2H^3Br, isomérique avec l'éthylène bromé.

Un composé analogue, mais renfermant du chlore, se rencontre presque toujours dans l'acétylène préparé au moyen de l'acétylure cuivreux, en présence d'un grand excès d'acide chlorhydrique.

5. Ces corps rappellent les divers chlorhydrates d'essence de térébenthine, le dichlorhydrate $C^{10}H^{16}.2HCl$ et le monochlorhydrate $C^{10}H^{16}.HCl$ particulièrement; ils sont également analogues aux dérivés de l'allyle.

Les relations entre tous ces composés et les dérivés qu'il serait facile d'en déduire par les méthodes connues sont comparables à celles que j'ai signalées, il y a longtemps, soit entre la trichlorhydrine, $C^3H^5Cl^3$, et l'épidichlorhydrine, $C^3H^4Cl^2$; soit entre l'iodure de propylène, $C^3H^6Br^2$, et l'éther allyliodhydrique, C^3H^5I, ces deux derniers étant susceptibles d'engendrer deux alcools distincts, l'un diatomique et l'autre monoatomique.

6. L'acétylène, chauffé à 240 degrés avec le chlorure de zinc, se transforme en un corps polymère, dont l'aspect, l'odeur et la fixité rappellent le goudron de gaz.

QUATRIÈME SECTION.

COMBINAISONS MÉTALLIQUES DE L'ACÉTYLÈNE.

CHAPITRE XVI.

SUR L'ACÉTYLURE CUIVREUX ([1]).

L'acétylène, dirigé à travers une dissolution de chlorure cuivreux ammoniacal, donne lieu à un précipité rouge caractéristique, qui sert de matière première pour l'extraction de l'acétylène dans les mélanges gazeux. J'ai désigné ce précipité sous le nom d'*acétylure cuivreux*. J'ai fait une étude spéciale de sa composition.

L'acétylure cuivreux peut être obtenu exempt de chlore et d'azote, mais non d'oxygène. C'est un corps de composition variable; le plus souvent il représente un oxychlorure, très analogue à un oxysulfure métallique. Il s'altère et s'oxyde avec une extrême facilité durant les lavages. Il est difficile de le débarrasser complètement des sels basiques, auxquels il est mélangé au moment de sa précipitation. Pour y parvenir, il faut le laver à plusieurs reprises avec de l'ammoniaque. D'après les analyses que j'en ai faites, lorsqu'il est devenu exempt de chlore, il paraît répondre à la formule

$$C^2 CuH + n CuO.$$

La formation de l'acétylène avec l'acétylure répond dès lors aux équations simultanées suivantes:

$$\begin{cases} C^2CuH + HCl = C^2H^2 + CuCl, \\ n(CuO + HCl) = n(CuCl + H^2O). \end{cases}$$

([1]) *Ann. de Chim. et de Phys.*, 3ᵉ série, t. LXVII, p. 72 ; 1863.

La présence de l'oxygène explique les propriétés détonantes de l'acétylure cuivreux. Cette détonation s'opère vers 120°. Elle donne naissance à de l'eau, à du cuivre, à du carbone et à de l'acide carbonique, mêlé d'un peu d'oxyde de carbone.

La formation de l'acétylure cuivreux et celle des composés analogues, qui résultent de la réaction de l'acétylène sur les sels de divers métaux nobles, établit un certain rapprochement entre cet hydrogène carboné et les hydrogènes phosphoré, silicé, arsénié, antimonié : tous ces hydrures, par leur composition et par leurs propriétés, forment en quelque sorte une même famille.

CHAPITRE XVII.

SUR UNE NOUVELLE CLASSE DE RADICAUX MÉTALLIQUES COMPOSÉS ([1]).

J'ai entrepris une suite d'expériences pour éclaircir la constitution des combinaisons caractéristiques, auxquelles l'acétylène donne naissance en réagissant sur les solutions métalliques.

Ces combinaisons constituent les types d'une nouvelle classe de radicaux métalliques composés, savoir :

Le cuprosacétyle, l'argentacétyle, l'argentallyle, le mercuracétyle, le chromosacétyle, l'aurosacétyle, les acétylures de sodium, de potassium, de magnésium, etc.

I. — Cuprosacétyle.

Commençons par les combinaisons cuivreuses. Elles s'obtiennent en faisant agir l'acétylène sur les sels cuivreux, en solution neutre ou alcaline. Elles dérivent d'un radical particulier correspondant au radical hydrogéné C^2H^3 et représenté par la formule

$$C^2\,H\,Cu^2\,;$$

je le désignerai sous le nom de *cuprosacétyle*.

J'ai préparé l'oxyde, le chlorure, le bromure, l'iodure, le sulfure, le sulfite de cuprosacétyle, etc.; je vais décrire ces divers composés.

1. L'*oxyde de cuprosacétyle* $(C^2\,H\,Cu^2)^2\,O$ se prépare en précipitant par l'acétylène une solution ammoniacale de chlorure cui-

---

([1]) *Ann. de Chim. et de Phys.*, 4ᵉ série, t. IX, p. 385 ; 1866. — * Les interprétations de ce Mémoire demandent à être complétées et rectifiées sur divers points de détail, ainsi que je le montrerai dans le Chapitre suivant ; mais il exprime nettement la signification des phénomènes.

vreux ; le précipité retient d'abord du chlore. On lave ce précipité par décantation, et à plusieurs reprises, avec de grandes quantités d'ammoniaque en solution concentrée, jusqu'à ce qu'il ne contienne plus de chlore. On achève alors les lavages avec de l'eau distillée. Toutes ces opérations doivent être exécutées à la température ordinaire, et en évitant autant que possible l'action de l'air.

Le corps ainsi obtenu retient de l'eau d'hydratation.

On peut atteindre le même résultat plus rapidement, en redissolvant le précipité primitif, légèrement lavé, dans l'acide chlorhydrique froid, et en versant la solution dans l'ammoniaque caustique. On poursuit les lavages comme ci-dessus.

L'oxyde de cuprosacétyle s'obtient également lorsqu'on fait agir un grand excès d'ammoniaque sur tous les sels de ce radical, qui seront décrits ultérieurement.

La formation de cet oxyde par l'acétylène, en se bornant aux résultats définitifs, peut être exprimée par l'équation suivante :

$$2\,C^2H^2 + H^2O + 2\,CuCl + 4\,AzH^3 = (C^2HCu)^2O + 4\,(AzH^3.HCl).$$

L'oxyde de cuprosacétyle est un précipité floconneux, amorphe, d'un rouge brunâtre, dont la teinte est plus terne que celle du précipité formé tout d'abord dans la solution cuivreuse par l'acétylène. Desséché à une douce chaleur, il perd de l'eau et constitue une poudre d'un brun marron, qui détone par un choc violent, ou sous l'influence d'une température supérieure à 120 degrés.

L'acide chlorhydrique froid le dissout, en formant une liqueur presque incolore. Cette liqueur portée à l'ébullition dégage de l'acétylène, en régénérant le chlorure cuivreux ; mais l'acétylène n'est expulsé presque entièrement que par une ébullition très prolongée. Encore la liqueur en retient-elle toujours quelque trace, comme on peut le vérifier en y ajoutant de l'ammoniaque : ce qui régénère le précipité rouge.

L'acide chlorhydrique décompose de la même manière les divers sels qui vont suivre.

Les dissolutions acides ne deviennent incolores que si l'on opère avec un sel de cuprosacétyle préparé récemment et par le moyen de l'acétylène pur.

Au contraire, le précipité formé directement dans les sels cuivreux par l'acétylène d'origine pyrogénée retient toujours un peu de charbon et de produits goudronneux, entraînés pendant la préparation de ce gaz, et qui se séparent au moment où l'on fait agir l'acide chlorhydrique. Ce n'est pas tout : même le précipité formé par l'acétylène déjà purifié ne se dissout point sans résidu dans l'acide chlorhydrique, s'il a été préparé depuis quelque temps. En effet, ce précipité s'altère rapidement sous l'influence de l'air : l'acétylène est brûlé lentement, en laissant un résidu humoïde, lequel demeure non dissous lorsque l'on fait agir l'acide chlorhydrique.

J'ai observé la formation de cette substance humoïde, non seulement avec l'acétylène préparé au moyen de la vapeur d'éther, mais aussi avec l'acétylène obtenu par la réaction directe du carbone sur l'hydrogène.

Mais revenons à l'oxyde de cuprosacétyle. L'acide nitrique le détruit en l'oxydant. Si l'oxyde est sec, il fait explosion au contact de cet acide et laisse un dépôt de charbon.

L'acide sulfurique étendu, de son volume d'eau ne, l'attaque, même à l'ébullition, qu'avec lenteur et difficulté.

L'acide sulfureux en solution aqueuse, l'acide acétique, même monohydraté, n'exercent pas sur cet oxyde une action mieux caractérisée.

On voit qu'il existe une différence marquée entre l'action des hydracides et celle des oxacides sur l'oxyde de cuprosacétyle. Cette différence est analogue à celle que l'on observe dans l'action comparée des mêmes acides sur le protoxyde de cuivre ; elle tient probablement à ce que l'acide chlorhydrique agit d'abord sur l'oxyde de cuprosacétyle, en formant aisément un chlorure de ce radical, ultérieurement destructible par le même acide ; tandis que les oxacides se combinent beaucoup plus difficilement, soit avec l'oxyde de cuprosacétyle, soit avec le protoxyde de cuivre résultant de sa décomposition.

La réaction du chlorhydrate d'ammoniaque sur l'oxyde de cuprosacétyle est comparable à celle de l'acide chlorhydrique, mais infiniment plus lente. Elle détruit cet oxyde à l'ébullition, avec élimination d'ammoniaque.

2. Le *chlorure de cuprosacétyle* (¹) peut être obtenu en faisant agir bulle à bulle et à froid l'acétylène sur le chlorure cuivreux dissous dans le chlorure de potassium. Le gaz est absorbé; la

---

(¹) * D'après les recherches récentes de M. Chavastelon, le corps obtenu par cette voie serait un oxychlorure complexe, répondant à la formule brute

$$C^2H^2 + Cu^2Cl^2 + Cu^2O,$$

c'est-à-dire

$$C^2Cu^3.Cl.CuCl + H^2O,$$

liqueur devient jaune orangé; puis elle laisse déposer un précipité jaune cristallin : *chlorure double de cuprosacétyle et de potassium.* On lave ce précipité par décantation, avec une solution froide et saturée de chlorure de potassium. Il devient bientôt orangé, pourpre, puis rouge foncé. Quand le liquide employé au lavage (solution de chlorure de potassium) ne renferme plus de chlorure cuivreux, on termine le lavage avec l'eau distillée, jusqu'à ce que la dernière liqueur soit exempte de chlore.

Le chlorure de cuprosacétyle est insoluble, d'un rouge plus foncé que l'oxyde de cuprosacétyle. L'ammoniaque le décompose, en formant de l'oxyde de cuprosacétyle. L'acide chlorhydrique bouillant le détruit, en régénérant de l'acétylène; l'acide nitrique, en reproduisant de l'acide chlorhydrique, etc.

La formation du chlorure de cuprosacétyle s'opère, comme on l'a vu, dans une liqueur chimiquement neutre. Ce mode de formation est très intéressant, parce que l'acétylène, dans les circonstances qui viennent d'être décrites, agit sur la liqueur précipitante en séparant du chlorure cuprosopotassique une certaine quantité d'acide chlorhydrique.

L'apparition du chlorure de cuprosacétyle lui-même est précédée par celle d'un chlorure double, jaune et cristallisé. Mais on ne réussit à obtenir ce dernier sans mélange que si l'on fait arriver bulle à bulle l'acétylène dans la liqueur cuivreuse. Pour peu que le gaz soit en excès, le corps pourpre signalé plus haut prend naissance : c'est probablement un composé intermédiaire. Quand on introduit le chlorure cuprosopotassique dans une éprouvette remplie d'acétylène, le chlorure pourpre apparaît également et recouvre la surface du sel jaune formé par le potassium et le cuprosacétyle.

Voici une dernière observation :

Dans la préparation du chlorure de cuprosacétyle, les lavages doivent être faits avec une solution très concentrée de chlorure de potassium, sous peine de précipiter le chlorure cuivreux contenu dans l'eau mère, lequel viendrait salir le chlorure acétylométallique. C'est seulement après l'élimination complète de l'eau mère

---

ou bien

$$2(C^2 H Cu^2 Cl).Cu^2 O, 2 Cu Cl.H^2 O.$$

Il existe deux chlorures doubles de cuprosacétyle et de potassium, et un chlorhydrate de chlorure de cuprosacétyle

$$C^2 H Cu^2 Cl.H Cl.$$

primitive et son remplacement par un liquide exempt de chlorure cuivreux, que l'on peut éliminer à son tour le chlorure de potassium, à l'aide de l'eau distillée.

Ces remarques, relatives à la formation initiale du sel double et aux conditions des lavages, s'appliquent également au bromure et à l'iodure de cuprosacétyle.

Le chlorure cuivreux dissous dans le chlorhydrate d'ammoniaque donne lieu, d'abord, à un *chlorure double de cuprosacétyle et d'ammonium* cristallisé, dont la nuance est plus foncée que celle du sel potassique correspondant. Ce chlorure double se décompose plus rapidement encore que le chlorure de cuprosacétyle et de potassium. Lavé avec une solution concentrée de chlorhydrate d'ammoniaque, jusqu'à élimination des sels cuivreux solubles, puis avec de l'eau distillée, il laisse comme dernier produit le chlorure de cuprosacétyle.

3. L'*oxychlorure de cuprosacétyle* peut être obtenu en précipitant au moyen de l'acétylène la liqueur qui résulte de la saturation du chlorure cuivreux acide par un léger excès d'ammoniaque. On lave le précipité avec l'eau distillée.

Le corps désigné sous le nom d'*acétylure cuivreux*, et qui sert d'intermédiaire dans la purification de l'acétylène, est constitué surtout par l'oxychlorure de cuprosacétyle. Les faits précédents expliquent comment ce précipité, dans les premiers moments, peut contenir du chlore et même de l'ammoniaque, et comment ces substances sont éliminables par des lavages prolongés.

4. Le *bromure de cuprosacétyle* se prépare au moyen de l'acétylène et du bromure cuivreux, dissous dans le bromure de potassium. Il se forme d'abord un *bromure double de cuprosacétyle et de potassium,* rouge marron : en même temps la liqueur absorbe 1 ou 2 volumes d'acétylène. Puis l'absorption s'arrête; sans doute en raison de l'action décomposante que tendent à exercer sur le nouveau corps les produits de la transformation du bromure cuprosopotassique. En effet, une semblable réaction met en liberté de l'acide bromhydrique, le cuivre du sel cuivreux venant remplacer la moitié de l'hydrogène du carbure.

Le bromure de cuprosacétyle et de potassium, lavé par décantation avec une solution saturée de bromure de potassium, se change en bromure de cuprosacétyle d'un brun noirâtre. Le lavage est extrêmement long. Quand la liqueur est exempte de sel cuivreux, on prolonge encore le lavage avec le bromure de potassium, puis on termine avec l'eau distillée.

5. En traitant l'acétylène par le bromure cuprosopotassique additionné d'ammoniaque, ou bien encore en faisant agir l'ammoniaque sur le bromure de cuprosacétyle, on obtient l'*oxybromure de cuprosacétyle*, précipité d'un rouge foncé, semblable à l'oxychlorure.

6. L'*iodure de cuprosacétyle* est un magnifique composé rouge vermillon, beaucoup plus stable que les précédents, et qui s'obtient d'une manière analogue, c'est-à-dire au moyen de l'acétylène et de l'iodure cuivreux, dissous dans l'iodure de potassium. On lave le sel double qui se sépare, d'abord avec une solution saturée d'iodure de potassium, puis avec de l'eau distillée, etc.

L'aspect de l'iodure de cuprosacétyle est celui de l'iodure de mercure, dont il se distingue d'ailleurs aisément par son insolubilité dans l'iodure de potassium. L'acide chlorhydrique bouillant le change en acétylène. L'ammoniaque l'attaque difficilement.

Sa formation est également précédée par celle d'un *iodure double de cuprosacétyle et de potassium,* jaune orangé.

J'ai encore obtenu un *oxyiodure* rouge brique, par l'action de l'acétylène sur l'iodure cuprosopotassique ammoniacal.

7. Le cyanure cuprosopotassique en dissolution, pur ou additionné d'ammoniaque, n'absorbe pas sensiblement l'acétylène et n'en est pas précipité. Mais on obtient un *oxycyanure de cuprosacétyle,* jaune châtain, en faisant agir l'acétylène sur le cyanure cuivreux dissous dans l'ammoniaque.

8. Le *sulfite de cuprosacétyle* est rouge brique; il se prépare au moyen de sulfite double cuproso-ammonique, additionné d'une petite quantité d'ammoniaque.

Ce sel est décomposé par l'acide chlorhydrique, avec régénération d'acétylène. L'acide nitrique l'oxyde, en produisant de l'acide sulfurique.

Le sulfite de cuprosacétyle n'a pas pris naissance en faisant digérer pendant une heure l'oxyde de cuprosacétyle avec une solution aqueuse d'acide sulfureux.

9. Le *sulfure de cuprosacétyle* peut être obtenu en agitant l'oxyde avec une solution aqueuse d'hydrogène sulfuré, en excès, et en

faisant digérer à froid. Il y a d'abord attaque : la masse noircit ; un peu d'acétylène et de sulfure cuivreux prennent naissance ; puis l'action s'arrête.

Le sulfure de cuprosacétyle ainsi préparé est mêlé de sulfure cuivreux. Traité par l'acide chlorhydrique bouillant, il dégage de l'hydrogène sulfuré et de l'acétylène.

Tels sont les composés que j'ai obtenus par la réaction de l'acétylène sur les sels cuivreux. Leur composition donne lieu à diverses observations sur lesquelles je reviendrai ; quant à présent, je me bornerai à remarquer le parallélisme exact qui existe entre les sels cuivreux et les sels de cuprosacétyle. Dans un cas comme dans l'autre, on obtient un oxyde, un chlorure, un bromure, un iodure simple ; un chlorure double, un bromure double, un iodure double. Parmi les sels à oxacides, le sulfite est le seul qui ait pu être obtenu avec quelque netteté, soit dans le cas des sels cuivreux, soit dans le cas des sels de cuprosacétyle. On observe donc ici cette même similitude qui a été si souvent signalée entre les sels des radicaux métalliques composés et ceux des métaux simples qui y sont renfermés. Nous retrouverons tout à l'heure le même parallélisme dans les combinaisons du radical argentacétyle.

II. — Cuprosallyle.

Après avoir exécuté les expériences qui précèdent sur l'acétylène, les analogies m'ont conduit à faire quelques essais sur l'allylène, C^3H^4, l'homologue le plus prochain de l'acétylène. Je n'avais à ma disposition que fort peu de ce gaz ; aussi je me bornerai à de brèves indications.

1. L'allylène est absorbé très abondamment par le chlorure cuprosopotassique ; la liqueur jaunit, puis elle dépose un précipité cristallin, jaune clair. Ce précipité, lavé par décantation avec une solution de chlorure de potassium, puis avec l'eau distillée, retient une proportion notable de chlore : ce qui indique l'existence d'un *chlorure de cuprosallyle.*

Il est moins stable que le chlorure de cuprosacétyle. En effet, si l'on ajoute à la solution de chlorure cuprosopotassique un peu d'ammoniaque, le précipité jaune que l'allylène y produit est exempt de chlore et paraît identique avec l'allylénure cuivreux ordinaire.

2. L'iodure cuivreux dissous dans l'iodure de potassium donne

lieu à une réaction pareille, et finalement à un corps jaune renfermant de l'iode (*iodure de cuprosallyle*).

Avec l'iodure cuprosopotassique additionné d'ammoniaque, on
voit apparaître un précipité vert pomme, qui se change rapidement
en un corps jaune, analogue aux précédents. Mais ce corps, bien
lavé, ne retient pas d'iode : c'est sans doute l'allylénure cuivreux
ordinaire.

Enfin, j'ai vérifié que ce dernier, obtenu au moyen du chlorure
cuivreux ammoniacal, ne retient pas de chlore.

On voit que les dérivés cuprosallyliques sont moins stables que
les dérivés correspondants de l'acétylène.

III. — Argentacétyle.

1. Les combinaisons argentiques de l'acétylène dérivent d'un
radical spécial, que j'appellerai *argentacétyle*, dérivé lui-même de
l'acétylure d'argent.

L'acétylure d'argent, C^2Ag^2, se forme lorsqu'on fait passer l'acétylène à travers le nitrate d'argent ammoniacal, ou bien encore à
travers la plupart des oxysels d'argent dissous dans une grande
quantité d'ammoniaque. On le lave avec de l'ammoniaque, puis
avec de l'eau distillée, etc.

Il est blanc et amorphe, facilement altérable par la lumière.
Desséché à une douce chaleur, il est extrêmement explosif. Traité
par l'acide chlorhydrique concentré, il se dissout et dégage à
l'ébullition de l'acétylène.

Le chlorure d'argent, produit simultanément, demeure dissous
dans l'acide et s'en précipite par une addition d'eau. L'acide chlorhydrique exerce une action semblable sur tous les composés
suivants.

2. Le *chlorure d'argentacétyle* se prépare en faisant agir l'acétylène sur le chlorure d'argent, dissous dans un léger excès d'ammoniaque. On lave à l'eau distillée.

C'est un précipité blanc, caséeux, altérable par la lumière,
analogue au chlorure d'argent, mais insoluble dans l'ammoniaque.

L'acide chlorhydrique bouillant en dégage l'acétylène.

L'acide nitrique bouillant transforme le chlorure d'argentacétyle en chlorure d'argent, soluble dans l'ammoniaque, et nitrate
d'argent.

Le chlorure d'argentacétyle, bouilli avec une solution concentrée de chlorhydrate d'ammoniaque, se décompose lentement, en reproduisant de l'acétylène et du chlorure d'argent.

Le chlorure double d'argent et d'ammonium ne dissout pas sensiblement l'acétylène et n'en est pas précipité.

3. Le *sulfate d'argentacétyle* s'obtient au moyen du sulfate d'argent légèrement ammoniacal. C'est un précipité blanc, altérable par la lumière, etc. L'acide nitrique bouillant régénère l'acide sulfurique ; l'acide chlorhydrique reproduit l'acétylène.

4. Le *phosphate d'argentacétyle* est un précipité jaune, caséeux, qui s'obtient au moyen du phosphate d'argent ammoniacal. On lave à l'eau distillée. La lumière le noircit rapidement. L'acide chlorhydrique le décompose, en formant de l'acétylène et du chlorure d'argent ; l'acide nitrique régénère l'acide phosphorique.

Le benzoate d'argent ammoniacal, traité par l'acétylène, a fourni un précipité jaune, qui a blanchi pendant les lavages ; il s'est trouvé finalement constitué par l'acétylure d'argent.

IV. — Argentallyle.

1. On sait que l'allylène agit sur les sels d'argent dissous dans l'ammoniaque. En faisant passer un courant de ce gaz à travers le chlorure d'argent dissous dans l'ammoniaque, j'ai obtenu un *chlorure d'argentallyle,* sous la forme d'un précipité floconneux, blanc, et qui prend une teinte rosée sous l'influence de la lumière.

L'acide chlorhydrique bouillant le décompose, en reproduisant de l'allylène et du chlorure d'argent.

L'acide chlorhydrique le change en allylène et chlorure d'argent.

L'acide nitrique l'oxyde, en produisant du chlorure d'argent et du nitrate d'argent, précipitable ensuite par l'acide chlorhydrique.

2. Si l'allylénure d'argent est réellement comparable à l'ammoniaque, il doit pouvoir former des sels, en réagissant sur certaines solutions métalliques. J'ai tenté quelques essais dans cette direction. En faisant digérer l'allylénure d'argent avec une dissolution neutre, aussi concentrée que possible, de sulfate d'argent dans le sulfate d'ammoniaque, on voit le premier corps changer d'aspect et devenir grenu et cristallin. On lave le produit avec de grandes quantités d'eau, par décantation. Au bout de quelques lavages, il se change en partie en un sous-sel jaune cristallin, analogue au turbith minéral (¹). On continue les lavages, jusqu'à ce que la liqueur, obtenue en délayant le précipité dans l'eau et décantant presque immédiatement, ne renferme plus que des traces à peine appréciables de sulfate; traces bien différentes de la quantité que fournirait le sulfate d'argent délayé au sein de l'eau, dans les mêmes conditions. A ce moment, le corps obtenu est constitué surtout par du *sulfate d'argentallyle.*

Mais ce corps est peu stable; digéré avec l'eau, il lui cède continuellement du sulfate d'argent. L'ammoniaque le décompose immédiatement, en reproduisant du sulfate d'argent et de l'allylénure d'argent.

Lorsqu'on fait bouillir l'argentallylène avec une solution de chlorhydrate d'ammonium, il se change en allylène, qui se dégage, et en chlorure d'argent, qui se dissout et que l'eau reprécipite.

Je regarde comme probable que la décomposition précédente est précédée par la formation d'un chlorure d'argentallyle peu stable, d'après la décomposition analogue que le chlorure d'argentacétyle éprouve dans les mêmes circonstances.

Tous ces faits concourent à établir le parallélisme des réactions de l'allylène et de l'acétylène à l'égard des solutions métalliques. Seulement les oxydes, les chlorures, les sels, en un mot, des radicaux allylométalliques se dédoublent beaucoup plus aisément que les sels correspondants des radicaux acétylométalliques. Il se passe ici quelque chose d'analogue aux réactions des alcalis hydrogénés qui jouent le rôle de bases faibles, comparées aux réactions des alcalis énergiques.

V. — Mercuracétyle.

L'oxyde de mercuracétyle s'obtient au moyen d'une solution d'iodure rouge de mercure dans l'iodure de potassium, additionnée d'ammoniaque en proportion convenable pour ne pas se troubler. Cette liqueur, introduite dans un flacon rempli d'acétylène, absorbe peu à peu le gaz et se remplit d'un précipité blanc, chatoyant et cristallin, semblable au bimargarate de potasse. On lave ce précipité avec une solution concentrée d'iodure de potassium, afin d'éliminer les composés ammonimercuriques: il change ainsi d'aspect et se transforme en une poudre blanche extrêmement explosive, qui constitue le nouveau dérivé de l'acétylène.

(¹) On sait que le sulfate d'argent pur n'est pas décomposé par les lavages ou la dilution.

VI. — **Aurosacétyle**.

Les sels cuivreux, argentiques, mercuriques ne sont pas les seuls qui puissent réagir sur l'acétylène, en formant des radicaux acétylométalliques; j'ai observé encore la même propriété avec divers autres sels, et spécialement avec les sels dérivés des protoxydes métalliques; tels sont, en particulier, les sels aureux et chromeux.

1. En effet, l'hyposulfite double de soude et d'or, mélangé d'ammoniaque et introduit dans un flacon rempli d'acétylène (en l'absence absolue du mercure), réagit peu à peu sur ce gaz: la liqueur se trouble bientôt et dépose des flocons jaunes très abondants. Cependant l'action se ralentit rapidement; même au bout de plusieurs heures et de plusieurs jours, elle demeure très incomplète; un grand excès d'acétylène et d'hyposulfite double subsistant en présence. Probablement il se forme quelque produit qui arrête la réaction, car l'acétylène excédant renouvelle son action sur un hyposulfite inaltéré; tandis que l'hyposulfite altéré n'agit plus que très lentement sur un nouvel échantillon d'acétylène.

Le précipité recueilli, lavé et séché, détone au plus léger contact d'un corps dur, avec une forte explosion et une grande flamme; il laisse un mélange de charbon et d'or métallique. Je n'ai pas vérifié s'il contenait de l'azote. Je regarde ce composé comme un *oxyde d'aurosacétyle*.

2. L'allylène, mis en présence de l'hyposulfite de soude et d'or, dissous dans l'ammoniaque, ne réagit sur ce sel que beaucoup plus lentement que l'acétylène. Cependant, au bout de quelques jours, il forme un précipité analogue, quoique moins abondant.

VII. — **Chromosacétyle**.

1. Parmi les sels métalliques dont j'ai essayé la réaction sur l'acétylène, je signalerai encore le sulfate de protoxyde de chrome. On sait, d'après les recherches de M. Peligot, avec quelle avidité ce sel absorbe l'oxygène et le bioxyde d'azote. J'ai constaté que la liqueur bleue, obtenue en mêlant le sulfate de protoxyde de chrome, l'ammoniaque et le chlorhydrate d'ammoniaque, absorbe également l'acétylène en forte proportion. En même temps, cette liqueur se décolore presque complètement, en gardant seulement une teinte jaune rougeâtre. Si elle est concentrée, il y a formation immédiate

d'un précipité rose violacé; si elle est étendue, elle demeure transparente.

Dans tous les cas, elle ne tarde pas à changer de nouveau de couleur et à prendre une teinte rosée, qui indique la suroxydation du chrome. Un précipité se forme en même temps et un gaz se dégage : c'est de l'éthylène. Cette oxydation rapide est déterminée par la présence de l'acétylène; car la liqueur bleue primitive subsiste beaucoup plus longtemps intacte, dans les mêmes conditions.

En résumé, il paraît se former d'abord un *oxyde de chromosacétyle,* lequel décompose l'eau presque aussitôt, par affinité complexe, l'oxyde de chrome prenant l'oxygène, tandis que l'acétylène s'empare de l'hydrogène.

Le résultat total de ces réactions peut être représenté par la formule suivante :

$$C^2H^2 + 2\,CrO + H^2O = C^2H^4 + Cr^2O^3.$$

Le sel chromeux n'absorbe l'acétylène que s'il est en solution alcaline. Ce même sel n'agit ni sur l'oxyde de carbone, ni sur l'éthylène. Son action sur l'acétylène est d'ailleurs spéciale; car les sulfates ferreux, manganeux, cobalteux, nickeleux, le chlorure stanneux et analogues, dissous dans un mélange d'ammoniaque et de chlorhydrate d'ammoniaque, n'absorbent pas l'acétylène autrement que l'eau pure; du moins à la température ordinaire. Le carbonate de thallium, additionné d'ammoniaque, donne quelques indices de réaction.

Je pense cependant qu'il doit être possible d'obtenir des combinaisons acétyliques, dérivées de ces divers oxydes métalliques, ainsi que des sels platineux, palladeux, uraneux, etc. Tant que cette propriété était limitée aux sels cuivreux et argentiques, elle pouvait sembler exceptionnelle, à un titre d'autant plus vraisemblable que plusieurs sels cuivreux et argentiques sont isomorphes. Mais les faits relatifs aux protoxydes d'or et de chrome, ainsi qu'aux sels de mercure, conduisent à généraliser la théorie.

2. L'analogie entre l'acétylène et l'allylène se poursuit à l'égard des protosels de chrome. En effet, l'allylène est absorbé, comme l'acétylène, par le sulfate chromeux dissous dans un mélange d'ammoniaque et de chlorhydrate d'ammoniaque. La liqueur ne tarde pas à changer de couleur; puis l'oxyde de chrome se suroxyde et se précipite, tandis qu'il se dégage du propylène

$$C^3H^4 + 2\,CrO + H^2O = C^3H^6 + Cr^2O^3.$$

VIII. — Acétylures alcalins.

Pour terminér l'exposition de cette série d'expériences, il me reste à parler de la réaction des métaux alcalins sur l'acétylène et sur l'allylène. En effet, j'ai pensé que les nouvelles combinaisons métalliques, obtenues par la réaction du carbure d'hydrogène sur les solutions salines, pourraient également être préparées par la réaction directe des métaux alcalins eux-mêmes. Voici les faits que j'ai observés :

1. *Acétylures de sodium.* — On peut opérer la réaction de l'acétylène sur le sodium dans deux conditions bien différentes : à une douce chaleur, ou bien au rouge sombre.

1° A une douce chaleur. Dans une cloche courbe remplie d'acétylène, on introduit un petit fragment de sodium, avec les précautions indiquées par Gay-Lussac et Thenard dans leurs recherches sur l'ammoniaque ([1]), et l'on chauffe doucement avec une lampe à alcool. Le sodium fond, se gonfle et se couvre d'une croûte brunâtre qui noircit sur les bords. En même temps, l'acétylène est absorbé rapidement. On cesse l'opération au bout de quelques minutes, avant que la totalité de l'acétylène ait disparu ; la portion absorbée se trouve remplacée par un volume gazeux moitié moindre environ, et formé d'hydrogène, mélangé avec un peu d'éthylène et d'hydrure d'éthylène.

La réaction principale qui s'est produite ici répond à l'équation suivante :

$$C^2H^2 + Na = C^2H\,Na + H.$$

Mais l'hydrogène naissant, dégagé par cette réaction, s'unit avec une petite portion de l'acétylène, pour constituer de l'éthylène

$$C^2H^2 + 2H = C^2H^4,$$

c'est-à-dire

$$3\,C^2H^2 + 2\,Na = 2\,C^2H\,Na + C^2H^4 ;$$

et de l'hydrure d'éthyle

$$C^2H^2 + 2H^2 = C^2H^6,$$

c'est-à-dire

$$5\,C^2H^2 + 4\,Na = 4\,C^2H\,Na + C^2H^6.$$

([1]) *Recherches physico-chimiques,* t. II, p. 181.

En raison de ces réactions secondaires, le rapport 2 : 1 entre l'acétylène et l'hydrogène qui en résulte ne s'observe pas très exactement.

L'acétylure de sodium formé dans cette réaction, traité par l'eau, reproduit l'acétylène.

2° Au rouge sombre, le sodium réagit sur l'acétylène et le détruit, avec formation d'une matière noire et charbonneuse. Le volume du gaz ne change pas sensiblement pendant cette opération, et le gaz final est constitué surtout par de l'hydrogène

$$C^2H^2 + 2Na = C^2Na^2 + H^2.$$

On a traité par l'eau le produit de la réaction, et il a dégagé un volume d'acétylène égal aux trois quarts de l'acétylène absorbé d'abord. La différence est due à deux causes : au changement d'une partie de l'acétylène en éthylène, et à la destruction complète d'une partie du gaz, avec mise à nu de carbone, qui se retrouve en nature après la réaction de l'eau.

Ces faits viennent à l'appui du parallélisme que je signalerai tout à l'heure entre les réactions de l'acétylène et celles de l'ammoniaque. On sait, en effet, que l'ammoniaque, traitée par le potassium et le sodium, se comporte d'une manière tout à fait analogue,

en produisant d'abord un amidure.................... $Az\,H^2Na$,
comparable au premier acétylure. .... $C^2H\,Na$,
puis un azoture avec substitution complète........... $Az\,Na^3$,
comparable au second acétylure............... ...... C^2Na^2.

2. *Acétylures de potassium.* — J'ai répété les mêmes expériences avec le potassium. Les réactions sont ici plus violentes et moins nettement séparées dans leurs phases successives.

En effet, le potassium, chauffé doucement dans une atmophère d'acétylène, prend feu et brûle, parfois avec explosion. Il se forme ainsi un acétylure de potassium, avec dégagement d'hydrogène. Le produit de la réaction offre une apparence charbonneuse.

Chauffé plus fortement, ce composé se boursoufle et se transforme en une matière olivâtre et bronzée, en même temps que l'acétylène est détruit complètement.

L'acétylure de potassium, traité par l'eau, est décomposé avec une violence explosive, en régénérant de l'acétylène et de la potasse; une quantité notable de charbon demeure indissoute.

L'acétylure de potassium prend également naissance en petite quantité dans la réaction du potassium sur l'éthylène au rouge sombre, et même dans la réaction de ce métal sur un grand nombre de composés organiques, vers le rouge.

Le sodium a des réactions moins accusées ; il n'attaque pas d'une manière sensible le formène, CH^4, au rouge sombre, et il ne fournit avec l'éthylène que des indices de réaction avec formation d'acétylure.

Les acétylures se rencontrent parmi les produits complexes de la réaction des métaux alcalins sur l'oxyde de carbone et sur les métaux alcalins.

Ajoutons encore que le potassium du commerce contient des traces d'acétylure, que l'on peut reconnaître en décomposant une dizaine de grammes de ce métal par l'eau. Au contraire, le sodium n'en renferme que des quantités nulles, ou à peine appréciables.

Le sodium et surtout le potassium, pour peu que ces métaux aient eu le contact de l'air, donnent naissance à un peu d'acétylure charbonneux, lorsqu'on les chauffe ensuite vers 200 degrés, dans une atmosphère d'hydrogène. L'action ultérieure de l'eau en dégage alors une petite quantité d'acétylène ; tandis que ces réactions ne se produisent pas avec les mêmes métaux non chauffés ([1]). Ce phénomène est dû à la formation d'une trace de carbonate alcalin à la surface du métal, pendant les manipulations opérées au contact de l'air, et à la décomposition ultérieure du carbonate par le métal chauffé. De là, dans diverses expériences, une cause d'erreur, contre laquelle il importe de se tenir en garde.

3. *Acétylure de magnésium.* — On obtient également, quoique avec difficulté, un acétylure, en faisant réagir le magnésium sur l'acétylène.

Aucun autre métal, parmi les métaux ordinaires, n'a offert de réaction analogue et distincte de celle que la chaleur seule exerce sur l'acétylène. Seul, le fer a déterminé une destruction rapide de l'acétylène, avec formation de carbures empyreumatiques, de charbon et d'hydrogène, dont le volume représentait environ la moitié de celui de l'acétylène employé. L'acétylène a disparu, mais le fer lui-même n'a pas formé d'acétylure : du moins sa dissolution dans un acide n'a pas régénéré le carbure.

Ces faits nous fournissent le premier exemple d'un carbure d'hy-

---

([1]) En faisant abstraction des traces beaucoup plus faibles d'acétylure que ces métaux peuvent déjà contenir.

drogène libre qui soit attaquable par les métaux alcalins à basse
température. Dans les essais que j'ai faits sur un grand nombre
d'autres carbures, je n'en avais d'abord rencontré aucun qui par-
tageât cette propriété. Ainsi les carbures forméniques $C^n H^{2n+2}$, tels
qu'ils existent dans les pétroles d'Amérique purifiés ; et les carbures
éthyléniques, $C^n H^{2n}$, jusqu'à l'éthalène, $C^{16} H^{32}$, inclusivement, sont
sans action sur les métaux alcalins. Ceux-ci, chauffés avec les carbures en question, y fondent et nagent dans les liquides, en globules
métalliques inaltérés. Les traces d'attaque que l'on observe parfois,
avec formation de produits gélatineux, doivent être attribuées aux
composés oxydés que les carbures précédents renferment à l'état
d'impuretés ; ou bien encore aux actions concourantes de l'oxygène, de l'air et du métal sur le carbure. Le térébenthène purifié, $C^{10} H^{16}$, la benzine, le toluène, et même le xylène purs sont
également inaltérables à la température de leur ébullition normale. Mais en poursuivant cette étude, j'ai rencontré depuis un
grand nombre de carbures attaquables par le potassium, avec formation de composés analogues aux acétylures. Tels sont le cumolène,
$C^9 H^{12}$, la naphtaline, $C^{10} H^8$, le diphényle, $C^{12} H^{10}$, le rétène, $C^{18} H^{18}$,
et la plupart des carbures pyrogénés riches en carbone ([1]). Je re-
viendrai sur ces faits. Quant à présent, je me bornerai à signaler la
réaction du sodium sur l'allylène, homologue prochain de l'acétylène.

L'allylène, chauffé doucement avec le sodium dans une cloche
courbe, éprouve une attaque partielle, avec formation d'un peu de
matière charbonneuse et accroissement de volume. Il se forme par
là de l'hydrogène, du carbone et de l'acétylure de sodium

$$C^3 H^4 + 2\,Na = C^2 Na^2 + C + 2\,H^2.$$

Une petite quantité de propylène prend naissance au même
moment, par une réaction secondaire, due à l'hydrogène naissant,

$$C^3 H^4 + H^2 = C^3 H^6.$$

En traitant par l'eau le produit solide de la réaction, on dégage
de l'acétylène, exempt d'allylène.

Ces faits prouvent que l'allylène, dans les conditions où j'ai
opéré, ne produit pas d'allylénure alcalin, comparable aux acéty-

---

[1] La benzine même est attaquée, en opérant en tubes scellés à des températures plus hautes.

lures; mais il est décomposé, en reproduisant l'acétylène, c'est-à-dire le carbure homologue plus simple qui peut être regardé comme le générateur théorique de l'allylène,

$$C^3H^4 = C^2H^2(CH^2).$$

Les faits que je viens d'exposer indiquent l'existence de trois séries de composés acétylométalliques, les uns obtenus par substitution d'un métal à l'hydrogène de l'acétylène :

Première série.

Acétylène..................	C^2H^2.		C^3H^4.
Acétylure monosodique......	C^2HNa.		C^3H^3Ag.
Acétylure disodique........	C^2Na^2;	C^2K^2.	

les autres, par substitution et addition simultanées.

Les composés précédents représentent les types de séries plus étendues. En effet, j'ai obtenu des acétylures, non seulement avec le potassium et le sodium, métaux réputés monoatomiques;

Mais aussi avec le magnésium, réputé diatomique.

J'ai préparé des sels acétylométalliques, non seulement avec le cuivre et l'argent;

Mais aussi avec l'or, le chrome (protosels) et le mercure (persels).

C'est pourquoi je pense (1866) que l'on obtiendra des composés analogues avec la plupart des autres métaux. La théorie des acétylures et des sels acétylométalliques est, en effet, parallèle à la théorie des amidures et des sels ammonimétalliques, comme je le montrerai tout à l'heure. Ces deux théories et les corps qu'elles embrassent doivent donc offrir le même degré de généralité. Ce n'est pas tout : il existe d'autres carbures d'hydrogène (l'allylène et les carbures pyrogénés cités précédemment en sont la preuve) capables de fournir des combinaisons analogues; il existe même des composés d'un autre ordre, tels que les éthers propargyliques, de M. Libermann; les éthers dérivés du valylène, de M. Reboul; les composés étudiés par M. Max Berend, etc., qui s'unissent à l'argent et au cuivre de la même manière que l'acétylène.

Comment les composés acétyliques, modèles de tous les autres, doivent-ils être représentés, si l'on veut exprimer de la manière la plus rationnelle leurs réactions et leur mode de formation? C'est ce que je vais maintenant examiner, en signalant d'abord quelques notations particulières qui peuvent être commodes dans la représentation de certaines analogies, pour arriver enfin à la théorie la plus générale.

1° Si l'on veut dériver les nouveaux oxydes et leurs sels des oxydes et des sels métalliques correspondants, il est facile d'y parvenir en substituant à l'oxygène (ou au chlore) un résidu hydrocarboné.

2° A un autre point de vue, on peut également être frappé de cette circonstance que l'acétylène réagit surtout sur les protosels des métaux peroxydables, cuivre, or, chrome, et même argent, comme si le nouveau groupement acétylométallique venait combler le vide que l'on peut concevoir dans ces composés incomplets, et tenir la même place que l'oxygène additionnel pourrait y occuper.

Toutefois cette représentation est particulière; elle ne s'étend pas au mercuracétyle, puisque ce radical répond aux persels de mercure.

3° On pourrait encore dériver les oxydes des sels acétylométalliques des acétylures bimétalliques, par addition d'eau ou d'hydracide.

4° La théorie qui me paraît la plus générale, parce qu'elle embrasse à la fois les acétylures, les oxydes et les sels des radicaux acétylométalliques, et parce qu'elle répond fidèlement au mode de formation de ces nouveaux radicaux, est celle qui consiste à assimiler l'acétylène et les acétylures à l'ammoniaque; tandis que les oxydes, chlorures, etc., acétylométalliques seront comparés à l'oxyde et au chlorure d'ammonium.

Si l'on compare les nouveaux radicaux avec les alcalis organiques et les radicaux métalliques déjà connus, il est facile de reconnaître qu'ils constituent une nouvelle classe générale, essentiellement distincte des anciens radicaux par leur génération, aussi bien que par leur constitution.

En effet, les alcalis organiques dérivent des hydrures d'azote, c'est-à-dire de l'ammoniaque et de l'ammonium, par la substitution des radicaux hydrocarbonés à l'hydrogène :

Ammoniaque...	AzH^3.	Triéthylamine.........	$(C^2H^5)^3Az$.
Ammonium....	$AzH^3.H$.	Tétréthylammonium...	$(C^2H^5)^4Az$.

De même les radicaux métalliques connus jusqu'à ce jour dérivent, d'après leur origine et leurs réactions, des hydrures métalliques, par la substitution des mêmes radicaux hydrocarbonés à l'hydrogène :

Telluréthyle.......	$(C^2H^5)^2Te^2$	dérivé de	H^2Te^2.
Stibiométhyle.....	$(CH^5)^3Sb$	»	H^3Sb.
Phosphoréthyle....	$(C^3H^5)^2P$	»	H^2P.
Cacodyle.........	$(CH^3)^2As$	»	H^2As.

Au contraire, les nouveaux radicaux dérivent d'un hydrure carboné, par substitution métallique du cuivre ou de l'argent à l'hydrogène.

Si nous cherchons maintenant à expliquer pourquoi l'acétylène présente la propriété de réunir ainsi ses éléments par voie d'addition avec les sels métalliques, nous pourrons nous rendre compte jusqu'à un certain point de cette aptitude, en nous reportant au caractère incomplet, non saturé, de l'acétylène. Ce carbure, en effet, possède, comme je l'ai montré par mes expériences, la propriété de fixer soit de l'hydrogène

$$C^2H^2 + H^2 = C^2H^4,$$

soit les éléments des hydracides

$$C^2H^2 + HCl = C^2H^2 . HCl; \quad C^2H^2 + 2HI = C^2H^2 . 2HI.$$

Au même titre, les dérivés métalliques de l'acétylène fixent une molécule d'oxyde ou de chlorure, en constituant un groupement nouveau.

Une dernière remarque, qui me paraît d'une grande importance au point de vue des théories moléculaires, est la suivante : l'acétylène fournit une démonstration expérimentale frappante du passage du type salin au type éthéré, dans la suite symétrique de ses composés.

En effet, tandis que le type hydrogène, c'est-à-dire l'acétylène, C^2H^2, s'unit aux hydracides pour former des éthers; le même type, modifié par substitution métallique, C^2M^2, s'unit aux chlorures, aux oxydes, etc., pour former des composés salins véritables.

A ce point de vue, il fournit un exemple intéressant de transition entre les fonctions de la Chimie minérale et celles qui caractérisent la Chimie organique.

CHAPITRE XVIII.

RECHERCHES SUR LES DÉRIVÉS MÉTALLIQUES DE L'ACÉTYLÈNE ([1]).

Depuis les études de l'un de nous sur les acétylures métalliques et leurs dérivés, faites il y a un tiers de siècle, époque où l'acétylène était rare et coûteux, ces composés ont été l'objet de nombreuses recherches, tant de la part de MM. Matignon, Guntz, Maquenne, de Forcrand, Moissan, pour les acétylures alcalins, que de MM. Keiser, Miasnikoff, Blochmann, Lossen, Plimpton et Travers, Sœderbaum, Arth, Biginelli, Chavastelon, Erdmann et Köthner, et autres savants, pour les acétylures d'argent, de cuivre, de mercure et leurs dérivés. Ces recherches en ont multiplié le nombre et fixé certaines formules. Le moment nous a paru venu d'établir la théorie thermochimique de ces composés et d'en comparer les formules définitives avec la théorie initiale proposée par M. Berthelot, théorie qui assimilait d'une part l'acétylène et les acétylures C^2H^2, C^2M^2, avec l'ammoniaque, AzH^3, et les azotures correspondants, AzM^3, et d'autre part les dérivés des acétylures à ceux de l'ammonium : $(C^2M^3)R$ correspondant à $(AzH^4)R$, R étant un radical négatif simple ou composé.

Nous avons choisi pour cette recherche l'examen des composés acétyliques dérivés d'un métal monovalent, l'argent, parce qu'un tel métal fournit des dérivés plus simples que les métaux polyvalents. Les composés argentiques d'ailleurs ne forment guère de sels basiques, comme le font au contraire les composés des métaux polyvalents, et ils ne sont pas suroxydables au contact de l'air, à la façon des sels cuivreux : ces circonstances, propres aux sels d'argent, donnent plus de netteté aux déductions tirées de leur étude.

([1]) *Annales de Chimie et de Physique*, 7ᵉ série, t. XIX, p. 5; 1900. Avec la collaboration de M. DELÉPINE.

Acétylure d'argent, C^2Ag^2.

L'acétylure d'argent peut être obtenu, comme on sait, par l'action de l'acétylène sur l'azotate d'argent ammoniacal.

L'acétylène est produit d'abord au moyen du carbure de calcium et de l'eau; il est accumulé dans un gazomètre, après avoir été lavé au sulfate de cuivre; une certaine dose de ce dernier sel, placée dans l'eau du gazomètre, achève la purification.

Avant d'employer le gaz dans la réaction, on le fait de nouveau passer à travers une solution de sulfate de cuivre, puis à travers une solution étendue d'acide chromique; enfin, on le dessèche par une colonne suffisante de chlorure de calcium et de chaux sodée.

Pour faire les déterminations calorimétriques, on a utilisé un appareil très simple : tube à trois voies, dont une branche descend dans un calorimètre de platine renfermant 600^{cc} de liquide.

Parlons d'abord de la composition et des propriétés de l'acétylure, avant d'en mesurer la chaleur de formation.

Nous avons cru utile d'en reprendre l'étude, au point de vue de la présence de l'eau ou de l'oxygène dans le composé qui prend naissance; ce composé étant séché soit à l'air libre, soit dans l'étuve à 90°.

En effet, il retient tout d'abord quelque dose d'eau, libre ou combinée.

Donnons les résultats obtenus avec le corps *desséché à l'étuve à* 90° :

Si le produit initial est bien blanc, la dessiccation ne produit qu'une légère teinte gris violacé.

Un produit de l'aspect le plus satisfaisant a donné les résultats suivants :

I. Poids très humide . . . . 0,80^{gr} environ
    Après 2 heures à 90° 0,2408
    » 4 heures à 90° 0,2389
    Le dernier produit a fourni . . . . . . 0,2859 AgCl

Soit Ag pour 100 : 90,05.

II. (Le même). Poids humide . . . . 0,95^{gr} environ
    Après 2 heures à 90° 0,4320
    » 4 heures à 90° 0,4291
    Il a fourni ensuite . . . . 0,5121 AgCl

Soit Ag pour 100 : 89,83.

Ces résultats sont ceux qu'exige la formule C^2Ag^2 :

$$Ag \text{ pour } 100 = 90.$$

Acétylure séché à l'air libre. — Séché seulement à l'air libre, le produit, après plus de soixante heures, contenait 88,43 et 88,48 pour 100 d'argent; ce qui correspond à environ

$$(C^2Ag^2)^4.H^2O;$$

formule qui exige

$$Ag \text{ pour } 100 = 88,34.$$

Mais cette coïncidence est accidentelle, comme le montre l'essai suivant, où la dessiccation a été plus prolongée. Au bout de cinq jours, le produit, desséché spontanément à l'air, ne perdit plus de poids; il renfermait alors 89,6 centièmes d'argent; c'est-à-dire seulement un demi-centième d'eau, susceptible d'ailleurs d'être éliminée par un séjour d'une demi-heure à l'étuve à 90°, ainsi qu'il a été vérifié.

Ainsi, le produit est bien C^2Ag^2 et l'eau n'y est pas combinée énergiquement, puisqu'elle se dissipe dès la température ordinaire, à l'air libre.

A la rigueur, on pourrait supposer que cette eau ne préexiste pas, à l'état libre, dans le précipité, celui-ci pouvant être envisagé comme un oxyde d'argentacétyle

$$(C^2HAg^2)^2O.$$

Mais la facilité avec laquelle l'eau s'élimine à froid est plutôt favorable à l'opinion qui la regarde comme simplement juxtaposée à l'acétylure d'argent. L'oxyde ci-dessus, s'il existe, est dissociable à froid, c'est-à-dire qu'il ne se produit pas sous une forme stable, dans les conditions précédentes, précisément comme l'oxyde d'argent, Ag^2O.

Passons aux expériences calorimétriques.

Action de C^2H^2 *dissous sur* $AzO^3Ag. 2AzH^5$ *dissous.* — Comme l'indiquent les résultats précédents, c'est le composé C^2Ag^2 qui prend naissance.

L'expérience a été tentée d'abord en dirigeant le gaz acétylène dans une solution ammoniacale d'azotate d'argent. Elle donne par minute un dégagement de chaleur produisant une élévation de température de 0°,020, c'est-à-dire 5 à 6 fois plus faible qu'avec l'azotate d'argent seul et, partant, incompatible avec de bonnes déterminations calorimétriques.

Pour éviter cette difficulté, on a fait réagir d'un seul coup 500^{cc} de solution aqueuse d'acétylène sur une dissolution demi-normale d'azotate d'argent ammoniacal (Ag dissous dans 2^{lit}). On employait cette dernière dissolution à la dose de 100^{cc}, quantité plus que suffisante pour réagir sur tout l'acétylène. En dosant, d'une part, le changement d'alcalinité, d'autre part, le poids d'argent disparu sous forme d'acétylure, il est facile de se rendre compte que la réaction est la suivante :

$$C^2 H^2 \text{ diss.} + 2 (AzO^3 Ag. \, 2AzH^3) \text{ diss.}$$

$$= C^2 Ag^2 \text{ ppté} + 2 (AzO^3 AzH^4) \text{ diss.} + 2AzH^3 \text{ diss.}$$

A cet égard, voici des déterminations qui ne laissent aucun doute, car elles montrent que la précipitation d'un atome d'argent diminue l'alcalinité d'une valeur correspondant à une molécule d'ammoniaque :

Expériences.	I.	II.	III.
Atomes d'Ag précipités	0,0235	0,0205	0,0282
Molécules de AzH^3 saturées	0,0233	0,0207	0,0278

Voici maintenant une expérience calorimétrique détaillée montrant la marche de la température, les doses d'acétylène et d'argent mises en œuvre :

500^{cc} solution d'acétylène placée à l'avance dans le calorimètre à la température de................ $16°,655$

La température demeure fixe pendant plusieurs minutes. On y verse alors

100^{cc} de la solution $AzO^3 Ag. \, 2AzH^3 (1 \text{ mol.} = 2^{lit})$.

Cette dernière solution répondait à

$$AgCl = 7^{gr},086.$$

La température de cette dernière liqueur était

$$17°,365.$$

On déduit de ces données la température moyenne des composants, soit

$$16°,772.$$

Après mélange, la température devient

$17°,130$ (fixe à $0°,001$ près par minute).

d'où

$$\text{Élévation } \Delta t \ldots \ldots \quad +0°,358$$
$$\text{Chaleur dégagée} \ldots \quad 0°,358 \times 604,8 = 216^{cal},52$$

D'autre part, on a trouvé : Titre d'une solution HCl demi-normale :

$$\text{Avant mélange} \ldots \ldots \ldots \ldots \ldots \ldots \quad 200^{div},4$$
$$\text{Après mélange} \ldots \ldots \ldots \ldots \ldots \ldots \quad 144^{div}$$
$$\text{Diminution} \ldots \ldots \ldots \ldots \ldots \quad 56^{div},4$$

Perte équivalente à

$$0^{gr},0282 \, AzH^3.$$

- D'ailleurs, l'argent précipitable sous forme de AgCl avant mélange est

$$7^{gr},0860.$$

Après mélange, le chlorure d'argent précipitable dans la liqueur était

$$3^{gr},1080.$$

$$\text{Diminution} \ldots \ldots \ldots \ldots \ldots \ldots \ldots \quad 3^{gr},978$$

ce qui répond à

$$Ag \ldots \ldots \ldots \ldots \quad 2^{gr},9943 \quad \text{ou} \quad 0,0278 \text{ d'atome.}$$

Il résulte de là pour 1^{gr} Ag :

$$\text{La chaleur dégagée} \ldots \ldots \ldots \ldots \ldots \quad 72^{cal},31$$

Trois autres expériences ont donné les résultats suivants :

	I.	II.	III.
Ag précipité	$2^{gr},5335$	$2^{gr},0567$	$2^{gr},2079$
Chaleur dégagée	$189^{cal},30$	$143^{cal},34$	$157^{cal},25$
Pour 1^{gr}	$74^{cal},72$	$69^{cal},70$	$71^{cal},24$

Soit

$$\left.\begin{array}{r} 72,31 \\ 74,72 \\ 69,70 \\ 71,24 \\ \hline 287,97 \end{array}\right\} \quad \text{moyenne générale : } 72^{cal}$$

Cela fait pour 2 atomes, en grandes calories,

$$Ag = 216^{gr} \ldots \ldots \ldots \ldots \ldots \ldots \ldots \quad +15^{Cal},55.$$

Nous avons constaté que l'azotate d'ammoniaque, en solution étendue, est sans action thermique appréciable sur l'azotate d'argent en solution étendue.

Nous avons reconnu en outre que l'ammoniaque, par la dilution spéciale résultant de sa mise en liberté, équilibre à peu près l'absorption de chaleur que produirait la dilution générale de la liqueur.

Dans ces conditions, on aura, sans erreur sensible,

$$C^2H^2 \text{ diss.} + 2(AzO^3Ag.\ 2AzH^3 = 2^{lit})$$
$$= C^2Ag^2 \text{ ppté} + 2(AzO^3AzH^4)\text{ diss.} + 2AzH^3 \text{ diss...} \quad +15^{Cal},55$$

Connaissant d'ailleurs les chaleurs de formation suivantes, à partir des éléments :

$$
\begin{array}{lcc}
 & \overset{Cal}{} & \overset{Cal}{} \\
C^2H^2 \text{ diss}\ldots\ldots\ldots\ldots\ldots\ldots & -58,1 & +5,3 \\
AzO^3Ag.\ 2AzH^3 \text{ dans } 2^{lit}\ldots\ldots & +78,45 & \\
AzO^3AzH^4 \text{ diss}\ldots\ldots\ldots\ldots & +82,4 & \\
AzH^3 \text{ diss}\ldots\ldots\ldots\ldots\ldots & +21,0 & \\
\end{array}
$$

Nous aurons en définitive

$$C^2 + Ag^2 = C^2Ag^2 \text{ ppté absorbe}$$
$$(-58,1 + 5,3 + 156,9 + 15,55 - 164,8 - 42)\ldots\ldots \quad -87^{Cal},15.$$

La réation de l'acétylène sur l'oxyde d'argent

$$
\begin{array}{lll}
C^2H^2 \text{ gaz} & + Ag^2O \text{ sol.} = C^2Ag^2 \text{ sol.} + H^2O \text{ gaz., dégagerait..} & +22,25 \\
C^2H^2 \text{ gaz} & + Ag^2O \text{ sol.} = C^2Ag^2 \text{ sol.} + H^2O \text{ liquide}\ldots\ldots & +32,95 \\
C^2H^2 \text{ dissous} & + Ag^2O \text{ sol.} = C^2Ag^2 \text{ sol.} + H^2O \text{ liquide}\ldots\ldots & +27,65 \\
\end{array}
$$

Or nous avons réalisé cette action, en opérant sur l'oxyde d'argent ammoniacal, dans l'espoir d'obtenir le corps

$$C^2Ag^2.\ AgOH,$$

c'est-à-dire

$$(C^2Ag^3)OH, \text{ ou son anhydride } (C^2Ag^3)^2O.$$

Mais en fait on obtient seulement le carbure C^2Ag^2.

Par l'action de l'acétylène sur l'oxyde d'argent pur, mais humide, on le transforme en une poudre jaune, qui noircit rapidement à la lumière. C'est sans doute de l'acétylure, mais mêlé ou combiné à de l'oxyde d'argent, lequel lui communique une altérabilité plus grande que celle de l'acétylure formé au moyen de l'azotate ou de l'oxyde d'argent ammoniacal.

Quoi qu'il en soit, les valeurs numériques indiquées ci-dessus l'emportent sur la chaleur dégagée avec l'azotate d'argent ammoniacal; cette dernière comprenant en moins l'excès de la chaleur de neutralisation de l'oxyde d'argent ammoniacal sur celle de l'ammoniaque.

Nous reviendrons sur ces valeurs.

Mais examinons auparavant les propriétés explosives de l'acétylure d'argent.

L'acétylure d'argent sec a été placé dans un tube où l'on a fait le vide; on a scellé ce tube à la lampe, puis on l'a chauffé avec précaution. L'acétylure détone avec un bruit sec et une flamme rougeâtre, qui se propage dans la portion du tube non soumise à l'action de la chaleur; du carbone se dépose aussitôt dans toutes les parties du tube.

On a obtenu quelques traces de gaz dans cette opération, ainsi qu'on s'en est assuré en les recueillant avec la trompe à mercure : soit pour $0^{gr},100$ d'acétylure :

$$CO = 0^{cc},32; \qquad Az = 0^{cc},16.$$

Ce résultat montre que le précipité retient toujours une trace d'azotate d'argentacétyle; mais cette trace est insuffisante pour expliquer la détonation. En tout cas, il n'y a pas d'hydrogène, conclusion à laquelle Keiser était déjà arrivé, en faisant la même expérience.

Arrêtons-nous un instant sur le caractère explosif d'un composé semblable, qui se détruit *avec flamme,* bien qu'il renferme à peu près exclusivement des éléments solides à la température ordinaire : il mérite quelque attention. En réalité, le phénomène paraît la résultante de plusieurs actions, qui se succèdent durant un intervalle de temps presque inappréciable, savoir :

1° La séparation du carbone et de l'argent, provoquée par le travail préalable de l'échauffement à une température relativement peu élevée;

2° Un dégagement de chaleur de $+ 87^{Cal},15$ rapporté au carbone diamant, ou plus exactement $+ 80^{Cal},47$, rapporté au carbone amorphe;

3° Ce dégagement de chaleur est assez considérable pour réduire le carbone en gaz normal, comme en témoigne sa condensation sur toutes les parois du tube. Une semblable réduction du carbone en gaz absorberait pour $C^2 = 24^{gr}$ (diamant) $+ 84^{Cal},2 + \varepsilon$; pour le C^2 amorphe : $77,5 + \varepsilon$, d'après les inductions développées par M. Berthelot à différentes reprises depuis 1865 (*voir* en dernier lieu *Thermochimie : Données et lois numériques,* t. I, p. 207). Les produits atteindraient ainsi une température voisine de 4000°, d'après le calcul des chaleurs spécifiques;

4° Le refroidissement immédiat de ces produits serait accompagné par la combinaison réciproque d'un certain nombre d'atomes de carbone gazeux, de façon à reconstituer le carbone à l'état polymérisé, seul état connu jusqu'ici pour cet élément à la température ordinaire ([1]). C'est cette dernière combinaison qui dégage la chaleur, manifestée par le phénomène explosif définitif.

Ces considérations sont analogues à celles développées par l'un de nous dans ses études sur l'explosion de l'acétylène lui-même. Elles sont plus nettes pour l'acétylure d'argent, parce qu'il se produit ici un élément solide à la température ordinaire, l'argent, au lieu d'un élément gazeux, tel que l'hydrogène.

L'acétylure d'argent humide détone également, lorsqu'on le chauffe. Mais l'explosion est plus violente dans ce cas, parce qu'elle a lieu au sein, ou plutôt au contact d'une atmosphère de gaz aqueux, qui transmet aussitôt les pressions aux parois du tube et en détermine la rupture générale; au lieu d'être amortie en partie, en raison de l'existence d'un espace vide. On connaît l'influence de ce dernier pour empêcher l'explosion de la poudre noire; plus généralement, on sait l'influence du bourrage pour augmenter l'intensité du choc explosif dans les mines et dans les armes.

C'est ici le lieu de remarquer que, étant donnée la chaleur de formation de l'acétylure d'argent, ce corps doit régénérer l'acétylène, non seulement par l'action du gaz chlorhydrique, ou d'une dissolution concentrée produisant aisément ce gaz, mais même par l'action de l'acide chlorhydrique étendu

$$C^2Ag^2 + 2HCl \text{ gaz} = 2AgCl + C^2H^2 \text{ gaz} \dots\dots\dots \quad +43,25$$
$$C^2Ag^2 + 2HCl \text{ dilué} = 2AgCl + C^2H^2 \text{ gaz} \dots\dots \quad + 8,4$$
$$\text{Si l'acétylène demeure dissous} \dots\dots\dots\dots \quad +13,7$$

Avec l'acide concentré, il se produit même des explosions partielles.

Au contraire, l'acide azotique étendu ne saurait transformer simplement en acétylène l'acétylure d'argent; attendu que

$$C^2Ag^2 + 2AzO^3H \text{ étendu}$$
$$= 2AzO^3Ag \text{ dissous} + C^2H^2 \text{ gaz, absorberait} \dots \quad -22^{Cal},6.$$

([1]) *Voir* entre autres *Annales de Chimie et de Physique*, 4ᵉ série, t. IX, p. 475; 1866; t. XVIII, p. 176, etc. — Ce Volume, p. 121.

Même en supposant l'acétylène dissous, on aurait

$$- 17^{Cal},5.$$

Mais un tel acide est susceptible d'oxyder l'acétylure, surtout à chaud.

L'acide azotique gazeux attaquerait l'acétylure d'argent, en l'oxydant et le détruisant, avec dégagement de chaleur et même explosion.

Avec l'acide azotique liquide pur, il y a aussi dégagement de chaleur : l'acétylène est en même temps oxydé. On y reviendra.

De même, l'acide sulfurique étendu ne régénère pas d'acétylène avec l'acétylure d'argent; circonstance qui paraît surprenante à première vue, mais que la Thermochimie explique. En effet

$$C^2 Ag^2 + SO^4 H^2 \text{ étendu} = SO^4 Ag^2 \text{ dissous} + C^2 H^2 \text{ gaz} \ldots \quad - 28^{Cal},45$$

Même en supposant le sulfate d'argent solide (ce qui ajoute $+ 4,5$) et l'acétylène dissous (ce qui ajoute $+ 5,3$) on aurait encore $- 18^{Cal},65$.

On voit par là que la condition d'action de l'acide chlorhydrique sur l'acétylure d'argent est attribuable au faible écart qui existe entre la chaleur de formation des chlorures d'argent et d'hydrogène, opposé à un écart plus considérable entre les acétylures d'argent et d'hydrogène.

Comparons la chaleur de formation de l'acétylure d'argent à celle de l'acétylène et des acétylures alcalins, déterminés par MM. Matignon, Guntz et de Forcrand :

$$
\begin{aligned}
&C^2 + H^2 = C^2 H^2 \text{ gaz, absorbe} \ldots\ldots\ldots\ldots\ldots && -58^{Cal},1 \\
&C^2 + Na^2 \ldots\ldots\ldots\ldots\ldots\ldots\ldots\ldots\ldots && -\ 8,8 \\
&C^2 + Li^2 \ldots\ldots\ldots\ldots\ldots\ldots\ldots\ldots\ldots && +11,5 \\
&C^2 + Ca \ldots\ldots\ldots\ldots\ldots\ldots\ldots\ldots && +\ 6,25 \ (^1) \\
&C^2 + Ag^2 \ldots\ldots\ldots\ldots\ldots\ldots\ldots\ldots\ldots && -87,15
\end{aligned}
$$

Les acétylures d'hydrogène, d'argent, de sodium et probablement celui de potassium, sont endothermiques; ceux de lithium et de calcium étant exothermiques.

Il existe des acétylures monopotassé, $C^2 HK$, et monosodé, $C^2 HNa$, auxquels correspondrait un acétylure monoargentique, $C^2 H Ag$, qu'une étude plus approfondie permettra sans doute d'isoler.

(^{1}) D'après la rectification faite par M. Moissan au nombre inexact donné par Thomsen pour la chaleur d'oxydation du calcium.

Toutefois, si l'on s'en rapporte aux analogies tirées des deux acétylures sodiques, l'acétylure bimétallique serait moins instable que l'autre. En effet :

$$C^2 + Na^2 = C^2Na^2,\ \text{absorbe} \dots\dots\dots\dots\dots \quad -\ 8^{Cal},8$$
$$C^2 + H + Na = C^2HNa,\ \text{absorbe} \dots\dots\dots \quad -29^{Cal},2$$

Les décompositions exothermiques inverses

$$\begin{cases} C^2Na^2 = C^2 + Na^2 \dots\dots\dots\dots\dots\dots\dots & +\ 8,8\ (\text{C diamant}) \\ \quad \text{ou} \dots\dots\dots\dots\dots\dots\dots\dots\dots\dots & +\ 2,1\ (\text{C amorphe}) \\ C^2HNa = C^2 + H + Na : C^2 + H + Na \dots\dots & +29,2\ (\text{C diamant}) \\ \quad \text{ou} \dots\dots\dots\dots\dots\dots\dots\dots\dots\dots & +22,5\ (\text{C amorphe}) \end{cases}$$

c'est-à-dire que la seconde offrirait un caractère explosif bien plus prononcé que la première.

Ces deux décompositions ont été observées en fait par M. Moissan (*Annales de Chimie et de Physique*, 7ᵉ série, t. XVI, p. 149), sous l'influence d'une température de plus en plus élevée. Il a reconnu également que l'acétylène monosodé, chauffé avec ménagement, éprouve une première transformation, avec régénération d'une certaine dose d'acétylène, accompagné par des carbures liquides (et probablement par les dérivés sodés de ces derniers). Le dédoublement simple

$$2C^2HNa = C^2Na^2 + C^2 + H^2,\ \text{dégagerait} \dots \quad +42,7\ (C^2\ \text{amorphe})$$

Au contraire, la réaction simple

$$2C^2HNa = C^2Na^2 + C^2H^2,\ \text{absorberait} \dots\dots\dots\dots \quad -8^{Cal},4$$

Mais cette dernière perte d'énergie est compensée par la formation des carbures polymérisés et de leurs dérivés sodés, dans la réaction effective.

Observons encore le dégagement de chaleur accompli lors de la réaction de l'acétylène sur les métaux alcalins, dégagement qui va jusqu'à l'incandescence avec le potassium

$$C^2H^2 + Na^2 = C^2Na^2 + H^2,\ \text{dégage} \dots\dots\dots\dots \quad +49,5$$
$$C^2H^2 + Na = C^2HNa + H,\ \text{dégage} \dots\dots\dots\dots^\circ \quad +28,9$$

et, par conséquent,

$$C^2HNa + Na = C^2Na^2 + H \dots\dots\dots\dots\dots\dots\dots \quad +20,4$$

Les deux composés successivement formés répondent à un dégagement de chaleur décroissant, comme il arrive dans la plupart des cas des réactions réitérées.

A la vérité, les deux valeurs 26,7 et 20,4 se rapprocheraient beaucoup, si l'on rapportait l'acétylène à l'état solide, pour le rendre plus comparable à l'acétylène monosodé; c'est-à-dire que les deux dégagements de chaleur tendraient à se conformer à la loi des proportions multiples (voir *Thermochimie : Données et lois numériques*, t. I, p. 225 et suiv.).

Voici maintenant quelques comparaisons dignes d'intérêt. L'acétylène, ainsi que M. Berthelot l'a signalé, est un composé formé par l'hydrogène uni à un élément électronégatif, le carbone, composé susceptible de substitutions métalliques et comparable sous ce rapport aux hydracides : spécialement à l'hydrogène sulfuré, et même aux oxacides, en tant que dérivés de certains radicaux complexes, jouant le rôle du soufre et des éléments halogènes. Envisageons ces divers corps dans leur réaction sur les oxydes et spécialement sur l'oxyde d'argent, d'après la formule suivante, où les états des corps correspondants sont comparables :

$$\text{Acide gazeux} + Ag^2O \text{ solide} = \text{sel solide} + H^2O \text{ gazeuse.}$$

			Acide dissous. Sel solide.
		Cal	Cal
$2HCl$	$2AgCl$	$+65,3$	$+41,2$
$2HBr$	$2AgBr$	$+80,9$	$+51,6$
$2HI$	$2AgI$	$+92,5$	$+64$
$2HCy$	$2AgCy$	$+44,3$	$+42,8$
H^2S	Ag^3S	$+49,9$	$+55,8$
$2(AzO^3)H$	$2(AzO^3)Ag$	$+40,0$	$+21,8$
SO^4H^2	SO^4Ag^2	»	$+19,0$
H^2C^2	Ag^2C^2	$+22,5$	$+27,6$

On voit par ces chiffres que la chaleur de formation des sels d'argent, par les acides gazeux et l'eau gazeuse, place l'acétylure au dernier rang des corps envisagés; tandis qu'il en est autrement pour les acides dissous, le sel formé étant ramené pour tous au même état solide. Dans ces conditions, l'acétylène l'emporte en effet sur les acides azotique, sulfurique, tout en étant surpassé par les autres hydracides.

L'expérience est conforme à ces prévisions et elle vérifie, comme il a été dit plus haut, les réactions antagonistes, et de signe thermique inverse, dans lesquelles on oppose l'acétylène, d'une part aux hydracides ordinaires, d'autre part aux acides azotique et sulfurique.

Les acétylures alcalins (potassium, sodium, calcium) sont au contraire décomposés par tous les acides, d'après leurs valeurs thermiques : l'eau seule suffit à cette décomposition. Il nous paraît inutile de reproduire ces chiffres, faciles à calculer d'après les données qui précèdent.

Nous pouvons cependant tirer de là d'autres rapprochements entre les acétylures et les sels, c'est-à-dire entre les composés de l'hydrogène, du sodium et de l'argent.

Substitutions dans les composés hydrogénés : État gazeux du composé hydrogéné; état solide du composé métallique.

H^2	par	Na^2	H^2	par	Ag^2.
$2\,HCl$		$+151,8$			$+14,0$
$2\,HBr$		$+155,0$			$+29,6$
$2\,HI$		$+150$			$+41,2$
$2\,HF$		$+144,4$			$-20,6$
$2\,HCy$		$+106,2$			$-7,0$
H^2S		$+84,5$			$+1,2$
$2(AzO^3)H$		$+152,6$			$-11,4$
C^2H^2		$+49,3$			$-29,05$

Voici quelles conséquences se manifestent à la lecture de ces chiffres. La substitution de l'hydrogène gazeux par le sodium solide dégage des quantités de chaleur comprises entre 155 et 144, c'est-à-dire voisines pour les quatre hydracides monovalents, et pour l'acide azotique, acide dont les chaleurs de neutralisation sont, en général, voisines de celles de ces hydracides. La même similitude est applicable, d'ailleurs, aux comparaisons entre l'hydrogène et le sodium solide, la chaleur de solidification de l'hydrogène étant une constante.

Les sels qui répondent à ces fortes valeurs ne sont pas dissociés (hydrolysés) sensiblement par l'eau qui les dissout.

Au contraire, les cyanures et sulfures alcalins, qui répondent à des valeurs de substitution beaucoup plus faibles, d'un tiers et de près de moitié, quoique considérables, sont dissociés d'une façon notable par l'eau qui les dissout.

Enfin les acétylures alcalins, dont la valeur de substitution n'est que le tiers de celle des sels haloïdes et des azotates correspondants, — ce qui rend exothermique leur décomposition par l'eau, avec régénération d'hydrate de soude dissous ou analogue, — sont entièrement décomposés par l'action du dissolvant.

La substitution de l'hydrogène par l'argent donne lieu à des résultats beaucoup plus divergents, la chaleur correspondante variant pour chacun des acides envisagés. Cette valeur est même négative pour les acides fluorhydrique, acétique, cyanhydrique, et surtout pour l'acétylène. Cependant l'eau n'exerce pas d'action décomposante à froid sur les sels correspondants, parce que leur chaleur de formation serait considérable depuis l'oxyde d'argent, qui devrait en être séparé, si la décomposition avait lieu.

L'étude des chaleurs de substitution de l'hydrogène par les métaux conduit à examiner de plus près les réactions entre l'eau et les acétylures, réactions dans lesquelles se manifestent deux phénomènes opposés, savoir :

La décomposition de certains acétylures par l'eau, avec formation d'oxydes (anhydres et hydratés) et d'acétylène ;

Et la décomposition inverse de certains oxydes hydratés par l'acétylène, avec formation d'acétylures.

Cette opposition est, comme d'ordinaire, corrélative du signe contraire du phénomène thermique. En effet

$$C^2Na^2 \ + 2H^2O + \text{eau} = C^2H^2 \text{ gaz} + 2\,NaOH \text{ dissoute, dégage.} \quad +37,6$$
$$C^2HNa + \ \ H^2O + \text{eau} = C^2H^2 \text{ gaz} + \ \ NaOH \text{ dissoute} \ldots\ldots\ldots \quad +14,6$$

tandis que la réaction opposée

$$C^2H^2 \text{ gaz} + Ag^2O + \text{eau} = C^2Ag^2 + H^2O \text{ dégage} \ldots\ldots\ldots\ldots\ldots \quad +32,95$$

En général, étant données : q la chaleur de formation d'un acétylure, C^2M^2, par les éléments, et r la chaleur de formation d'un hydroxyde, $2\,ROH$ (ou du système $R^2O + H^2O$, si l'oxyde n'est pas hydraté), le sens de la réaction devrait être déterminé par celui de l'inégalité

$$q + 138 \gtrless r - 58,1$$

si l'on envisage uniquement la formation de l'acétylène par la réaction de l'eau sur l'acétylure métallique.

Les choses se passent ici comme pour les sulfures et les cyanures, qui donnent lieu à une opposition analogue ; opposition explicable de même par les valeurs thermochimiques relatives aux sulfures et cyanures alcalins d'une part, métalliques de l'autre.

Cependant des phénomènes intermédiaires sont possibles et ils ont été observés, en effet, par M. Moissan : tels que la formation de carbures plus hydrogénés et surtout plus condensés que l'acétylène : formène, éthane, éthylène et polymères, etc., dans les cas où le carbure métallique ne correspond pas par sa composition à un acétylure ;

Ou bien dans les cas où il renferme quelque dose de métal libre ;

Ou bien encore s'il forme par réaction un protoxyde capable de décomposer l'eau ;

Ou bien enfin s'il donne lieu, par suite d'une attaque locale trop vive, soit à quelque condensation polymérique de l'acétylène ;

Soit à quelque séparation de carbone libre.

L'étude de ces diverses conditions, jointe à celle de la chaleur de formation du carbure métallique, sera fort intéressante pour éclaircir la genèse naturelle des pétroles, genèse synthétique rapportée autrefois, par l'un de nous, à celle des acétylures [1].

Ces résultats étant acquis par l'étude de l'acétylène et des acétylures, composés comparables à l'ammoniaque et aux azotures, nous allons passer à l'étude des dérivés salins proprement dits, formés par les radicaux argentacétylés, comparables à l'ammonium.

Sels d'argentacétyle.

Nous avons étudié l'azotate, les sulfates, les chlorures, l'iodure. Ces divers composés sont dérivés d'un radical commun, l'argentacétyle, C^2Ag^3, jouant le rôle de radical simple, dérivé de l'acétylure d'argent et assimilable à l'argent lui-même.

Divers faits indiquent aussi l'existence d'un radical intermédiaire, C^2HAg^2, dérivé d'un acétylure, C^2HAg, comparable à l'acétylure monosodique ; mais nous n'en avons pas poursuivi l'étude, qui est fort délicate.

AZOTATE D'ARGENTACÉTYLE : $(C^2Ag^3)\,AzO^3$.

Ce composé, signalé par Keiser et Plimpton, a été particulièrement étudié par M. Chavastelon. Le gaz a été préparé, comme il est dit à la page 355 ; et l'on a fait agir l'acétylène sur une dissolution d'azotate d'argent. Dans ces conditions, l'acétylène n'est pas absorbé instantanément en totalité ; sans doute en raison de son peu de solubilité dans l'eau.

Voici la marche de l'opération :

On fait passer un litre d'acétylène en dix minutes, sans que le barbotage soit très énergique. En opérant ainsi, la majeure partie

---

[1] *Annales de Physique et de Chimie*, 4ᵉ série, t. IX, p. 482 ; 1866.

s'absorbe et les bulles amoindries viennent crever doucement à la surface, sans déterminer de bouillonnement trop prononcé, ni provoquer d'éclaboussements, préjudiciables aux déterminations. Le plus souvent, pour un écoulement de gaz donné, l'élévation de température par minute est constante pendant quatre à cinq minutes et plus.

Vu au microscope, le précipité d'acétylure uni à l'azotate d'argent qui se produit apparaît totalement cristallisé, d'une façon homogène, en fines aiguilles entrelacées : on n'y remarque aucun flocon amorphe.

De plus, grâce à la présence du sulfate de cuivre dans le gazomètre, on obtient un précipité d'un blanc pur ; à peine observe-t-on un anneau miroitant dans le tube adducteur du gaz au sein de l'azotate d'argent.

Le composé ainsi formé est très explosif. Sa détonation, effectuée sur quelques milligrammes seulement, est extrêmement violente ; elle exige cependant une température assez élevée pour être provoquée. Le bruit produit est semblable à un fort coup de fouet ; on peut mieux encore le comparer, en raison de sa courte durée, au bruit d'une très puissante étincelle électrique.

Nous avons déterminé la chaleur de formation de l'azotate d'argentacétyle, en effectuant la réaction précédente dans le calorimètre. Elle a été réalisée en en variant le détail de diverses façons, ainsi qu'il va être dit.

Détail d'une expérience, n° I.

$15,395$	
$15,392$	
$15,387$	Abaissement moyen par minute, $0°,004$.
$15,383$	
$15,380$	
$15,480$	
$15,600$	
$15,685$	Courant de gaz
$15,780$	
$15,880$	
$15,970$	
$15,980$	Minute pendant laquelle la température monte encore un peu.
$15,974$	
$15,967$	
$15,960$	Abaissement moyen par minute : $0,0065$.
$15,954$	
$15,947$	

Valeur en eau.

Solution d'azotate à $\frac{1}{2}$ éq. par litre..   600

Calorimètre........................   2,83

Tube descendant   2,40

Cuvette et tige immergée..........   0,84

Mercure du thermomètre..........   0,97

                                   607,04

Élévation de température brute....   0,600

Correction $(0,010 + 0,028)$.......   0,038

       Élévation totale...........   0,638

       Chaleur dégagée .... $+387^{cal},29$

La liqueur d'azotate d'argent mise en œuvre contenait, pour 25^{cc}, la quantité d'argent correspondant à $1^{gr},7941$ de $Ag\,Cl$: soit pour deux litres, $80 \times 1,7941 = 143^{gr},528$ de $Ag\,Cl$, lesquels correspondent à $108^{gr},03$ d'Ag. Le dosage de l'argent précipité se fait d'ailleurs par différence en partant du chiffre initial : $1,7941$.

On a trouvé, dans l'expression précédente, que 25^{cc} de liquide ne fournissaient plus que $1^{gr},5783$ d'$Ag\,Cl$ après l'expérience : soit une diminution de $0^{gr},2158$, correspondant pour les 600^{cc} employés à $24 \times 0,2158 = 5^{gr},1792\,Ag\,Cl$ ou $3^{gr},8984\,Ag$.

Ainsi les $387^{cal},3$ ont été dégagées par la quantité d'acétylure formé correspondant à $3^{gr},8984$ d'Ag, soit pour $1^{gr}\,Ag$ précipité : $+99^{cal},35$.

Deuxième expérience. — Cette expérience a fait suite à la précédente. On a continué à faire passer l'acétylène, pour voir si la dose d'acide azotique mise en liberté dans la première expérience aurait une influence sur la marche de la réaction. Sans en reproduire les détails, qui sont semblables à ceux de la précédente, il suffira de dire que l'acétylure formé avait précipité $3^{gr},3056$ d'argent, et que l'on a obtenu pour $1^{gr}\,Ag$ précipité

$$\frac{329,435}{350,563} = +99^{cal},66,$$

chiffre fort voisin de $99^{cal},35$; ce qui montre que dans la deuxième phase les phénomènes sont identiques à ceux de la première phase.

Dans cette opération, $\dfrac{1,3873}{1,7941} = 0^{gr},77$ de $Az\,O^3\,Ag$ initial sont restés sans réagir. Dans l'expérience n° III, le point de départ étant le même que dans le n° I, on a précipité $6^{gr},3824$ Ag.

1^{gr} Ag soustrait à AzO^3 Ag dégageait $\dfrac{6289}{63824} = 98^{cal},54$.

Cette expérience III a été utilisée pour établir la nature de la réaction. Cette fois on a dosé, en effet, l'acide azotique mis en liberté de deux façons :

1° 25^{cc} de liquide ont été additionnés de chlorure de sodium NaCl, de façon à transformer tout l'azotate resté dissous en chlorure d'argent, et l'acidité a été évaluée au moyen d'une solution de potasse à $\frac{1}{20}$ d'éq. par litre ; il a fallu $33^{cc},1$ de la solution alcaline.

2° Le liquide qui avait servi au dosage direct de l'argent restant a été également titré, au point de vue de son acidité ; on a trouvé $33^{cc},0$ de solution alcaline.

On peut prendre la moyenne $33^{cc},05$. En rapportant le tout aux 600^{cc} de liqueur argentique, point de départ, on trouve que celle-ci contenait $\dfrac{33,05 \times 63}{20000} \times 24 = 2^{gr},4986$ d'acide azotique libre.

Il avait été précipité $6^{gr},3824$ d'Ag sous forme d'acétylure, c'est-à-dire en atomes $\dfrac{6.3824}{108} = 0,05835$.

L'acide azotique libre, AzO^3H, correspond en équivalents ou molécules à $\dfrac{2.4986}{63} = 0,03966$. On trouve donc le rapport

$$\frac{\text{Atomes d'argent précipités}}{\text{Molécules d'acide azotique mises en liberté}}$$
$$= \frac{0,05835}{0,03966} = 1,471 \quad \text{ou plus simplement} \quad 1,5,$$

ce qui indique que la réaction est la suivante :

$$C^2H^2 + 3\,AzO^3Ag = 2\,AzO^3H + \underbrace{C^2Ag^2, AzO^3Ag}.$$
$$\text{2 moléc. azotiques + 3 atomes Ag.}$$

Ce résultat est aussi fourni par l'expérience I, dans laquelle l'acidité libre était exprimée par $19^{cc},5$ de KOH à $\frac{1}{20}$ pour 25^{cc} ; ou, en tout, pour les 600^{cc},

$$\frac{24 \times 19,5}{20000} \times 63 = 63 \times 0,0234,$$

c'est-à-dire $0,0234$ d'équivalent. Or, la dose d'Ag précipité était

$3^{gr},8984$ ou

$$\frac{3,8984}{108} = 0,03609.$$

Le rapport $\dfrac{0,03609}{0,0234} = 1,54$ ou sensiblement $1,5$.

Ce rapport répond également à l'expérience II, où 25^{cc} de liqueur argentique accusaient une perte de $0^{gr},4068$ en AgCl et une acidité de $37,5$ d'AzO^{3}H (exprimée en KOH au $\frac{1}{20}$ d'équiv.).

On trouve directement, sans convertir en poids d'argent, que

$$\frac{0,4068}{143,5} = 0,002835 \text{ d'at. Ag précipité,}$$

contre

$$\frac{37,5}{20\,000} = 0,001875 \text{ de molécules AzO}^3\text{H mises en liberté.}$$

On a encore $\dfrac{0,002835}{0,001875} = 1,509.$

En résumé, pour les expériences I, II, III, on a :

	I.	II.	III.
Ag précipité............	$3^{gr},8984$	$3^{gr},30565$	$6^{gr},3824$
Chaleur dégagée..........	$387^{cal},3$	$329^{cal},435$	$628^{cal},7$
Chaleur par gramme.....	$99^{cal},35$	$99^{cal},65$	$98^{cal},54$
Rapport $\dfrac{\text{Ag précipité}}{\text{AzO}^3\text{H libre}}$....	$1,54$	$1,509$	$1,471$

Une quatrième expérience, faite au moyen de la fiole calorimétrique, ce qui permet de peser l'acétylène absorbé, a donné les valeurs suivantes :

Ag précipité.....................	$5^{gr},9518$
$\dfrac{\text{Ag précipité}}{\text{AzO}^3\text{H libre}}$....................	$1,52$
Chaleur dégagée.................	$102^{cal},16$

Quoique ce nombre soit un peu plus fort que les précédents, à cause d'une différence notable dans les conditions de l'expérience, on a cru devoir prendre la moyenne générale

$$\frac{1}{4}\begin{pmatrix} 99,35 \\ 99,66 \\ 98,54 \\ 102,16 \end{pmatrix} = \frac{399,71}{4} = 100^{cal}; \quad \text{pour } 1^{gr} \text{ Ag}$$

soit pour

$$324^{gr}\ Ag\ldots\ldots\ldots\ldots\ldots\ldots\ldots\ldots\ldots\ldots\ +32^{Cal},4$$

ou 3 atomes.

On a donc

$$C^2H^2\ gaz + 3AzO^3Ag\ diss. = C^2Ag^2.AzO^3Ag\ préc. + 2AzO^3H\ diss.\quad +32,4$$

On calcule, à l'aide de ces nombres, la chaleur de formation de l'azotate d'argentacétyle par les éléments :

$$-58,1 + 3 \times 23 + 32,4 = x + 2 \times 48,8,$$
$$x = -54^{Cal},3,$$
$$C^2 + Ag^3 + Az + O = C^2Ag^3AzO^3 : -54^{Cal},3.$$

Expérience n° V. — Celle-ci a été exécutée avec l'acétylène dissous dans l'eau (500^{cc}) et l'azotate d'argent (100^{cc} d'une solution demi-normale, c'est-à-dire AzO^3Ag étant dissous dans 2^{lit} de liqueur).

Il se forme un précipité laiteux, qui s'agglomère peu à peu et continue à dégager de la chaleur pendant quelques minutes.

Élévation de température (à 170°)............	$+0°,583$
Argent précipité.............................	$4^{gr},2128$
Chaleur dégagée pour 3 atomes d'Ag.........	$+27^{Cal},12$

On a donc

$$C^2H^2\ diss. + 3AzO^3Ag\ diss.$$
$$= C^2Ag^2.AzO^3Ag\ final\ sol. + 2AzO^3H\ diss\ldots\quad +27^{Cal},12$$

On déduit de cette expérience la chaleur de dissolution de l'acétylène, soit

$$+32,4 - 27,1 = +5^{Cal},3,$$

nombre identique à celui mesuré directement par M. Villard (*Comptes rendus,* t. CXX, p. 1264; 1895).

L'expérience précédente donne lieu à une observation spéciale, celle de deux phases successives dans la réaction. En effet, la chaleur observée après la première minute n'est que les $\frac{4}{5}$ de la chaleur totale.

Il est fort probable que c'est à la formation momentanée de C^2Ag^2, sur lequel réagit ensuite lentement l'excès d'azotate d'argent, qu'est due cette seconde phase. En effet, dans les expériences où l'acétylène arrivait gazeux et réagissait sur un excès considérable d'azotate, ce phénomène était à peine marqué. Cependant on a toujours observé la continuation de l'élévation de température après la cessation de l'arrivée du gaz, au moins pendant une minute. En raison de cette présence d'un excès considérable d'argent, le trouble laiteux disparaissait rapidement.

Au contraire, dans l'expérience précédente (où la dilution est aussi cinq à six fois plus considérable) plus des $\frac{4}{5}$ de l'argent furent précipités : $4^{gr},21$ sur $5^{gr},04$. C'est là sans doute l'origine d'une double phase dans la réaction.

Il résulte d'ailleurs des données précédentes que l'union de l'acétylure d'argent avec l'azotate du même métal dégage

$$C^2Ag^2 + AzO^3Ag \text{ dissous}\dots\dots\dots\dots\quad +9^{Cal},85$$

On peut rapporter en principe cette réaction à l'azotate solide, ce qui donne

$$C^2Ag^2 + AzO^2Ag \text{ solide}\dots\dots\dots\dots\quad +4^{Cal},15$$

Rappelons que la formule du composé nitroargentique d'acétylure d'argent a été établie par M. Chavastelon. Elle exige, pour être déterminée, la connaissance du rapport de l'acide azotique libéré à l'argent précipité $=\frac{2}{3}$, et la connaissance du poids du gaz fixé.

Au lieu de mesurer le volume du gaz, il est commode de le peser, et il nous paraît utile de dire comment nous procédons à cet égard.

On fait passer l'acétylène dans un tube dessiccateur à chlorure de calcium et chaux sodée(^{1}), puis dans une petite fiole contenant exactement 50^{cc} de liqueur argentique demi-normale et pesée à $\frac{1}{10}$ de milligramme près. Le gaz qui n'a pas réagi est ensuite dirigé dans un tube dessiccateur à potasse et chaux sodée.

On peut dès lors connaître, par une seule opération, la dose de C^2H^2 fixé, la dose d'argent restant et partant la dose fixée, ainsi que celle de l'acide azotique devenu libre. Exemple :

Acétylène absorbé : $0^{gr},1417$ ou en mol. $0,00545$

AzO^3H libéré : $21^{cc},6$, ou en moléc.. $0,01080 = 2 \times 0,00545$

Ag fixé répond à $2^{gr},3102$ Ag Cl, ou en

at. Ag$\dots\dots\dots\dots\dots\dots\dots\dots$ $0,016099 = 3 \times 0,00545$

(^{1}) L'emploi de la chaux sodée est nécessaire dans ce mode d'opérer, l'acétylène maintenu en contact prolongé avec un mélange de solution chromique produisant de l'acide carbonique.

ce qui conduit bien à l'équation

$$C^2H^2 + 2\,AzO^3Ag = C^2Ag^2.\,AzO^3Ag + 2\,AzO^3H.$$

L'analyse d'un échantillon ainsi préparé a donné

$$\text{Substance} \dots\dots\dots\dots\dots \quad 0^{gr},2957$$
$$\text{AgCl} \dots\dots\dots\dots\dots\dots \quad 0^{gr},3114$$

Soit 79,26 pour 100 de Ag; au lieu de 79,02 calculé pour la formule $C^2Ag^3AzO^3$.

Comme contrôle, le précipité argentique de l'opération précédente a été lessivé à l'ammoniaque diluée, et l'analyse a montré qu'on lui avait ainsi enlevé le tiers environ de l'argent qu'il contenait ; conformément aux équations données ci-dessus, d'après lesquelles il doit rester de l'acétylure C^2Ag^2.

Ces vérifications de faits connus, mais sur lesquels nous appuyons nos déterminations calorimétriques, nous ont paru indispensables.

L'oxyde d'argentacétyle, base correspondant à l'azotate acétylargentique, répondrait à la formule.

$$(C^2Ag^3)^2O.$$

Comparons la puissance basique de ce radical à celle de l'argent, vis-à-vis de l'acide azotique. A cet effet, admettons que l'union de l'oxyde d'argent avec l'acétylure d'argent

$$(C^2Ag^2)^2 + Ag^2O$$

dégage une quantité de chaleur y. Cette quantité est probablement petite, en tout cas inférieure à la chaleur dégagée par l'union de l'ammoniaque avec l'oxyde d'argent; attendu que l'ammoniaque ne laisse subsister que l'acétylure et non l'oxyde dérivé.

Soit N_1, la chaleur de neutralisation d'un équivalent d'acide azotique par cet oxyde. Voici le calcul des quantités N_1 et y :

$$(C^2 + Ag^2 = -87,15) \times 2 \dots\dots \quad -\ 174,3$$
$$Ag^2 + O \dots\dots\dots\dots\dots\dots \quad +\ \ \ 7,0$$
$$\text{Union des composés précédents} \dots \quad y$$
$$2(Az + O^3 + H) = \text{acide étendu} \dots \quad +\ \ 97,6$$
$$\text{Neutralisation} \dots\dots\dots\dots\dots \quad 2N_1$$

$$\text{Somme} \dots\dots\dots\dots \quad -\ \ 69,7 + y + 2N_1$$

$$2(C^2Ag^2AzO^3) + H^2O \dots\dots\dots \quad -\ 108,6$$
$$\text{»} \qquad\qquad \dots\dots\dots\dots\dots \quad +\ \ 69$$

$$\overline{ -\ \ 39,6}$$

Donc

$$y + 2\,N_1 \ldots\ldots\ldots\ldots\ldots\ldots\ldots\ldots\ldots\ldots\ldots \quad +\ 3o,1$$

Un calcul facile donne donc

$$y + 2\,N_1 = +\ 3o^{Cal},1,$$

c'est-à-dire

$$N_1 = +\ 15,o5 - \frac{y}{2}.$$

L'azotate d'argentacétyle doit être décomposé et il l'est, en effet : soit par l'acide chlorhydrique, en raison de la chaleur due à la formation de trois molécules de chlorure d'argent, car

$$(C^2Ag^3)AzO^3 + 3\,HCl\ \text{ét.} = 3\,AgCl + AzO^3H\ \text{ét.} + C^2H^2\,\text{gaz.} \quad + 24^{Cal},4$$
$$C^2H^2\,\text{diss.} \quad + 19^{Cal},1;$$

soit par l'ammoniaque en excès, avec formation d'azotate d'argent-ammonium et d'acétylure d'argent,

$$(C^2Ag^3)\,AzO^3 + 2\,AzH^3\,\text{diss.}$$
$$= C^2Ag^2 + AzO^3AzH^3\,[AzH^3Ag]\,\text{diss.}\ldots\ldots \quad + 3,6$$

Au lieu de décomposer l'azotate d'argentacétyle par l'acide chlorhydrique, on peut l'attaquer par l'acide azotique.

Mais le résultat est bien différent, car l'acide azotique étendu, agissant seulement en vertu de ses propriétés oxydantes, ne saurait former d'acétylène; la réaction

$$C^2Ag^2\,\text{pp.} + 2\,AzO^3H\ \text{ét.} = 2\,AzO^3Ag\,\text{d.} + C^2H^2\,\text{d. absorberait}.. \quad - 17^{Cal},35$$
$$-[(-87,15 + 97,6) = 10,6] - [(46 - 58,1 + 5,3) = 6,8]$$

En fait, le précipité humide se dissout rapidement dans son volume d'acide azotique ordinaire bouillant, le dégagement de vapeur nitreuse continuant même après dissolution totale : ce qui implique la suroxydation des éléments de l'acétylène. Ce qui se vérifie, car si on laisse refroidir la liqueur claire, il s'y dépose de belles aiguilles, constituées par du *cyanure d'argent* pur.

C'est ce que nous avons constaté par une analyse spéciale (Ag = 80,4 trouvé; calculé 80,6). Nous avons vérifié aussi la transformation pyrogénée de ce cyanure en cyanogène.

Ces résultats sont conformes à la production connue de l'acide cyanhydrique dans le cours des oxydations de matières hydrocarbonées par l'acide azotique.

On remarquera que l'acétylène précipite l'argent de ses sels dissous, notamment de l'azotate d'argent, comme pourraient le faire les hydracides chlorhydrique, iodhydrique, cyanhydrique, etc. Nous l'avons, en effet, comparé plus haut avec ces hydracides, au point de vue thermochimique (p. 364).

La précipitation simple de l'acétylure d'argent a lieu à la façon du sulfure d'argent par l'acide sulfhydrique et dégage

$$C^2H^2\,gaz + 2\,AzO^3Ag\,diss. = C^2Ag^2 + 2\,Az\,O^3H\,\text{étendu}\ldots\ldots + 22,55$$

Mais l'acétylure s'associe à mesure, à la façon de l'ammoniaque, avec la molécule supplémentaire d'azotate d'argent : ce qui produit un nouveau dégagement de $+9^{Cal},85$; dégagement qui répond à un travail moléculaire plus grand. C'est ce dernier qui détermine la réaction totale, conformément aux principes de la Thermochimie.

Cette réaction consécutive, rapportée à l'état solide,

$$C^2Ag^2\,pp. + AzO^3Ag\,sol. = C^2Ag^2,\,AzO^3Ag\,sol.\ \text{dégagerait}\ldots + 4^{Cal},15$$
$$87,15 \qquad\quad +28,7 \qquad\qquad -54,3$$

Il est, de plus, facile de voir que l'acétylène, dans le cas de l'azotate d'argent, par exemple, doit s'arrêter à la combinaison double $C^2Ag^3AzO^3$. En effet, l'action d'un excès d'acétylène absorberait de la chaleur,

$$2\,C^2Ag^3AzO^3 + C^2H^2 + eau = 3\,C^2Ag^2 + 2\,AzO^3H\,\text{étendu}\ldots -2^{Cal},45$$

Le signe de cette quantité explique pourquoi c'est le sel double qui se forme et non l'acétylure simple.

Néanmoins, en opérant à chaud, on arrive à déplacer peu à peu l'acide azotique, d'après M. Chavastelon : sans doute en raison de quelque dissociation, ou action secondaire.

Nous avons fait réagir divers sels sur l'azotate d'argentacétyle, dans l'espoir de provoquer des doubles décompositions.

Les chlorures alcalins dissous sont sans action immédiate à froid. A chaud, on observe les indices d'une réaction lente et incomplète; comme il arrive le plus souvent lorsqu'un composé insoluble se transforme en un autre également insoluble.

L'iodure de potassium donne lieu à une action plus nette, qui sera étudiée plus loin.

L'acétylure d'argent lui-même n'attaque pas le chlorure de potassium. Cette réaction d'ailleurs serait endothermique, si elle régénérait l'acétylène.

$$C^2Ag^2 + 2\,KCl\,diss. + 2\,H^2O$$
$$= 2\,Ag\,Cl + 2\,KOH\,diss. + C^2H^2\,diss.\ldots -13^{Cal},85$$

Les sulfures alcalins produisent une décomposition extrêmement rapide, avec formation de sulfure d'argent et d'acétylène.

Il en est de même du cyanure de potassium, lequel dissout l'azotate d'argent acétyle et les sels congénères, avec une vive effervescence, dès que la solution est concentrée,

$$C^2Ag^2\,s. + 2\,C\,Az\,K\,d. + 2\,H^2Ol. = 2\,C\,Ag\,Az + C^2H^2\,d. + 2\,K\,OH\,d.: \quad +7^{Cal},95$$
$$-87,15, \quad +54,4, \quad +138 \quad -34 \quad -52,8 \quad +234,2$$

On doit, en outre, tenir compte des $2 \times 6^{Cal},5$, excédent susceptible d'être dégagé par la formation d'un cyanure double

$$2(C\,Az\,K + C\,Az\,Ag).$$

Sulfates d'argentacétyle.

Nous avons obtenu plusieurs composés de cet ordre :
1. *Sulfate double d'argent et d'argent acétyle :*

$$\left.\begin{array}{l} C^2Ag^3 \\ Ag \end{array}\right\} SO^4.$$

Ce sulfate se forme lorsque l'acétylène passe dans un excès de solution de sulfate d'argent (renfermant 1 demi pour 100 environ de ce sel). On recueille facilement un précipité d'un blanc très pur, qui peut être desséché à 90°-100° jusqu'à constance de poids. Sa composition diffère notablement de celle du sulfate $(C^2Ag^3)^2SO^4$, c'est-à-dire $(C^2Ag^2)^2.SO^4Ag^2$.

Nous avons trouvé, en effet, par l'action du chlorure de potassium dissous, KCl, lequel chasse l'acétylène et forme du chlorure d'argent, $AgCl$, les résultats pondéraux suivants :

	I.	II.		Calculé pour :
Substance.......	$0^{gr},2931$	$0^{gr},3263$		$C^2Ag^2.SO^4Ag^2$
AgCl...........	$0^{gr},3038$	$0^{gr},3400$	ou	$\left.\begin{array}{l} C^2Ag^3 \\ Ag \end{array}\right\} SO^4$
Ag pour 100.....	78,04	78,43		
Moyenne........	78,23	78,26		

L'analyse du sulfate précédent a été complétée par détonation dans un tube scellé, après y avoir fait le vide. Cette détonation fournit de l'argent et un mélange d'acide sulfureux, d'acide carbonique et d'oxyde de carbone.

On a opéré dans le vide, sur $0^{gr},1335$ de sel.

La détonation est faible, non brisante comme celle de l'acétylure ou de son azotate.

L'analyse du gaz a fourni :

$$SO^2 \dots\dots\dots\dots\dots\dots \quad 5,2^{cc} \qquad h = 766^{mm}$$
$$CO^2 \dots\dots\dots\dots\dots\dots \quad 3,7 \qquad \mathit{t} = 20°$$
$$CO \dots\dots\dots\dots\dots\dots \quad 3,2$$

Ces composés renferment en tout : $5,2 + 3,7 + 1,6$ d'oxygène $= 10^{cc},5$.

On peut aussi observer que l'oxygène s'est porté moitié sur le soufre, moitié sur le carbone, soit :

$5^{cc},2$ d'oxygène contenu dans SO^2,
$3^{cc},7 + 1^{cc},6 = 5^{cc},5$ d'oxygène contenu dans $CO^2 + CO$.

On peut encore calculer combien le gaz sulfureux formé contient de soufre. Le calcul de l'analyse précédente (faite sur $0^{gr},1335$) montre que le poids de $SO^2 = 0^{gr},01435$; soit $0^{gr},0072$ de soufre. Or, cela fait $\dfrac{71}{1335} = 5,4$ pour 100 de soufre et $10,7$ pour 100 d'oxygène.

Le calcul pour la formule $C^2Ag^2.SO^4Ag^2$, dans l'hypothèse d'après laquelle tout le soufre et tout l'oxygène sont changés en composés gazeux, exige :

$$S \text{ pour } 100 \dots\dots\dots\dots\dots\dots\dots\dots \quad 5,7$$
$$O \text{ pour } 100 \dots\dots\dots\dots\dots\dots\dots\dots \quad 11,5$$

En admettant que le soufre passe à l'état de gaz sulfureux, SO^2, il doit prendre la moitié de l'oxygène

$$S + O^2 = SO^2,$$

l'autre moitié de l'oxygène brûle du carbone. Comme d'ailleurs dans les circonstances présentes la température n'est pas très élevée, l'anhydride carbonique n'est pas réduit en totalité par le carbone.

En résumé, la mesure du volume des gaz et leur analyse montrent que la moitié de l'oxygène a été changée en acide sulfureux, l'autre moitié en acide carbonique et oxyde de carbone ; ces derniers à volumes presque égaux. En poids, le soufre de l'acide sulfureux trouvé pèse $5,7$ centièmes ; l'oxygène changé en gaz sulfureux et oxycarboné, $11,4$.

L'analyse donne donc :

	Trouvé.	Calculé.
Ag	78,23	78,25
S	5,7	5,7
O	11,4	11,4
C	»	4,65

Dans la détonation, les deux tiers du carbone environ sont brûlés à l'état d'acide carbonique et d'oxyde de carbone, un tiers étant mis en liberté.

L'équation de l'explosion, d'après la pesée de ses produits, est donc

$$C^2 Ag^4 SO^4 = Ag^4 + SO^2 + \tfrac{2}{3}(CO^2 + CO) + \tfrac{2}{3} C.$$

Chaleur de formation du sulfate : $C^2 Ag^2 . SO^4 AG^2$. — Nous avons mesuré directement la chaleur de formation de ce composé, en le préparant dans le calorimètre. Malgré la faible solubilité du sulfate d'argent, on peut se servir d'une solution de ce sulfate. On doit avoir soin d'employer un excès de sulfate d'argent (dissous), condition où le corps formé répond à la formule $C^2 Ag^2 . SO^4 Ag^2$, la réaction étant la suivante :

$$C^2 H^2 \text{ diss.} + 2 SO^4 Ag^2 \text{ diss.}$$
$$= C^2 Ag^2 . SO^4 Ag^2 \text{ précipité} + SO^4 H^2 \text{ diss.}$$

On a employé 400^{cc} d'une solution de sulfate, presque saturée à froid, et l'on y ajouté 100^{cc} de solution d'acétylène moyennement concentrée. Dans les deux expériences qui suivent, il y avait un excès de sulfate d'argent. En dosant l'acide mis en liberté, on peut calculer la quantité des corps entrés en réaction. On a ainsi trouvé :

	Acidité en KOH demi-normale.	Chaleur dégagée.	Chaleur dégagée pour $SO^4 H^2$ ou 4000^{cc}.
	cc	cal	Cal
I.............	$17,75$	$93,78$	$21,12$
II...........	$12,75$	$67,76$	$21,24$
		Moyenne........	$21,2$

D'où

$$C^2 H^2 \text{ diss.} + 2 SO^4 Ag^2 \text{ diss.} = C^2 Ag^2 SO^4 Ag^2 \text{ préc.} + SO^4 H^2 \text{ diss.} \Big\} + 21^{Cal},2$$
$$-52,8 \qquad 2 \times 162,6 \qquad x \qquad + 210,1$$

On a encore

$$C^2 + Ag^4 + S + O^4 = C^2 Ag^2 SO^4 Ag^2 \text{ solide}..... + 83^{Cal},3$$

Sachant que $C^2 Ag^2$ sol. et $SO^4 Ag^2$ sol. ont pour chaleurs de formation respectives $— 87^{Cal},15$ et $+ 167^{Cal},1$, on a encore

$$C^2 Ag^2 \text{ sol.} + SO^4 Ag^2 \text{ sol.} = C^2 Ag^2 . SO^4 Ag^2.... + 3^{Cal},35$$

2. Si l'on continue le courant de gaz, on obtient un léger changement de teinte; le précipité prend une nuance jaunâtre à peine
sensible, et l'analyse révèle une augmentation considérable de
teneur en argent. La précipitation est si complète que l'argent
existant dans la liqueur filtrée tombe au-dessous de la limite de
sensibilité de l'acide chlorhydrique.

Ce précipité répond à la formule $(C^2Ag^2)^3(SO^4Ag^2)^2$. Voici les
analyses :

	I.	II.	III.
Substance.....	0,3230	0,1860	0,2408
AgCl.........	0,343	0,1975	0,2568
Ag pour 100...	80,24	80,03	80,27

La formule peut être décomposée de la façon suivante :

$$(C^2Ag^3)^2SO^4 + C^2Ag^3 \cdot Ag \cdot SO^4.$$

	Trouvé.	Calculé.
Ag....................	80,25	80,29
S (1)................	4,4	4,9
O (2)................	9,0	9,5
C....................	»	5,5

Si l'on verse du sulfate d'argent dans une solution aqueuse saturée d'acétylène, on obtient encore ce même sulfate intermédiaire.
En effet, une expérience ainsi conduite a donné un sulfate dont la
teneur en argent était de 80,36 pour 100; au lieu de 80,29 exigé par
la formule.

Les nombres calculés pour ces différentes formules sont les suivants :

	$SO^4Ag^2 \cdot C^2Ag^2$.	$(SO^4Ag^2)^2(C^2Ag^2)^3$.	$SO^4Ag^2(C^2Ag^2)^2$.
Ag pout 100.	78,26	80,29	81,81

Ils sont voisins les uns des autres; mais on sait que le dosage
de l'argent peut être obtenu avec beaucoup de rigueur.

Les résultats précédents montrent que le sulfate normal d'argentacétyle ne s'obtient pas dans les conditions expérimentales énon-
cées précédemment.

En effet le corps ultime est $(C^2Ag^3)^2SO^4$, corps dont la formation

---

(1) D'après SO^2 obtenu par détonation dans le vide en tube scellé, par une
expérience spéciale analogue à celle de la p. 377.

(2) D'après 0 changé en SO^2, CO^2 en CO, par détonation dans le vide.

est empêchée, dans les conditions ci-dessus, par la précipitation totale du composé analysé en dernier lieu. M. Plimpton l'a signalé ; mais dans les conditions qu'il a indiquées, il semble avoir obtenu plutôt le composé précédent, dont le sulfate saturé d'acétylène diffère très peu, au point de vue des dosages.

Quoi qu'il en soit, nous avons réussi à obtenir le sulfate ultime et normal, en laissant une solution aqueuse d'acétylène en contact prolongé avec le sulfate précédent.

3. En premier lieu, après vingt-quatre heures de contact le sulfate, qui contenait au début 80,4 d'argent, avait changé de composition. Il a fourni :

	I.	II.		III.
Substance.......	0,4063^{gr}	0,4870		0,6617
Ag Cl..........	0,4371	0,5243	SO^4Ba......	0,199
Ag pour 100.....	80,95	81,06	S pour 100..	4,14

Or on aurait dû avoir :

$$\text{Calculé pour } SO^4(C^2Ag^3)^2.$$

Ag pour 100...................... 81,81

S pour 100...................... 4,04

Le but n'étant pas encore atteint, on enlève le liquide acide surnageant et on le remplace par de l'eau nouvelle, qu'on a saturée d'acétylène. Au bout de deux autres jours de contact, nous avons trouvé cette fois :

Substances........... 0,3524 ;   Ag Cl = 0,3846, c'est-à-dire

Ag en centièmes................................. 82,05

C^2H^2 (régénéré par H Cl étendu de son volume d'eau)... 6,47

Ag calculé...................... 81,81

C^2H^2 calculé...................... 6,57

Les autres sulfates sont plus pauvres en argent, comme il a été dit plus haut, et ils fournissent beaucoup moins d'acétylène :

$$SO^4Ag.C^2Ag^3 \quad \text{donne } C^2H^2 \quad \frac{26}{552} = 4,71 \text{ centièmes,}$$

$$(SO^4)^2Ag.(C^2Ag^3)^3 \quad \text{»} \quad \frac{78}{1344} = 5,80.$$

Le sulfate normal, préparé comme il vient d'être dit, a été soumis, dans le calorimètre, à l'action de l'acide chlorhydrique étendu, H Cl, employé dans des proportions telles que l'équation ci-dessus soit réalisée, tout l'acétylène restant dissous. Deux expériences, de marche absolument parallèle à celles qui ont été développées précédemment, ont donné les résultats suivants :

Expérience I.

$$\text{Sulfate délayé dans } 500^{cc} \text{ d'eau} \dots \quad 21^o,635$$
$$100^{cc} \text{ H Cl demi-normal} \dots \quad 21^o,605$$

$$\text{Temp. moyenne.} \quad \overset{o}{21},630$$

$$\text{Après mélange..} \left\{ \begin{array}{l} 21,885 \\ 21,930 \\ 21,945 \\ 21,94. \end{array} \right\} \begin{array}{l} \text{puis refroidisse-} \\ \text{ment de } 0,001 \\ \text{par minute.} \end{array}$$

D'où

$$\text{Échauffement} \dots \quad 0^o,322$$
$$\text{Chaleur dégagée} \dots \quad 195^{Cal},06$$

On a trouvé d'ailleurs que dans cette expérience l'acidité avait diminué de

$$39^{cc},6 \text{ d'acide (H Cl) demi-normal.}$$

Comme l'équation ci-dessus consomme quatre molécules acides, correspondantes à 4 H Cl (c'est-à-dire 6 H Cl moins SO^4H^2), on en conclut que sa réalisation dégage

$$\frac{80000 \times 195,06}{39,6} = + 39^{Cal},40.$$

On a pesé le chlorure formé dans cette expérience et trouvé . . . . $4^{gr},293$
Le calcul, d'après l'acidité perdue (6 Ag Cl pour 4 H Cl), exigerait. $4^{gr},26$

Les réactions sont donc régulières.

Une seconde expérience, conduite d'une façon semblable, a fourni $+ 39^{Cal},20$, avec des proportions un peu différentes.

D'après la moyenne de ces deux résultats, la réaction

$$SO^4(C^2Ag^3)^2 + 6 \text{ H Cl diss.}$$
$$= 6 \text{ Ag Cl sol.} + 2 C^2H^2 \text{diss.} + SO^4H^2 \text{diss., à } 21^o,8, \text{ dégage :}$$
$$x + 236,4 = 174 - (52,8 \times 2) + 210,1, \text{ soit..} \quad + 39^{Cal},3$$

D'où l'on tire la valeur de x :

$$S + O^4 + 2 C^2 + 6 \text{ Ag} \dots \quad + 2^{Cal},8$$

On a encore :

$$SO^4 Ag^2 \text{ sol.} + 2\, C^2 Ag^2 \text{ sol.} : 167,1 - 2\,(87,15) + 2,8.. \quad + 10^{Cal}$$

Entre la chaleur de formation d'une molécule de ce sulfate et celle de deux molécules d'azotate, la différence est

$$+ 2,8 - (- 108,6) = + 111^{Cal},4.$$

Elle est presque la même qu'entre le sulfate et l'azotate d'argent :

$$SO^4 Ag^2 - 2\, Az\, O^3 Ag \text{ solide}.... \quad 167,1 - 57,4 = + 109,7$$

C'est là un rapprochement très frappant.

Chlorures d'argentacétyle.

Si l'on dirige, sans précautions spéciales et principalement sans avoir égard aux masses respectives, un courant d'acétylène gazeux dans une dissolution, obtenue avec du chlorure d'argent dissous dans l'ammoniaque presque à saturation, on observe bientôt la formation d'un précipité blanc caséeux dans la profondeur du liquide ; tandis que la surface se recouvre d'une pellicule jaunâtre, surtout quand l'acétylène passe depuis quelque temps. L'absorption est fort lente : aussi est-il nécessaire d'agiter le liquide, en le tenant renfermé avec du gaz acétylène dans un flacon bouché, si l'on veut obtenir des quantités notables de précipité. Cette agitation conduit d'ailleurs à des produits homogènes.

Dans les cas où la quantité de gaz absorbée n'est pas telle qu'il y ait, soit un grand excès de réactif argentique, soit une précipitation complète de ce dernier, on n'obtient pas de composé répondant à une formule simple. Cependant les formules complexes des produits obtenus sans précautions spéciales permettent de prévoir qu'il doit exister plusieurs chlorures d'argentacétyle : par exemple,

$$C^2 Ag^2.Ag\, Cl \quad \text{et} \quad (C^2 Ag^2)^2 Ag\, Cl;$$

le corps obtenu dans les conditions imparfaites précédentes n'étant qu'un mélange, formé par suite de conditions opératoires défectueuses. La pluralité de ces produits est sans doute la cause de certaines divergences, qui se sont produites entre les chimistes qui se sont occupés de ces corps. On ne saurait dès lors trop insister sur les précautions qu'il convient d'observer pour arriver à des produits définis.

Quoi qu'il en soit, les composés obtenus, chauffés dans un tube scellé où l'on a fait le vide, détonent avec peu de violence et ils ne donnent pas trace de gaz : ce qui permet de rejeter formellement toute formule contenant un excès d'hydrogène, ou d'oxygène, sur les proportions de l'eau.

Nous allons décrire plus en détail les conditions convenables pour obtenir des composés définis.

I. — *Chlorure d'argentacétyle* (A), $C^2 Ag^2 . Ag Cl$.

Préparation. — On prend du chlorure d'argent récemment précipité et humide, on le dissout dans de l'ammoniaque à 22 degrés de concentration. Quand la solution est faite, on peut en doubler le volume, en y ajoutant de l'eau, sans provoquer de précipité.

On remplit avec la solution de chlorure ammoniacal les deux tiers d'un flacon et l'on en déplace rapidement l'atmosphère supérieure, avec du gaz acétylène. Dès que l'on juge que la partie vide est entièrement occupée par l'acétylène, on bouche le flacon et l'on agite vivement.

L'absorption du gaz intérieur est rapide ; elle donne naissance à un précipité blanc pur, moins sensible à la lumière que le chlorure d'argent. On agite jusqu'à ce que les deux tiers, au plus, du chlorure d'argent aient été précipités, terme indiqué par l'apparition d'un voile jaunâtre à la partie supérieure. On s'arrête aussitôt, afin de ne pas s'exposer à obtenir un acétylure moins riche en chlorure d'argent.

Ce précipité est lavé à l'eau par décantation, jusqu'à ce que le liquide filtré ne soit plus alcalin. On le sèche à l'étuve, à une température comprise entre 90° et 100°.

Analyse.

	Trouvé.		Calculé.
	I.	II.	
Substance...........	0,2743^{gr}	0,2935	
AgCl...............	0,3078	0,3300	
ou Ag p. 100......	84,47	84,06	84,48
$C^2 H^2$...............	6,61	(autre préparation)	6,77

Propriétés. — Le composé présente les propriétés générales suivantes :

Décomposition par les hydracides, HCl et HI ;

Oxydation par l'acide azotique, AzO^3H concentré, ce qui le colore en jaunâtre;

Coloration très faible à la lumière diffuse;

Explosion faible sous l'influence de la chaleur, avec production de fumées violettes.

Le cyanure de potassium le dissout;

Les sulfures le transforment en sulfure d'argent, Ag^2S;

L'iodure de potassium le jaunit, puis le dissout;

Ces trois réactifs en dégagent l'acétylène, plus ou moins rapidement suivant la concentration.

L'acide chlorhydrique étendu de son volume d'eau a donné avec un poids de chlorure égal à $0^{gr},236 : 14^{cc},5$ d'acétylène, à $22°$ et sous une pression de 750^{mm} $(H-f)$ [1].

Cela fait $6,61$ pour 100 de C^2H^2; au lieu de $6,77$ pour 100, calculés pour la décomposition suivante

$$C^2Ag^2 . AgCl + 2HCl = 3AgCl + C^2H^2.$$

Thermochimie. — Cette même décomposition a été effectuée par l'acide chlorhydrique très étendu; la réaction ayant lieu avec formation d'acétylène dissous, a été utilisée pour l'étude thermochimique. On ne peut pas peser la substance, car la dessiccation la rendrait trop lentement attaquable pour se prêter à une expérience thermochimique; dès lors, on se contente de doser la quantité d'hydracide consommé.

Voici comment on opère : on pèse une quinzaine de grammes de produit humide et on les délaie dans 400^{cc} d'eau; on verse le tout dans le calorimètre et l'on y ajoute 100^{cc} d'acide chlorydrique demi-normal. Au bout de cinq à six minutes, l'attaque est terminée. Aucune bulle d'acétylène ne se dégage.

Il convient d'observer que l'on titre la différence d'acidité, aussitôt l'expérience terminée; de telle sorte que, si l'attaque n'était pas absolument complète, il n'y aurait qu'une erreur insignifiante, les indications du thermomètre étant évidemment proportionnelles au poids de substance transformée.

On a d'ailleurs vérifié que le poids du chlorure d'argent, $AgCl$, formé répond à la dose d'acide chlorhydrique, HCl, consommé. Cependant il pourrait s'en écarter, dans le cas où la dose initiale

---

[1] On déduit la tension de la vapeur d'eau contenue dans le gaz.

de chlorure d'argentacétyle consommerait une proportion trop considérable de l'acide.

En définitive, on a trouvé ainsi les résultats suivants :

	HCl demi-normal consommé.	Chaleur dégagée.	Chaleur dégagée pour $2\,HCl$ ou 4000^{cc}.
	cc	cal	Cal
I................................	28,4	83,2	11,71
II................................	43,2	122,96	11,60
III................................	35,9	105,75	12,05
			35,36

$$\text{Moyenne} \dots\dots\dots\dots\dots\dots\dots\dots\dots\dots 11^{Cal},78$$

D'où

$$C^2 Ag^2\, AgCl\ \text{sol.} + 2\,HCl\ \text{diss.} = 3\,AgCl\ \text{sol.} + C^2 H^2\ \text{diss.} : + 11^{Cal},8$$
$$\phantom{C^2 Ag^2\, AgCl\ \text{sol.} +}\ 78,8 87 -52,8$$

On a encore

$$C^2 + Ag^2 + Cl\ \text{gaz.} = C^2 Ag^3 Cl\ \text{sol.} + (87 - 52,8 - 78,8 - 11,8) = -56,4$$

et

$$C^2 Ag^2\ \text{sol.} + AgCl\ \text{sol.} = C^2 Ag^3 Cl\ \text{sol} \dots\dots \quad +1^{Cal},75$$
$$-87,15 29 -56,4$$

Le liquide filtré, obtenu dans l'expérience précédente, a servi à préparer le second chlorure d'argentacétyle, dont il va être question. Toutefois, pour ne pas laisser un excès considérable d'ammoniaque, $Az\,H^3$, dans cette liqueur, on en a saturé une partie par l'acide chlorhydrique étendu, jusqu'à la limite de formation d'un précipité persistant.

II. — *Chlorure d'argentacétyle* B : $(C^2 Ag^2)^2\, AgCl.$

On est parti d'une solution de chlorure d'argent, $AgCl$, dans l'ammoniaque, solution ramenée ensuite, par addition graduelle d'un peu d'acide chlorhydrique, HCl, vers la limite de sa solubilité ; puis l'on y a fait passer l'acétylène jusqu'à refus. Avant ce moment, un précipité jaune citron s'est substitué au précipité blanc, que l'on obtenait en présence d'un excès de chlorure d'argent. Ce nouveau précipité s'agglomère facilement. La précipitation de l'argent est *totale* dans ces conditions.

L'analyse de ce corps donne :

	I.	II.	III.
Substance........	0,0977	0,2937	0,3383
AgCl.............	0,1125	0,3374	0,3890
Ag pour 100.......	86,67	86,50	86,55

La troisième préparation a servi à l'expérience thermique.

$$\text{Ag calculé pour } (C^2Ag^2)^2AgCl \dots\dots 86,59 \text{ pour } 100.$$

Ce même chlorure, décomposé dans une éprouvette par l'acide chlorhydrique ordinaire, HCl, étendu de son volume d'eau, a donné :

Substance............................... $0^{gr},3025$
Gaz acétylène (vol. corrigé de la solubilité).. 23^{cc}, à 22° et 750^{mm} ($H - f$),

ce qui fait 8,15 pour 100 trouvé ;

Au lieu de 8,32 pour 100 calculé.

On a vu que la formule précédente : $C^2Ag^2.AgCl$, exigeait seulement 6,77 pour 100 d'acétylène, C^2H^2.

Propriétés. — Ce composé possède une couleur jaune, qu'il conserve lorsqu'on le dessèche à froid. Mais chauffé à l'étuve il devient un peu gris. Les autres propriétés sont celles du corps précédent, sauf que sa détonation est un peu plus violente. Elle a lieu aussi avec production de vapeurs violettes.

Thermochimie. — On a opéré de la même façon que précédemment. L'équation est la suivante :

$$(C^2Ag^2)^2 AgCl \text{ sol.} + 4HCl \text{ diss.} = 5AgCl + C^2H^2 \text{ diss.}$$

On a trouvé :

	HCl demi-normal absorbé.	Chaleur dégagée.	Chaleur dégagée pour $4HCl = 8000^{cr}$.
I.............	$59^{div},3$	$174^{cal},06$	$+ 23^{Cal},48$
II.............	$68^{div},8$	$198^{cal},86$	$+ 23^{Cal},12$
Moyenne.............		$23^{Cal},3$	

D'où l'on tire :

$$(C^2Ag^2)^2 AgCl + 4HCl \text{ diss.} = 5AgCl + 2C^2H^2 \text{ diss.} : +23^{Cal},3$$
$$x \qquad 4 \times 39,4 \qquad 5 \times 29 \qquad 2 \times -52,8$$

et, par conséquent,

$$2C^2 + Ag^5 + Cl = C^2Ag^3Cl.C^2Ag^2 \dots\dots - 141^{Cal},5$$

cela fait :

$$2\,C^2\,Ag^2 \text{ sol.} + Ag\,Cl \text{ sol.} = (2\,C^2\,Ag^2)^2\,Ag\,Cl \text{ sol.}. \quad + 3^{Cal},8$$

ou bien encore :

$$C^2\,Ag^2 \text{ sol.} + C^2\,Ag^2\,Cl \text{ sol.} = C^2\,Ag^2\,Cl\,C^2\,Ag^2 \text{ sol.} \quad + 3^{Cal},05$$

c'est-à-dire un nombre voisin des chiffres observés dans la première phase, où l'on avait trouvé :

$$C^2\,Ag^2 + Ag\,Cl = C^2\,Ag^3\,Cl\dots\dots\dots\dots\dots\dots \quad + 1^{Cal},75$$

Les deux combinaisons successives de l'acétylure d'argent avec le chlorure dégagent donc des quantités de chaleur peu différentes.

Quant à la réaction génératrice, envisagée sous la forme suivante :

$$C^2\,H^2 \text{ diss.} + 3\,Ag\,Cl,\ \text{dans}\ x\,Az\,H^3 = C^2\,Ag^2,\,Ag\,Cl + (x-2)\,Az\,H^3 + 2\,AzH^4Cl \text{ dis.}$$
$$-52,8 \qquad 3\times 29 + 3\,d \qquad\qquad -56,4 \qquad\qquad\qquad 2\times 72,8$$

elle dégage

$$+ 13^{Cal} - 3\,d,$$

en appelant d la chaleur de dissolution d'une molécule de chlorure d'argent, AgCl, dans l'ammoniaque étendue.

Si l'action de l'acétylène continue, on a :

$$5\,C^2\,Ag^2\,Ag\,Cl + C^2\,H^2 \text{ diss.} + 2\,Az\,H^3 \text{ diss.} = 3\,C^4\,Ag^5\,Cl \text{ sol.} + 2\,Az\,H^4\,Cl \text{ diss.}\dots\ + 13^{Cal},9$$
$$\underbrace{5\times -56,4 \qquad -52,8 \qquad +2\times 21}_{-292,8} \qquad \underbrace{3\times(-141,5) \qquad 2\times 72,8}_{-278,9}$$

Ainsi se forme le second précipité, ou chlorure basique :

$$C^2\,Ag^3\,Cl.\,C^2\,Ag^2.$$

L'expérience montre que, si l'on prolonge l'action de l'acétylène, on obtient des précipités de plus en plus jaunes.

Dans un cas où l'action de ce gaz avait été très prolongée, le précipité contenait 87,51 pour 100 Ag : ce qui répond aux rapports

$$C^2\,Ag^3\,Cl.\,2\,C^2\,Ag^2.$$

Cette formule, en effet, exige 87,5.

Le calcul indique, pour une transformation complète du précipité en acétylure d'argent, en présence d'un excès d'ammoniaque :

$$2\,C^2Ag^2AgCl + C^2H^2 \text{ diss.} + 2\,AzH^3 \text{ diss.} = 3\,C^2Ag^2 + 2\,AzH^4Cl \text{ diss}\ldots\ldots\ldots + 7^{Cal},\ldots$$
$$\underbrace{- 112,8 \qquad - 52,8 \qquad + 42}_{- 123,6} \qquad \underbrace{- 261,45 \quad + 145,6}_{- 115,85}$$

$$2\,C^4Ag^5Cl + C^2H^2 \text{ diss.} + 2\,AzH^3 \text{ diss.} = 5\,C^2Ag^2 + 2\,AzH^4Cl \text{ diss}\ldots\ldots\ldots + 3^{Cal},\ldots$$

Ces calculs montrent que l'action de l'acétylène continue à s'exercer, même après que la liqueur ne contient plus d'argent dissous, pourvu que l'ammoniaque soit en excès. On explique ainsi pourquoi la formation du chlorure vrai, C^2Ag^3Cl, a lieu seulement au commencement de la précipitation. On voit par là quelle est la difficulté de préparer les corps de cette série rigoureusement purs.

Cependant, en s'arrêtant dès que l'acétylène ne se dissout plus dans l'eau, ce qu'on reconnaît à ce que le flacon crache, on arrive à la composition $C^4Ag^5Cl = [C^2Ag^2(C^2Ag^3)]Cl$, comme l'indiquent les analyses.

De même, en présence d'un excès d'argent, on a obtenu le premier terme, C^2Ag^3Cl.

En outre, on observe que l'action de chaque molécule d'acétylène produit des dégagements de chaleur décroissants, par suite de la destruction des chlorures d'argentacétyle, successivement formés.

Voilà pourquoi le chlorure normal s'obtient seulement au début et en présence d'un excès d'argent.

La chaleur de formation du chlorure d'argentacétyle par les éléments :

$$\text{Soit}\ldots\ldots\ldots\ldots\ldots\ldots\ldots\ldots\ldots\ldots - 56^{Cal},4$$

s'écarte à peine de celle de l'azotate correspondant,

$$\text{Soit}\ldots\ldots\ldots\ldots\ldots\ldots\ldots\ldots\ldots\ldots - 54^{Cal},3$$

ce qui est précisément la relation existant entre le chlorure d'argent $(+ 29,0)$ et l'azotate d'argent solide $(+ 28,7)$.

Ces rapprochements entre le chlorure, l'azotate et le sulfate (p. 383) sont, on le voit, précisément parallèles à ceux qui caractérisent les sels d'un métal ou radical simple.

Iodures d'argentacétyle.

Il existe plusieurs composés de cet ordre.

1. *Iodure double.* — L'iodure d'argent, dissous dans l'iodure de potassium seul, ou additionné d'ammoniaque, ne précipite pas par l'acétylène. Mais si l'on ajoute un peu de potasse, le gaz détermine peu à peu un précipité jaune, lourd et ténu, surtout par l'agitation en vase clos.

Observons que la formation en est d'autant plus facile que la potasse existe en plus forte dose. Néanmoins on ne peut dépasser une certaine dose de potasse, à cause de la déshydratation et de la précipitation de l'iodure d'argent, AgI, qu'elle provoque dans la solution.

On sépare ce premier précipité ; on ajoute une nouvelle dose de potasse et l'on fait de nouveau passer l'acétylène dans le flacon : il se forme un nouveau précipité, dont la composition a été trouvée identique à celle du premier.

Ces précipités doivent être lavés d'abord sur un filtre, avec des solutions d'iodure de potassium assez concentrées, pour ne pas décomposer la solution initiale ($AgI + n\,KI$), qui imprègne le précipité ; puis on emploie des solutions de plus en plus diluées ; enfin, on termine avec de l'eau pure. On s'arrête quand la liqueur filtrée n'est plus alcaline.

Analyses.

	Premier précipité.	Deuxième précipité.	Calculé pour $C^2Ag^3I + AgI$.
Substance............	^{gr} 0,3623	0,3290	»
Ag. I................	0,4800	0,4407	»
Ag..................	60,88	61,55	60,84
C^2H^2 ([1])...........	3,71	»	3,66

Par détonation dans un tube scellé, où l'on avait fait le vide :

$0^{gr},256$ ont fourni............. $0^{cc},15\,CO + 0^{cc},1$ Azote.

La détonation est très faible. Elle est précédée de la fusion du sel et accompagnée d'une longue flamme jaune, due sans doute

---

([1]) A l'état gazeux, dégagé par HCl concentré, sur la cuve à mercure.

à l'iodure d'argent, AgI, volatilisé; car la partie froide du tube demeure enduite d'iodure. Le bruit presque nul de cette décomposition contraste avec la détonation assez violente du composé obtenu par double décomposition, lequel est étudié plus loin.

On voit que le produit ne renferme pas une dose sensible d'hydrogène ou d'oxygène, en dehors des proportions de l'eau, laquelle ne s'y constate pas d'ailleurs.

La formation directe de ce composé ne se prête pas aux mesures calorimétriques. Mais celles-ci sont faciles à exécuter, en procédant par décomposition, au moyen de l'acide chlorhydrique :

$$C^2Ag^2I.AgI + 2HCl \text{ dilué}$$
$$= C^2H^2 \text{ dissous} + 2AgCl + 2AgI\ldots\ldots\ldots +12^{Cal}65$$

La réaction a lieu en présence d'une dose d'eau suffisante pour que tout l'acétylène demeure dissous. L'iodure double ne se désagrège que peu à peu, même avec le concours de l'écraseur calorimétrique. Aussi l'expérience dure-t-elle sept minutes environ. L'iodure d'argent est alors obtenu dans son état définitif ([1]); la liqueur ne devient laiteuse à aucun moment.

Voici le détail des expériences :

Il faut opérer sur une quantité convenable de l'iodure précédent, tout humide, en s'assurant, après la mesure, que le précipité final ne renferme plus d'acétylène; ou, plus exactement, n'est plus susceptible d'en fournir.

Dès lors, il suffit de déterminer la perte du titre acide.

	I.	II.
Acidité perdue	$33^{cc},3$ HCl demi-normal	$33^{cc},8$
Chaleur dégagée	$106^{cal},1$	$106^{cal},1$
Calcul pour $2HCl = 4000^{cc}$	$12^{Cal},74$	$12^{Cal},55$
Moyenne	$12^{Cal},65$	

On a donc

$$C^2Ag^4I^2 \text{ sol.} + 2HCl \text{ diss.} = C^2H^2 \text{ diss.} + 2AgCl \text{ sol.} + 2AgI \text{ sol.} \quad +12^{Cal},65$$
$$x \quad + \quad 78,8 \quad = \quad -52,8 \quad + \quad 58 \quad + \quad 28,4$$

D'où l'on tire

$$C^2 + Ag^4 + I^2 \text{ sol.} = C^2Ag^4I^2 \text{ sol.}\ldots\ldots\ldots -57^{Cal},85$$
$$+[58 + 28,3 + 52,8 - 78,8 - 12,65]$$

([1]) *Thermochimie : Données et lois numériques*, t. II, p. 370.

On a encore

$$C^2Ag^2 \text{ précipité} + 2AgI \text{ (état final)} = C^2Ag^4I^2 \text{ sol} \ldots\ldots \quad +0^{Cal},90$$

Si la combinaison avait lieu avec $2AgI$, sous son état initial de précipitation ([1]), on aurait

$$+68^{Cal},5.$$

La réaction même qui donne naissance à cet iodure,

$$C^2H^2 \text{ diss.} + 4AgI \text{ dans } nKI + 2KOH \text{ diss.} = C^2Ag^4I^2 \text{ sol.} + 2KI \text{ diss.} + 2H^2O \text{ liq.}$$

$$-52,8 \begin{cases} 34^{Cal},4 \text{ ét. init.} + \delta \\ 56^{Cal},8 \text{ ét. final} + \delta' \end{cases} \quad 234,2 \qquad -57,85 \qquad 150 \qquad 138$$

dégage $+14^{Cal},35 - \delta$, si l'on considère l'état initial que l'iodure d'argent peut présenter. Mais elle absorberait $-8^{Cal},05 + \delta'$, si l'on considérait l'état final et stable qu'affecte ce même iodure.

De là résultent des considérations analogues à celles développées par l'un de nous sur les iodures doubles de potassium et d'argent, iodures doubles dont la formation thermique se rapporte à l'état initial de l'iodure d'argent ([2]). C'est l'existence de plusieurs formes de l'iodure d'argent qui permet la réaction. Elle explique également les limitations dont nous allons parler.

Nous avons essayé de préparer un iodure d'argentacétyle par double décomposition, en versant une dissolution d'iodure de potassium sur l'azotate d'argentacétyle. Il se produit aussitôt une réaction. La coloration du sel passe du blanc au jaune verdâtre. De plus, et c'est là un fait important, prévu par la théorie, il y a formation d'acétylène qui se dégage, et mise en liberté d'alcali : on le constate avec la phtaléine et le tournesol, dans les cas où l'iodure de potassium est en excès.

2. Si l'on ajoute de l'iodure de potassium seulement jusqu'à apparition de l'alcalinité, on obtient un précipité vert, qui présente très sensiblement la composition

$$C^2Ag^2.AgI \qquad \text{ou} \qquad C^2Ag^3I.$$

Ce composé résulte d'un double échange entre l'iodure de potassium et l'azotate d'argentacétyle.

Il est fort détonant, ce qui le distingue du précédent.

---

[1] Même citation.
[2] *Annales de Chimie et de Physique,* 5ᵉ série, t. XXIX, p. 248 et 276; 1883.

Analyse. — On a trouvé dans diverses opérations :

Ag pour 100....... 66,58,   68,25,   69,08;

la formule $C^2Ag^2.AgI$ exige 68,21 pour 100 d'argent.

Mais la composition ci-dessus ne s'obtient que si l'on arrête l'action décomposante dès que l'alcali libre apparaît.

Thermochimie. — Nous avions d'abord cherché à mesurer la chaleur dégagée dans l'action d'une dose d'iodure de potassium insuffisante pour opérer la double décomposition, avec de l'azotate d'argentacétyle mis en suspension dans l'eau du calorimètre. Mais la réaction, en raison de l'état solide de l'azotate et des polymérisations propres à l'iodure d'argent, marche mal. En fait, elle a fourni environ $+14^{Cal},65$, ce nombre représentant seulement une limite inférieure.

On obtient des résultats meilleurs si l'on met en suspension dans le calorimètre une certaine dose, inconnue d'ailleurs, de l'iodure double précipité et humide et si on la décompose par une quantité connue d'acide chlorhydrique demi-normal. La diminution de l'acidité donne la mesure de la quantité d'acide chlorhydrique entré en réaction. La réaction est la suivante :

$$C^2Ag^2AgI + 2HCl \text{ diss.} = 2AgCl + AgI \text{ sol.} + C^2H^2 \text{ diss.}$$

Elle dégage : $+13^{Cal},85$.

I. Voici le détail d'une expérience :

400^{cc} eau + le sel........................	$18°,200$
100^{cc} HCl demi-normal................	$18°,236$
Température moyenne................	$18°,207$
Δt...............................	$0°,276$
Chaleur dégagée....................	$139^{cal},32$

D'autre part, il a disparu $40^{cc},2$ d'acide chlorhydrique demi-normal. Pour l'équation moléculaire ci-dessus, il aurait fallu 4000^{cc}, ce qui aurait dégagé :

$$\frac{139,32 \times 4000}{40,2} = +13^{Cal},86.$$

II. Une autre expérience a donné : $+13^{Cal},85$.
On a donc

$$C^2Ag^2.AgI + 2HCl \text{ diss.} = AgCl \text{ sol.} + AgI \text{ sol.} + C^2H^2 \text{ diss.} \dots +13^{Cal},85$$
$$+78,8 \qquad\qquad +58 \quad +14,2 \quad -32,8$$

A partir de C^2, Ag^3, I solides $= C^2 Ag^3 I$:

$$x = 58 + 14,2 - 52,8 - 78,8 - 13,85 = 73,2 - 145,5 \ldots \ldots \ldots \quad -73^{Cal},25$$

Or, nous savons que

$$C^2 + Ag^2 \text{ sol.} = C^2 Ag^2 \ldots \ldots \ldots \ldots \quad -87^{Cal},15 \ \Big\} \ -72^{Cal},95$$
$$Ag + I \text{ sol.} = Ag I \text{ sol.} \ldots \ldots \ldots \quad +14^{Cal},2 \ \Big\}$$

on en tire dès lors

$$C^2 Ag^2 \text{ sol.} + Ag I \text{ sol.} = C^2 Ag^2 . Ag I \text{ sol.} \ldots \ldots \ldots \quad -0^{Cal},3$$

valeur presque nulle, et même négative, si on la rapporte à l'état
final de l'iodure d'argent.

Nous avons dit plus haut que la réaction de l'iodure de potassium
employé en excès sur l'azotate d'argentacétyle est plus nette et
donne lieu à un dégagement d'acétylène.

Examinons de plus près cette réaction. La différence entre la
chaleur de formation de l'iodure complexe ci-dessus et celle de
l'azotate d'argentacétyle est $+18^{Cal},9$: la différence entre l'iodure
d'argent étant

$$28,7 - 8,6 = +20^{Cal},1$$

ou

$$28,7 - 14,2 = +14^{Cal},5,$$

selon que l'on envisage l'état initial, ou l'état final de l'iodure
d'argent. Pour conclure avec certitude, il faudrait obtenir l'iodure
d'argentacétyle cristallisé.

En tout cas, les données précédentes montrent que l'acétylure
d'argent doit décomposer l'iodure de potassium, avec régénération
d'acétylène et de potasse libre. Car, d'après le calcul,

$$C^2 Ag^2 + 2 KI \text{ diss.} = 2 Ag I + C^2 H^2 \text{ diss.} + 2 KOH \text{ diss.} \ldots \ldots \quad +8^{Cal},95$$

C'est ce que vérifie l'expérience, comme il a été dit plus haut ;
mais, sans doute, avec quelque formation intermédiaire, qui donne
lieu à des phénomènes d'équilibre.

En effet, quand on fait cette expérience, toute la potasse n'est
pas déplacée d'un seul coup. En opérant à froid, on constate que,
si l'on additionne le liquide d'acide chlorhydrique ou sulfurique
dilué, de façon à neutraliser la potasse mise en liberté, on voit, au
bout de quelques instants, l'alcalinité reparaître. On peut neutraliser à diverses reprises cette alcalinité et la voir reparaître
chaque fois. A chaud le phénomène est plus rapide. Si l'iodure est

concentré, il y a même effervescence, avec production d'une liqueur limpide, par suite de la dissolution de l'iodure d'argent.

Bromure de potassium et acétylure d'argent.

Dans la réaction de ces deux corps on observe aussi une double décomposition, avec production commençante d'alcalinité. Un calcul analogue au précédent conduirait à

$$x = - 3^{\text{Cal}},1.$$

Cependant l'alcalinité se produit.

Enfin le calcul relatif au chlorure de potassium fournit un nombre fortement négatif; or, dans ce cas, l'expérience ne manifeste aucune réaction.

En résumé, les faits précédents établissent l'assimilation annoncée au début de ce Chapitre entre les acétylures et l'ammoniaque. De même que l'ammoniaque, AzH^3, peut s'unir aux acides et former des sels, dans lesquels on admet l'existence de l'ammonium, AzH^4, en faisant passer l'hydrogène acide du côté de l'ammoniaque;

De même l'acétylure ou carbure d'argent, C^2Ag^2, peut s'unir aux sels d'argent et former des sels, dans lesquels on est autorisé à admettre l'existence de l'argentacétyle, C^2Ag^3, en faisant passer l'argent du côté de l'acétylure.

Série acétylénique.	Série ammoniacale.
C^2Ag^2	AzH^3
$C^2Ag^3.Cl$	$AzH^3.HCl$ ou AzH^4Cl
$C^2Ag^2(C^2Ag^3)Cl$	$AzH^3(AzH^3Ag)AzO^3$
C^2Ag^3I	AzH^4I
$C^2Ag^3I.AgI$	$AgI.KI$
$C^2Ag^3(AzO^3)$	$AzH^4(AzO^3)$
$C^2Ag^3.Ag.SO^4$	Sulfates doubles
$(C^2Ag^3)^2SO^4$	$(AzH^4)^2SO^4$

CHAPITRE XIX.

SUR L'IODURE DE CUPROSACÉTYLE [1].

Les sels cuivreux se combinent, comme on sait, avec l'acétylène, en formant des composés comparables aux sels acétylargentiques. On connait, par exemple, l'acétylure cuivreux C^2Cu^2. M. Berthelot a montré dès l'origine qu'il existe des chlorures, bromures, iodures et autres sels simples et doubles acétylcuivreux, c'est-à-dire dérivés de l'acétylène. Mais la prompte altérabilité de ces corps au contact de l'air et leur tendance à former des oxychlorures et composés analogues, avec excès d'oxyde cuivreux, en rendent l'étude fort difficile. Peut-être l'entreprendrons-nous. Dès à présent nous croyons utile de signaler la préparation d'un composé de cet ordre, caractéristique, l'iodure double de cuprosacétyle $C^2Cu^3I.CuI$, dérivé de l'iodure simple, C^2Cu^3I.

Voici comment il a été obtenu.

Essayons la réaction de l'acétylène sur l'iodure cuivreux dissous dans l'iodure de potassium. Si l'iodure dissolvant est rigoureusement neutre, il n'y a pas de réaction sensible développée par le passage du gaz acétylène. Mais si le dissolvant est légèrement alcalin, il se forme un précipité rouge (déjà décrit par M. Berthelot, sous le nom d'*iodure de cuprosacétyle*) et ayant l'apparence de l'iodure mercurique. Cette apparence rouge vif ne se conserve que si l'alcali est en dose inférieure à celle qui répond à l'équation suivante

$$C^2H^2 + 2Cu^2I^2 + nKI + 2KOH$$
$$= nKI + 2KI + 2H^2O + C^2Cu^2.Cu^2I^2;$$

s'il y a une forte dose d'alcali, le précipité prend une teinte brique, puis ocracée; en même temps sa teneur en cuivre augmente.

---

[1] *Ann. de Chim. et de Phys.*, 7ᵉ série, t. XIX, p. 54; 1900. — Avec la collaboration de M. Delépine.

Un précipité, préparé avec une dose de potasse insuffisante pour permettre la précipitation de tout le cuivre, a donné les résultats suivants; le corps étant séché à 90°, ce qui en fonce la couleur :

Pour 100.

Cuivre	45,9	45,7
Iode	47,55	»

Le cuivre a été dosé de deux manières :

D'une part, en calcinant le corps en présence de l'acide azotique ;

D'autre part, en traitant le même corps par le sulfhydrate d'ammoniaque ; ce qui fournit du sulfure cuivreux insoluble, que l'on isole par le filtre, et une dissolution d'iodure d'ammonium. On précipite dans cette liqueur l'iode sous forme d'iodure d'argent, après avoir rendu la liqueur acide et éliminé l'hydrogène sulfuré.

La formule $C^2Cu^3I.CuI$ exige

$$Cu = 47,7 ; \qquad I = 47,8.$$

L'écart avec le chiffre ci-dessus tient sans doute à la présence d'une trace d'iodure de potassium entraîné.

La déflagration de ce corps, dans un tube vide d'air et scellé à la lampe, fournit seulement des traces d'acide carbonique et d'oxyde de carbone : soit 2^{cc} en tout, pour $0^{gr},408$ de matière.

La formule correspond à l'iodure double d'argentacétyle analysé plus haut et obtenu dans les mêmes conditions :

$$C^2Ag^3I.AgI.$$

Si l'on opère en présence d'un excès de potasse, on obtient des composés plus riches en cuivre : un échantillon a donné 61 pour 100 de Cu. On forme, dans ce cas, des sels où l'acétylure de cuivre prédomine, tels que $(C^2Cu^2)^3Cu^2I^2$, c'est-à-dire $C^2Cu^2(C^2Cu^3)I.CuI$; ou bien encore des oxyiodures où un peu d'oxygène se substitue à l'iode, tels que $C^2Cu^2.Cu^2\diagdown_{OH}^{I}$. Ces derniers composés renferment environ 60 à 61 pour 100 de cuivre.

Un semblable composé se déshydrate par dessiccation, en fournissant un anhydride $(C^2Cu^2.Cu^2I)^2O$, ou $(C^2Cu^2)^2.Cu^2I^2.Cu^2O$.

En fait, un produit obtenu en présence d'un léger excès de potasse et séché à 90° a donné par détonation, dans un tube vide d'air, une proportion de composés oxygénés du carbone assez considérable.

Substance	$0^{gr},3780$
Gaz	$8^{cc},2$

Savoir :

$$CO^2 \dots\dots\dots\dots\dots\dots\dots\dots\dots\dots\dots 5,1^{cc}$$
$$CO \dots\dots\dots\dots\dots\dots\dots\dots\dots\dots\dots 3$$
$$Az \dots\dots\dots\dots\dots\dots\dots\dots\dots\dots\dots 0,1$$

cela fait : oxygène (combiné) $6^{cc},6$ à $20°$ et 760^{mm}, c'est-à-dire $2,6$ centièmes en poids ; l'oxygène ayant remplacé la moitié de l'iode,

$$C^2Cu^3I.CuI + \left.\begin{array}{c} C^2Cu^3 \\ Cu \end{array}\right\} O.$$

Une grande variété de composés de cet ordre, correspondant à la variété des oxychlorures et oxyiodures cuivreux connus, est indiquée par la théorie : mais nous n'insisterons pas sur ces composés, qui réclament une étude plus approfondie.

CHAPITRE XX.

LES CARBURES MÉTALLIQUES GÉNÉRATEURS DES HYDROCARBURES [1].

Les carbures métalliques appartiennent à plusieurs types, et leur décomposition par l'eau, ou les acides étendus, engendre divers carbures d'hydrogène, tels que l'acétylène, l'éthylène, le formène, et des carbures liquides moins bien connus. La connaissance de ces carbures métalliques et de leur transformation en hydrocarbures a été fort approfondie par ma découverte des acétylures, préparés au moyen de l'acétylène, et par les belles recherches de M. Moissan sur la production des carbures métalliques dans le four électrique : je me propose aujourd'hui de jeter quelque lumière nouvelle sur les conditions thermochimiques qui président à ce mode de génération des carbures d'hydrogène.

I. Le type le plus simple des carbures métalliques, est celui des acétylures, constitués à atomes égaux pour les métaux monovalents, tels que le potassium, C^2K^2, le sodium, C^2Na^2, le lithium, C^2Li^2, l'argent, C^2Ag^2, etc., ou bien dans le rapport de deux atomes de carbone pour un atome des métaux bivalents, tels que le calcium, C^2Ca, le baryum, C^2Ba, etc.

Ces acétylures peuvent être produits par la réaction directe du type hydrogéné, l'acétylène, C^2H^2, sur les métaux alcalins, ou bien sur les sels métalliques dissous ; le tout conformément à la réaction générale des hydrures d'éléments minéraux, tels que les hydracides, l'hydrogène sulfuré, l'hydrogène phosphoré, l'ammoniaque, sur les métaux, ou sur leurs sels (ce Volume, p. 20 et 364). Réciproquement, les acétylures métalliques, décomposés par l'eau ou par les acides étendus, suivant les cas, régénèrent le composé hydrogéné, c'est-à-dire l'acétylène.

Cependant il existe d'autres séries de carbures métalliques bien définis. Les uns de ces carbures, tels que ceux du groupe du

---

[1] *Comptes rendus,* t. CXXXII, p. 281; 1901.

cérium, répondent encore au type des acétylures ; les autres, tels que les carbures d'aluminium, d'uranium, de manganèse (déjà connu par les travaux de MM. Troost et Hautefeuille), ont des formules d'un autre type. Or, la décomposition de ces carbures par l'eau, ou par les acides étendus, donne des produits différents de ceux du premier groupe.

Avec le carbure d'aluminium, par exemple, la décomposition à froid est lente et fournit uniquement du formène, CH^4, au lieu d'acétylène. Avec le carbure de manganèse et l'eau, on obtient un mélange de formène et d'hydrogène. Avec le carbure de cérium et analogues, il se dégage un mélange d'acétylène, de formène, mêlés à une petite quantité d'éthylène, et à quelques centièmes de carbures liquides. Avec le carbure d'uranium, le formène domine, mêlé d'hydrogène avec un peu d'éthylène, une trace d'acétylène ; les deux tiers du carbone constituant des carbures liquides et solides.

Or, pour essayer de se rendre compte de la diversité de ces résultats, il convient de faire intervenir à la fois celle des formules et celle des quantités de chaleur mises en jeu dans les transformations.

Soient d'abord les acétylures proprement dits ; leur formule correspond à celle de l'acétylène, de telle sorte que dans la décomposition par l'eau l'oxygène de celle-ci tend à changer le métal en un oxyde, tout l'hydrogène, ou sensiblement, se retrouvant, dans le carbure d'hydrogène :

Cette décomposition est effectuée et s'accomplit à froid avec les acétylures des métaux alcalins et alcalino-terreux,

$$C^2 Na^2 + 2 H^2 O + = C^2 H^2 + 2 Na\,OH \text{ dissoute.}$$

En même temps il y a dégagement de chaleur, déterminée par cette circonstance que la chaleur résultant de la transformation de l'eau en oxyde surpasse la chaleur absorbée dans la formation de l'acétylène par ces éléments.

En voici le calcul d'une part

$$\left.\begin{array}{l} C^2 \quad + Na^2 = C^2 Na^2 \text{ absorbe} \dots\dots\dots\dots\dots \quad -\quad 8,8 \\ 2\,(H^2 + O) = 2\,H^2 O \text{ dégage} \dots\dots\dots\dots\dots \quad +138 \end{array}\right\} +129^{Cal},2$$

d'autre part

$$\left.\begin{array}{l} C^2 + H^2 \qquad\quad = C^2 H^2 \text{ absorbe} \dots\dots\dots\dots \quad -\ 58,1 \\ 2\,(Na + O + H) = 2\,Na\,OH \text{ étendue dégage} \dots\dots \quad +225 \end{array}\right\} +166^{Cal},9$$

on a bien

$$225 - 129,2 - 58,1 = +37^{Cal},7$$

ou

$$+166,9 - 129,2 = +37^{Cal},7,\ \text{quantité positive.}$$

La condition générale pour qu'un acétylure traité par l'eau se change en acétylène est donc la suivante :

q étant la chaleur de formation de l'acétylure par les éléments,

r celle de l'oxyde métallique (hydraté),

$r - q > 196,1$ pour le gaz; on aurait encore

$r - q > 190,8$ pour l'acétylène dissous.

Si l'on fait intervenir un acide, par exemple l'acide chlorhydrique, on devra ajouter à la réaction sa chaleur de neutralisation telle que $13,7 \times 2 = 27,4$, c'est-à-dire

$r - q > 168,7$ pour le gaz libre;

$r - q > 163,4$ pour le gaz dissous.

Il est facile de constater que ces relations sont vérifiées avec les carbures de lithium : $q = +11,6$; et de calcium : $q = +6,25$.

Mais elles ne le sont pas pour l'acétylure d'argent; car on a, d'une part

$$\begin{array}{llll}
C^2 & + Ag^2 = C^2 Ag^2 \dots & - 87,15 \\
2(H^2 + O) = 2 H^2 O \dots & +138
\end{array} \Big\} +50^{Cal},15,$$

d'autre part

$$\begin{array}{lll}
C^2 & + H^2 = C^2 H^2 \dots & - 58,1 \\
Ag^2 + O = Ag^2 O \dots & + 7,0 \\
H^2 + O = H^2 O \dots & + 69
\end{array} \Bigg\} +17^{Cal},5$$

c'est-à-dire

$$r - q = 76 + 87,15,\ \text{soit} \dots \quad +163,15$$

Aussi l'eau n'est-elle pas en état de décomposer cet acétylure, à la température ordinaire; même en tenant compte de la chaleur de dissolution $(+5,3)$ de l'acétylène.

Mais, si l'on fait intervenir l'acide chlorhydrique étendu, la réaction devient possible en raison de la formation de deux molécules de chlorure d'argent,

$$2 HCl\ \text{étendu} + Ag^2 O = 2 AgCl + H^2 O\ \text{dégage} +41,2;$$

la chaleur répondant à la transformation s'élève dès lors à $+204^{Cal},35$, ce qui rend bien compte de la réaction.

B. — I.   26

Il s'agit maintenant de discuter les réactions observées avec les autres carbures métalliques.

Mais avant d'aborder cet examen, je rappellerai que la limite relative aux acétylures

$$r - q > 196,1$$

serait abaissée si la réaction produisait du formène, au lieu d'acétylène,

$C^2 H^2$ étant remplacé par

$$\tfrac{1}{2}CH^4 + \tfrac{3}{2}C;$$

c'est-à-dire en remplaçant

$$- 58^{Cal},1$$

par

$$+ 9^{Cal},46;$$

d'où

$$r - q > 128,55$$

seulement aux dépens des éléments de l'acétylène.

Dans cette hypothèse d'ailleurs, non seulement le type acétylure serait changé, c'est-à-dire qu'il n'y aurait plus double décomposition régulière ; mais il y aurait en outre séparation de carbone libre, circonstance extrêmement rare, si même elle a jamais été constatée dans les réactions opérées par voie humide à la température ordinaire.

Il en serait de même de la production de l'éthylène ou de l'éthane, simultanément avec du carbone, au lieu d'acétylène ; le Tableau suivant montre la différence des quantités de chaleur produite par ces réactions et par suite les variations apportées à la valeur limite 196,1.

$\tfrac{1}{2}CH^4 + \tfrac{3}{2}C$ substitué à $C^2 H^2$ abaisse la limite de $58,1 + \tfrac{1}{2}18,9 = 67,45$
$\tfrac{1}{2}C^2 H^4 + C$ » $C^2 H^2$ » $58,1 - \tfrac{1}{2}14,6 = 50,4$
$\tfrac{1}{3}C^2 H^6 + \tfrac{2}{3}C$ » $C^2 H^2$ » $58,1 + \tfrac{1}{3}23,3 = 50,3$

Le formène répondrait donc à la limite minima de $r - q$; mais à la condition exceptionnelle de coïncider avec une séparation de carbone. En excluant cette séparation, tout au plus pourrait-on obtenir avec certains acétylures des carbures polymères, au lieu de l'acétylène lui-même ; par exemple la benzine, $\tfrac{1}{3}C^6 H^6$.

Pour cette dernière il suffit d'avoir

$$r - q > 142.$$

Certains acétylures métalliques fournissent, en effet, des carbures condensés, liquides ou même solides; mais ces formations ne répondent pas en général à la constitution des acétylures.

1° Si l'acétylure alcalin renferme un excès de métal libre (ou combiné, ce qui ramènerait à une autre famille de carbures métalliques), cet excès décompose une proportion d'eau supérieure aux deux molécules qui interviennent dans la réaction fondamentale; il en dégage de l'hydrogène, lequel est susceptible de s'unir avec une partie de l'acétylène, pour le changer en éthylène C^2H^4, ou en éthane C^2H^6. Ces deux réactions sont déterminées par une double circonstance : la chaleur dégagée par la décomposition de l'eau qu'effectue le sodium ($+43,4$) et la chaleur dégagée par l'union de l'hydrogène libre avec l'acétylène pour constituer soit l'éthylène ($+43,5$), soit l'éthane ($+89,4$). Les deux énergies s'ajoutent pour concourir au phénomène. De là résulte un mélange d'acétylène, d'éthylène, d'éthane, dont la proportion relative dépend des conditions locales de l'attaque du carbure par l'eau.

2° Quant aux acétylures attaquables par les acides, ou par les alcalis, avec dégagement de chaleur, tel que l'acétylure cuivreux : dans le cas où l'on fait intervenir pour cette attaque un métal susceptible de fournir de l'hydrogène avec dégagement de chaleur, le zinc, par exemple, on sait que l'éthylène se régénère, au lieu d'acétylène : c'est même ainsi que j'ai effectué la synthèse de l'éthylène ([1]). Elle résulte également d'un concours d'énergies thermochimiques.

3° Certains oxydes métalliques, susceptibles de décomposer l'eau avec dégagement de chaleur sous de faibles influences, opèrent à froid la transformation de l'acétylène en éthylène. Ainsi, j'ai observé que les sels chromeux, dissous dans l'ammoniaque, absorbent l'acétylène, puis donnent lieu presque immédiatement à une production d'éthylène pur ([2]); les deux phénomènes étant accompagnés par un dégagement de chaleur.

4° Enfin, il paraît utile de signaler les conséquences thermiques qui résultent de la formation de carbures d'hydrogène liquides, c'est-à-dire de composés condensés, ou polymères; formation signalée en proportion parfois considérable dans l'attaque de certains carbures métalliques (uranium, fer, etc.) par l'eau ou les acides.

([1]) *Voir* ce Volume, p. 71.

([2]) *Annales de Chimie et de Physique,* 4ᵉ série, t. IX, p. 401; 1866. — Ce Volume, p. 346.

Pour donner une idée de leur rôle thermochimique dans la réaction, je rappellerai que la formation des carbures homologues, par addition des éléments $C + H^2$ à un carbure plus simple, dégage en moyenne environ 6^{Cal}. Soit donc un carbure $C^m H^{2p}$, formé depuis les éléments avec un dégagement de chaleur Q; la formation d'un homologue. $C^{m+n} H^{2(p+n)}$, dégage environ $Q + 6n$. Si n est très grand, cette quantité tendra à se réduire à $6n$. Appliquons cette relation à la formation des carbures polymères de l'éthylène, les seuls qui ne modifient pas la dose de l'hydrogène mis en jeu dans la réaction de l'eau, ou des acides, pour former l'éthylène; la substitution de $\frac{1}{n} C^{2n} H^{4n}$ à $C^2 H^4$ tend à remplacer, pour n suffisamment grand, la chaleur de formation $- 14^{Cal}, 6$ de l'éthylène par la valeur limite $+ 12$; ce qui ramène la formation du système $\frac{1}{2n} C^{2n} H^{4n} + 2 H^2$ depuis les éléments vers le chiffre $+ 6$.

La formation des polymères ou carbures condensés de l'éthylène peut donc accroître la chaleur dégagée jusqu'à une valeur supérieure de $20^{Cal}, 6$ pour $C^2 H^4$; ce qui amènerait le chiffre correspondant, inscrit dans le Tableau précédent, vers 61^{Cal} au plus; c'est-à-dire sans atteindre le chiffre relatif au formène $(67,45)$.

Si j'ai rappelé ces diverses réactions, c'est afin d'en montrer l'application, non seulement aux acétylures, mais aux autres carbures métalliques. Ceux-ci appartiennent, nous l'avons dit, à plusieurs groupes, au point de vue de la composition atomique, de la chaleur de formation et de la nature des carbures d'hydrogène qu'ils engendrent, lesquels dépendent à la fois des deux premières données.

II. Commençons par les carbures qui produisent du formène, au lieu d'acétylène. Le carbure d'aluminium en est le type. Il répond à la formule $C^3 Al^4$, dans laquelle les valences saturées du carbone et de l'aluminium sont dans le rapport $C Al^{\frac{4}{3}}$; aussi la réaction sur l'eau s'exprime-t-elle par l'équation suivante :

$$C^3 Al^4 + 6 H^2 O = 3 CH^4 + 2 Al^2 O^3.$$

La chaleur dégagée dans cette réaction ne peut être mesurée directement, parce que la réaction est trop lente, même avec le concours de l'acide chlorhydrique. C'est pourquoi j'ai cru devoir la déduire de la chaleur de formation du carbure d'aluminium. J'ai opéré sur un composé de bonne apparence, fourni par la maison Poulenc.

L'analyse d'un échantillon a fourni

$$
\begin{array}{lr}
\text{Al (}^1\text{)}\dots\dots\dots\dots\dots\dots\dots\dots & 70,3 \\
\text{Carbone correspondant calculé}\dots & 23,35 \\
\text{Carbone libre}\dots\dots\dots\dots\dots & 4,74 \\
\hline
& 98,39 \\
\text{Matières étrangères}\dots\dots\dots\dots & 1,61
\end{array}
$$

avec $\left.\begin{array}{r}70,3 \\ 23,35\end{array}\right\}\,93,75$

J'en ai mesuré la chaleur de combustion dans l'oxygène comprimé, en amorçant la réaction au moyen d'une petite quantité de camphre. Il est d'ailleurs difficile d'opérer ainsi une combustion totale, le carbure d'aluminium étant doué d'une grande cohésion, qui en rend l'inflammation difficile : le plus souvent il reste des produits incomplètement brûlés, dans la capsule qui contient le carbure. Voici les résultats les plus exacts, je veux dire ceux obtenus dans des conditions de combustion totale :

1^{gr} de carbure d'aluminium a fourni $5712^{\text{cal}},0$ et $5765^{\text{cal}},4$: moyenne $5738^{\text{cal}},7$.

En déduisant la chaleur de combustion du carbone libre, il est resté $5362^{\text{cal}},2$ pour $0^{\text{gr}},9375$ de carbure d'aluminium réel, et par conséquent pour

$$
C^3 Al^4 = 144^{\text{gr}}\dots\dots\dots\dots\dots +824^{\text{Cal}}
$$

ce corps, étant brûlé avec formation d'acide carbonique gazeux et d'alumine anhydre, laquelle se présente à l'état fondu, inattaquable par l'acide chlorhydrique.

D'autre part,

$$
\begin{array}{lr}
& \text{Cal} \\
3\,C \text{ (diamant), brûlés, donnent } 94,3 \times 3\dots\dots\dots\dots & 282,9 \\
4\,\text{Al changés en } 2\,Al^2 O^3 \text{ (hydrate précipité) } 393 \times 3\dots & 786,0 \\
\hline
& 1068,9
\end{array}
$$

Cependant l'aluminium, se changeant en alumine anhydre, dégage une quantité de chaleur différente de celle qui résulte de la formation de l'hydrate d'alumine. Soit 2ε, l'excès positif ou négatif pour $Al^2 O^3$; 2ε ne correspondant pas à un chiffre très élevé, suivant les analogies. D'après quelques essais que j'ai faits sur la combustion vive de l'aluminium dans la bouche calorimétrique, 2ε serait serait voisin de $-12^{\text{Cal}},5$.

(^{1}) D'après le poids de l'alumine dissoute dans l'acide chlorhydrique étendu et chauffé.

En résumé

La combustion des éléments (opérée à haute tem-
   pérature) dégagera .... $1068^{Cal},9 + 2\varepsilon$
En retranchant la chaleur de combustion du carbure.   824

On voit que $C^3 + Al^4 = C^3 Al^4$ dégage .... $+244^{Cal},9 + 2\varepsilon$

Ce chiffre est considérable; il explique la grande stabilité du
carbure d'aluminium et la difficulté que l'on rencontre pour le
brûler, ou le décomposer. Rapporté à un atome d'aluminium, il
fournit pour la combinaison du carbone avec ce métal,

$$+61,2;$$

valeur bien inférieure à la chaleur d'oxydation de ce métal,

$$+196,5, \text{ oxyde hydraté;} \qquad \text{ou} \qquad +184, \text{ oxyde anhydre,}$$

mais qui approche de sa combinaison avec l'iode : $+70,3$, et avec
le soufre : $+63,2$.

Si on le rapporte à un atome de carbone, on trouve

$$+81,6;$$

valeur inférieure à la chaleur d'oxydation de cet élément (sous
forme de diamant) lorsqu'il produit l'acide carbonique

$$+94,2.$$

Elle approche de la chaleur de combinaison d'un atome de carbone
avec le chlore ($+75,4$, CCl^4 liquide).

Au contraire, elle surpasse de beaucoup la chaleur de combinaison d'un atome de carbone avec l'hydrogène ($+18,9$ au maximum dans le formène).

Comparons encore l'oxygène et le carbone dans leurs combinaisons équivalentes avec l'aluminium d'une part, avec l'hydrogène
d'autre part :

Différence.

$$\text{O saturé par } \begin{cases} H^2 \\ Al^{\frac{2}{3}} \end{cases} \text{ en formant } \begin{cases} H^2O \text{ gaz dégage..} & +58,1 \\ Al^{\frac{2}{3}}O \text{ solide.....} & +131,0 \end{cases} \Big\} +62,9$$

$$\text{C saturé par } \begin{cases} H^4 \\ Al^{\frac{4}{3}} \end{cases} \text{ en formant } \begin{cases} CH^4 \text{ gaz dégage..} & +18,9 \\ CAl^{\frac{4}{3}} \text{ solide......} & +81,6 \end{cases} \Big\} +62,7$$

Étant donné un même nombre d'atomes d'oxygène et de carbone,
l'écart thermique qui répond à la substitution de l'aluminium à

l'hydrogène est, on le voit, sensiblement le même. Si l'on compare, au contraire, l'écart thermique relatif à un même nombre d'atomes d'hydrogène et d'aluminium, cet écart sera moitié moindre que le précédent dans la substitution du carbone à l'oxygène.

Quoi qu'il en soit de ces rapprochements, les valeurs thermiques sont telles qu'elles rendent aisément compte de la production du formène par l'action de l'eau sur le carbure d'aluminium. En effet,

$$C^3Al^4 + 6H^2O = 3CH^4 + 2Al^2O^3 \text{ hydratée}$$

dégage

$$+186,2 - 2\varepsilon - [(244,9 - 2\varepsilon + 414) = 663,9 - 2\varepsilon]$$
$$+ [(3 \times 18,9 = 56,7) + 786 = 842,7],$$

c'est-à-dire

$$+178,8 + 2\varepsilon.$$

S'il s'était formé de l'acétylène mêlé d'hydrogène

$$\tfrac{3}{2}C^2H^2 + \tfrac{11}{2}H^2,$$

on aurait dégagé seulement

$$+35 + 2\varepsilon.$$

S'il s'était formé de l'éthylène mêlé d'hydrogène,

$$\tfrac{3}{2}C^2H^4 + \tfrac{6}{2}H^2 + 100 + 2\varepsilon.$$

Pour la benzine gazeuse

$$\tfrac{1}{6}C^6H^6 + \tfrac{11}{2}H^2 + 120 + 2\varepsilon.$$

Ainsi la production du formène répond au maximum thermique. On conçoit dès lors qu'il prenne naissance d'une façon exclusive, attendu que ce carbure résulte à la fois du dégagement de chaleur maximum, vers lequel tend le système, et de la conservation du type moléculaire, résultant d'une substitution à valences égales. C'est en effet ce dernier genre de réaction qui se réalise en général tout d'abord dans les produits initiaux de la réaction.

J'ai insisté à diverses reprises sur ce point, c'est-à-dire sur cette double tendance (¹) : d'une part, conservation initiale du type moléculaire dans les doubles décompositions; d'autre part, tendance finale au dégagement de chaleur maximum. Je rappellerai

---

(¹) *Essai de Mécanique chimique*, t. II, p. 419 et 436.

notamment mes études relatives à l'action des éléments halogènes sur les alcalis, laquelle produit d'abord des hypochlorites et composés analogues, pour aboutir aux chlorates et même aux perchlorates; la découverte des états successifs de l'iodure d'argent préparé par double décomposition ([1]), etc. Quand ces deux tendances sont satisfaites à la fois, en engendrant des corps suffisamment stables dans les conditions des expériences, la réaction prend un caractère de nécessité ([2]).

Le carbure de glucinium fournit également du formène pur, probablement pour les mêmes raisons que le carbure d'aluminium; mais l'étude thermochimique n'en a pas été faite.

III. Avec le carbure de manganèse agissant sur l'eau, à la température ordinaire, on obtient non seulement du formène, mais un volume égal d'hydrogène libre ([3]). Les relations atomiques et les relations thermochimiques concordent pour faire prévoir ces phénomènes. En effet, voici la formule de la réaction :

$$CMn^3 + 6H^2O = 3(MnO.H^2O) + CH^4 + H^2.$$

Elle montre que l'excès d'hydrogène résulte du défaut d'équivalence entre le carbure et l'oxyde, le premier contenant un excès de manganèse qui décompose l'eau pour son propre compte.

L'étude thermochimique de la réaction rend compte de ces résultats. En effet, la chaleur de formation du carbure de manganèse, d'après les données de M. Le Chatelier ([4]),

$$Mn^3 + C = Mn^3C \text{ dégage} + 9^{Cal},9,$$

d'où résulte la chaleur, Q, dégagée dans la réaction de l'eau.

$C + Mn^3$...........	+ 9,9	$3(Nn + O + Eau)$..	+95,1 × 3 = 285,3
$C(H^2 + O)$......	+414,0	$3(H^2 + O)$.........	+ 207,0
		$C + H^4$............	+ 18,9
	+423,9		+ 511,2

$$Q = 511,2 + 423,9 = -87,3.$$

([1]) *États successifs de l'iodure d'argent* (*Annales de Chimie et de Physique*, t. XXIX, p. 242, 248; 1883).

([2]) La différence d'entropie étant supposée faible, comme il arrive dans la plupart des réactions énergiques.

([3]) MOISSAN, *Annales de Chimie et de Physique*, 7ᵉ série, t. IX, p. 372.

([4]) *Thermochimie : Données et lois numériques,* t. II, p. 270.

La production de l'acétylène, celle de l'éthylène, celle de l'éthane,
donneraient lieu à des dégagements de chaleur beaucoup moindres,
comme il a été dit plus haut :

$$\tfrac{1}{2}(C^2H^2 + 3H^2) \text{ depuis les éléments répondent à} \quad \dots\dots \quad -29 \text{ Cal}$$
$$\tfrac{1}{2}(C^2H^4 + 2H^2) \quad \text{»} \quad \text{»} \quad \dots\dots \quad -7,3$$
$$\tfrac{1}{2}(C^2H^6 + H^2) \quad \text{»} \quad \text{»} \quad \dots\dots \quad +11,6$$
$$CH^4 \quad \text{»} \quad \text{»} \quad \dots\dots \quad +18,9$$

On ne connaît pas la chaleur de formation des autres carbures
métalliques susceptibles de décomposer l'eau à la tempéraure ordinaire.

IV. Signalons maintenant le carbure de cérium et ses analogues, carbures de lanthane, d'yttrium, etc., dont la formule est
pareille.

Soit le carbure de cérium, C^2Ce. Ce carbure décompose l'eau, en
fournissant un mélange d'acétylène qui prédomine (75 à 80 centièmes du volume total de gaz), de formène (20 centièmes environ),
avec quelques centièmes d'éthylène et de carbures liquides.

Ces phénomènes sont évidemment attribuables à la complexité de
la réaction et à la production d'un excès d'hydrogène, sur la dose
contenue dans l'acétylène. En effet la dernière seule est corrélative
d'une décomposition de l'eau, susceptible de céder son oxygène au
cérium en formant du protoxyde. Il résulte de la production de cet
excès d'hydrogène que l'oxyde de cérium, qui prend naissance dans
la réaction, est constitué par un mélange de protoxyde, CeO, et
d'oxydes supérieurs. En effet, s'il y avait uniquement formation de
protoxyde, on devrait obtenir de l'acétylène pur :

$$C^2Ce + H^2O = C^2H^2 + CeO \text{ hydraté.}$$

Mais dès qu'il se forme un oxyde supérieur, tel que Ce^2O^3 (ou
plutôt une combinaison de ce corps avec le protoxyde), il en résulte
de l'hydrogène excédant, lequel se combine aux éléments d'une
portion de l'acétylène pour fournir du formène, et simultanément
quelque dose d'autres carbures moins hydrogénés que le formène,
tout en l'étant davantage que l'acétylène ; carbures spéciaux dont
la formation est sans doute corrélative de la condensation moléculaire de ces oxydes intermédiaires.

Arrêtons-nous à ces résultats, qui montrent comment les produits
se compliquent, dès que les carbures métalliques ne fournissent
plus, en étant décomposés par l'eau, des oxydes de composition correspondant à celle des carbures ; *a fortiori,* si ces carbures eux-

mêmes constituent des mélanges, ou des composés polymérisés Il suffira d'avoir établi la corrélation existant entre les propritétés chimiques et thermochimiques et la formation de l'acétylène, ou du formène, pour les carbures métalliques qui ont été l'objet d'une étude approfondie et qui donnent lieu à des réactions simples.

FIN DU TOME I.

TABLE DES MATIÈRES

DU TOME I.

LIVRE II.

LES DÉRIVÉS DE L'ACÉTYLÈNE.

QUATRIÈME SECTION. — COMBINAISONS MÉTALLIQUES DE L'ACÉTYLÈNE.

FIN DE LA TABLE DES MATIÈRES DU PREMIER VOLUME.

29602   Paris. — Imprimerie GAUTHIER-VILLARS, quai des Grands-Augustins, 55.